苏里格气田气井精细管理
理论与实践

《苏里格气田气井精细管理理论与实践》编写组 编

石 油 工 业 出 版 社

内 容 提 要

本书系统介绍了苏里格气田的开发历程与现状,阐述了致密砂岩气藏的地质特征,包括地层特征、构造特征、沉积特征和储层特征,分析了致密砂岩气藏的渗流机理、动态特征以及开发效果。同时,本书根据现场实际情况深入探讨了苏里格气田采用的精细描述技术、动态监测技术以及气井生产制度优化技术,并对低产气井的排水采气技术进行了全面分析。

本书可供从事气藏开发,特别是气藏管理的人员阅读,也可作为高等院校相关专业学生的参考书。

图书在版编目(CIP)数据

苏里格气田气井精细管理理论与实践 /《苏里格气田气井精细管理理论与实践》编写组编. — 北京：石油工业出版社, 2025.6 —ISBN 978-7-5183-7136-5

Ⅰ. TE37

中国国家版本馆 CIP 数据核字第 2024ZJ1489 号

出版发行:石油工业出版社

(北京市朝阳区安华里二区 1 号楼　100011)

网　　址:www.petropub.com

编辑部:(010)64251682

图书营销中心:(010)64523633

经　销　全国新华书店

排　版　北京密东文创科技有限公司

印　刷　北京九州迅驰传媒文化有限公司

2025 年 6 月第 1 版　2025 年 6 月第 1 次印刷

787 毫米×1092 毫米　开本:1/16　印张:16.75

字数:420 千字

定价:120.00 元

(如发现印装质量问题,我社图书营销中心负责调换)

版权所有,翻印必究

《苏里格气田气井精细管理理论与实践》
编 写 组

柳 洁 李登辉 张 歧 魏千盛 刘士鑫

郭永强 张 益 魏克颖 陈 龙 阳生国

任越飞 杨映洲 王 瑞

前 言

天然气作为当今不可或缺的能源,面临着常规资源减少的挑战,因此开发非常规天然气资源显得尤为重要。在非常规天然气中,致密砂岩气作为当前主要接替资源,具有巨大的潜力。具有低孔隙、低渗透率的致密砂岩气藏,在我国天然气储量中占比日益增加,是推动天然气工业增储上产的关键支柱之一。相关数据显示,近几年我国致密气地质储量年增 $3000\times10^8\mathrm{m}^3$,年产量增加 $50\times10^8\mathrm{m}^3$ 以上,呈快速增长态势。我国致密砂岩气分布范围广,但致密气藏渗流特征和开发动态仍不够清晰,缺乏有针对性的开发技术思路和对策。如何更有效开发管理致密砂岩气藏,对于提高气田开发方案的经济性和气田开发效果具有重要意义。

本书以具有国内最大规模致密砂岩气藏的苏里格气田为例,分析了致密砂岩气藏地质特征、渗流特征和生产动态特征与管理相关技术。第一章介绍了苏里格气田的开发历程、储量情况以及开发现状。第二章系统阐述了苏里格气田致密砂岩气藏地质特征。第三章分析了苏里格气田致密砂岩气藏渗流机理。第四章分析了气藏动态特征。第五章概述苏里格气田致密砂岩气藏的建模与数值模拟技术,包括储层特征研究、模型建立、开发效果评估及稳产对策。第六章系统阐述了苏里格气田致密砂岩气藏动态监测技术,包括压力、生产剖面、气体示踪、剩余气饱和度、流体性质监测及试井方法。第七章介绍了气井生产制度优化,包括采气指数、无阻流量等分析,尤其是间歇生产制度优化。第八章主要介绍了低产气井排水采气技术,涵盖泡沫排水采气、速度管柱排水采气等多种技术,并介绍了其他新型排水采气方法。第九章总结了苏里格气田气井的精细管理实践,包括差异化管理模式、全生命周期管理技术和智能化管理,并总结了管理成效与启示。

本书第一章由魏千盛编写,第二章由魏克颖编写,第三章由张歧、陈龙编写,第四章由阳生国编写,第五章由张益、王瑞编写,第六章由陈龙编写,第七章由杨映洲编写,第八章由郭永强、任越飞编写,第九章由陈龙编写,柳洁、李登辉、刘士鑫负责本书的总体规划及内容审核。本书成书过程中得到了中国石油长庆油田分公司第三采气厂和西安石油大学的大力支持,中国石油长庆油田分公司第三采气厂张佳超、李桢禄、陈帅、叶小闯,西安石油大学石油工程学院研究生张斌、宁崇如、李鑫等也参加了本书的编写和文字排版工作。本书编写过程中参考了大量的资料和书籍,其中一部分已在书后的参考文献中列出,在此对所有参加本书编写工作的人员、参考书目的相关作者和未列出文献的作者表示衷心感谢。

由于编者水平有限,书中难免存在不足之处,希望各位读者批评指正。

编 者
2025 年 1 月

目 录

第一章 苏里格气田概述 — 1

第一节 气田基本情况 — 1
第二节 开发历程 — 3

第二章 苏里格气田致密砂岩气藏地质特征 — 8

第一节 地层特征与划分 — 8
第二节 构造特征 — 11
第三节 沉积特征 — 13
第四节 储层特征 — 27

第三章 苏里格气田致密砂岩气藏渗流机理 — 37

第一节 气、水赋存状态 — 37
第二节 储层应力敏感性 — 56
第三节 启动压力梯度 — 68
第四节 渗流特征——多相渗流实验 — 71
第五节 渗流特征——可视化多相渗流实验 — 78

第四章 苏里格气田致密砂岩气藏动态特征 — 93

第一节 气藏产能评价 — 93
第二节 气藏压力评价 — 101
第三节 产量递减规律分析 — 107
第四节 气藏动态储量评价 — 123
第五节 气井生产指标评价 — 135

第五章 苏里格气田致密砂岩气藏建模与数值模拟技术 140

  第一节 气藏地质建模 140
  第二节 数值模型 165
  第三节 开发效果及剩余储量分布 171
  第四节 开发方案调整及指标预测 173

第六章 苏里格气田致密砂岩气藏动态监测技术 187

  第一节 压力监测技术 187
  第二节 试井测试 190
  第三节 生产测试 199
  第四节 流体监测技术 207

第七章 苏里格气田气井生产制度优化技术 211

  第一节 采气指数曲线 211
  第二节 无阻流量分析法 211
  第三节 产量不稳定分析法 213
  第四节 矿场生产统计法 214
  第五节 间歇生产制度优化 215

第八章 苏里格气田低产气井排水采气技术 218

  第一节 泡沫排水采气技术 219
  第二节 速度管柱排水采气技术 222
  第三节 柱塞气举排水采气技术 224
  第四节 同步回转压缩机排水采气技术 226
  第五节 其他新型排水采气技术 227

第九章 苏里格气田气井精细管理实践与启示 229

  第一节 气井差异化管理 229
  第二节 气井全生命周期管理技术 239
  第三节 气井智能化管理 250
  第四节 气井精细管理成效与启示 252

参考文献 256

第一章　苏里格气田概述

第一节　气田基本情况

苏里格气田位于内蒙古鄂托克旗、鄂托克前旗、乌审旗和陕西定边、吴起境内,南部部分区域进入陕西榆林市及宁夏吴忠市。区域构造属于鄂尔多斯盆地伊陕斜坡西北部,提交地质储量(探明+基本探明)$4.01 \times 10^{12} m^3$,是我国陆上发现的唯一一个储量超万亿规模的特大型气田。

苏里格气田地表为沙漠和草地,地面海拔一般为1200~1500m,地形相对平缓,高差20m左右。区内属内陆性半干旱气候,降水量小、蒸发量大。年最高气温36℃,最低-28℃。

区内地形平缓,省、县、乡级道路网络完善,交通条件较好。已建成的长呼天然气输气管线纵贯气田南北,西气东输、陕京、靖西、长宁等多条管线在气田的南侧或东侧穿过,集输条件非常便利。

苏里格地区勘探面积为$5 \times 10^4 km^2$,2003年以来累计提交探明储量+基本探明储量为$4.64 \times 10^{12} m^3$。按照开发管理区划分,归属苏里格气田开发区内探明储量+基本探明储量为$4.01 \times 10^{12} m^3$(图1-1红色线区域内),其中上古生界储量为$3.81 \times 10^{12} m^3$(探明储量为$2.07 \times 10^{12} m^3$,基本探明储量为$1.74 \times 10^{12} m^3$);下古生界储量为$0.2 \times 10^{12} m^3$,均为探明储量。

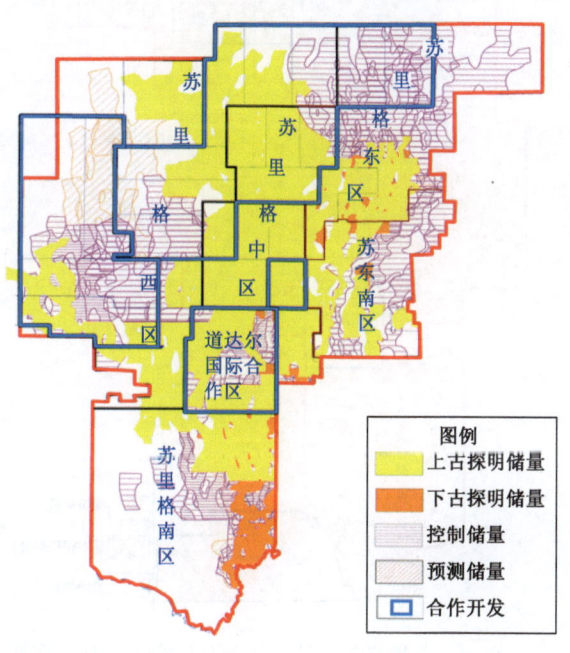

图1-1　苏里格气田三级储量分布示意图

气田产量 2014 年上升至 235.3×10⁸m³,2019 年产量达到 255.1×10⁸m³,2020 年达到 274.6×10⁸m³。截至 2020 年 12 月底气田累计产气 2460.6×10⁸m³,保持年产量 230×10⁸m³ 左右连续稳产 7 年,近两年产量大幅提升(图 1-2)。

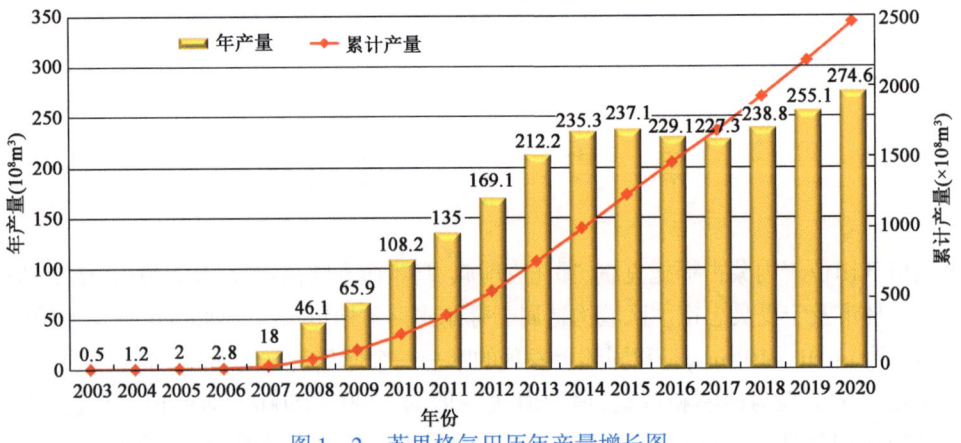

图 1-2 苏里格气田历年产量增长图

苏里格气田包括中区、西区、东区、南区、苏东南区和道达尔国际合作区 6 大区块,并细分为 28 个小开发区块(图 1-3),总的气田面积为 4.48×10⁴km²。气田采取合作开发的管理模式,以长庆油田为主,联合国内其他油田和道达尔石油公司联合开发。28 个区块中,长庆油田自营区块 11 个;国内合作包括华北油田、西部钻探公司、长城钻探公司、川庆钻探公司和渤海钻探公司 5 家单位,统一由苏里格分公司管理,合作区块共 16 个;道达尔国际合作区块 1 个。

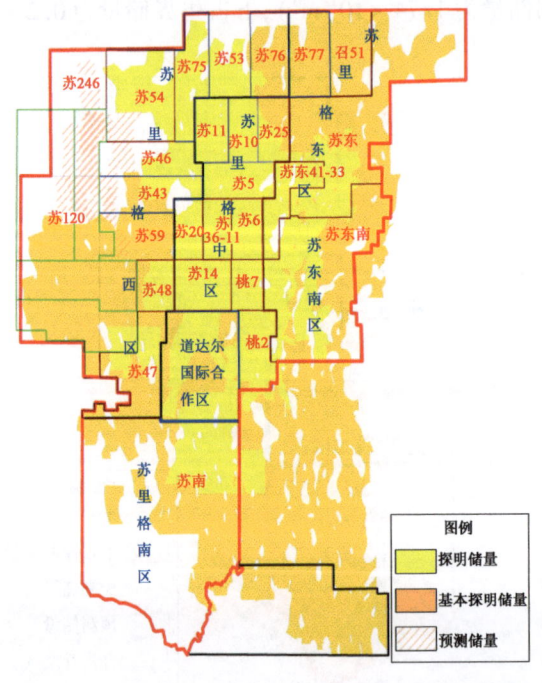

图 1-3 苏里格气田储量分布及开发区范围示意图

第二节 开发历程

2000年8月27日,在苏里格气田中部钻探的苏6井压裂后,井口日产天然气 $26.8 \times 10^4 m^3$,标志着苏里格气田的发现,随后进入评价和试采阶段,至今历经20多年的持续勘探扩边和开发滚动建产,建成了国内产量规模最大的气田,单个气田产量占中国石油天然气集团有限公司天然气产量的20%。气田以砂岩透镜体成藏为特点,储量丰度低、单井产量低,技术与管理创新,开创了一条低成本开发之路,引领了我国致密气藏开发技术的快速发展,也成为具有国际影响力的致密气田开发典范。

苏里格气田开发过程中重要的事件、关键技术的发展和认识突破的过程,将气田开发历程划分为早期评价(2001—2004年)、规模建产(2005—2009年)、快速上产(2009—2015年)、稳产及提高采收率(2015年至今)四个阶段。

一、早期评价阶段

2001—2004年气田处于早期评价阶段。2000年苏6井试气获工业气流,标志着苏里格气田的发现。之后,为了进一步落实储量,按照"中区为主,兼顾外围"的原则先后部署探井40多口,测试产量参差不齐,在当时国内还没有相似类型的气田投入开发,缺乏可借鉴的开发经验,对气藏特征的认识不足,开发策略的制定面临新的挑战。

为了进一步揭示气田的开发特点,先后完钻评价井和开发试验井54口。其中,22口试采井单井气层厚度分布在3~28m,井间差异非常大,预测气井可采储量(800~3800)$\times 10^4 m^3$,各井差异较大,整体表现为低压、低产的特点。通过评价和试采工作展开,开发人员逐渐认识到苏里格气田非均质性强、气层厚度和单井可采储量低、变化大的客观事实(图1-4、图1-5)。为了进一步落实气井开发指标,对试采井进行了系统评价,提出了Ⅰ类井、Ⅱ类井、Ⅲ类井的概念,并确定三类井各占三分之一的比例关系,利用三类井的平均单井累计产量和占比加权预测开发区块指标。

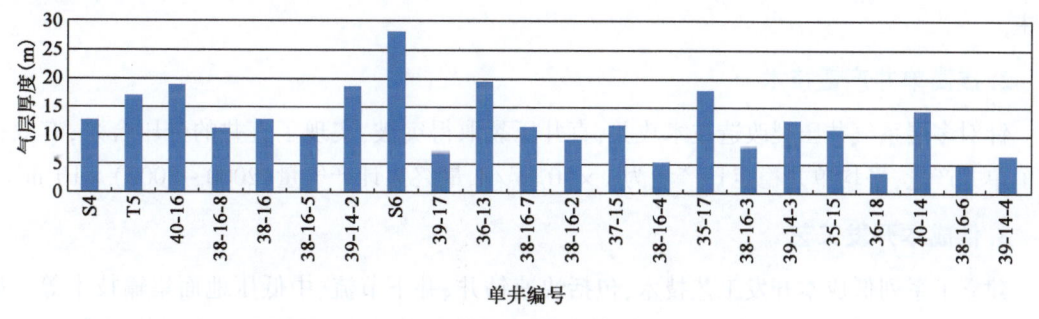

图1-4 苏里格气田早期22口试采井单井气层厚度

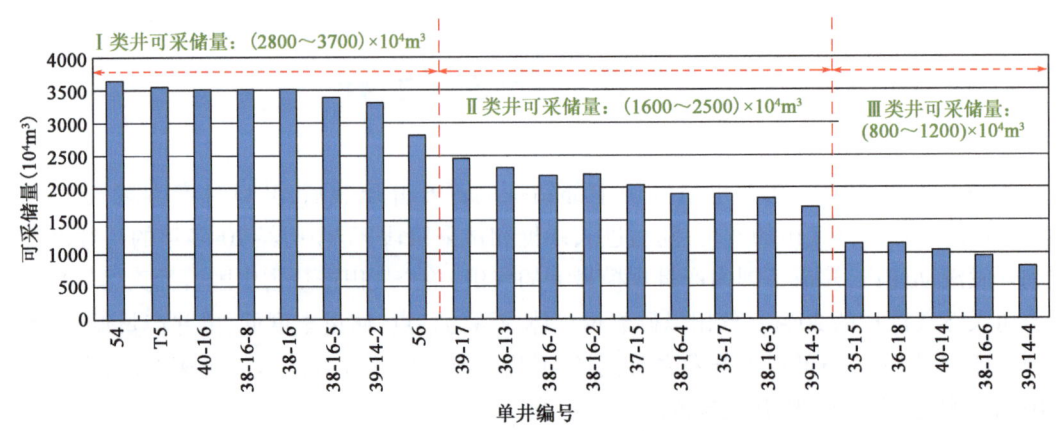

图 1-5 苏里格气田早期 22 口试采井单井可采储量分布图

通过钻评价井、试采和部署加密井排,揭示了气田强非均质特征,认识到气田储量丰度低、地层压力低和单井产量低的开发特点。因此,如何实现效益开发成为气田建产的关键。在地质认识基础上,通过单井最终累计产量和单井综合投资分析,确定了当时气价条件下(0.66元/m^3)单井产量与投资的关系,明确了低成本开发的方向,提出在当时的气价条件下单井投资需降到 800 万元以下的经济技术政策,形成了"面对现实、依靠科技、走低成本开发的路子"的开发苏里格的建设思路。

二、规模建产阶段

2005—2008 年气田进入规模建产阶段,通过技术和管理创新,攻关富集区优选和低成本开发技术,创新"5+1"合作开发管理模式,形成了系列气藏开发配套技术和开发模式,初步实现了气田的规模效益开发。

1. 富集区优选

地质评价与地球物理预测相结合,建立了一套实用的富集区优选技术,在苏里格中区优选富集区面积 1500km^2,地质储量 1900×10^8m^3,作为气田首批产能建设区块。其中Ⅰ类富集区气层厚度平均为 12m,Ⅱ类中等富集区气层厚度平均为 8m,Ⅲ类差区块储层以致密砂岩为主。

2. 提高单井产量技术

针对多层系气井压裂改造技术攻关,直井压裂取得突破,实现了直井的分压合采,有效提高了单井产量,平均单井稳定日产量为 1×10^4m^3/d,最终累计产气量(2000~3000)×10^8m^3。

3. 低成本开发工艺

建立了系列低成本开发工艺技术,包括快速钻井、井下节流、中低压地面集输技术等。通过井身结构优化、优选 PDC 钻头和改进钻井液体系等钻井技术,可使平均完钻井深达 3300m,完钻周期缩短至 15d 左右(图 1-6)。

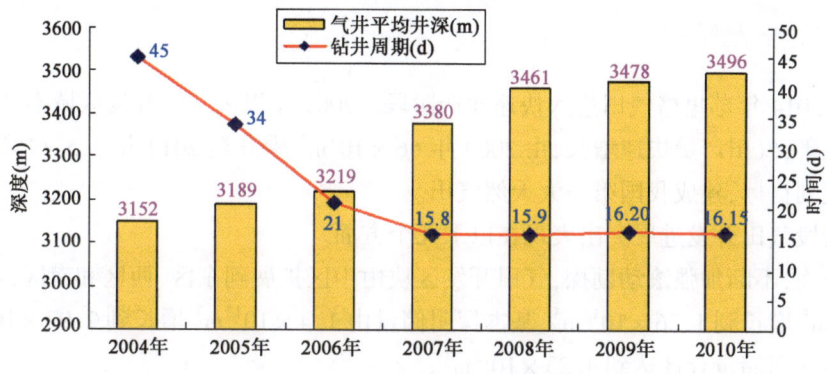

图1-6 苏里格气田2004—2010年直井平均钻井周期对比

4. 管理模式创新

针对气田开发工作量大、长庆油田自身建产能力不匹配的开发建设情况,首次提出联合外部力量合作开发的模式,开创了合作开发管理的新局面。2005年,引进辽河石油勘探局、四川石油管理局、大港油田集团公司、华北石油管理局和长庆油田分公司,与长庆石油勘探局组成"5+1"一期合作开发,合作开发区块包括苏6、苏36-11、苏10、苏11、苏5、桃7、苏20、苏25和苏14。在合作开发条件下,苏里格气田实现了规模建产,至2008年相对富集区产量达到$46×10^8m^3$,较2006年增长了近$45×10^8m^3$。

这一阶段气田开发标志性成果包括三项,一是在前期井网论证和加密井实验基础上,进一步提出由600m×1200m井网缩小到600m×800m井网的井位部署要求,确立了苏里格气田规模开发的基础井网,成为后期全区推广实施的直井井网部署标准;二是引进了"5+1"的合作模式,极大地促进了气田建设速度,降低开发投资;三是创新攻克了多项开发核心技术,形成了该类气藏的12项开发配套技术与开发模式,保障了苏里格气田的有效开发与规模建产(图1-7)。

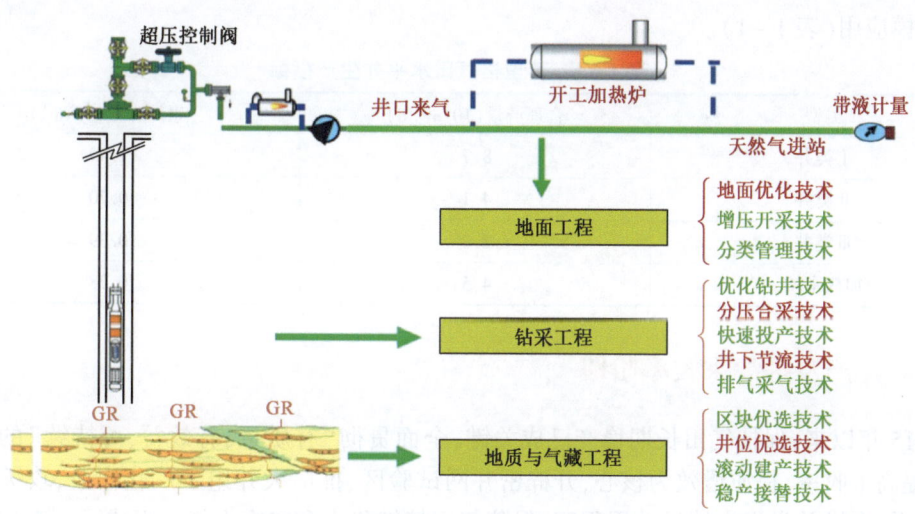

图1-7 苏里格开发配套技术示意图

三、快速上产阶段

2009—2014 年苏里格气田进入快速建产阶段。2009 年以来气田开发区域不断扩大,关键技术不断完善,气田产量快速增长,由 2009 年 $66 \times 10^8 m^3$ 攀升至 2014 年 $235 \times 10^8 m^3$,提前一年实现了规划目标,建成我国第一大天然气田。

这一阶段气田开发进展突出表现在以下几个方面。

储量方面,不断加强滚动勘探,气田开发区块由中区扩展到东区、西区和南区,探明储量由 $0.86 \times 10^{12} m^3$ 增长到 $1.26 \times 10^{12} m^3$,基本探明储量由 $1.4 \times 10^{12} m^3$ 增长到 $2.97 \times 10^{12} m^3$,探明储量 + 基本探明储量合计达到 $4.23 \times 10^{12} m^3$。

产量规划方面,2009 年基于苏里格气田的储量基础、开发特点和潜力区块,提出了建成年产量 $230 \times 10^8 m^3$ 的开发计划,并编制了气田总产能 $249 \times 10^8 m^3$、总产量 $230 \times 10^8 m^3$ 的整体开发规划方案,综合稳产期 20 年。其中,中区产能 $85 \times 10^8 m^3$,东区产能 $56 \times 10^8 m^3$,西区产能 $78 \times 10^8 m^3$,苏南及道达尔合作区产能 $30 \times 10^8 m^3$。

开发工艺方面,集团公司开展"低渗透气藏、高酸性气藏、火山岩气藏"三类气藏提高单井产量技术现场攻关试验。苏里格气田作为低渗透气藏代表,围绕着提高单井产量技术开展包括储层预测及富集区优选评价技术、水平井开发试验、丛式井推广应用、直定向井多薄层系压裂改造技术、地面工艺配套及现场试验、环境保护技术及现场试验等,使苏里格气田开发技术进一步得到改进和完善。尤其是储层改造工艺技术和水平井开发技术在这一阶段得到了进一步提升。储层改造直井分压段数达 13 层,水平井压裂超过 20 段,改造能力完全达到了气田储层的改造需求;水平井开发取得突破,系统提出了水平井优选部署的地质条件,确定了水平井开发的技术指标,即水平井适宜的部署区储量丰度大于 $1.2 \times 10^8 m^3/km^2$,储量剖面集中度大于 60%;水平段方位为近南北向,水平段长度合理规模在 1000～1200m;水平段合理压裂间距为 100～150m,合理排距和井距是 600m×1600m。同时预测水平井生产指标,促进了水平井的快速规模应用(表 1-1)。

表 1-1 苏里格气田水平井生产指标

类型	合理产量($10^4 m^3/d$)	累计产量($10^8 m^3$)
Ⅰ类井	8.7	1.44
Ⅱ类井	4.1	0.70
Ⅲ类井	2.0	0.39
加权平均	4.5	0.78

四、稳产及提高采收率阶段

2015 年以来,保持气田长期稳产已成关键,全面贯彻"有质量、有效益、可持续"的发展精神,以提高采收率、提质增效为核心,开辟密井网试验区、推广大井组工厂化作业,攻关低产低效井挖潜,多措并举提高储量动用程度,保障气田持续稳产和二次上产。形成了一套以效益开发、采收率最大化为目标的井网加密优化方法,建立了大井组工厂化作业模式,节约用地,缩短工期,提升作业效率,进一步实现降本增效。逐步完善低产低效井挖潜技术,形成了排水采气、关停井复产、老井侧钻等综合挖潜技术系列(图1-8)。

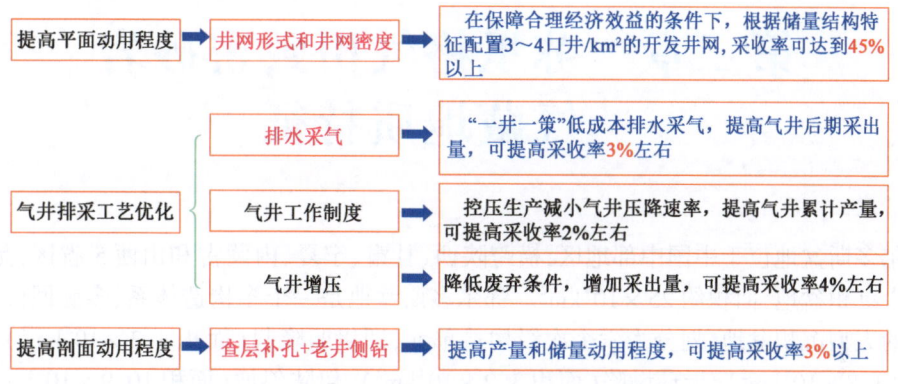

图1-8 苏里格气田稳产及提高采收率阶段主要技术

第二章 苏里格气田致密砂岩气藏地质特征

鄂尔多斯盆地位于中国中部地区,横跨陕西、甘肃、宁夏、内蒙古和山西5省区,是中国内陆第二大沉积盆地,面积约 $25\times10^4 km^2$。鄂尔多斯盆地是一个多构造体系、多旋回演化、多沉积类型的大型沉积盆地,划分为六个次级构造单元,即伊盟隆起(面积 $4.3\times10^4 km^2$)、渭北隆起(面积 $1.8\times10^4 km^2$)、天环坳陷(面积 $3.2\times10^4 km^2$)、伊陕斜坡(面积 $10.9\times10^4 km^2$)、西缘逆冲带(面积 $2.5\times10^4 km^2$)、晋西挠褶带(面积 $2.3\times10^4 km^2$)。其中,伊陕斜坡是面积最大的构造单元,天然气资源丰富,在该构造单元上已找到了靖边气田、榆林气田等多个大气田。

第一节 地层特征与划分

现今盆地总体形态表现为矩形,边部构造发育,本部为一西倾的大型平缓斜坡,坡降一般为 6m/km,盆地本部以结构简单、平稳沉降和构造稳定而著称,苏里格气田西区处于盆地西北部,这种稳定的构造背景为特大型气田形成和保存创造了良好条件。

一、区域地层特征

鄂尔多斯盆地上古生界地层自下而上划分为石炭系本溪组及二叠系石千峰组、上石盒子组、下石盒子组、山西组、太原组。其中本溪组顶8号煤层在苏里格地区普遍分布,构成了良好的地区性标志层。下石盒子组的盒$_8$段和山西组的山$_1$段是主要目的层位(表2-1)。

表2-1 鄂尔多斯盆地上古生界地层划分表

系	统	地层 组		符号	主要岩性
二叠系	上统	石千峰组		P_3q	下部紫红色砂岩与泥岩互层, 上部为棕红色砂岩与泥岩互层,含钙质结核
二叠系	中统	石盒子组	上石盒子组	P_2sh	红色泥岩及砂质泥岩互层,夹薄层砂岩及粉砂岩, 上部夹1~3层硅质层,偶见含气层
二叠系	中统	石盒子组	下石盒子组 盒$_5$	P_2x_5	上部为桃花泥岩, 下部为浅肉红色、浅灰色含泥细砂岩及泥质砂岩,见含气层
二叠系	中统	石盒子组	下石盒子组 盒$_6$	P_2x_6	褐色、灰绿色砂岩、砂质泥岩, 浅灰色泥质砂岩,细砂岩

续表

地层				主要岩性
系	统	组	符号	
二叠系	中统	石盒子组	下石盒子组	盒$_7$	P$_2$x$_7$	浅肉红色、褐灰色、浅灰色泥质砂岩、粉砂岩及中砂岩,含气层
				盒$_8$	P$_2$x$_8$	浅灰色、灰白色含砾粗砂岩,中粗粒砂岩及灰绿色岩屑石英砂岩(底部为骆驼脖砂岩),主要含气层
	下统	山西组		山$_1$	P$_1$s$_1$	灰色—灰黑色岩屑砂岩、岩屑石英砂岩及含泥砂岩夹黑色泥岩(底部为铁磨沟砂岩),主要含气层
				山$_2$	P$_1$s$_2$	灰色、灰白色含砾中粗粒岩屑砂岩、石英砂岩夹粉砂岩、黑色泥岩及煤层(底部为北岔沟砂岩),含气层
		太原组		太$_1$	P$_1$t$_1$	东大窑灰岩,6#煤层,斜道灰岩(有时相变为七里沟砂岩)
				太$_2$	P$_1$t$_2$	7#煤层,毛儿沟灰岩,庙沟灰岩,含气层
石炭系	上统	本溪组		本$_1$	C$_2$b$_1$	8#煤层,晋祠砂岩(有时相变为吴家峪灰岩)含气层
				本$_2$	C$_2$b$_2$	铁铝土质岩和砂泥岩,局部夹生物灰岩(畔沟灰岩)

岩性特征简述如下:

(1)石炭系上统太原组。厚度一般60~80m,主要为一套清水和浑水交互出现的陆表海沉积。下部太$_2$以砂岩为主,夹煤层和生物灰岩透镜体;上部太$_1$以灰岩为主夹薄煤层,局部地区以砂岩为主,夹煤层和灰岩。

(2)二叠系下统山西组。山西组以"北岔沟砂岩"之底为底界,以"骆驼脖砂岩"之底为顶界,厚度一般70m左右。根据沉积序列及岩性组合自下而上分为山$_1$、山$_2$两段。山$_2$段区内主要是一套三角洲含煤地层,一般有3~5个成煤期,在含煤层系中分布着河流、三角洲砂体,以灰色、深灰色或灰褐色中细粒、粉细砂岩为主,夹黑色泥岩,厚度50~60m,地层厚度约90~120m,自下而上可分为山$_2$、山$_1$两段。山$_2$段为一套含煤碎屑岩地层,岩性主要是石英砂岩或岩屑砂岩夹薄层粉砂岩、泥岩和煤层。山$_1$段以分流河道沉积为主,岩性为细-中粒岩屑砂岩、岩屑质石英砂岩和泥质岩。

(3)石盒子组。石盒子组以"骆驼脖砂岩"之底为底界(图2-1),该砂岩的顶部有一层"杂色泥岩",其自然伽马值高,便于确定石盒子组与山西组的相对位置。根据沉积序列及岩性组合自下而上分为下石盒子组和上石盒子组两段。下石盒子组为一套浅灰色含砾粗砂岩、灰白色中粗粒砂岩及灰绿色岩屑质石英砂岩,砂岩发育大型交错层理,泥质含量少,几乎无可采煤层。根据沉积旋回,由下而上,分为四个气层组,即盒$_8$、盒$_7$、盒$_6$、盒$_5$。在分流河道中心见中粗粒砂岩及含砾砂岩,分选较差。下石盒子组厚度一般120~160m。上石盒子组根据沉积旋回,由下而上,分为四个气层组,即盒$_4$、盒$_3$、盒$_2$、盒$_1$。上石盒子组主要为一套红色泥岩及砂

— 9 —

质泥岩互层,夹薄层砂岩及粉砂岩,上部夹有 1~3 层硅质层,厚度一般为 140~160m。它是一套干旱湖泊环境为主的沉积,在测井曲线上反映出高电阻率、高自然伽马值。

(4)石千峰组。厚度约 240m,分布稳定,为砂岩、砂质泥岩及泥岩互层。

图 2-1　内蒙古千里山剖面下石盒子组/山西组界面

二、小层划分与对比

整个苏里格气田地层划分基本相同,气层主要分布在下二叠统下石盒子组的盒$_8$段,以及山西组的山$_1$段(图 2-2)。

盒$_8$段自然伽马值由下向上有抬高趋势,声波时差跳跃幅度小,电阻率值高,可划分为 4~5 个旋回,根据沉积旋回变化特征,盒$_8$段可以划分为盒$_{8上}^1$、盒$_{8上}^2$、盒$_{8下}^1$、盒$_{8下}^2$小层。测井特征:电阻率值在泥岩段一般大于 20Ω·m,在砂岩段值较高,一般在 40~400Ω·m,基本为正差异,自然电位负异常。电阻率与自然伽马值高低变化明显。分层依据:盒$_8$下部多为含砾中-粗砂岩,高电阻率,低自然伽马值,盒$_8$段泥岩自然伽马高值低于下伏山西组深灰色、灰黑色泥岩的自然伽马值。一般情况下盒$_8$电阻率低于下伏山西组电阻率。盒$_8$段下部的这套灰白色含砾粗砂岩(又称为骆驼脖砂岩),区域上广泛分布,与山$_1$段顶部的深灰色泥岩分界,冲刷突变接触(图 2-2)。山$_1$段顶部的深灰色泥岩与盒$_7$段顶部的大段紫红色泥岩,构成盒$_8$段的等时界面。

山西组根据沉积旋回变化特征划分为山$_1$段、山$_2$段。测井特征:电阻率呈高值,井径不规则,声波曲线上部平缓,下部起伏变化大,呈锯齿状,自然伽马值呈中-高值,自然电位负异常。煤层呈低伽马值、低密度、低光电吸收截面指数(PE)、高中子、高电阻率、高声波。分层依据:山$_1$段底部接触低密度、高伽马值、低电阻率的碳质泥岩或低密度、低伽马值、高电阻率的薄煤层,即进入山$_2$段,山$_1$段自然伽马值由下向上有抬高趋势;声波时差起伏小;从电阻率高处,划分 3 个旋回,砂岩发育在上部旋回内,因此山$_1$段细分 3 个小层。山$_1$段与山$_2$段分界限标志层不稳定,但标志层呈低密度值的曲线特征较为明显,山$_2$段中部的稳定煤层在区域内相对广泛分布,可作为重要的标志层,与山$_1$段顶部的相对稳定的深灰色泥岩辅助标志层构成山西组的等时界面。

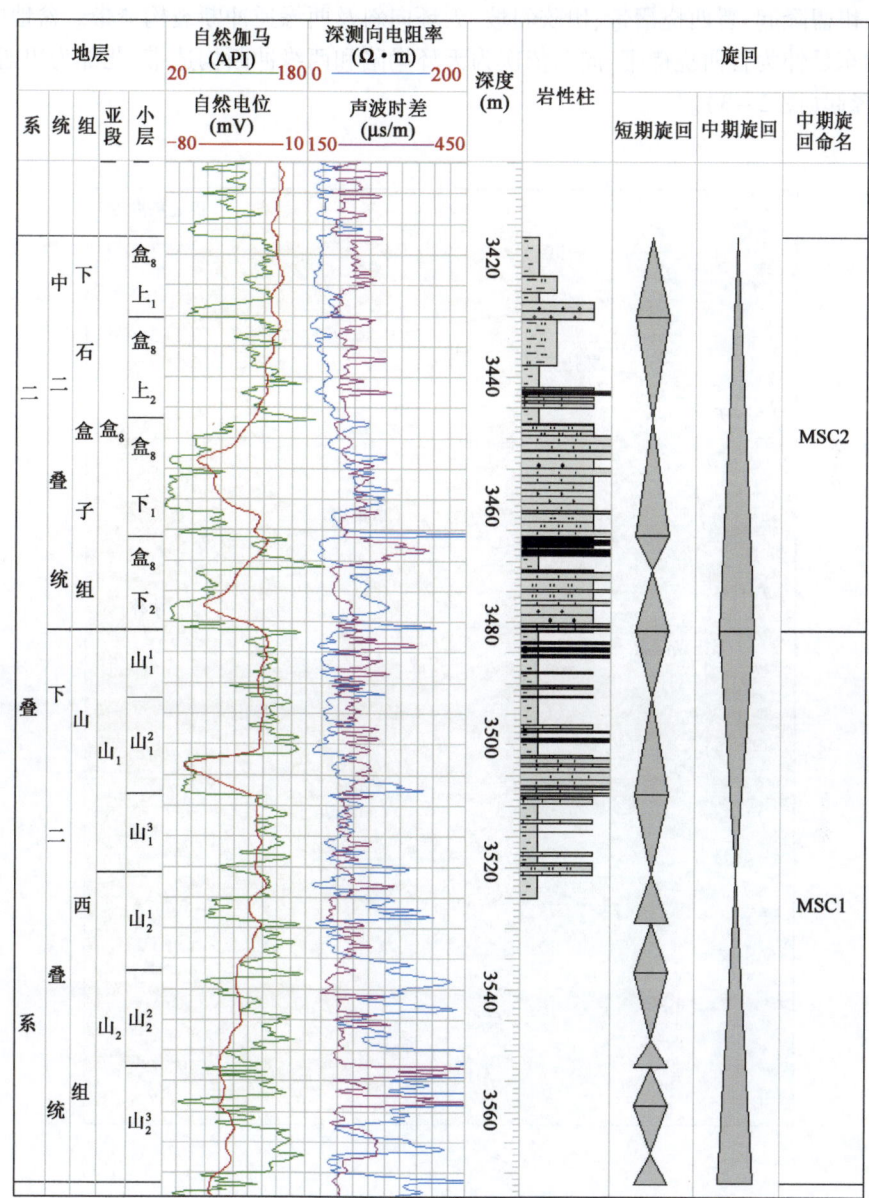

图 2-2 地层综合柱状图

综合以上分析,将盒$_8$段划分为盒$_{8上}$、盒$_{8下}$两个亚段,盒$_{8上}$进一步划分为盒$_{8上}^1$、盒$_{8上}^2$两个小层,盒$_{8下}$进一步划分为盒$_{8下}^1$、盒$_{8下}^2$两个小层,山$_1$段划分为山$_1^1$、山$_1^2$和山$_1^3$三个小层。

第二节 构 造 特 征

鄂尔多斯盆地是位于中国东部稳定区与西部活动带的结合部,是一个中新生代盆地叠加于古生代盆地之上的叠合盆地。根据现今的构造特征,盆地可划分为6个一级构造单元,包括

— 11 —

渭北隆起、伊盟隆起、晋西挠褶带、伊陕斜坡、天环向斜及西缘逆冲断裂构造带。盆地中部为伊陕斜坡,向东延伸为晋西挠褶带,向西依次为天环坳陷和西缘冲断构造带,北部为伊盟隆起,南部为渭北隆起(图2-3)。

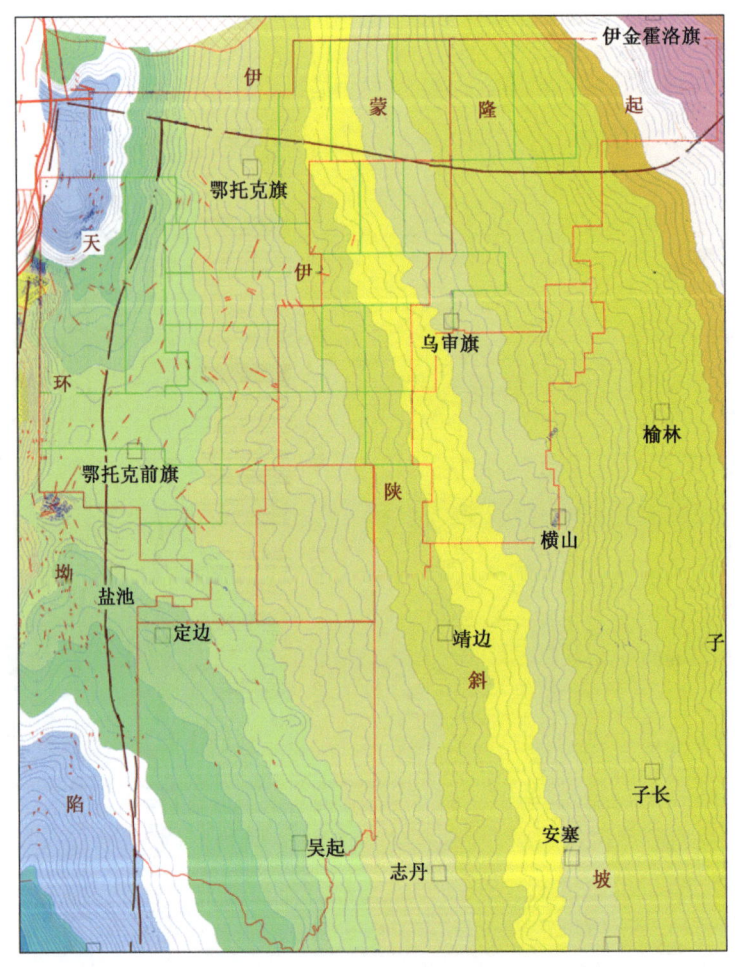

图2-3 鄂尔多斯盆地苏里格气田TC2构造分布示意图

渭北隆起构造单元:中晚元古代到早古生代是一向南倾斜的斜坡,至中石炭世东西两侧下沉,中生代形成隆起,是盆地的南部边缘,新生代渭河地区断陷下沉,渭北隆起翘倾抬升,形成现今面貌。隆起区内断层发育,逆断层居多,局部构造成排成带,地面构造多为长轴背斜。

伊盟隆起构造单元:位于盆地最北部,自古生代以来一直处于相对隆起状态,各时代地层均向隆起方向变薄或尖灭,隆起顶部是东西向的乌兰格尔凸起,与新生代河套断陷盆地相邻,隆起区内发现一些短轴背斜及鼻状构造,并发育近东西向的正断层及北东向、北西向的挠曲。局部构造、断层与挠曲走向平行,具伴生关系。

陕北斜坡构造单元：晚元古代至早古生代早期，期间没有接受沉积，在中寒武世、早奥陶世沉积了厚 500~1000m 的海相地层，晚古生代接受陆相沉积。在晚侏罗世初显雏形，主要形成于早白垩世之后，呈向西倾斜的平缓单斜，平均坡降 1.0m/km，倾角不到 1°。该斜坡占据着盆地中部的广大范围，以发育鼻状构造为主，形态不规则，方向性差，断层也不发育。

天环坳陷构造单元：在古生代表现为西倾斜坡，晚三叠世才开始坳陷，侏罗纪、白垩纪坳陷继续发展，沉降中心向东偏移，沉降带具有西翼陡东翼缓的不对称向斜结构。地面发育短轴背斜，方向性明显，南部为北西向，北部为北北西向。高角度正断层发育，倾角多为 60°~85°，断距 5~10m。

西缘冲断构造带构造单元：早古生代北段为贺兰裂谷，中段和南段为鄂尔多斯地台边缘坳陷，晚古生代为前缘坳陷，三叠纪中晚期及中侏罗世属陆相鄂尔多斯盆地西部，晚侏罗世挤压冲断活动强烈，形成南北构造特征不同分区明显的构造变形带断裂与局部构造发育，成排成带分布。早白垩世以来分化解体，新生代晚期，挤压冲断并抬升明显。总体呈南北向延伸，具有东西分带、南北分块的特征。主断层延伸长、断大、断面上陡下缓，兼有挤压扭动折性质。

晋西挠褶带构造单元：中晚元古代—古生代相对隆起，仅在中晚寒武世、早奥陶世、中晚石炭世及早二叠世各沉积约 100~200m 地层，中生代晚侏罗世抬升，为陕北区域西倾大单斜的组成部分，后期强烈剥蚀使之成为今鄂尔多斯盆地的东部边缘。受吕梁山隆升和基底断裂活动的影响，形成南北走向的晋西挠褶带。断层走向和背斜走向变化较大。

第三节 沉积特征

鄂尔多斯盆地是一个多构造体系、多旋回演化以及多沉积类型的大型沉积盆地。在大地构造位置上，位于华北板块的西缘，盆地内沉积了自古生代以来的多套生储盖组合，蕴藏着丰富的油气资源。在漫长的地质构造演化过程中，它经历了太古代—早元古代的基底形成阶段，中晚元古代的大陆裂谷发育阶段，早古生代的陆缘海盆地形成阶段，晚石炭世—中三叠世的内克拉通盆地形成阶段，晚三叠世—早白垩世的前陆盆地发育阶段，新生代的盆地周缘断陷盆地形成阶段 6 个大的构造演化阶段。盆地现今构造格局奠基于中燕山运动，发展完善于喜马拉雅运动。根据现今构造形态，结合盆地演化史、构造发展史和构造特征，将鄂尔多斯盆地内部划分为伊盟隆起、渭北隆起、晋西挠褶带、伊陕斜坡、天环向斜和西缘逆冲带等 6 个构造单元。

鄂尔多斯盆地晚古生代沉积是在华北板块西部的、历经风化剥蚀后的早古生代沉积基础上发育而成的。晚加里东运动后，秦岭—祁连海关闭，华南板块与华北板块发生碰撞，并造成华北板块整体抬升，该区受其影响，沉积中断长达 1.3 亿~1.5 亿年之久，缺失了中奥陶世—下石炭世的地层，形成多种侵蚀地貌。至晚石炭世本溪期鄂尔多斯盆地再度沉降，开始接受沉积，但区域构造仍继承了早古生代的 NNE 向隆坳格局，以横贯南北的中央古隆起为中心，其西侧为贺兰裂陷带,东侧为克拉通内坳陷盆地。在整个晚古生代的演化历程中,鄂尔多斯盆地经历了本溪期—太原期的陆表海盆地(东部)和裂陷—坳陷盆地(西部)、山西期的近海湖盆到石盒子期—石千峰期的内陆湖盆3个演化阶段;沉积体系经历了从本溪期—太原期的潮坪—障壁岛体系到山西期—石千峰期的冲积扇—三角洲—湖泊体系的演变;沉积物则由碳酸盐岩、煤层、陆源碎屑的交互沉积过渡到陆源碎屑沉积。

一、区域沉积背景

1. 早二叠世山西期

太原期沉积后,区域构造环境和沉积格局发生了显著变化。因华北地台整体抬升,海水从鄂尔多斯盆地东西两侧迅速退出,盆地性质由陆表海盆演变为近海湖盆,沉积环境由海相转变为陆相,东西差异基本消失,而南北差异沉降和相带分异增强,总体沉积面貌为以吴旗、富县、宜川、延长地区为盆地沉降中心,发育浅湖沉积,周缘滨湖区则以三角洲沉积为特征,可分为盆地北部、西北部、西部、西南部和东南部5个三角洲沉积体系,砂体具有向湖盆强烈进积的层序结构。盆地北部乌达—东胜一带为冲积扇和冲积平原分布区,冲积平原内主要为河道和河漫滩沉积,向南到呼鲁斯台—鄂托克旗—伊金霍洛旗发育呈东西向展布且分布宽广的三角洲平原,银川—靖边—米脂地区则发育三角洲前缘沉积。盆地西南部固原—平凉地区为三角洲平原发育区,环县—西峰一带为三角洲前缘沉积。盆地东南区蒲城—澄城区发育三角洲平原,向北到旬探1井—黄龙—韩城区则以三角洲前缘沉积为特征。该期总体上可划分出5个三角洲体系,分别为保德—米脂三角洲、乌审旗—靖边三角洲、石嘴山—银川—布拉格苏木三角洲、固原—平凉三角洲和铜川—韩城三角洲。

山西期沉积特征主要表现为:
(1)三角洲相取代潮坪—浅水陆棚相。
(2)沉积相带呈南北相带分异,由北向南,由冲积平原、三角洲平原、三角洲前缘过渡到浅湖沉积。
(3)海相碳酸盐岩建造演变为陆源碎屑含煤建造。

三角洲平原规模大,分布范围广。岩相古地貌特征,以分流河道和洪泛平原或平原沼泽(河间洼地)两个古地理景观最为突出。分流河道侵蚀、冲刷,并不整合于太原组的海相地层上。山西早期较早时,由于其北部物源区的不断抬升,侵蚀速度加快,河流作用不断向南推进,分流河道砂体发生强烈的进积作用,形成多个正粒序,构成总体上向上变粗的进积砂体。此外由于辫状水系或分流河道常常发生快速、频繁的废弃与复活,使砂体间的冲刷、切割和垂向叠置加积现象十分普遍,从而导致砂体规模大,单个砂层可厚达十几米。到山西晚期中晚时,北部物源区抬升相对减弱,河流进积作用也相应减弱,普遍发生分流河道砂体的加积—退积,即河流溯源堆积。砂体规模小,泥质含量增加。随着河流作用的逐渐减弱,中南部辫状水系大部分被废弃而沼泽化。

作为该期另一大古地理景观的洪泛平原或平原沼泽,实为辫状水系或分流河道间的洼地,在潮湿气候下普遍沼泽化,主要是一套纯泥质沉积或泥质与砂质互层沉积。其间的次级水系

(分流河道),在洪泛期常决口,在洪泛平原或平原沼泽中形成透镜状的决口河道或决口扇,但规模较小,垂向上表现为一种泥包砂的特征,其分布在北部以洪泛平原为主,在南部则平原沼泽相对发育。

这两大古地理景观的存在以及自身特点,导致该区砂体分布的集中性较强,即发育砂体的地方,砂体规模大,单砂层厚度大。而在泥质出现地方,砂体不发育,规模小,单层厚度较薄,自然伽马曲线上有时很难反映出来。因此,该区砂体两极分化的特征比较显著,这对储集砂体的发育极为有利。

山西早期,鄂尔多斯盆地处于海盆向湖盆转化和区域构造活动的重新分化与组合的过渡时期,区域构造活动较为强烈。与太原期相比,伴随着盆地性质的转化,沉积盆地中心向南有较大迁移,由海相逐渐转变为陆相沉积环境,除在盆地北部形成具有进积特征的保德—米脂三角洲体系、乌审旗—靖边三角洲体系和石嘴山—银川—布拉格苏木三角洲沉积体系外,在盆地西南部、南部—东南部地区也分别形成了固原—平凉三角洲和铜川—韩城三角洲体系。在三角洲体系中,三角洲平原和前缘与分界特征明显,表现在沉积构造特征的变化和碎屑颗粒大小的分布变化上;三角洲之间尤其是盆地北部乌审旗—靖边三角洲与石嘴山—银川—布拉格苏木三角洲体系分流河道与水下分流河道侧向分枝与复合作用加强。西南部三角洲与南部—东南部三角洲之间以滨浅湖沉积分隔,湖泊沉积分布于石楼—富县—泾川一线,呈北东—南西向展布。

山西晚期冲积平原、三角洲体系和湖泊的分布,继承了山西早期的特征,在盆地沉积中心以北,砂体分布较厚的地区仍然位于三角洲平原与三角洲前缘过渡地区,但是随着区域构造活动日趋稳定,物源供给减小,盆地进入相对稳定沉降阶段,发生了较大规模的湖侵。在盆地北部地区,伴随着湖侵作用的不断扩大,三角洲体系向北收缩,沉积相带相应北移,尤其以三角洲平原与前缘的分界线北移表现明显,三角洲平原相区缩小,三角洲前缘相区扩大。在南部,由于区域构造抬升和物源供给充足,三角洲体系向盆地略有推进,三角洲前缘相区扩大至泾川—西峰一带。

2. 中二叠世下石盒子期

进入中二叠世,气候由温暖潮湿变为干旱炎热,植被大量减少,从而沉积一套灰白色—黄绿色的纯的陆源碎屑建造。初期,北部古陆进一步抬升,物源丰富,季节性水系异常活跃,沉积物供给充分,相对湖平面下降,河流—三角洲体系向南推进,三角洲沉积异常发育。随后,伴随着北部物源区抬升的再次减弱,沉积物补给通量减小,湖平面上升,河流作用减弱,湖泊作用增强。

该期岩相古地理格局与山西期有一定的继承性,但也发生了显著变化。伴随区域构造活动继续加强,北部物源区继续抬升,丰富的陆源碎屑导致相对湖平面的迅速下降,三角洲体系快速向湖中推进,致使三角洲平原相带向南迁移,平原相区缩小,前缘相区增大。

北部 E2 井和 WT1 井区发育两个规模较大的冲积扇,石嘴山—杭锦旗—准格尔旗一带为冲积平原发育区,在冲积平原区主要有 4 条主水系河道分布,向南逐渐演变为三角洲平原的分流河道。中北部银川—乌审旗—神木地区为三角洲平原,中东部分流河道复合明显,该相带与山西期相比明显变窄,而三角洲前缘则相对发育,分布于鄂托克前旗—榆林以南地区,最南端可延伸至甘泉一带。中部吴旗—富县—汾西地区为浅湖沉积区,西南部和东南部有两个三角洲体系分布。与山西期基本相同的是在盆地周缘同样发育北部、西北部、西南部、东南部五个主要的三角洲体系。

整体看来,鄂尔多斯盆地二叠系北高南低的区域古地貌特征明显,发育超高建设性河流—三角洲沉积(图2-4)。

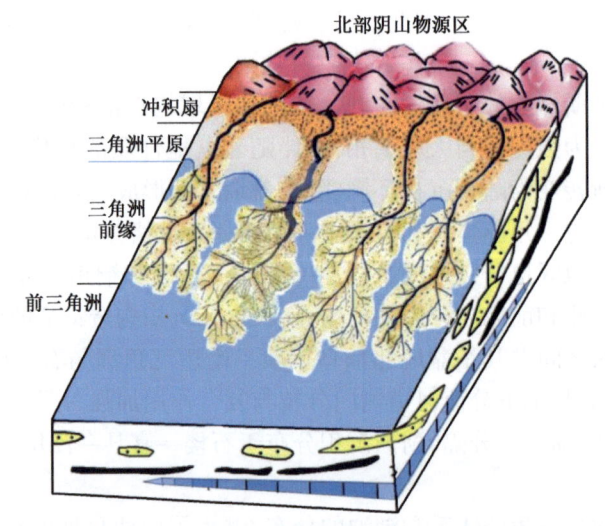

图2-4 鄂尔多斯盆地超高建设性河流—三角洲沉积模式图

二、沉积相标志及划分依据

针对取心井上古生界山西组山$_1$段、下石盒子组盒$_8$段地层中较丰富的沉积相标志确定沉积相类型。这些沉积相标志包括沉积岩的颜色、岩性、沉积构造、古生物和地球物理特征等。

根据砂岩的颜色、成分、结构、原生沉积构造等各项沉积学特征,将山$_1$段主要划分为曲流河三角洲平原,盒$_8$段主要划分为辫状河三角洲平原。其主要依据有以下几个方面。

1. 颜色特征

颜色是沉积岩最直观、最醒目的标志,尤其是沉积岩中的泥岩原生色。它反映了岩石中含铁自生矿物和有机质的种类及数量,是沉积环境最直接的指示剂。沉积岩颜色的变化除取决于成分外,还与其沉积环境密切相关。因此,在判别沉积环境时,沉积岩的颜色具有非常重要的作用。

岩心观察统计结果表明,盒$_{8上}$和盒$_{8下}$上部的泥岩见紫红色、杂色、褐色或棕色等氧化色(图2-5),盒$_{8下}$下部和山$_1$段泥岩多为深灰色与灰色,部分为浅灰色及绿灰色,少量灰黑色和灰绿色。颜色整体较浅,很难见到还原条件下的暗色特征,表明盒$_8$段、山$_1$段形成于水上环境。

盒$_8$段、山$_1$段的砂岩、含气砂岩主要为灰白色和浅灰色(图2-6、图2-7),部分为杂色,说明砂岩沉积时以弱还原环境为主,具有明显的陆上河流沉积环境特征。

图 2-5 紫红色泥岩(S17 井,3362.2m)

图 2-6 灰白色砂岩(S24 井,3416.88m)

图 2-7 浅灰色砂岩(S56-8 井,3446.33m)

2. 岩性特征

岩心观察与描述结合录井资料等分析表明,盒$_8$段、山$_1$段地层由灰白色、浅灰色粗砂岩、含砾粗砂岩、中砂岩、细砂岩及灰色、深灰色泥岩、泥质砂岩、砂质泥岩组成,局部夹少量煤层或煤线(图2-8、图2-9)。砂岩以含砾粗砂岩、中砂岩为主,占砂岩总量的80%以上,含少量细砂岩,含量小于10%,几乎不见粉砂岩。受区域物源供应控制(图2-10),该区目的层物源以富石英的石英岩和变质岩为主,含少量火山岩和沉积岩。

砂岩类型以石英砂岩及岩屑石英砂岩为主,含少量岩屑砂岩(图2-11),几乎不含长石,颗粒磨圆度中等—较好,多呈次棱角状,部分为次棱—次圆状、次圆状,分选性中等—较好,杂基含量较低(普遍小于5%),反映较高的成分成熟度和结构成熟度。颗粒支撑为主,接触方式以线接触为主。说明这些砂岩是在高能沉积环境下遭受反复冲洗作用的产物,显然为河流相沉积的标志。

(a)含砾粗砂岩相,发育板交错层理

(b)灰黑色泥岩相,见碳质纹层

(d)含砾粗砂岩相

(e)细—中砂岩相,断面可见炭化植物根茎

(c)沙纹层理泥质粉砂岩相,可见明显的沙纹层理构造

图 2-8　盒$_8$ 段岩石类型

(a)块状层理含砾粗砂岩相

(b)平行层理中—细砂岩相

(c)粒序层理细—中砂岩相

(d)板状交错层理细砂岩相

(e)水平纹层粉—细砂岩相

(f)浅红色粉砂质泥岩相

图 2-9　山$_1$ 段岩石类型

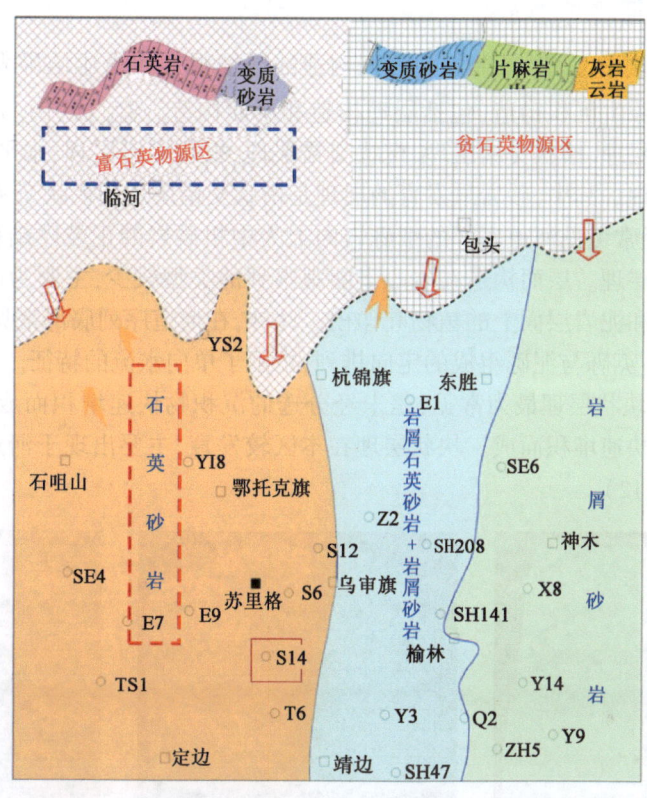

图 2-10 鄂尔多斯盆地区域物源及岩石类型分布示意图

图 2-11 盒$_{8下}$砂岩类型

3. 沉积构造特征

对取心井盒$_8$段、山$_1$段地层中各种沉积构造的详细观察和描述结果表明,盒$_8$段、山$_1$段的沉积构造主要为原生沉积构造,包括层理构造和层面构造。盒$_8$段、山$_1$地层砂岩中的层理构造主要包括块状层理、槽状交错层理、楔状交错层理、板状交错层理、水平层理和波状层理,局部见爬升波痕层理。其中,砂岩最发育的层理是槽状交错层理和楔状交错层理,块状层理和板状层理次之,也经常可见河道底部的细砾岩向上为中粗砂岩的正粒序结构。泥岩最发育的是块状层理和水平层理。层面构造在岩心上能观察到的类型较少,主要为砂岩层面上的冲刷面和植物茎秆印模和泥岩层面上的植物叶印模。此外,在河道序列底部常见冲刷面,冲刷面起伏不平,其上可见石英砾与泥砾组成的定向排列,指示了单向水流的特征。

(1)块状层理:块状层理最为常见,是未经分选的沉积物快速堆积而成,或者在安静环境中由单一的沉积物快速堆积而成。块状层理在本区较发育,主要出现于河道砂岩及泛滥平原泥岩环境中(图2-12)。

(a)浅灰色块状层理石英砂岩(S56-8井)

(b)浅灰色槽状交错层理岩屑石英砂岩(S55-6井)

(c)灰白色楔状交错层理石英砂岩(S56-8井)

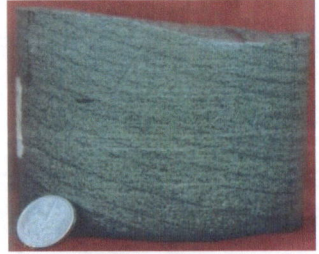
(d)浅灰色板状交错层理石英砂岩(S24井)

(e)河道滞留沉积及底冲刷面(S14井)

图2-12 块沉积构造类型

(2)槽状交错层理:交错层的下层系界面呈向下凹的曲面,上界面或者呈简单的下凹曲面,或者为波浪形的曲面。在垂直于流动方向的剖面上,前积纹层和下界面表现为槽形。

(3)楔状交错层理:交错层的层系界面为不平行的平面,层系因厚度变化向另一段收敛相交呈楔形。

(4)板状交错层理:主要为大中型的层系,层系上界面、下界面平直,呈板状,厚度较稳定,层系下界面有冲刷面。它是由沙浪迁移而形成的。

(5)水平纹层:常见于粉砂岩、粉砂质泥岩和泥岩中,其纹理细薄清晰且彼此平行,反映了在低流态的低能环境中由悬浮物质沉积而成。主要发育于河道间洼地及天然堤等低能或静水沉积环境中。

(6)沙纹交错层理：沙纹交错层理在本区较发育，主要出现于粉细砂岩、粉砂岩中，是多层系的小型交错层理，层系下界为微波形，细层向一方倾斜并向下收敛。它是由流水沙纹迁移形成的。主要形成于水动力条件较弱的环境，主要出现在河道间洼地和天然堤沉积的细砂岩及粉砂岩中。

(7)河道底冲刷面：由于距物源区较近、水流强度较大，水流强烈的冲刷造成明显的河道底部侵蚀现象，河道底冲刷现象广泛发育于盒$_8$段、山$_1$段河道底部。

4. 古生物标志

盒$_8$段、山$_1$段地层中动物化石稀少，但砂岩交错层理面上或泥岩中含有丰富的炭屑、植物茎秆、孢粉或植物叶片印模等化石(图2－13)，主要以半湿地和旱地植物化石为主，植物化石的局部富集可形成煤线和煤层。此外，在废弃河道静水沉积区堆积的泥岩中，偶尔发育底栖动物钻孔觅食形成的潜穴和生物扰动构造。

(a)粉砂质炭质泥岩中炭化的芦木茎(已成烃)　　(b)粉砂岩层面保存完好的纤弱楔羊齿化石

图2－13　目的层古生物特征

5. 粒度CM图特征

苏里格气田盒$_8$段、山$_1$段CM图(图2－14)显示砂岩样品多落在OP段和PQ段，表明沉积负载主要是滚动、跳跃和悬浮三种组分，以跳跃和滚动组分为主的特点。

以上砂岩的图像粒度特征，结合岩心观察结果，砂岩颗粒的磨圆度以次棱角为主，少量次圆－次棱角状等结构特征表明，盒$_8$段、山$_1$段沉积砂体形成于水流较强的河流沉积环境或三角洲沉积环境中，该沉积环境以水动力条件较强、砂质沉积为主，含一部分以滚动搬运的砾石级颗粒，悬浮搬运的细粒物质较少。

6. 测井相标志

标志沉积相的沉积岩石学标志中，沉积物的结构、泥质含量及垂向变化均可在自然电位、自然伽马值、电阻率等有关测井曲线的幅度、形态、光滑程度等方面反映出来。根据与岩心沉积相标定后以储层发育的情况界定出3种主要测井相分析模式，即箱状曲线的心滩微相模式，钟形曲线的分流河道、边滩微相模式，低幅齿形、线形的洼地模式。

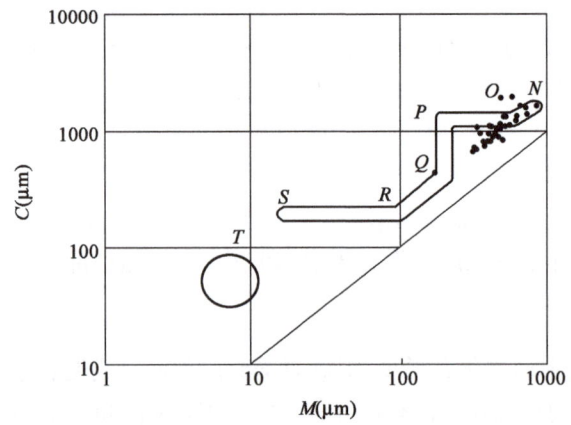

图 2-14 苏里格气田盒$_8$段、山$_1$段砂岩 CM 图

C—粒度分析资料累积曲线上颗粒含量1%处对应的粒径,μm；
M—粒度分析资料累积曲线上颗粒含量50%处对应的粒径,μm

测井相分析的内容包括测井响应序列的选择、测井响应曲线特征分析及测井相特征分析等方面。根据地层岩性特征、沉积特征及测井响应曲线组合特征及其分辨率可以看出,在选择以自然伽马曲线与自然电位曲线相结合,辅助深侧、浅侧向电阻率、中子、密度和声波时差曲线,效果良好。测井响应曲线特征包括曲线的异常幅度、光滑程度、齿中线的收敛情况、曲线形态和顶底接触关系等,测井曲线的形态特征,如幅度、顶底接触关系、光滑程度和形状等,在很大程度上都是沉积岩岩性、粒度、分选、泥质含量、垂向层序和沉积旋回等沉积特征的反映,是重要的相标志之一。不同的沉积微相所对应的测井相特征有所差异。

通过对不同沉积微相测井响应关系的分析,总结出了苏里格地区不同沉积微相的测井响应特征(图 2-15)。

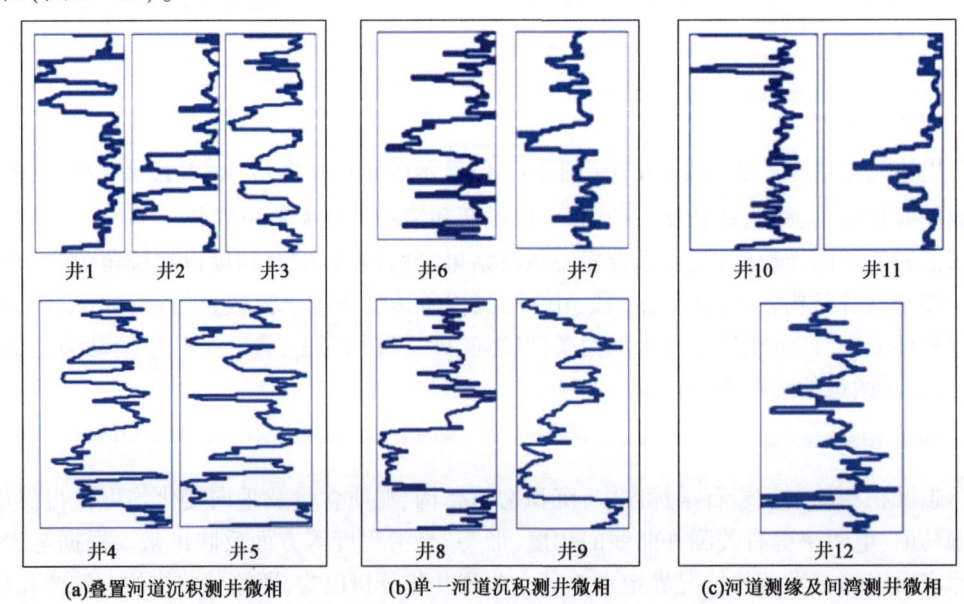

(a)叠置河道沉积测井微相　　(b)单一河道沉积测井微相　　(c)河道测缘及间湾测井微相

图 2-15 盒$_8$段和山$_1$段自然伽马典型测井相标志

(1)平滑箱形曲线:底、顶部呈突变关系和略显正韵律变化特征,反映沉积物源丰富和水动力条件稳定,多由中－粗粒砂岩等粗粒物质组成,较均匀,其典型的代表相带为心、边滩及分流河道砂,可具有多韵律叠置的辫状河特征。

(2)齿化箱形曲线:与(1)非常相似,反映由中－粗粒砂岩等粗粒物质的规律叠置辫状河心滩和河道充填沉积特征,内部结构不均匀,可能发育有泥质夹层;齿化曲线既可以是正齿形,也可以是反齿形或对称齿形,代表了能量的快速变化,辫状河沉积表现为此特点。

(3)钟形曲线:底部呈突变和顶部呈渐变关系,反映了由中－粗粒砂岩组成的、由粗变细的河道侧向迁移的沉积序列及正粒序结构特征。冲刷面、叠置的边滩或心滩与薄泥岩夹层组合在一起,因为每个叠置砂体含泥量的规律性变化,可使钟形曲线多次叠加而呈宏观的圣诞树形,是曲流河点沙坝的典型曲线特征。

(4)漏斗形曲线:大多数电测曲线幅值从顶部至底部呈减小趋势,顶部渐变,底部突变,岩性主要为反韵律的薄层砂岩、粉砂岩、泥岩互层,砂岩主要发育在反映前积砂体的反粒序结构顶部,代表了河口坝的沉积特征。

(5)平滑曲线:平滑－较平滑的高伽马值曲线,反映较连续的泥岩沉积。

(6)尖刺状指形曲线:指形曲线幅度高,表明物源少,沉积环境能量分选好,代表滩砂或席状砂的基本特点;以高伽马值平滑曲线为背景的指形曲线,是决口扇和决口河道的典型曲线特征。

除上述常见的几种曲线类型外,还有很多由低伽马值曲线组合而成的复杂曲线类型。因为每一种沉积环境都具有特有的岩性和层序组合,反映也必然有特定的形态组合。

主要的测井相标志揭示,盒$_8$段以及山$_1$段主要为平原河流沉积,典型的测井相有心滩、边滩及分流河道、单一河道以及河间沼泽、漫滩、决口扇。

三、沉积相划分及特征

1. 沉积相划分

晚古生代时期,由于区域构造抬升运动影响,除石炭纪本溪期和太原期为海相沉积外,海水逐渐退却,经边缘坳陷盆地演化成内陆坳陷盆地,主体发育一套陆相河流、三角洲和湖泊沉积,湖泊三角洲可划分出三角洲平原、三角洲前缘和前三角洲三个亚相,各亚相由不同的微相所组成。主要位于为三角洲平原沉积环境,山$_1$段主要为曲流河三角洲平原,盒$_8$段主要为辫状河三角洲平原(图2－16、表2－2)。

表2－2 山$_1$段－盒$_8$段沉积体系和沉积相划分

沉积体系组	沉积体系	沉积相	亚相	微相	分布地区	分布层位
大陆沉积体系	湖泊三角洲	辫状河三角洲或曲流河三角洲	三角洲平原	分流河道、天然堤、决口扇、分流间湖泊、沼泽、泛滥平原	盆地北部近古陆的边缘	山$_1$段 盒$_8$段

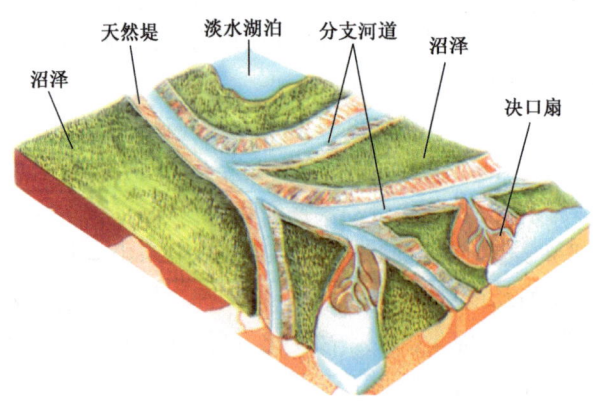

图 2-16　山$_1$ 段—盒$_8$ 段沉积模式

2. 沉积相特征

三角洲平原亚相是三角洲沉积的水上部分,位于三角洲沉积层序的最上部,俗称顶积层。在三角洲平原亚相可识别出分流河道、天然堤、决口扇、洪泛平原及平原沼泽(洼地)等微相(图 2-17、图 2-18)。

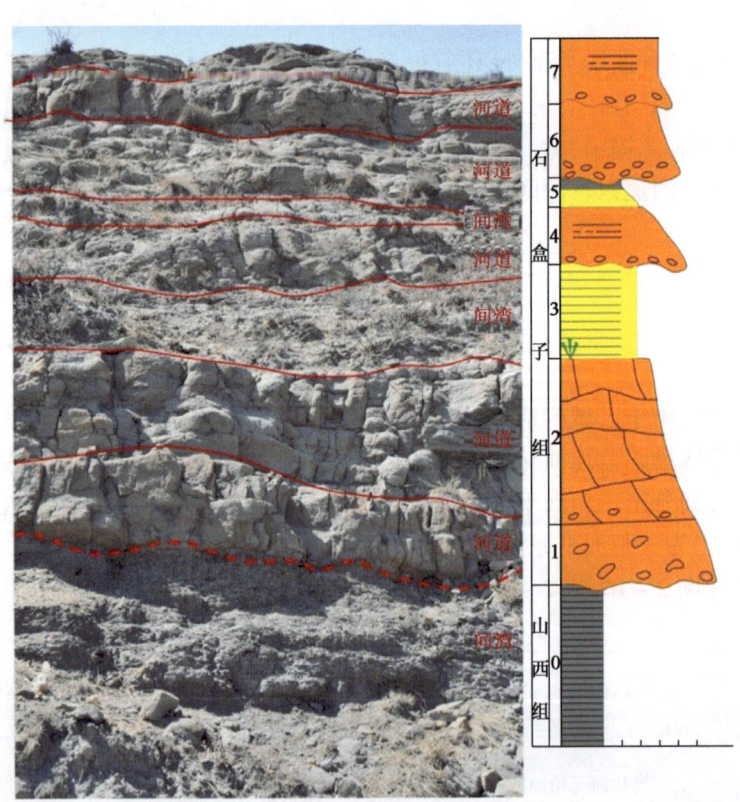

图 2-17　内蒙古阿拉善左旗呼鲁斯太镇石盒子组辫状河沉积剖面示意图

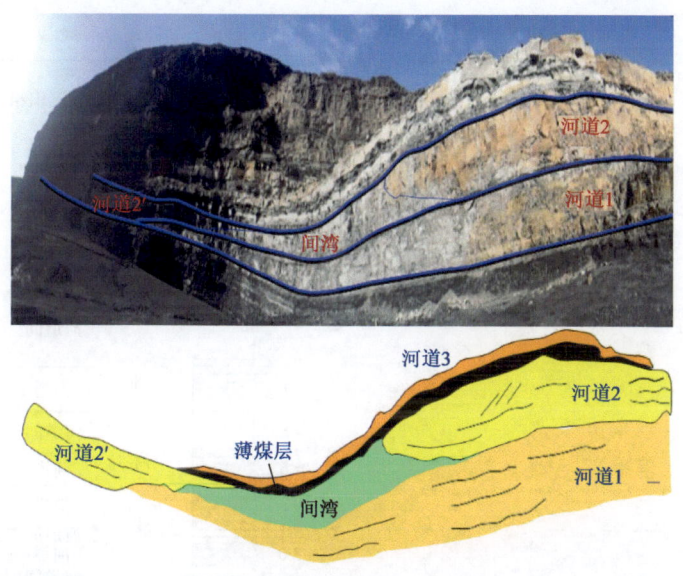

图 2-18 内蒙古乌海市卡布其山西组曲流河沉积剖面示意图

(1) 分流河道微相。

分流河道沉积是三角洲平原的骨架砂体,主要由含砾粗砂岩、粗砂岩及中粒石英砂岩、岩屑砂岩所组成。砂岩的成分成熟度和结构成熟度都较低,砂岩中发育板状交错层理、槽状交错层理、楔状交错层理、平行层理等。砂岩底部有明显的底冲刷构造,冲刷面之上广泛见有冲刷泥砾。砂体本身具有明显的正粒序层理,粒度分布概率累积曲线为二段式,以发育跳跃总体为主,含量为5%~90%,斜率高,分选好;次为悬浮总体,含量为10%~15%,滚动总体不发育。

在测井曲线上表现为钟形或齿化钟形,反映了水流能量和物源供给减少条件下的沉积,即反映了水流强度由高流态向低流态的转变,显示了河流侵蚀作用的不断减弱(图2-19)。

曲流河与辫状河分流河道:盒$_8$段的分流河道沉积之上,顶层亚相多不发育,缺乏二元结构,属于典型的心滩沉积,具正粒序结构。并且经常可以看到快速废弃—复活的特征,具大规模交错层理的中粗粒砂岩,突然覆盖以极薄的具水平纹层的粉砂岩、粉砂质泥岩沉积,或者没有(可能被冲刷掉),而且分流河道砂体往往多次反复叠加成一个厚砂体,构成复合正韵律,其总厚度远远大于河深,表明砂体横向迁移快、冲刷强烈、河道分布不稳定,分流河道具有辫状河特点。因此,盒$_8$段三角洲平原分流河道主要是辫状性质的分流河道,表现为曲流河分流河道的特征。山$_1$段的曲流河三角洲平原河道则发育以边滩为主的具有二元结构的分流河道沉积,这种分流河道的沉积特征与辫状河性质的分流河道有显著的差异(图2-19、图2-20)。

(2) 天然堤和决口扇微相。

在三角洲平原亚相河道微相发育过程中,天然堤和决口扇沉积也极为发育。其中天然堤由灰色、灰绿色细砂岩、粉砂岩、泥岩组成,发育水平层理和沙纹层理,天然堤沉积在测井曲线上表现为低幅的平直或微齿化曲线。

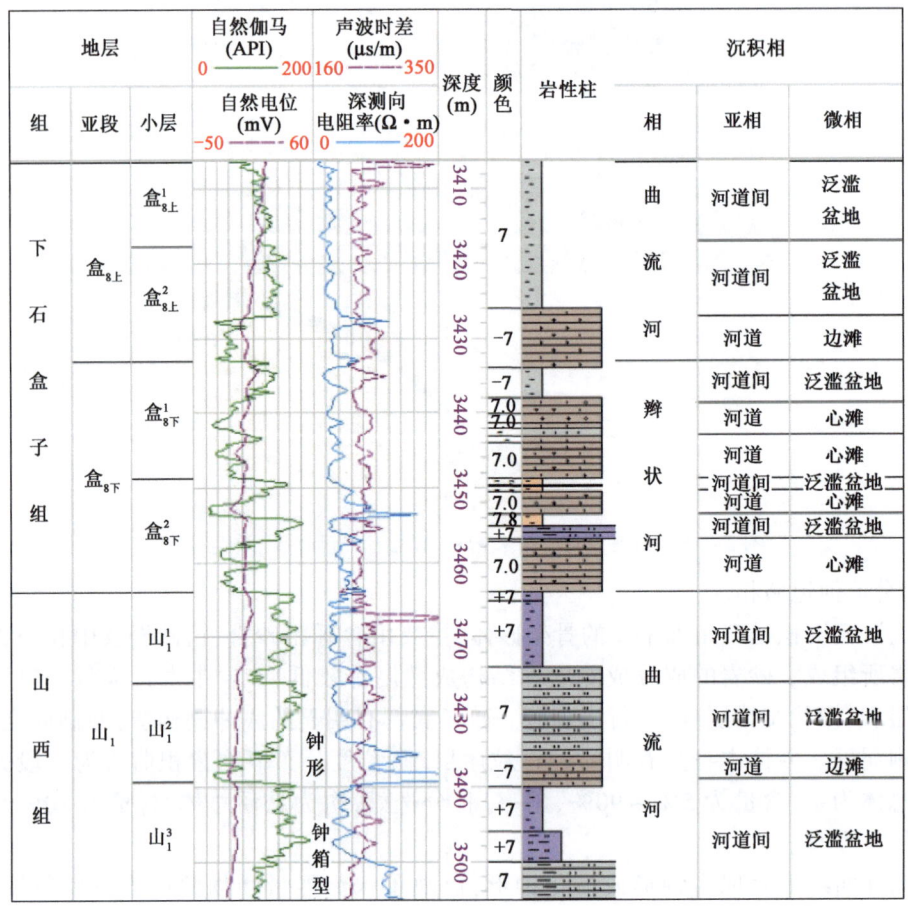

图2-19 单井沉积微相综合柱状图

决口扇在区内广泛发育,主要由夹于灰色、灰绿色泥岩中的粉砂岩和细砂岩组成。由于决口扇沉积是一种突发事件,且堆积于泛滥平原,因而其在测井曲线上为夹于低幅平直曲线上的指形或齿形曲线(图2-20)。

(3)洪泛平原微相。

以泥岩沉积为主,夹少量的粉砂质泥岩,部分有机质含量很高,为黑色泥岩或碳质泥岩,水平层理发育,生物扰动构造普遍。由于该类沉积主要为泥岩沉积,因而在测井曲线上以低幅的平直曲线或微齿化曲线为特征(图2-19)。

(4)平原沼泽(洼地沼泽)微相。

为分流河道间的局限环境沉积,它是由河水流入低洼处,植物繁茂形成的沼泽,主要由黑色泥岩、灰质泥岩组成,偶见纹层状粉砂岩,厚度小,缺乏明显层理,有时根土岩发育。

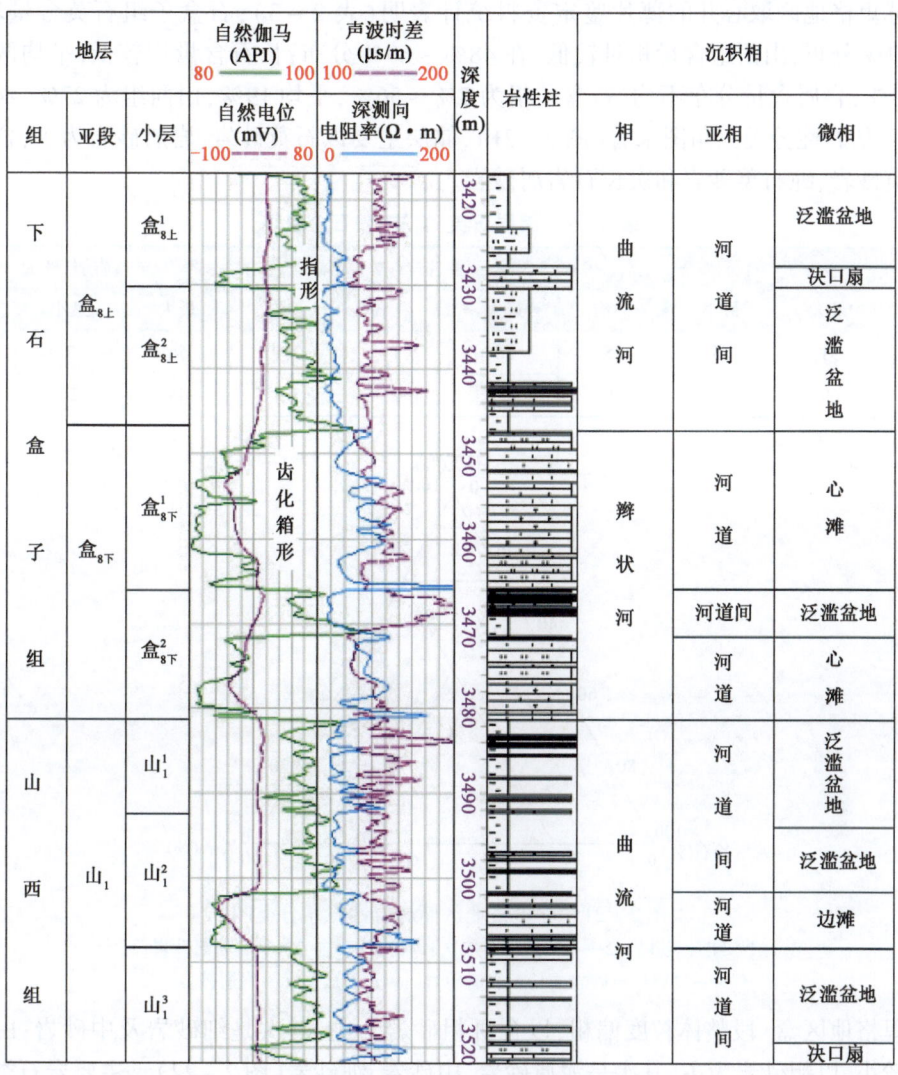

图 2-20 单井沉积微相综合柱状图

第四节 储层特征

一、储层岩石类型

苏里格地区石盒子组和山西组砂岩来自北部多个物源,碎屑成分复杂、变化大。主要碎屑有石英、长石和岩屑,另有少量片状矿物(主要是云母)、火山碎屑等其他成分。石英、岩屑含量高,长石含量低。石英主要为单晶石英,有少量燧石;长石主要为钾长石,有少量斜长石;岩屑成分多,有粉砂岩、黏土岩、碳酸盐岩和硅质岩等沉积岩岩屑,有石英岩、千枚岩、板岩、片岩等变质岩岩屑及少量花岗岩岩屑、喷发岩等岩浆岩岩屑,各类岩屑成分含量变化大。

对苏里格地区取心井的薄片鉴定资料统计表明(表2-3)，石盒子组石英含量较高，在56%~91%分布，山西组含量相对较低，在48%~69%分布；长石含量均较低，平均两个小层含量为3%；岩屑含量分布不均，石盒子组为7%~56%，平均19%，山西组为27%~45%，平均37%。从岩性分类三角图来看(图2-21)，储层主要以石英砂岩、岩屑砂岩为主，含少量的岩屑石英砂岩、纯石英砂岩和次长石岩屑砂岩。

表2-3 储层石英、岩屑、长石含量表

层位	石英(%)			长石(%)			岩屑(%)		
	最大	最小	平均	最大	最小	平均	最大	最小	平均
石盒子	91	56	75	56	1	2.9	56	7	19
山西组	69	48	56	5	2	3.1	45	27	37

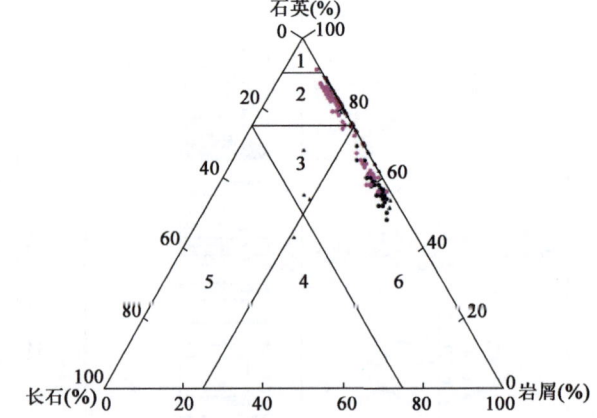

图2-21 苏里格地区储层岩性三角分类图
1—纯石英砂岩；2—石英砂岩；3—次岩屑长石砂岩或次长石岩屑砂岩；
4—岩屑长石砂岩或长石岩屑砂岩；5—长石砂岩；6—岩屑砂岩

苏里格地区盒$_8$段整体粒度偏粗，以含砾粗砂岩为主，其次是细砂岩及中砂岩；山西组粒度相对较小，以粗砂岩为主，其次是泥质砂岩、中砂岩、细砂岩(图2-22)。主要岩石类型及不同粒度岩石类型如图2-23、图2-24所示。

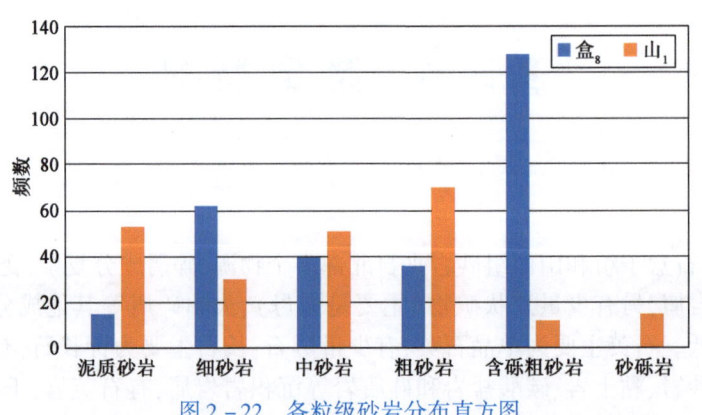

图2-22 各粒级砂岩分布直方图

(a)粗粒石英砂岩(盒$_8$段)　　(b)不等粒岩屑石英砂岩(盒$_8$段)　　(c)中—细粒岩屑砂岩(山$_1$段)

图2-23　主要岩石类型

(a)含灰巨砂质粗粒岩屑砂岩(盒$_8$段)　　(b)巨砂质粗粒岩屑砂岩(盒$_8$段)

(c)粗粒岩屑砂岩(山$_1$段)　　(d)中砂质粗粒岩屑砂岩(山$_1$段)

图2-24　不同粒度岩石类型

储层岩石结构成熟度偏低,砂岩中颗粒形态为次圆-次棱角状,以次棱角状为主,分选中-较差。反映出河流水动力较强,距物源较近、沉积物快速堆积的特点。

取心井填隙物统计显示,填隙物中黏土含量最多,其次为方解石和硅质;石盒子组黏土含量稍低,为6.9%,山西组较高,为11.3%。据电镜图片分析,黏土矿物主要成分为高岭石和伊利石,并含少量的绿泥石和伊/蒙混层。本区砂岩中胶结物类型多样,主要胶结物为方解石、白云石、硅质、高岭石等,总胶结物含量石盒子组平均含量13.3%,山西组平均含量15.2%,各胶结物种类在各类岩石中无明显差异,部分异常井中某种胶结物含量较多。胶结物中以硅质和方解石较为重要，是影响砂岩储层性质的主要因素。从薄片描述可知，岩性成熟度低，岩屑含量高，胶结类型主要为孔隙式胶结，偶见石英次生加大和基底式胶结（图2-25、表2-4、表2-5）。

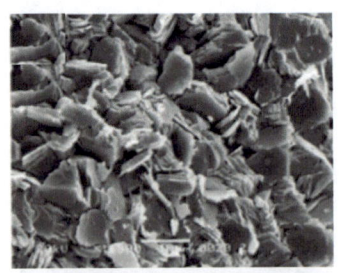
(a)粒间孔发育书页状高岭石集合体(×1900)

(b)次生石英晶体及毛发状伊利石集合体充填于粒间孔隙，见残留孔隙(×700)

(c)片状绿泥石集合体充填于石英颗粒之间，见石英颗粒次生加大(×1000)

(d)石英多具次生加大，可见少量溶蚀孔、高岭石晶间孔(×100)

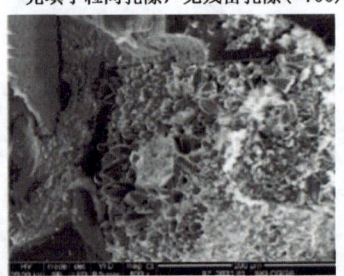
(e)微晶石英充填于黏土矿物表面(×800)

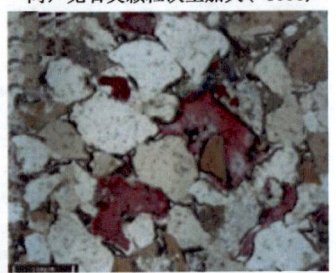
(f)铁方解石充填于粒间溶蚀孔隙中(×100)

图2-25 填隙物类型

表2-4 填隙物统计表

层位	方解石	白云石	硅质	黏土
盒$_8$段	2.405	0.102	2.105	6.902
山$_1$段	2.372	0.025	2.431	11.285

表2-5 盒$_8$段—山$_1$段黏土矿物统计表

层位	黏土矿物质量分数($\times 10^{-2}$)			
	伊利石(I)	伊/蒙(I/S)	高岭石(K)	绿泥石(C)
盒$_8$段	49	7	32	12
山$_1$段	56	8	27	8

二、储层储集空间类型及特征

1. 孔隙类型

薄片资料结合扫描电镜等分析表明，主要发育5类孔隙，即原生粒间孔隙、粒内溶孔、高岭石晶间孔、填隙物溶孔和微裂隙（图2-26）。

(1) 原生粒间孔隙。

本区原生孔隙主要为碎屑颗粒被绿泥石、伊利石薄膜或衬边所包裹后的剩余原生粒间孔隙以及被次生石英加大、微晶石英集合体或早期成岩阶段形成的微晶方解石胶结物充填之后剩余的原生粒间孔隙。该类孔隙形态不规则，多呈三角形、四边形及长条形，孔径一般大于50μm。

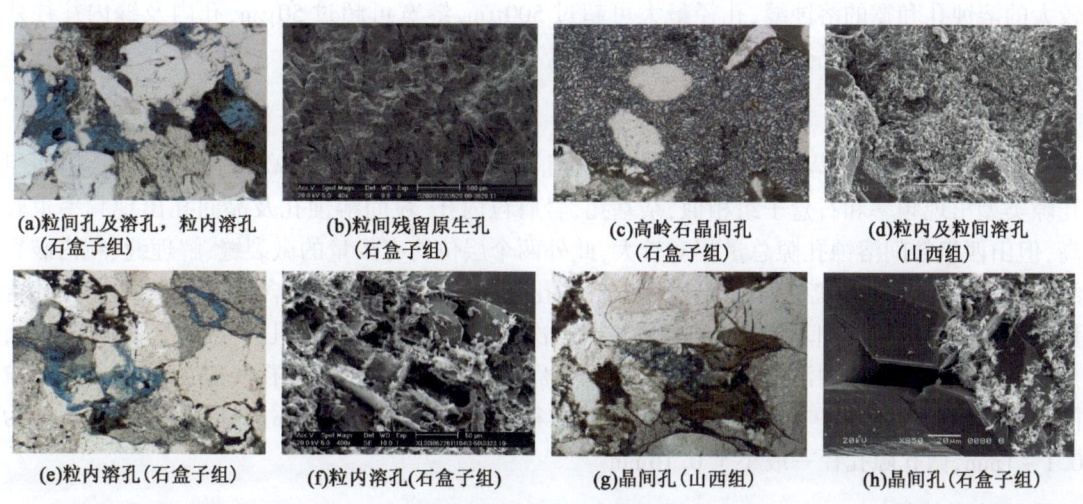

(a)粒间孔及溶孔，粒内溶孔 (石盒子组)　(b)粒间残留原生孔 (石盒子组)　(c)高岭石晶间孔 (石盒子组)　(d)粒内及粒间溶孔 (山西组)
(e)粒内溶孔(石盒子组)　(f)粒内溶孔(石盒子组)　(g)晶间孔(山西组)　(h)晶间孔(石盒子组)

图2-26　储层孔隙类型

(2) 粒内溶孔。

本区砂岩总体为高石英、贫长石特征，长石普遍遭受溶解形成形态较规则的长石粒内溶孔，溶解作用常沿其矿物裂纹进行，甚至全部被溶蚀而留下铸模孔。同时由于砂岩中多晶石英以及石英岩岩屑、硅质岩岩屑含量高，最终形成边缘不规则的单晶石英颗粒。喷发岩岩屑中的长石斑晶和基质部分被溶蚀后形成蜂窝状粒内溶孔；黑云母、千枚岩等假杂基被溶蚀后形成粒内微溶孔。

(3) 高岭石晶间孔。

这类孔隙在各层段砂岩中发育普遍，主要分布在粒间孔隙中和长石、岩屑次生溶孔中，是长石溶解后再沉淀的产物，常与原生粒间孔隙、粒内溶孔以组合形式出现。孔隙的大小及分布极不均匀，一般孔径较小(小于10μm)，其大小与晶体大小、堆积紧密程度等有关。

(4) 填隙物溶孔。

充填于颗粒之间的填隙物是砂岩的又一可溶组分，填隙物溶孔主要为凝灰质、水云母等黏土杂基溶孔，其形态不规则、大小不一，最小孔径小于10μm，最大孔径可大于200μm，常与高岭石晶间孔共同出现。局部层段可见方解石溶孔，方解石溶孔主要产于粒间充填的亮晶方解石中，溶解作用沿其解理面进行，形成形态较规则的方解石内溶孔。

(5) 微裂隙。

微裂隙包括由于压实作用、收缩作用及各种构造应力作用形成的细小裂缝，由溶蚀作用形成的溶蚀缝不包括在微裂隙范围内。本区石英砂岩、岩屑石英砂岩以及岩屑砂岩中可含有较多的微裂隙,其含量普遍小于1%。构造应力所造成的裂缝较细,常可贯穿塑性岩屑、杂基等,缝内较为洁净,少数充填有泥质、硅质和方解石等物。砂岩中普遍发育的收缩缝主要出现在充填于孔隙中的黏土矿物(主要为蒙脱石、绿泥石)中。这些黏土矿物在成岩期失去束缚水或结构水,向靠近碎屑颗粒一方或孔隙中心发生收缩而形成收缩孔或呈线状展布的收缩缝。收缩孔/缝的形成有利于酸性水的进入以及对矿物颗粒和填隙物的溶解,经溶蚀改造后可形成孔径较大的溶蚀孔和宽的溶蚀缝,孔径最大可超过500μm,缝宽可超过50μm,孔内及缝内往往残留有未被溶蚀完全的黏土胶结物、硅质、碳酸盐、杂基等。

2. 孔径分布

石盒子组杂基孔、岩屑粒内孔、粒间溶蚀孔及晶间孔出现频率较高,均大于50%,山西组孔隙类型出现频率和石盒子组相似,杂基孔、岩屑粒内孔、粒间溶蚀孔及晶间孔出现频率也较高,但山西组粒间溶蚀孔隙总量相对较大,此外两个层位均有少量的微裂缝、解理缝、粒内破裂缝等孔隙存在,原生孔隙基本上不发育。各种孔隙所占孔隙相对百分含量,石盒子组杂基孔含量最高,占24.10%,粒间溶蚀孔和岩屑粒内孔次之,山西组粒间溶蚀孔含量最高,占40.02%,杂基孔、晶间孔、岩屑内溶孔等三种孔隙占15%左右。原生残余孔孔径一般为0.1~1mm,粒间溶孔孔径一般为0.1~1.6mm,粒内溶孔孔径一般为0.1~0.6mm,晶间孔的孔径一般为0.1~1mm,微孔隙孔径一般小于0.16mm。

3. 孔喉特征

孔隙喉道的形状和大小关系受碎屑颗粒接触关系、胶结类型的影响,并直接控制着孔隙的储集性和渗透性。根据铸体薄片和扫描电镜观察结果,盒$_8$段砂岩储层喉道特征以粒间缝隙喉道、片状或弯曲状喉道为主,也见有部分收缩型喉道,管状喉道型少见。

利用压汞资料统计分析,结果显示:盒$_8$段中值孔喉半径(R_{c50})主要集中在0~0.60μm(图2—27),分布频率可占到88.0%,平均值0.25μm,其中R_{c50}<0.20μm的样品微喉占55.5%,0.20μm≤R_{c50}≤0.4μm占18.5%,R_{c50}>0.6μm占12.0%。在产出规模上,多以细—微喉为主,含少量细喉和中喉。从铸体薄片资料来看,岩石的各种粒间孔隙虽然较发育,但孔隙之间的连通性仍然较差,其孔喉关系以中、小孔—细喉组合为主,微孔—微喉型组合次之,含少部分小、细孔—微喉型组合。

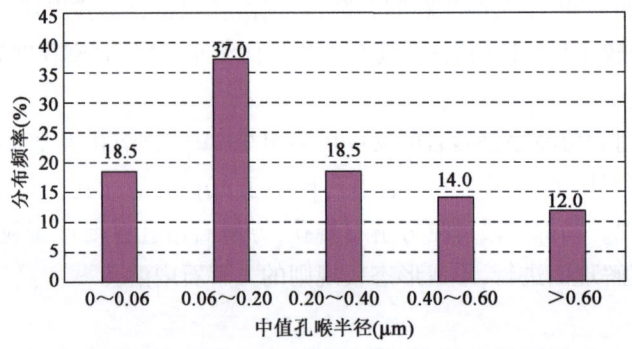

图2—27 苏里格气田盒$_8$段储层中值喉道半径分布频率图

4. 孔隙结构

孔喉结构是指孔隙及连通孔隙的喉道大小、形状、分布与连通的微观情况。前面已经描述了孔隙的类型和特征，下面主要通过压汞的特征参数以及曲线形态来分析储层孔喉大小及连通情况等微观特征。主要以这些样品为例来对孔喉结构特征进行描述。储层孔隙孔径可划分四类，即微孔（≤10μm）、细孔（10~50μm）、中孔（50~100μm）及粗孔（>100μm）。山$_1$段仅有微孔和细孔，分别为75%和25%。盒$_{8下}$以微孔和粗孔为主，分别占46.35%和38.41%，次为中孔占15.24%。盒$_{8上}$中、粗孔各占29.41%，细孔占23.54%，微孔占17.64%（图2-28）。

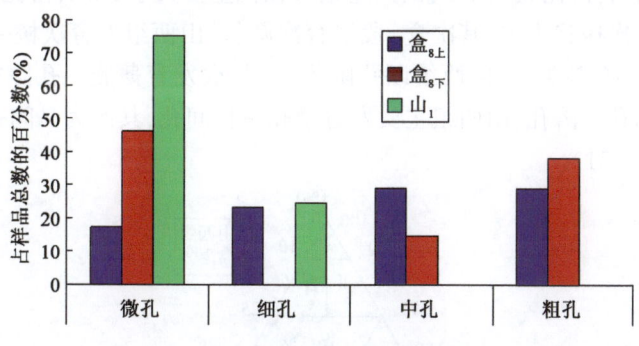

图2-28 孔隙孔径分布

据压汞资料统计，苏里格地区储层孔喉中值半径最大1.5μm，最小0μm，一般为0.03~0.9μm，其值小且分布范围较宽，不均匀，反映其喉道普遍较细。孔喉主要分布于0.2~2μm，以微喉型为主，其次为微细喉型。储层的歪度较小，分选系数偏大。毛细管压力曲线特征均表现出分选差、喉道不均匀、细歪度的特征，退出率较低，反映了岩石中孔隙和喉道尺寸大且分布不均匀，以及采收率较低的特征（图2-29）。

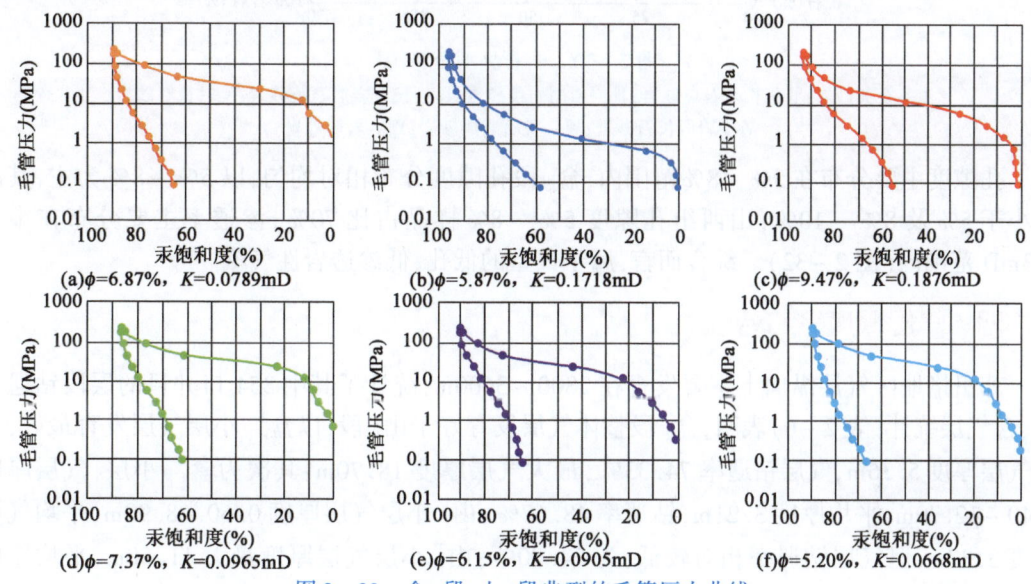

图2-29 盒$_8$段、山$_1$段典型的毛管压力曲线

ϕ—孔隙度,%；K—渗透率,mD

综上所述，储层孔隙结构具有"小孔喉、分选差、排驱压力高、连续相饱和度偏低和主贡献喉道小"的特点，其较差的孔隙结构特点决定了气田开发中，油气渗流的启动压差较大，如果储层不进行压裂改造人工造缝，很难获得较高的产能。

三、储层物性特征

盒$_8$段储层岩石类型以岩屑石英砂岩为主，含少量长石岩屑石英砂岩；山西组以岩屑砂岩为主，其次为长石岩屑石英砂岩（图2-30）；4口井34个样点显示，盒$_8$段最大粒径主要分布在小于1.5mm范围内，占比83.34%；山西组最大粒径主要大于2mm，占比36.37%；分选性以中等为主；磨圆度以次棱状为主，其次盒$_8$段发育次圆状，山西组发育次棱—次圆状；胶结类型盒$_8$段以孔隙、加大—孔隙为主，山西组以孔隙为主，其次发育薄膜—孔隙类型；盒$_8$段主要发育微孔，其次为晶间孔—溶孔，山西组主要发育微孔—粒间孔，其次为晶间孔—溶孔及微孔，发育部分晶间孔（图2-31）。

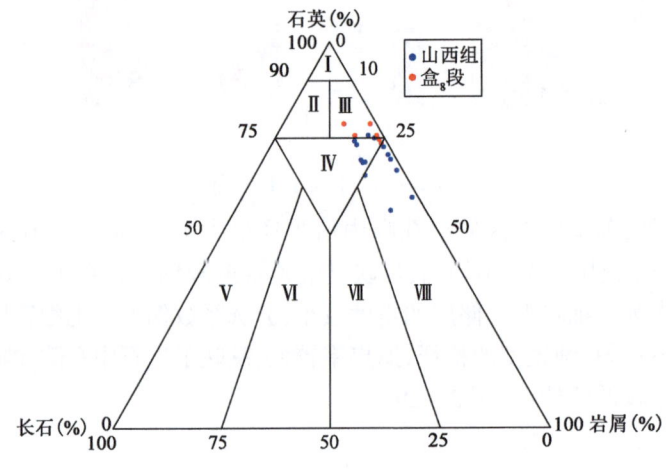

图2-30 岩石类型分布图

Ⅰ—石英砂岩；Ⅱ—长石石英砂岩；Ⅲ—岩屑石英砂岩；Ⅳ—长石岩屑石英砂岩；Ⅴ—长石砂岩；Ⅵ—岩屑长石砂岩；Ⅶ—长石岩屑砂岩；Ⅷ—岩屑砂岩

孔隙度主要分布在5%~8%范围内，盒$_8$段孔隙度分布相对均匀，以5%~8%为主，其次为小于5%及8%~10%；山西组孔隙度5%~8%样品占比70%；渗透率主要分布在小于0.3mD范围内（图2-32）。综合而言，属于典型的低孔、低渗透岩性气藏。

四、气层厚度分布特征

苏里格地区气层纵向上主要发育在2800~3600m，统计了其中354口井目的层段钻遇气层、含气层统计（表2-6）表明，盒$_8$段整体气层发育好于山$_1$段，以盒$_8^下$小层气层发育最好，平均气层厚度5.36m，气层钻遇率74.33%，最大气层厚度18.70m；其次为盒$_8^下$小层，气层厚度0.40~12.70m，平均厚度3.21m，钻遇率48.67%；山$_1^1$小层气层厚度0.60~8.90m，平均气层厚度3.37m，但气层钻遇率相对较低，为24.00%；山$_1^2$小层气层厚度最大11.50m，平均厚度3.18m；山$_1^3$小层、山$_1^2$小层平均气层厚度均大于3m，但其钻遇率相对较低，约30%；盒$_8^上$小层平均气层厚度2.85m，钻遇率仅22.67%。

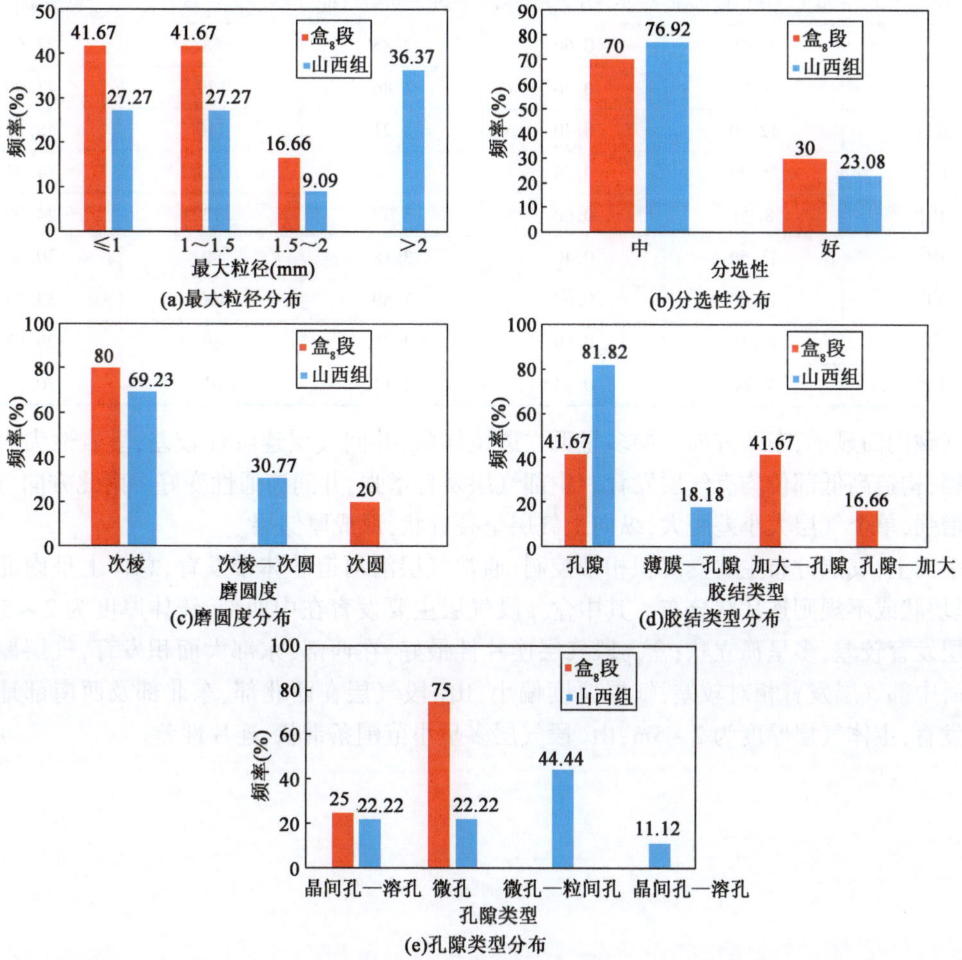

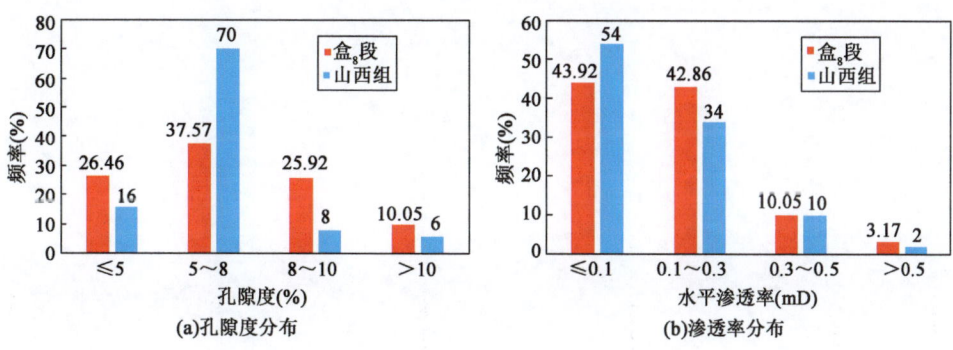

图 2-31 储层岩石学特征

图 2-32 取心井物性分布直方图

表 2-6　盒$_8$-山$_2$段气层厚度统计表

层段	最大气层厚度(m)	最小气层厚度(m)	平均气层厚度(m)	井数(口)	钻遇率(%)
盒$_8^1$上	9.32	0.60	2.85	68	22.67
盒$_8^2$上	9.44	0.36	2.86	129	43.00
盒$_8^1$下	12.70	0.40	3.21	146	48.67
盒$_8^2$下	18.70	0.84	5.36	223	74.33
山$_1^1$	8.90	0.60	3.37	72	24.00
山$_1^2$	11.50	0.40	3.18	90	30.00
山$_1^3$	10.70	0.60	3.89	100	33.33
山$_2^1$	11.14	0.60	3.38	89	29.67
山$_2^2$	7.34	0.54	2.11	61	20.33

　　气藏剖面显示,东西方向气层多呈孤立透镜体状,井间气层连续性较差,呈岩性尖灭或泥岩遮挡,构造高低部位均有气层发育。中部气层发育增强,井间连通性变好。南北方向气层连续性增强,单个气层大小差距大,纵向上气层呈叠置状,形成厚储层。

　　平面上,气层分布主要受沉积相带控制,通常气层沿河道砂体带发育,总体上呈南北向展布,呈块状或不规则连片状分布。其中盒$_8$上段气层主要发育在中西部,铸体厚度为 2~5m,东部气层发育较差,多呈孤立状;盒$_8$下段气层连片性最好,在西部、东部大面积发育,气层厚度大于 5m,中部气层发育相对较差,气层厚度偏小;山$_1$段气层在西北部、东北部及西南部地区连片性发育,主体气层厚度为 2~5m;山$_2$段气层多呈小范围条带状,连片性差。

第三章　苏里格气田致密砂岩气藏渗流机理

气体在低渗、致密砂岩中的流动非常复杂，天然气和水在低渗、致密砂岩中的流动更为复杂。以苏48区块为例，利用微观渗流实验和气—水相渗流实验等分析致密砂岩储层气—水赋存状态和渗流特征等。

第一节　气、水赋存状态

鄂尔多斯盆地苏里格气区是中国最大的非常规连续型致密砂岩大气区。但对鄂尔多斯盆地苏里格气田西区地层水的赋存特征和成藏机理尚缺乏系统研究和深入认识。早期观点认为，鄂尔多斯盆地上古生界气—水宏观分布上显示出盆地边缘含水、盆地中央普遍含气的趋势，含气范围内零星产水。但是，伴随着勘探程度的加大，盆地内部尤其是苏里格气田西区出现了大量试气井产水，气藏内无统一气—水界面，气—水分布十分复杂。尽管前人对苏里格地区地层水展开了一定程度的研究，由于大部分试气井都是压裂增产措施之后，在研究中忽略了试井产水是否能够代表地层水。事实上，这种复杂的气—水分布现象在致密砂岩储层中普遍存在，例如美国的大绿河盆地、中国的四川盆地上三叠统须家河组、松辽盆地青山口组油气藏等。基于致密砂岩储层中地层水研究的重要性，2005年AAPG举办的致密砂岩气会议中，Cumella等提出致密砂岩产水的性质和作用是评价和勘探致密砂岩天然气资源中值得深入探索的科学问题之一。

一、地层水成因及分布规律

1. 地层水成因

同位素水文地质学是20世纪60年代发展起来的一门学科。同位素方法为研究地下水来源提供了有效的手段，有助于从宏观上和微观上阐明水文地质过程的机理。地层水在蒸发过程中，轻同位素富集在气相中，而重同位素则富集在液相中。因而，海水中重同位素多，而参与大气循环的天然水，即雨水、河水、井水等重同位素少。$\delta^{18}O$和δD是稳定同位素，通过地下水和当地大气降水中$\delta^{18}O$和δD的对比，可以初步确定地下水的起因。当气田地层水处于深埋封闭环境，在高温、高压条件下，由于在岩层中滞留时间较长，便会发生水、岩同位素交换，使气田地层水的氧同位素增高，称为"氧漂移"。地层水氢、氧同位素特征表明，盒$_8$段、山$_1$段地层水起源于经历了强烈水岩作用的陆相沉积成因水。

化学家把溴称为海洋元素，因而溴含量可以作为区别海相与陆相沉积封存水的一个重要标志。同时,溴含量随地层变老、蒸发浓缩作用增强而具有增大的趋势,所以地层水中溴含量受沉积环境和蒸发浓缩的双重控制。表明苏里格气田上古生界地层水溴的浓度均小于 65mg/L,由此进一步推断地层水起源于经过了强烈的水岩作用和蒸发浓缩的陆相沉积成因水。

2. 地层水分布规律

平面上,结合苏里格西区地质认识、试气成果及集气站水气比统计,苏里格西区普遍存在产水区域。苏里格西区共投产直井 1132 口,产水井 514 口,占投产直井数的 45.4%;同时,排查结果表明苏 48、苏 75、苏 59、苏 120 区块产水影响气井生产较为严重。苏 47、苏 48 和苏 120 井区产水井占投产井比例分别为 37.2%、44.6% 和 47.7%,可见三个块普遍存在产水严重的问题,从气—水分布图(图 3-1)可以看出从西北部到东南部出水量有逐渐减小的趋势。苏 120 井区出水量较大,苏 48 井区次之,苏 47 井区出水相对较少(图 3-2)。

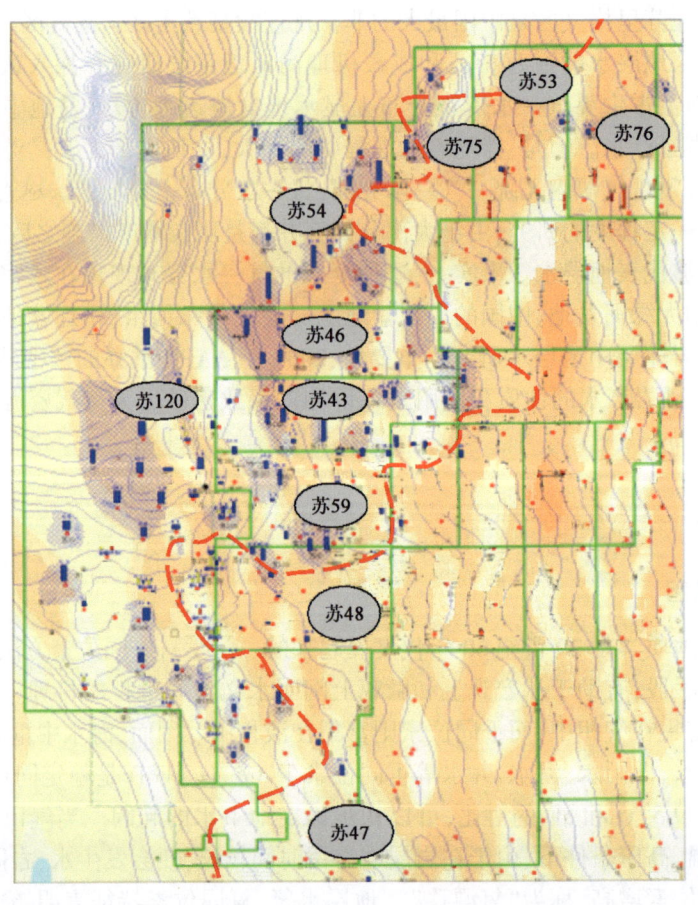

图 3-1 苏里格西区水气比统计井分布示意图

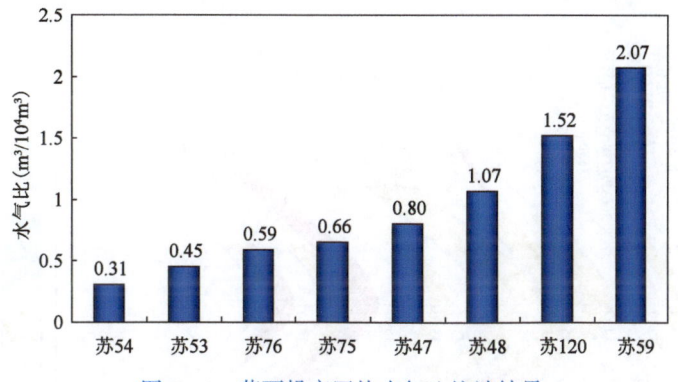

图 3-2 苏西投产区块水气比统计结果

纵向上,通过对 2023 年井控程度相对较高的苏里格西区储层精细解剖,认为苏里格气田地层水类型主要有 3 种:低部位滞留水、致密透镜状滞留水、孤立透镜体水。在气藏低孔、低渗和强非均质性背景下,致密砂体呈透镜状分布于地层中,在未被油气充填时,储层为水饱和。进入生烃高峰期,由于生烃增压作用,气呈水溶相向上运移至盖层下。由于运移过程中温度、压力的降低以及生烃作用的持续,气脱溶形成游离气;随着气柱不断增高向下形成反作用力,推动水向下运移。由于储层非均质强,气驱替水首先进入孔喉较大的储集空间,而对物性较差砂体中已封存完好的水体则无力驱替,从而形成致密透镜状滞留水。致密透镜状滞留水主要受储层非均质控制,水体主要分布于砂体边部或内部物性较差的区域。生烃期受构造起伏和砂体展布的影响,低部位的水体由于无法被天然气驱替而留于储层中,进而形成低部位滞留水,该类地层水主要位于构造鼻凹部位或砂带(砂体)的下倾尖灭部位(图 3-3)。当天然气充注强度不足,且砂体规模较小或周边致密气水排泄不畅时,则主要形成孤立透镜体水,相对孤立的单砂体内完全为地层水,该类地层水主要位于盒$_8$ 上段及以上层位。

横向气—水主要分布于主砂体带内,局部区域存在透镜体水层,出水点主要分布在西区的西北部,气—水分布没有规律可循;剖面上盒$_8$ 段气藏多段出水,含水段各自独立、互不连通的,无统一的气—水界面,其中盒$_8$ 下段是主要含气层段,也是主要出水段(图 3-4)。

二、地层水饱和度的计算

前人对苏里格地层水研究结果表明,地层产出水主要包括凝析水、自由水和可动水三类。天然气的开采过程,不论含水、不含水的气田都将遇到水的问题。在无水开采过程中,也可能产出凝析水。凝析水一般认为是构造,也有原生的束缚水,相化度极低或不含任何物质;但其成分要随采气压力条件和地层水推进而改变。因此,凝析水矿化度的微小变化,往往是地层出水的先兆。所以对其成分的测定与研究,对控制地层水,延长无水开采期,有着非常重要的意义。自由水是指储层孔隙空间内可以自由流动的水。当砂岩或碳酸盐岩气藏含水饱和度较高时,随着气藏开发的深入,气藏压力逐渐下降,岩石孔隙中的束缚水及少量自由水将因岩石和水体本身的弹性膨胀而排出,被气流携带至井底,形成气水同产。可动水视为气—水两相连续流动区。该区含水饱和度较高,启动压力梯度影响明显,含可动自由水,即压力梯度既能达到气相启动压力梯度,也能达到液相启动压力梯度。

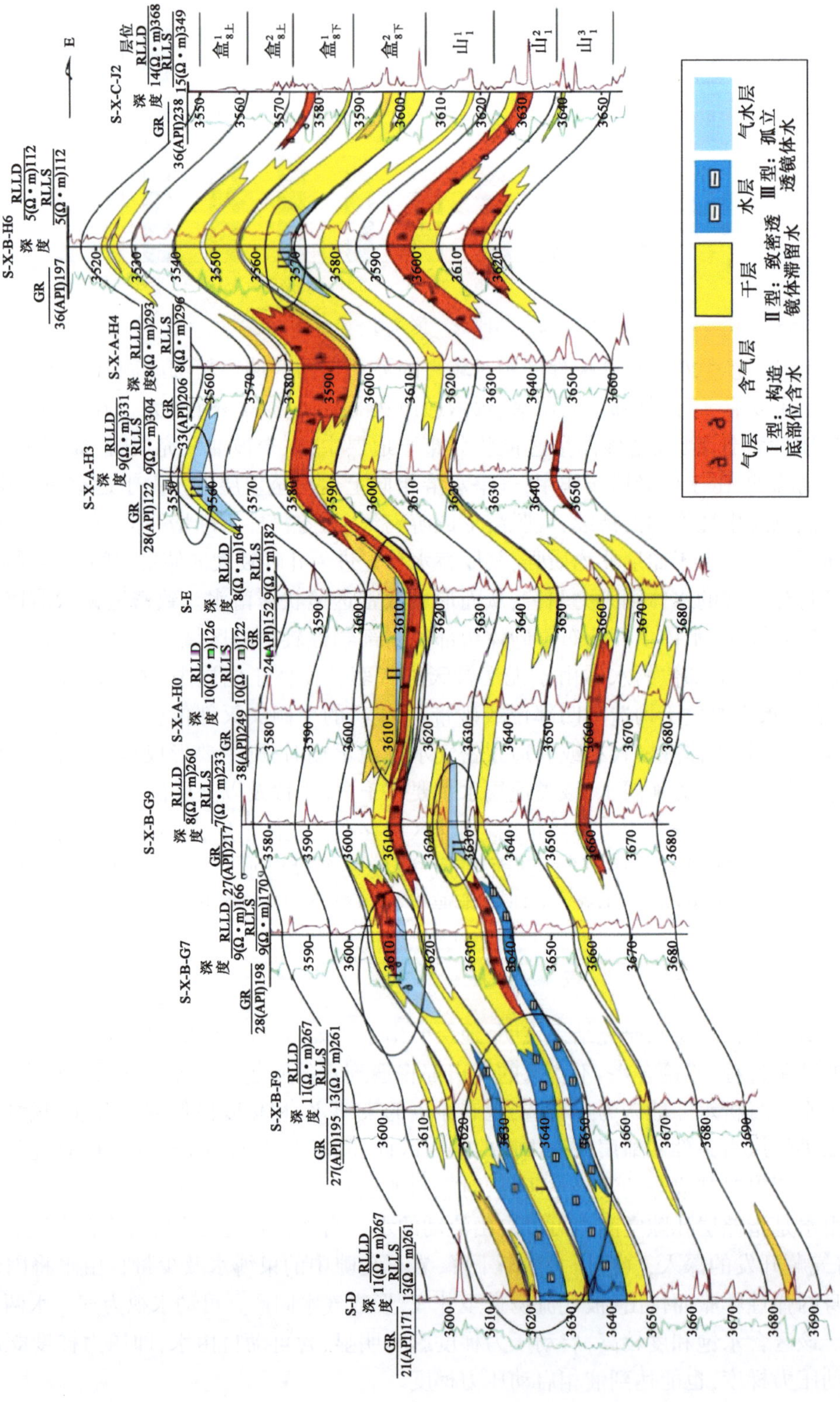

图3-3 苏西连井气藏剖面图

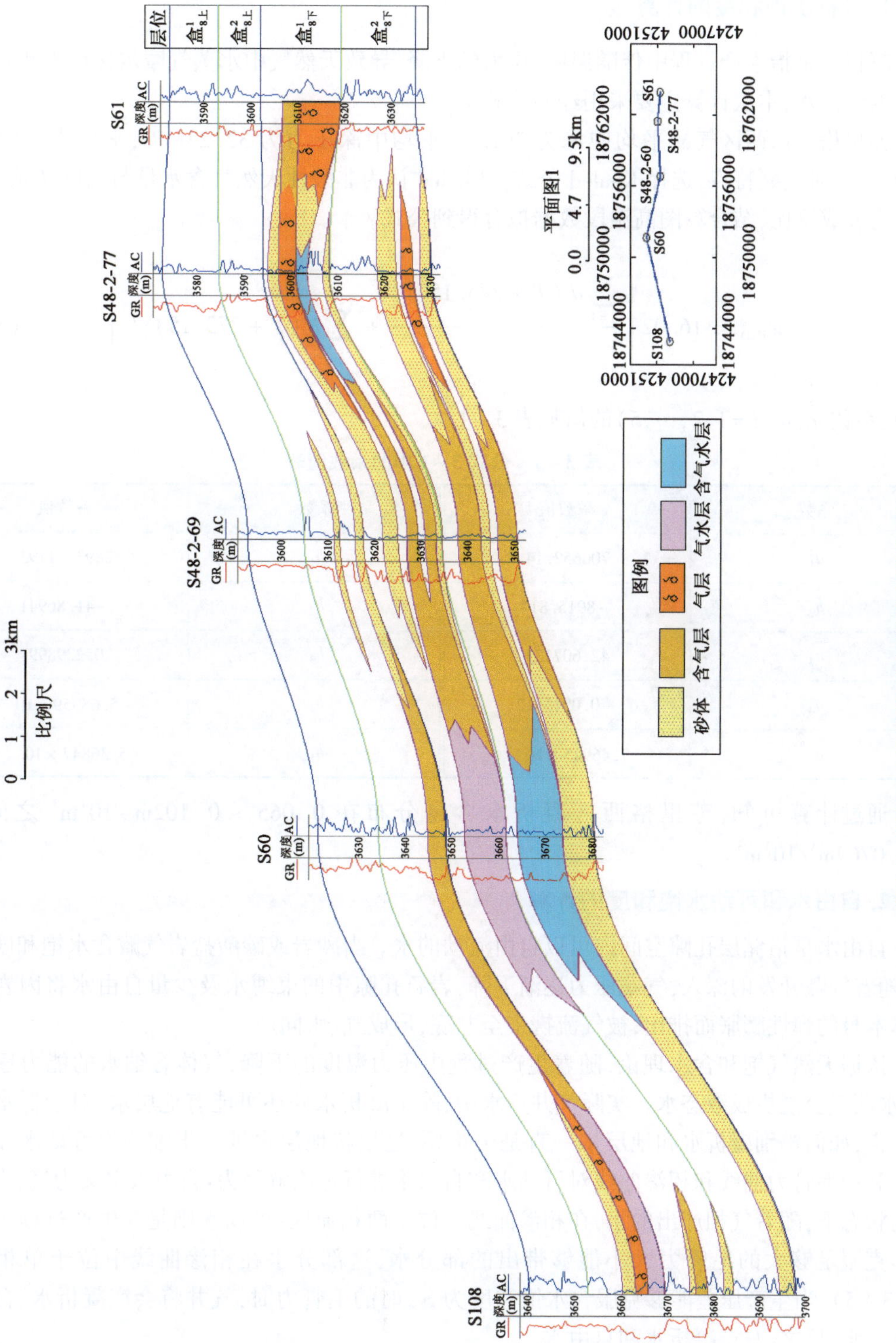

图3-4 S108—S61井盒$_8$段气藏剖面图(WE)

1. 凝析水饱和度的计算

凝析水是指生产过程中伴随温度、压力的下降,导致天然气中水蒸气摩尔含量不断降低而产出的液态水,本次计算主要采用经验公式法。

苏里格气田西区气藏平均中深为 3612m,平均中深压力为 32.23MPa,平均中深温度为 115℃。针对气藏特点,选择 Khaled 公式。Khaled 认为非酸性天然气含水量与温度 T 成正比,与压力 p 成反比,结合算图高温段数据拟合得到公式。

$$w_{H_2O} = 16.02 \left[\frac{\sum_{i=1}^{5} a_i (T + 273.15)^{i-1}}{p} + \sum_{i=1}^{5} b_i (T + 273.15)^{i-1} \right] \quad (3-1)$$

式中,系数 a_i、$b_i (i=1,2,\cdots,5)$ 的值见表 3-1。

表 3-1 公式 3-1 中的系数值表

系数	系数值	系数	系数值
a_1	706652.14	b_1	2893.11193
a_2	-8915.814	b_2	-41.86941
a_3	42.607133	b_3	0.229899
a_4	-0.0915312	b_4	-5.68959×10^{-4}
a_5	7.46945×10^{-5}	b_5	5.36847×10^{-7}

通过计算可知,苏里格西区凝析水含量分布在 $0.065 \sim 0.102 m^3/10^4 m^3$ 之间,平均 $0.0769 m^3/10^4 m^3$。

2. 自由水和可动水饱和度的计算

自由水是指储层孔隙空间内可以自由流动的水。当砂岩或碳酸盐岩气藏含水饱和度较高时,随着气藏开发的深入,气藏压力逐渐下降,岩石孔隙中的束缚水及少量自由水将因岩石和水体本身的弹性膨胀而排出,被气流携带至井底,形成气、水同产。

依据天然气饱和含水理论,随着生产过程中压力温度的下降,气体容纳水的能力逐渐下降,水蒸气会凝析成液态水。实际气井产水中,除了凝析水外还可能有地层水,对于低水气比井而言,如何辨别凝析水和地层水一直是个难题,这里将地层水进一步细分为可动水和自由水。利用毛管力曲线和相渗曲线对可动水和自由水进行理论解释为:自由水定义为气、水两相流动状态下,随着气相产出的水,在相渗曲线中位于两相流区;可动水则是在生产过程中由于能够克服足够大的毛管力大小能够带出的部分水,这部分水在相渗曲线中位于单相流区(图 3-5),当生产压差能够克服含水饱和度为 S_{w1} 时的毛管力时,气井将会产凝析水、自由水和可动水,反之,只产凝析水和自由水。

根据一定压差作用下可驱的可动水饱和度与自由水饱和度之比,以及除凝析水外的剩余产水量,可确定可动水和自由水饱和度。

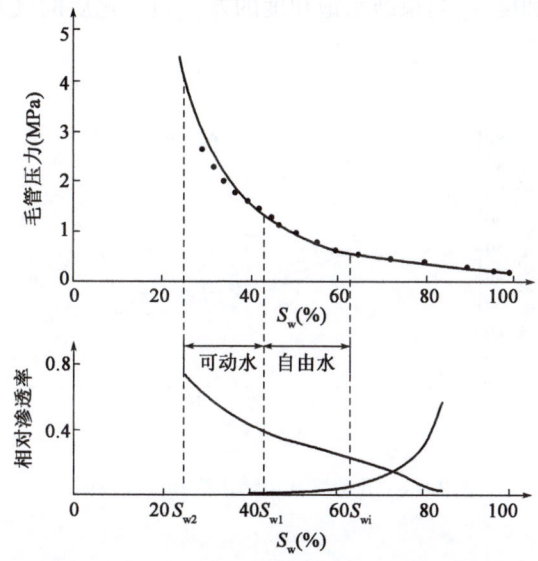

图 3-5　压汞曲线与相渗曲线对应图

(1) 自由水饱和度的计算。

根据自由水饱和度计算的原理可知,要计算自由水饱和度,首先要确定地层含水饱和度。根据 4 口密闭取心井 297 块岩心资料,建立了孔隙度与含水饱和度关系,相关系数 $R=0.81$,可见孔隙度和含水饱和度关系较好,因此可以采用孔隙度确定地层含水饱和度(图 3-6)。

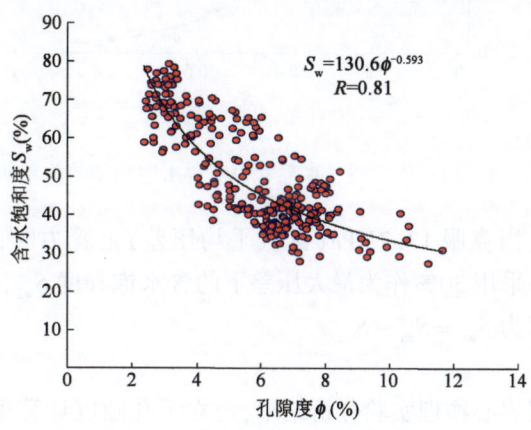

图 3-6　孔隙度和含水饱和度关系图

其次,要确定可动水饱和度的界限。用含水饱和度减去临界水饱和度 S_{w1}(可动水开始流动时的含水饱和度)即为自由水。大量研究表明临界水饱和度和束缚水饱和度 S_{wi} 相差不大,为此,根据 4 口密闭取心井 20 块岩心的相渗实验资料,建立了孔隙度和束缚水饱和度的关系,相关系数为 0.8195,可见,孔隙度和束缚水饱和度关系很好,能够满足研究要求精度(图 3-7),因此采用孔隙度计算束缚水饱和度。

(2) 可动水饱和度的计算。

可动水饱和度为一定生产压差下可以驱动的除了自由水以外的束缚水。可动水饱和度数值上为生产压差对应饱和度 S_{w2} 与束缚水饱和度的差。归一化后的气水毛管力与含水饱和度的关系如图 3-8 所示。

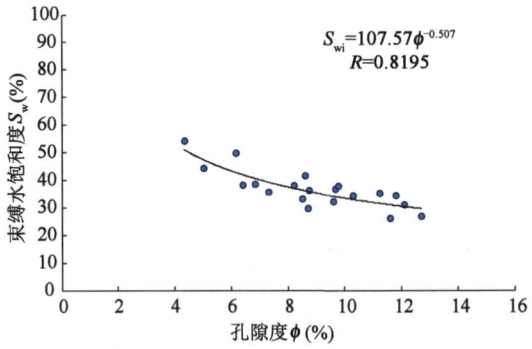

图 3-7 孔隙度和束缚水饱和度关系图

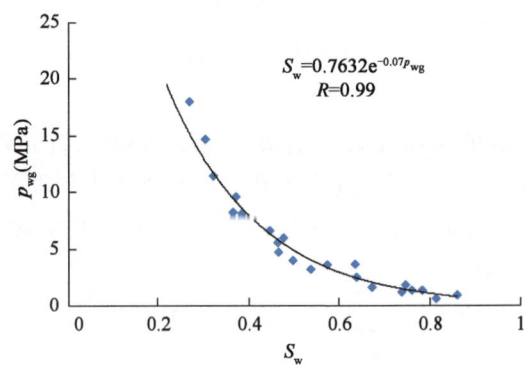

图 3-8 归一化后的气水毛管力与含水饱和度的关系曲线

归一化的曲线表明,当克服 13.7MPa(试气平均压差)毛管力时,平均含水饱和度 S_{w2} 为 0.3。为了计算方便,统一采用 30% 作为最大压差下的含水饱和度 S_{w2},据此可以进行可动水饱和度的计算,用公式表示为 $S_{wk} = S_{w1} - S_{w2}$。

(3)应用实例。

基于上述原理,根据岩心物理实验分析结果,建立了孔隙度计算束缚水饱和度、含水饱和度公式,进一步确定了自由水和可动水饱和度计算方法。处理了苏里格西区 69 口出水井和 60 口产气井。

如 S120-38-90 井,射孔试油层段为 3655.0~3657.0m,3728.0~3730.0m,3755.0~3757.0m。日产气量:无阻流量为 $3.46 \times 10^4 \text{m}^3/\text{d}$,日产水量为 $9\text{m}^3/\text{d}$。从测井处理解释结果来看,自由水含量较低,可动水含量中等(图 3-9)。

再如 S120-18-91 井,射孔试油层段为 3648.3~3651.7m,3672.0~3676.8m,3707.9~3710.9m。日产气量:无阻流量为 $1.16 \times 10^4 \text{m}^3/\text{d}$,日产水量为 $3.1\text{m}^3/\text{d}$。从测井处理解释结果来看,自由水含量较低,可动水含量也较低(图 3-10)。

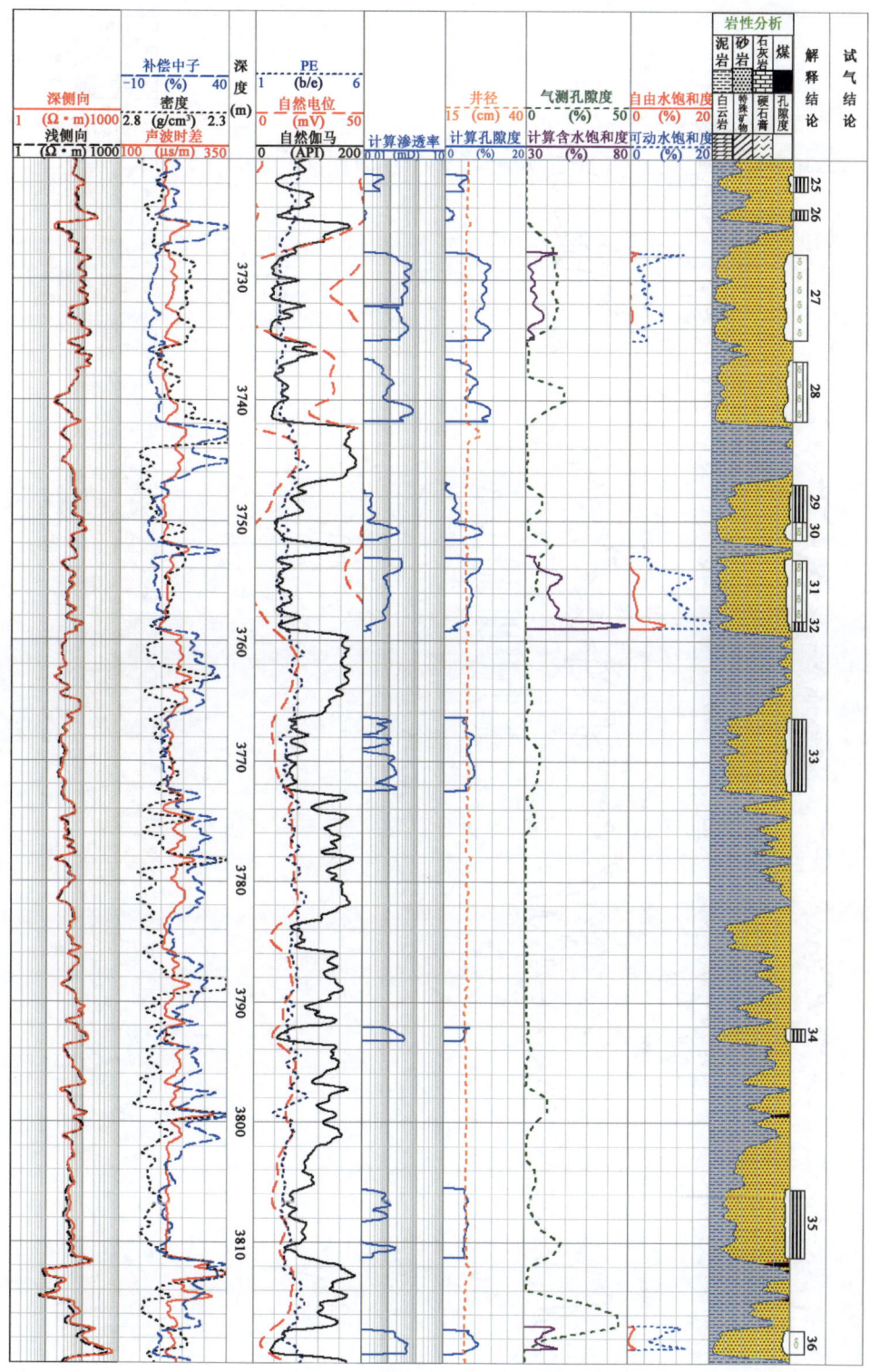

图 3-9 S120-38-98 井综合解释成果图

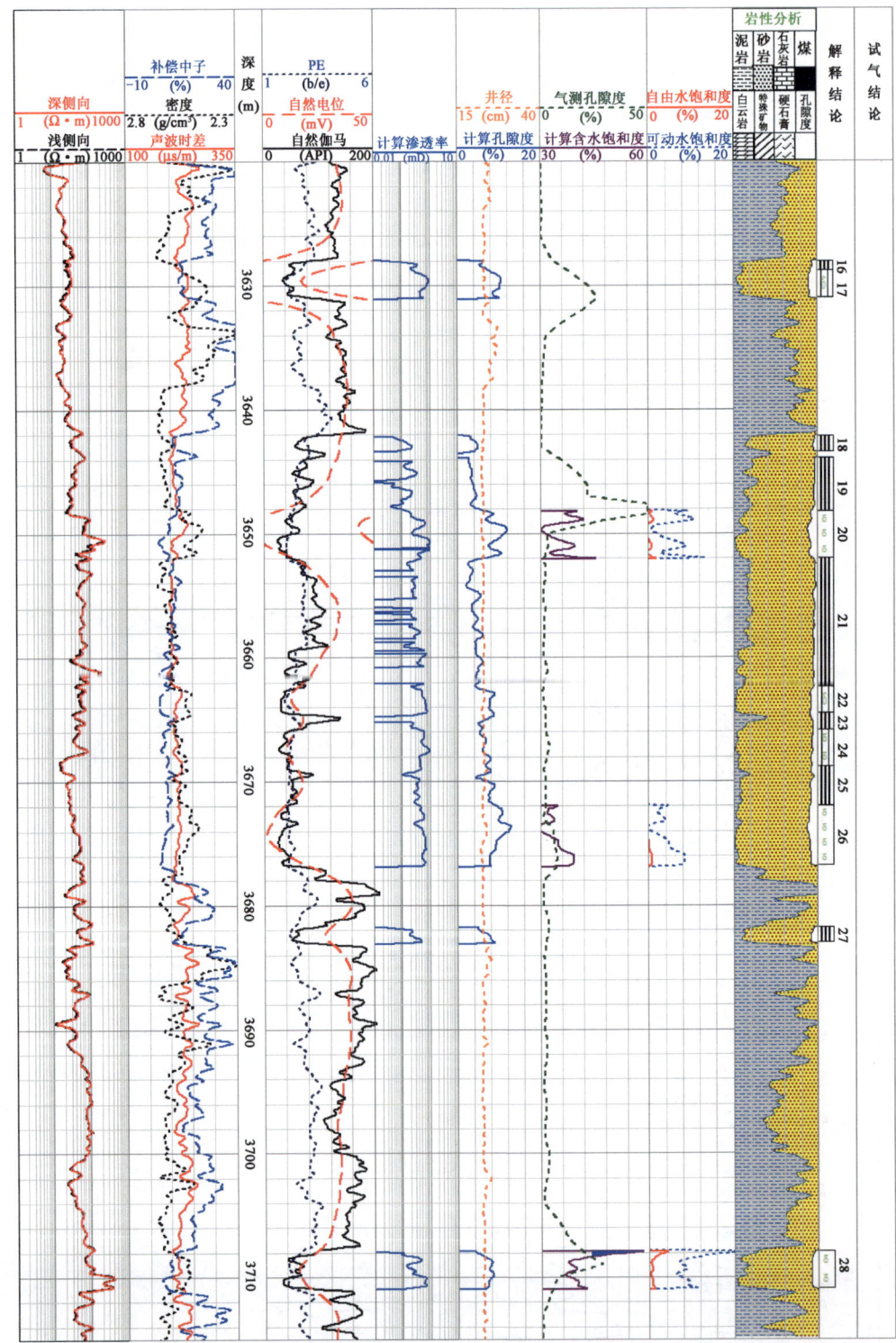

图 3-10　S120-18-91 井综合解释成果图

三、产水主控因素分析

1. 凝析水与储层产水的关系

计算了苏里格西区 34 口生产井凝析水含量,总体来看凝析水占产水的比例很小,只有 $0.065 \sim 0.102 m^3/10^4 m^3$,平均 $0.077 m^3/10^4 m^3$。根据不同生产井的生产情况,统计后发现,凝析水的产量主要分布为 $0.04 \sim 1.44 m^3/d$,平均 $0.28 m^3/d$(表 3 – 2、图 3 – 11)。由此可见,凝析水是天然气开发中不可避免的一部分,但是凝析水的产量一般都很少,在整个天然气开发和生产的过程中占的比例都很少,因此凝析水不是气井产水的主要原因。因此要正确认识天然气井出水的问题,纵观国内外天然气探勘开发,都伴随天然气井出水的问题。因为随着开发时间的不断推移,凝析水会逐渐慢慢积累,最后总会有凝析水产出。

表 3 – 2 苏里格西区储层凝析水含量计算表

井名	储层深度 (m)	气藏中部温度 (℃)	气藏中部压力 (MPa)	凝析水含量 ($m^3/10^4 m^3$)	凝析水产量 (m^3/d)
S120 – 49 – 84H	3952	125.0409	28.22	0.102244959	0.438180994
S47 – 15 – 58	3600	114.2697	30.112	0.071728515	0.200387951
S48 – 21 – 65	3573	113.4435	31.39	0.068316158	0.2314893
S47 – 9 – 50	3582	113.7189	33.053	0.066914007	0.202588847
S48 – 21 – 66	3584	113.7801	25.28	0.078500823	0.343935654
S47 – 15 – 55	3619	114.8511	31.649	0.070933608	0.287039938
S48 – 9 – 27	3620	114.8817	24.116	0.083609263	0.153907932
S47 – 12 – 71	3529	112.0971	30.18	0.067078458	0.10474972
S47 – 8 – 52	3617	114.7899	19.115	0.097196708	0.120251768
S120 – 69 – 82	3770	119.4717	28.7	0.086056072	0.211155785
S47 – 12 – 68	3530	112.1277	25.625	0.074012953	0.179052136
S120 – 18 – 91	3648	115.7385	30.59	0.074274732	0.060236808
S48 – 13 – 53H2	3870	122.5317	30.30	0.091156504	0.332958247
S47 – 29 – 21	3651	115.8303	29.62	0.075889265	0.174841278
S48 – 17 – 71	3584	113.7801	30.10	0.070694776	0.324022436
S47 – 21 – 65	3576	113.5353	28.325	0.072719406	1.441436792
S48 – 21 – 68	3584	113.7801	33.14	0.06693915	0.299130982
S120 – 22 – 93	3691	117.0543	30.0	0.078119749	0.280942054
S48 – 15 – 64	3575	113.5047	32.45	0.067171463	0.178951496
S47 – 12 – 55	3546	112.6173	32.46	0.065386884	0.345386598
S48 – 14 – 51	3600	114.2697	28.871	0.073516203	0.289381829

续表

井名	储层深度（m）	气藏中部温度（℃）	气藏中部压力（MPa）	凝析水含量（m³/10⁴m³）	凝析水产量（m³/d）
S48-18-41H2	3940	124.6737	35.63	0.088314311	0.517530695
S47-7-69	3538	112.3725	28.4	0.070041473	0.139851809
S120-38-96	3635	115.3407	32.29	0.071165285	0.084423378
S47-8-76H1	4018	127.0605	32.04	0.100350237	0.351627232
S47-4-73	3537	112.3419	30.11	0.067670012	0.245033113
S48-8-41	3619	114.8611	30.72	0.07215326	0.049814611
S47-11-50	3535	112.2807	27.56	0.071147895	0.207616672
S47-9-38	3721	117.9723	31.97	0.077369822	0.070104796
S120-21-77	3634	115.3101	32.9613	0.070283134	0.159570827
S120-69-78	3648	115.7385	32.67	0.071539956	0.682255101
S47-12-61H1	3935	124.5207	29.85	0.097373277	0.57185378
S48-19-69	3570	113.3517	28.4	0.072157426	0.144076732
S120-25-82	3770	119.4717	27.59	0.088205438	0.260417735

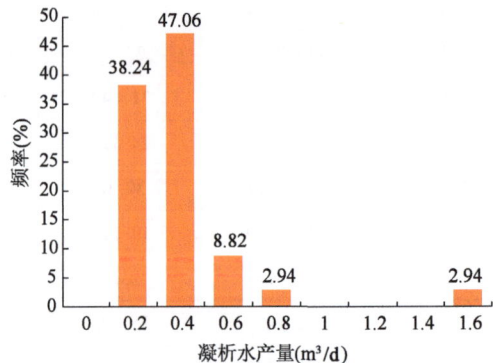

图 3-11 苏里格西区凝析水产量分布直方图

2. 自由水与储层产水的关系

由于自由水饱和度位于临界水饱和度和最大含水饱和度之间,因而这部分水在气藏开采过程中可自由流动。对于物性好、孔隙连通性好、生产压差大的储层,自由水伴随着天然气直接产出。因此自由水含量的多少直接关系到天然气井产水量。

统计了苏里格西区 65 口产水井自由水饱和度(表 3-3、图 3-12),苏里格西区自由水饱和度主要分布在 0% ~ 3.65% 之间,主峰在 1%,平均 0.97%。总体来看,苏西自由水饱和度不高,平均 0.97%。自由水饱和度较高的主要为水平井,水平井由于水平段储层泥质含量较多,孔隙度较小,自由水饱和度相对较高。因此在生产过程中自由水也是储层出水的一个主要因素。

表 3-3 苏里格西区储层自由水含量计算表

井号	自由水饱和度(%)	井号	自由水饱和度(%)
S120-49-84H	0.67	S120-54-90	0.00
S47-8-52	0.02	S48-13-61	0.90
S48-13-53H2	1.94	S48-18-42H2	3.65
S48-9-27	0.20	S47-44-53	0.26
S47-29-21	2.03	S47-51-50	0.00
S120-18-91	0.59	S48-3-24	0.00
S120-69-82	1.19	S48-15-47H1	1.33
S48-8-41	0.33	S47-54-53	1.12
S48-18-41H2	1.94	S48-18-46	1.43
S120-22-93	0.11	S48-13-31	0.42
S48-14-71	0.00	S120-42-80	2.02
S48-11-49	0.72	S120-52-83	0.00
S120-21-77	0.17	S120-41-94	0.00
S120-41-78	0.15	S120-35-91	0.00
S47-9-59H2	2.62	S120-35-90	0.98
S120-28-79	0.00	S120-32-86	1.70
S48-13-47	0.84	S48-15-51	0.00
S120-38-97	0.70	S47-7-39	0.54
S47-7-34H2	1.21	S48-13-52H2	0.67
S47-12-60H2	2.62	S120-51-61	2.66
S120-28-89	0.53	S120-41-76C3	1.45
S47-52-52	2.41	S120-38-98	0.39
S120-73-86	1.86	S48-17-37	1.08
S120-35-80	1.86	S48-13-52H1	0.92
S120-60-91	1.86	S48-17-36	0.72
S47-9-35	0.64	S47-7-45	1.41
S48-16-84	0.00	S47-21-40	2.62
S48-11-63	0.80	S120-43-98	2.73
S48-11-29	1.76	S120-28-90	1.07
S48-10-89	0.67	S47-14-62	0.00
S48-11-30	1.94	S48-7-26	0.00
S120-49-74	0.92	S47-56-56	0.00
S120-63-78	0.00		

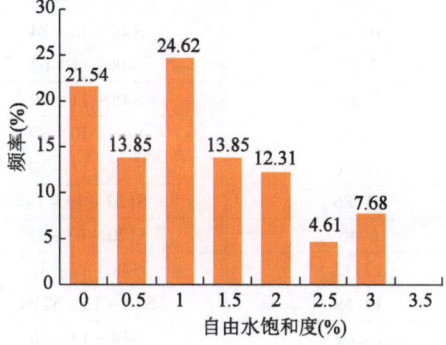

图 3-12 苏里格西区自由水饱和度分布直方图

3. 可动水与储层产水的关系

可动水主要来源于压裂试油和生产过程中较高的生产压差。克服了毛细管力,储层中的可动水在压力的作用下,形成了可以流动的水。在持续的高压差下,这些水从孔隙喉道流出,从而造成生产井出水。

统计了苏里格西区64口产水井可动水饱和度(表3-4、图3-13),苏里格西区可动水饱和度主要分布在0.96%~21%之间,主峰在9%,平均9%。因此苏里格西区天然气井出水的主要因素是可动水饱和度较高。大量的可动水在生产压差较大的情况下,沿着孔隙喉道进入生产井,造成生产井大量出水。随着开发时间的推进,生产压差有所下降,可动水饱和度也在下降。出水现象能有所缓解。因此可动水是苏里格西区储层产水的一个重要因素。

表3-4 苏里格西区可动水饱和度计算表

井名	可动水饱和度(%)	井名	可动水饱和度(%)
S120-49-84H	7.99	S48-7-26	3.84
S47-8-52	4.38	S120-54-90	4.23
S48-13-53H2	14.14	S48-13-61	9.15
S48-9-27	5.43	S48-18-42H2	21.37
S47-29-21	14.53	S47-44-53	5.74
S120-18-91	7.55	S47-51-50	1.34
S120-69-82	10.63	S48-3-24	1.12
S48-8-41	6.16	S48-15-47H1	11.28
S48-18-41H2	14.14	S47-54-53	10.25
S120-22-93	4.90	S48-18-46	11.76
S48-14-71	3.50	S48-13-31	6.66
S48-11-49	8.24	S120-42-80	14.49
S120-21-77	5.21	S120-41-94	3.29
S120-41-78	5.14	S120-35-91	3.98
S47-9-59H2	17.12	S120-35-90	9.56
S120-28-79	2.46	S120-32-86	13.03
S48-13-47	8.86	S48-15-51	2.06
S120-38-97	8.14	S120-73-86	13.76
S47-7-34H2	10.72	S120-35-80	13.76
S47-12-60H2	17.12	S120-60-91	13.76
S120-28-89	7.22	S47-9-35	7.82
S47-52-52	16.21	S48-16-84	2.21
S47-56-56	1.77	S48-11-63	8.65
S47-7-39	7.29	S48-11-29	13.32
S48-13-52H2	7.99	S48-10-89	7.99
S120-51-61	17.30	S48-11-30	14.14
S120-41-76C3	11.86	S120-49-74	9.29
S120-38-98	6.46	S120-63-78	0.96
S47-21-40	17.12	S48-17-37	10.10
S120-43-98	17.59	S48-13-52H1	9.29
S120-28-90	10.02	S48-17-36	8.24
S47-14-62	0.97	S47-7-45	11.67

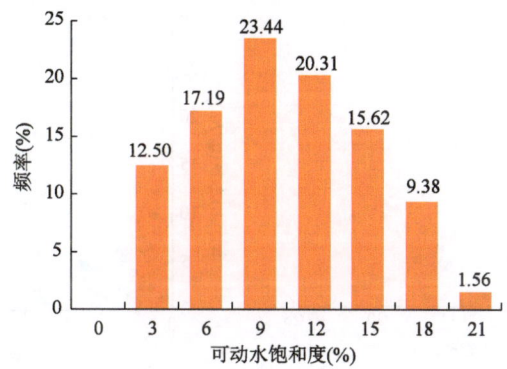

图 3-13　苏里格西区可动水饱和度分布直方图

4. 储层产水预测公式实例应用

通过对气藏地层水性分析、压裂施工参数分析和影响气水分布地质因素的研究发现,目的层段出水,除去个别井压裂液返排不彻底造成的出水是工程压入水外,产层出水基本是地层滞留水。地层滞留水以可动水和不可动水(狭义束缚水和广义束缚水)两种形式存在。地层滞留水既存在于非有效砂体的水层中(致密岩相),也存在于有效砂体中(粗岩相)。存在于有效砂体中的地层滞留水是在气排水阶段中保存在孔喉中的束缚水或因气体驱替能量有限而残存的部分可动水;而在非有效砂体水层中,由于孔喉细小,驱替阻力大,造成孔隙中水未受到天然气的排驱而残留了大量的地层水,形成"相对富水区"。在气藏开发过程中,生产井的生产压差大于运移时气排水的驱动力,必然导致有效砂体中部分"广义束缚水"的运动,无效砂体中可动水和部分束缚水的共同流动,使气井产水。产水量多少与有效砂体(气层)和无效砂体(水层)的比例有关,或者说取决于岩性的非均质性。非均质性越强则出水越多,反之则少。

目的层段的低孔低渗储层特征所产生的流固耦合作用形成的压敏和非达西流的渗流特征同样也使储层出水,但这些因素造成的产层出水应该是低含水率的特点。

研究发现,除去圈中水量大的水平井,其余生产井产水量和自由水、可动水以及生产压差直接的关系都不是很明显(图 3-14、图 3-15、图 3-16)。此外,水平井由于其储层段厚度大(一般是 60～100m),大量的自由水和可动水产出后,产水量一般都大于 $10m^3/d$,图 3-14、图 3-15、图 3-16 中圈中的井为水平井。

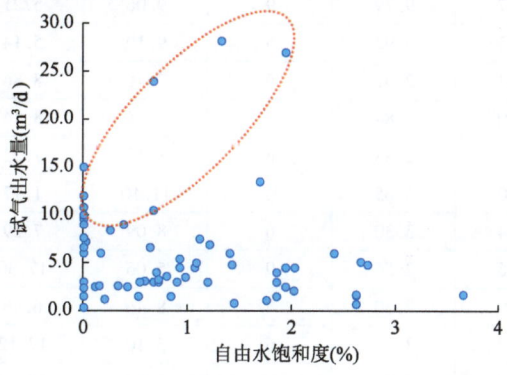

图 3-14　自由水饱和度和试气出水量关系图

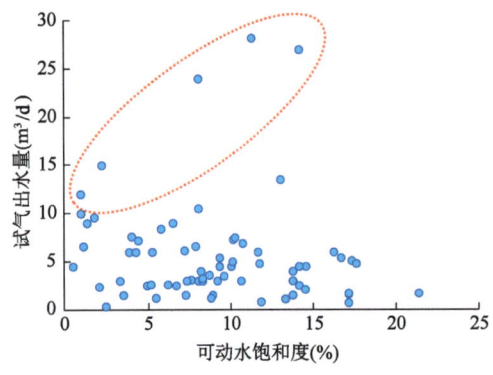 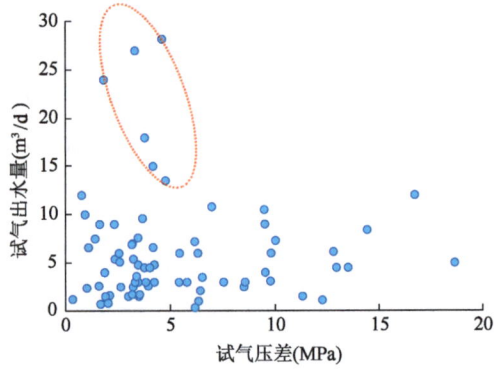

图 3－15　可动水饱和度和试气出水量关系图　　图 3－16　试气压差和试气出水量关系图

为了进一步弄清苏里格西区储层产水的主控因素，分别统计了产水井储层射孔厚度、自由水饱和度、可动水饱和度、试气压差以及孔隙度和产水量的关系。通过多元回归建立关系发现，储层的产水量 $Q(\mathrm{m}^3)$ 是这几个因素的综合作用的结果（表 3－5、图 3－17）：

$$Q = 1.58 S_{w自由} + 0.135 p_{压差} + 0.365 H + 0.80 \phi - 0.29 S_{w可动} - 3.83 \quad (3-2)$$

式中　$S_{w自由}$——自由水饱和度，%；

$p_{压差}$——试气压差，MPa；

H——射孔段厚度，m；

ϕ——孔隙度，%；

$S_{w可动}$——可动水饱和度，%。

表 3－5　苏里格西区产水量多元回归预测表

井名	自由水饱和度（%）	试气压差（MPa）	射孔段厚度（m）	孔隙度（%）	可动水饱和度（%）	产水量（m³/d）	产水量预测（m³/d）
S47－29－21	2.03	12.93	6	5.70	14.53	4.5	4.40
S120－18－91	0.59	9.76	6	7.98	7.55	3.1	4.77
S120－69－82	1.19	5.40	7	6.83	10.63	3.0	3.67
S48－8－41	0.33	1.57	5	8.60	6.16	2.6	3.80
S120－22－93	0.11	3.20	5	9.22	4.90	2.5	4.53
S48－11－49	0.72	4.21	5	7.70	8.24	3.0	3.43
S120－21－77	0.17	9.79	9	9.06	5.21	6.0	6.75
S120－41－78	0.15	3.92	5	9.10	5.14	2.6	4.53
S48－13－47	0.84	2.97	6	7.46	8.86	1.5	3.44
S120－38－97	0.70	1.84	6	7.74	8.14	4.0	3.51
S120－28－89	0.53	1.88	6	8.12	7.22	1.5	3.81
S47－56－56	0.00	3.65	13	11.10	1.77	9.6	9.76
S47－7－39	0.54	3.30	6	8.09	7.29	3	3.98
S120－51－61	2.66	2.56	9	5.06	17.30	5.1	2.95
S120－38－98	0.39	2.30	8	8.46	6.46	9.0	4.88
S47－21－40	2.62	3.51	6	5.10	17.12	1.7	2.00
S120－43－98	2.73	3.44	13	5.00	17.59	4.8	4.50

续表

井名	自由水饱和度（%）	试气压差（MPa）	射孔段厚度（m）	孔隙度（%）	可动水饱和度（%）	产水量（m³/d）	产水量预测（m³/d）
S120-28-90	1.07	3.74	6	7.04	10.02	4.5	3.23
S47-14-62	0.00	0.92	15	11.67	0.97	10	10.81
S48-7-26	0.00	6.30	6	9.80	3.84	6	5.92
S120-54-90	0.00	2.53	9	9.58	4.23	6	6.21
S48-13-61	0.90	8.54	8	7.35	9.15	3	4.84
S47-44-53	0.26	14.41	9	8.80	5.74	8.4	7.16
S47-51-50	0.00	9.49	7	11.40	1.34	9	8.73
S48-3-24	0.00	1.08	6	11.56	1.12	6.6	7.42
S47-54-53	1.12	1.39	8	6.96	10.25	7.5	3.58
S48-18-46	1.43	4.21	4	6.47	11.76	4.8	2.16
S48-13-31	0.42	2.61	7	8.37	6.66	2.5	4.48
S120-42-80	2.02	6.41	11	5.71	14.49	2.1	4.53
S120-52-83	0.00	6.96	6	13.64	0.00	10.8	10.21
S120-35-91	0.00	3.43	9	9.72	3.98	7.6	6.52
S120-35-90	0.98	6.51	3	7.20	9.56	3.5	2.63
S120-73-86	1.86	11.30	7	5.90	13.76	1.5	3.85
S120-35-80	1.86	9.51	12	5.90	13.76	4	5.43
S120-60-91	1.86	5.78	11	5.90	13.76	3	4.56
S47-9-35	0.64	4.15	6	7.87	7.82	6.6	3.92
S48-11-63	0.80	3.37	6	7.54	8.65	3.6	3.56
S48-10-89	0.67	9.46	9	7.80	7.99	10.5	5.68
S48-11-30	1.94	13.49	8	5.80	14.14	4.5	4.45
S120-49-74	0.92	3.21	11	7.30	9.29	5.4	5.18
S120-63-78	0.00	16.70	10	11.68	0.96	12	11.14
S48-17-37	1.08	18.64	5	7.01	10.10	5.0	4.86

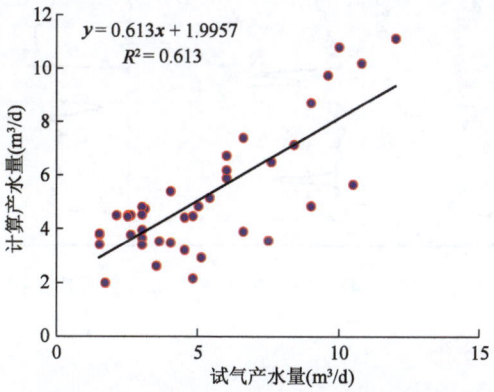

图 3-17 试气产水量和计算产水量关系图

应用实例： S47-56-56 井，射孔层段为 3759.0~3761.0m，3776.0~3779.0m，3840.0~3844.0m，3860.0~3862.0m，3922.0~3924.0m。试气：产气量为 $22.4 \times 10^4 m^3/d$，产水量为 9.6m³/d。该段试气压差为 3.65MPa，射孔段厚度为 13m，测井计算孔隙度为 11.1%，自由水

饱和度为 0.0%，可动水饱和度为 1.77%（图 3-18），应用产水量预测公式综合预测该井产水量为 9.76m³/d，预测结果和生产实际吻合较好。

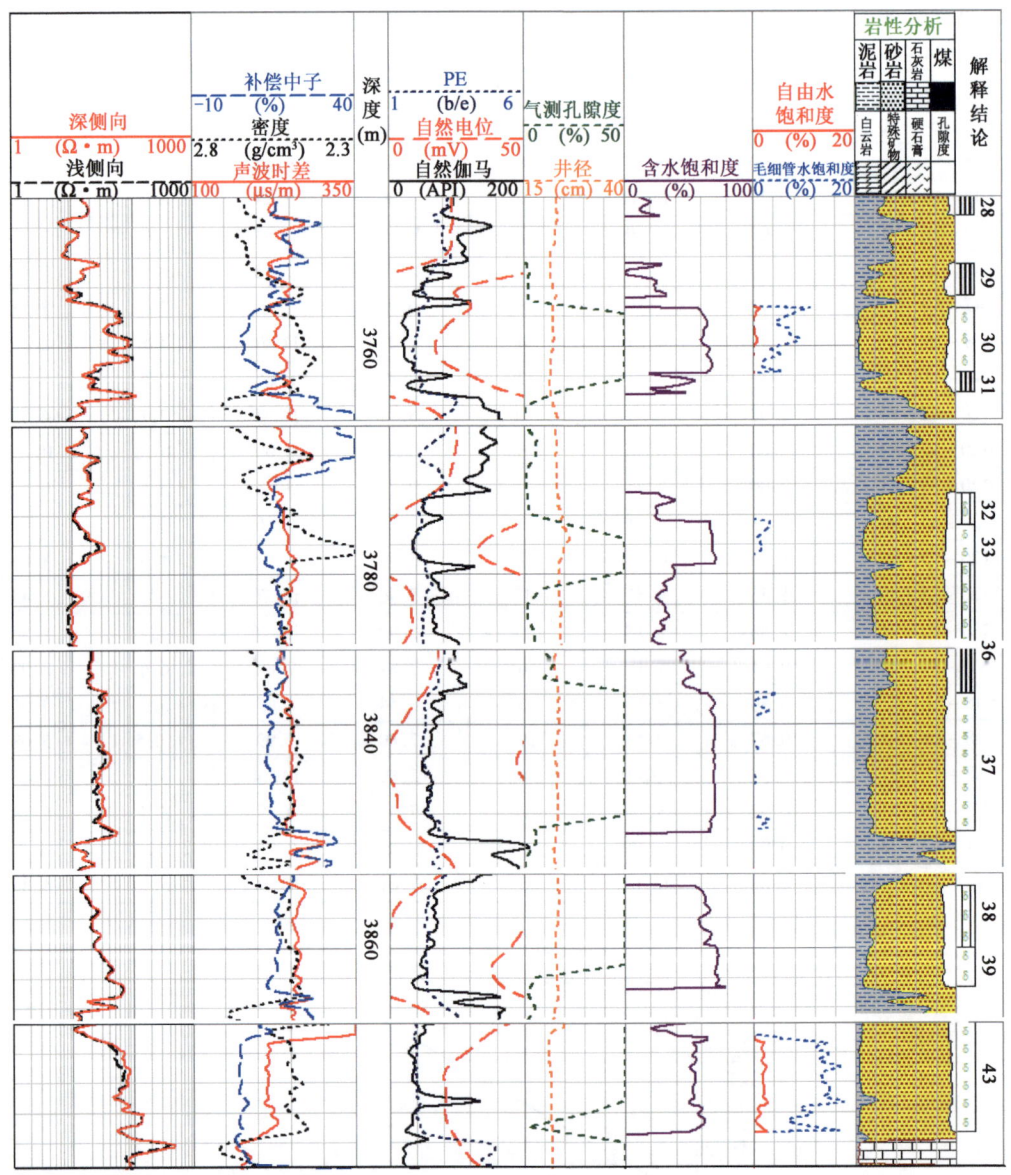

图 3-18 S47-56-56 井测井综合解释成果图

四、储层产水平面分布

苏里格西区盒$_8$、山$_1$储层主要产水类型有凝析水、自由水和可动水。苏里格西区凝析水含量分布在 0.065~0.102m³/10⁴m³ 之间，平均 0.077m³/10⁴m³。苏里格西区平均水气比为 3.88m³/10⁴m³，远大于凝析水气比，因此凝析水可以忽略不计，说明气井产出水主要为自由水和可动水。通过计算苏里格西区苏 120 井区、苏 48 井区和苏 47 井区自由水饱和度和可动水饱和度,并研究其平面分布特征,可以看出,自由水饱和度和可动水饱和度平面分布较为分散,呈零星分布特征,连片性较差。

苏里格西区储集砂体由北向南延伸,存在大大小小多个水体,但水体分布有限,多为孤立的透镜体水或致密层水,其中大部分位于河道中央。从水体的性质来看,分为砂体中相对物性较好的储水区——透镜体水体、砂体低部位的边底水,水体上方及侧向上往往为气层或致密砂层。如S120-21-77井,该井位于苏120井区北部盒$_8$河道中央,孔隙度为9.1%,属于物性较好的透镜体水体。储层自由水饱和度为0.16%,可动水饱和度为5.21%,预测产水5.56 m^3/d,试气产水6.0m^3/d(图3-19)。

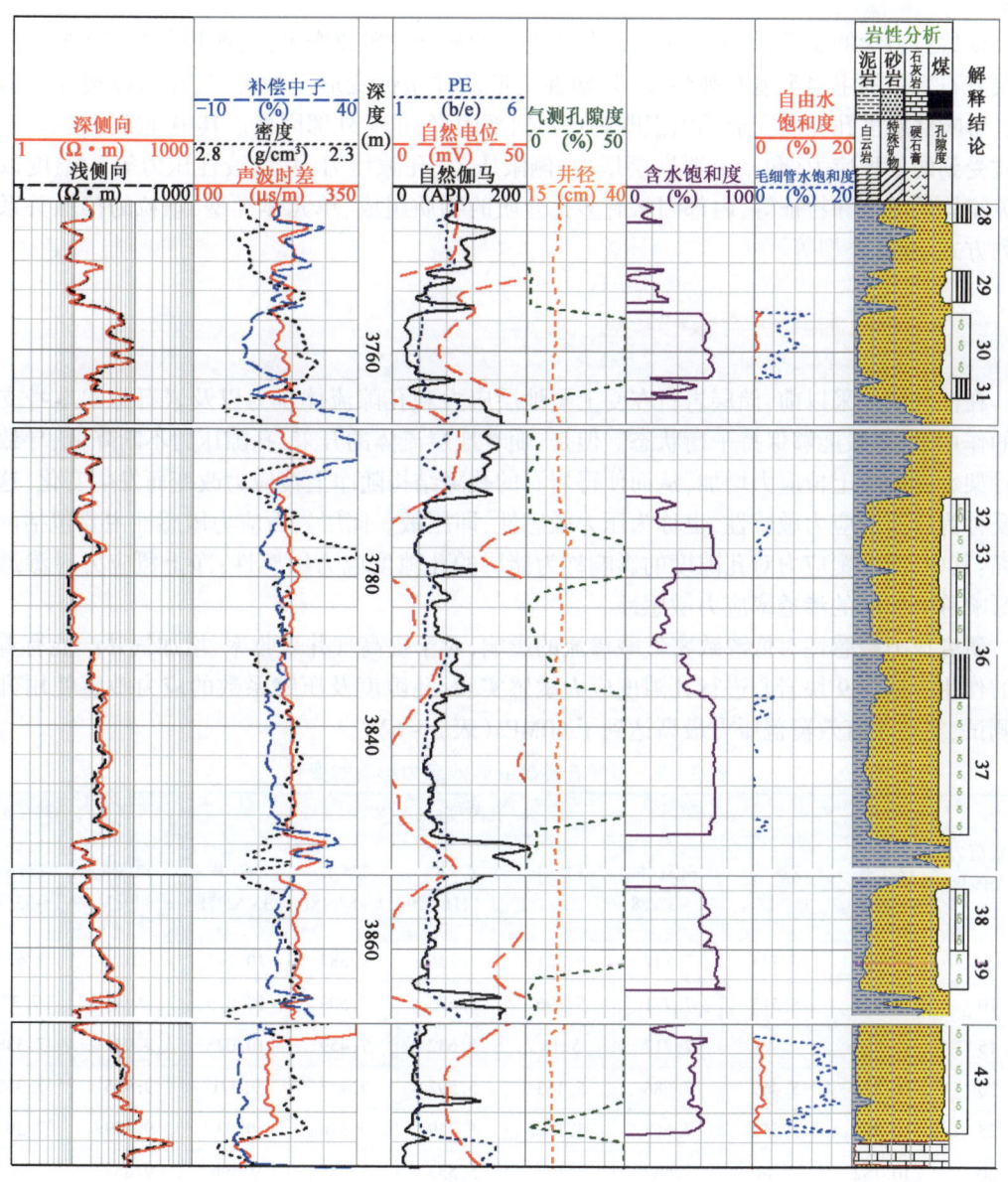

图3-19 S120-21-77井盒$_8$段综合解释成果图

第二节 储层应力敏感性

低渗致密气藏的开发过程中,由于流体的产出,会引起储层孔隙流体压力发生变化,从而使储层岩石骨架的有效应力发生改变,并使承载骨架颗粒与孔喉结构间的原始关系发生变化,从而引起渗流通道的变化,进而使储层物性参数如孔隙度、渗透率、岩石密度和压缩系数等也发生变化,而这些物性参数的变化又反过来影响到储层中流体的渗流,最终影响到气藏的采收率。

据岩石力学的定义,如果岩石内部各质点间的相互位置改变了,则称其产生了变形。油气储层岩石变形的主要类型有弹性变形、塑性变形及弹塑性变形三种类型,并以弹塑性变形为主。影响储层多孔介质变形的因素既有自身内部因素,也有外部因素。其中外部因素有:多孔介质受到的各种应力(包括上覆岩层压力、侧限压力、孔隙压力、井筒液柱压力等)、温度以及孔隙流体的类型和特征等,内部因素有多孔介质的物质组成、单元体类型、颗粒的接触关系和排列方式、胶结类型等。

一、岩心孔隙度应力敏感实验

在油气藏开采以前,储层岩石在受上覆地层应力和孔隙流体压力以及岩石骨架本身支撑力的作用下,一般能够保持平衡状态。但是,随着地层流体的开采,孔隙压力不断降低,导致岩石骨架承受的净上覆应力增加,从而使得岩石的孔隙结构随净上覆应力改变而发生变化,这种性质称为岩石的应力敏感性,也称为压力敏感性,即压敏。储层岩石应力敏感性主要包括两个方面:其中,净上覆应力对孔隙度的影响称为储层的孔隙度应力敏感性;净上覆应力对渗透率的影响称为储层的渗透率应力敏感性。

研究应力敏感性对低渗致密气藏渗流的影响,对于提高气井采收率、增加气井产能有着积极的作用。选取9块岩心进行孔隙度应力敏感实验,孔隙度及压缩系数的应力敏感使用升围压测试,实验净有效覆盖压力最高达到了60MPa(表3-6)。

表3-6 岩样孔隙度受有效应力影响的变化

有效应力 (MPa)	孔隙度(%)								
	Z31井 1-62/63	Z28井 1-11/11	S100井 1-37/88	T34井 1-20/181	Z71井 1-111/129	T34井 1-87/181	Z60井 3-62/71	T31井 1-19/141	T31井 1-33/141
5	10.997	5.544	7.848	5.221	5.726	7.587	10.142	10	7.423
10	10.921	5.515	7.771	5.196	5.675	7.509	10.079	9.96	7.37
15	10.863	5.49	7.717	5.18	5.632	7.459	10.025	9.931	7.338
20	10.828	5.469	7.686	5.163	5.597	7.417	9.971	9.915	7.317
25	10.797	5.452	7.663	5.146	5.569	7.378	9.93	9.899	7.297
30	10.782	5.44	7.644	5.133	5.553	7.355	9.896	9.887	7.281

续表

有效应力 (MPa)	孔隙度(%)								
	Z31井 1-62/63	Z28井 1-11/11	S100井 1-37/88	T34井 1-20/181	Z71井 1-111/129	T34井 1-87/181	Z60井 3-62/71	T31井 1-19/141	T31井 1-33/141
40	10.766	5.427	7.625	5.117	5.533	7.331	9.863	9.874	7.261
50	10.758	5.419	7.617	5.104	5.526	7.316	9.842	9.866	7.248
60	10.751	5.415	7.613	5.096	5.522	7.308	9.83	9.858	7.236

为直观显示岩心孔隙度随有效应力的变化规律,将表3-6中的样品岩心孔隙度的变化用曲线来表示,如图3-20所示。

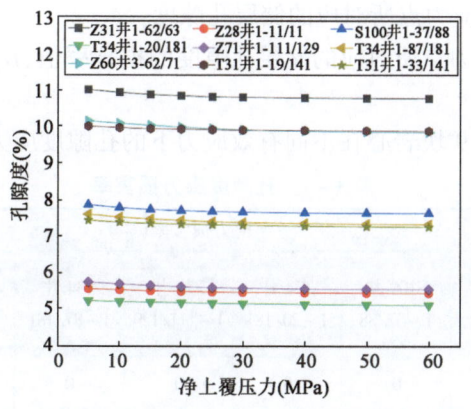

图3-20 样品岩心的孔隙度变化

由图3-23可以看出,9块样品的孔隙度都是随着有效应力的升高而降低的。孔隙度是孔隙体积的一种度量方式,因此,孔隙度随有效应力的变化规律与孔隙体积的变化规律是一致的:随着净围压的增加,孔隙体积逐渐被压缩,孔隙度逐渐减小,孔隙度降低趋势前期比后期要明显,净围压越大孔隙度变化越平缓,但总的来说孔隙度降幅并不明显。

孔隙体积的缩小说明在有效应力增加的过程中,岩石发生了变形。但孔隙体积的缩小量与有效应力的增加量并不成正比,从不同有效应力区间的降低值分布来看,并不是相等的,总体上表现为随着有效应力的升高,岩样平均孔隙体积降低值都有所下降。同时也说明,孔隙体积在有效应力升高的初期阶段降低最明显,降低的幅度也最大,而随着有效应力的进一步升高,孔隙体积的变化趋向缓和。因此,岩石变形更多属于弹塑性变形,而非线弹性变形(如果是线弹性变形,孔隙体积的缩小量应该与有效应力的增加量成正比)。这是因为基质岩心的孔隙结构包括孔隙体和喉道体两个部分,由砂岩的孔喉变形理论可知,孔隙体为拱形结构,抗挤压能力较强,变形较小;而喉道为反拱形结构,其在有效应力下极易变形,使喉道半径急剧减小,甚至闭合。因此致密岩石受压时,首先被压缩的是喉道,并非孔隙,而喉道占总孔隙百分比较大。

根据《储层敏感性流动实验评价方法》(SY/T 5358—2010),这里定义储层应力损害率为

$$D_f = \frac{f_0 - f}{f_0} \times 100\% \quad (3-3)$$

式中　f——不同的储层参数,一般指孔隙度和渗透率,是在某个有效应力点下的储层参数值;

　　　f_0——第一个有效应力点所对应的储层参数值;

　　　D_f——某个有效应力点所对应的储层参数的损害率值。

据此可定义孔隙度应力损害率为

$$D_\phi = \frac{\phi_0 - \phi}{\phi_0} \times 100\% \quad (3-4)$$

式中　ϕ——不同有效应力下的孔隙度;

　　　ϕ_0——第一个有效应力点所对应的储层孔隙度;

　　　D_ϕ——某个有效应力点所对应的储层孔隙度的损害率值,D_ϕ值越大,孔隙度的应力损害越严重。

根据公式(3-4)计算9块岩心在不同有效应力下的孔隙度应力损害率,见表3-7。

表3-7　孔隙度应力损害率

有效应力(MPa)	应力损害率(%)								
	Z31井 1-62/63	Z28井 1-11/11	S100井 1-37/88	T34井 1-20/181	Z71井 1-111/129	T34井 1-87/181	Z60井 3-62/71	T31井 1-19/141	T31井 1-33/141
5	0	0	0	0	0	0	0	0	0
10	0.6911	0.5231	0.9811	0.4788	0.8907	1.0281	0.6212	0.4000	0.7140
15	1.2185	0.9740	1.6692	0.7853	1.6416	1.6871	1.1536	0.6900	1.1451
20	1.5368	1.3528	2.0642	1.1109	2.2529	2.2407	1.6861	0.8500	1.4280
25	1.8187	1.6595	2.3573	1.4365	2.7419	2.7547	2.0903	1.0100	1.6974
30	1.9551	1.8759	2.5994	1.6855	3.0213	3.0579	2.4256	1.1300	1.9130
40	2.1006	2.1104	2.8415	1.9920	3.3706	3.3742	2.7509	1.2600	2.1824
50	2.1733	2.2547	2.9434	2.2410	3.4928	3.5719	2.9580	1.3400	2.3575
60	2.2370	2.3268	2.9944	2.3942	3.5627	3.6773	3.0763	1.4200	2.5192

从表3-7中可以看出,9块岩心的孔隙度应力损害率都较低,仅有1.42%~3.68%,这与前面所得出的岩心孔隙度随有效应力增大下降幅度并不明显的结论一致。

早在20世纪70年代开始,国外就对孔隙度与有效应力的关系进行了研究,并得到了孔隙度与有效应力之间的变化关系遵循指数变化关系的认识。后来,国内外的许多石油工作者都从实验数据分析上证实这种关系是具有普遍性的。这里对实验样品的孔隙度与有效应力之间的关系采用不同曲线类型进行了半对数曲线拟合,如图3-21(a)至(i)所示。

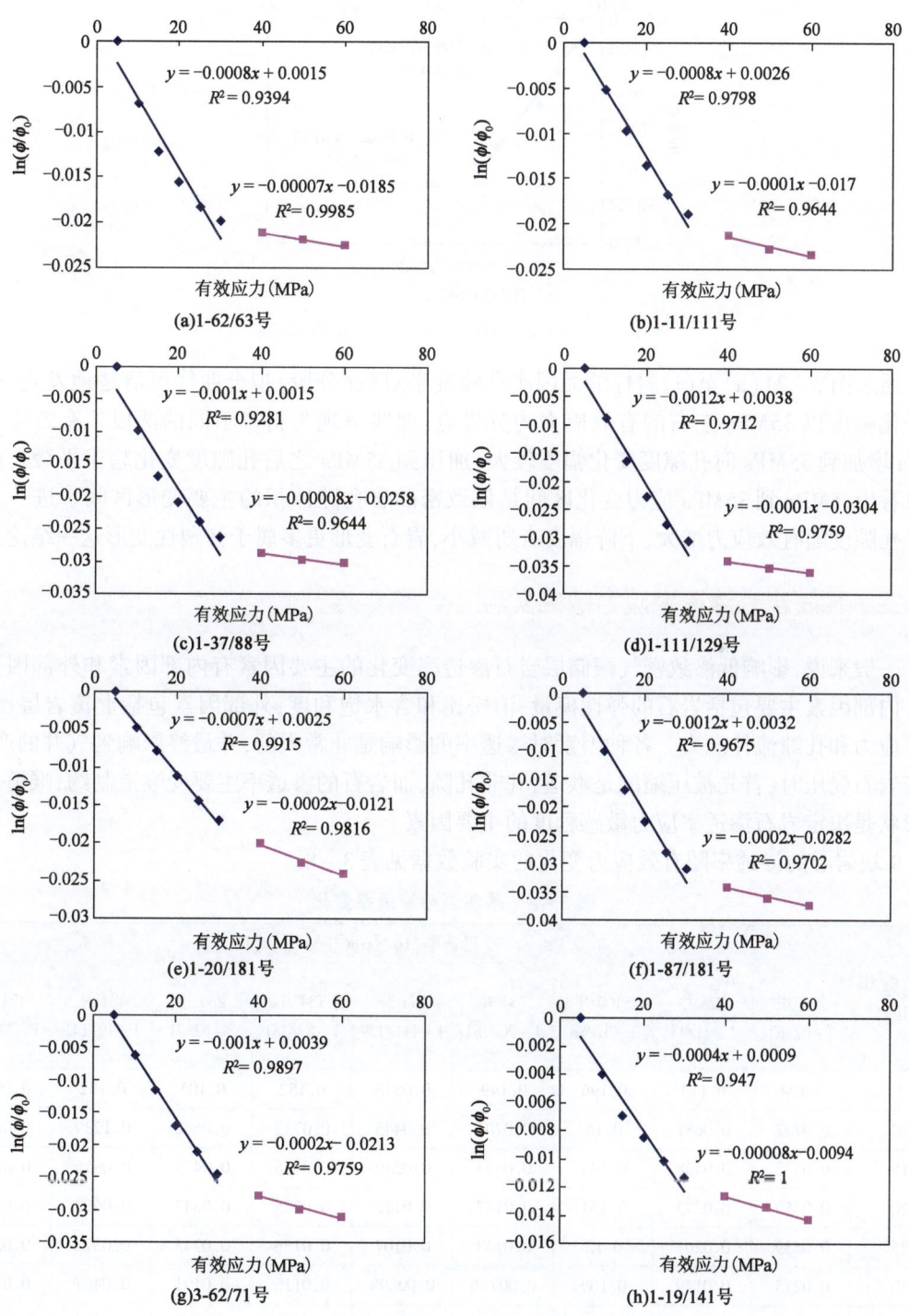

图 3-21 岩样无因次孔隙度半对数拟合

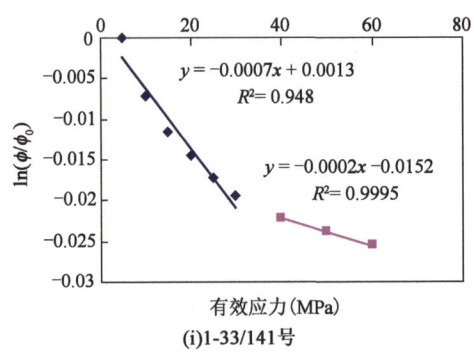

(i)1-33/141号

图3-21 岩样无因次孔隙度半对数拟合(续)

通过图3-21(a)至(i)岩样的无因次孔隙度半对数(分段)拟合曲线可清楚地发现,孔隙度变化幅度以35MPa左右的有效应力为分界点,曲线呈现为斜率不同的两段。有效应力从5MPa增加到35MPa时孔隙度变化幅度较大,加压到35MPa之后孔隙度变化趋于平缓。由此可以看出,5MPa到35MPa应力变化区间是该致密砂岩孔隙体积的主要变形区间。进一步验证了孔隙度随有效应力增大,下降幅度有所减小,岩石变形更多属于弹塑性变形这一结论。

二、基质岩心渗透率应力敏感实验

一般来说,影响低渗致密气藏储层岩石渗透率变化的主要因素有内部因素和外部因素两种。内部因素主要包括岩石的弹性模量、泊松比和含水饱和度;外部因素包括上覆岩层压力、水平应力和孔隙流体压力。各种因素对渗透率的影响是非常大的,并最终影响到气井的产能。致密岩石受压时,首先被压缩的是喉道,并非孔隙,而岩石的渗透率主要受喉道制约,喉道大小和形状是决定岩石渗透率应力敏感程度的主要因素。

9块岩心的渗透率随有效应力变化的实验数据见表3-8。

表3-8 基质岩心渗透率变化

有效应力 (MPa)	渗透率($10^{-3}\mu m^2$)								
	Z31井 1-62/63	Z28井 1-11/11	S100井 1-37/88	T34井 1-20/181	Z71井 1-111/129	T34井 1-87/181	Z60井 3-62/71	T31井 1-19/141	T31井 1-33/141
5	0.104	0.113	0.196	0.149	0.0843	0.152	0.105	0.182	0.0906
10	0.0727	0.0687	0.16	0.0701	0.0445	0.0743	0.0668	0.1239	0.0604
15	0.0572	0.0438	0.144	0.0333	0.0249	0.0418	0.0459	0.0916	0.0435
20	0.0463	0.0275	0.131	0.0187	0.0172	0.0235	0.0343	0.0693	0.0309
25	0.0359	0.0201	0.12	0.0143	0.0107	0.0156	0.0245	0.0573	0.0231
30	0.0273	0.0149	0.109	0.00756	0.00698	0.0115	0.0191	0.0497	0.0191
40	0.0174	0.00765	0.099	0.00622	0.0034	0.0091	0.012	0.0393	0.0139
50	0.013	0.00488	0.0933	0.00378	0.00276	0.00722	0.00923	0.0338	0.0107
60	0.0124	0.0038	0.0911	0.00215	0.00222	0.00314	0.00797	0.0299	0.00849

将表 3-8 中实验岩心的渗透率随有效应力的变化表示在图 3-22 中,更能直观地反映样品岩心渗透率随有效应力变化的规律。

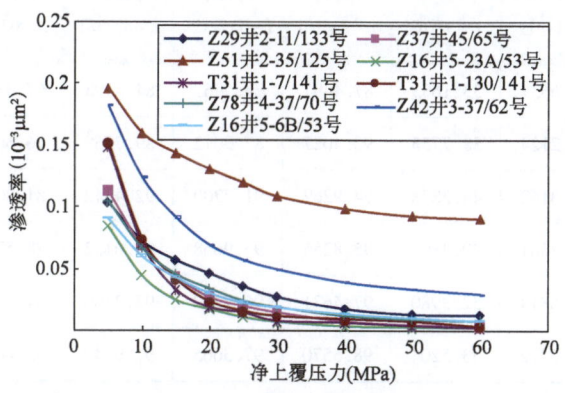

图 3-22 基质岩心渗透率变化

由图 3-22 可见,渗透率随着有效应力的增大而减小,在有效应力增加初期,渗透率与有效应力的关系曲线的斜率相当大,表明初期渗透率的下降幅度很大,而到后期,关系曲线的斜率变小,渗透率的下降幅度变小,趋向平缓。这是因为有效应力增大的初期岩心最先受到压缩而变形(甚至闭合)的是喉道和较大孔隙。孔隙以及喉道平均半径的轻微减小将引起储层渗透率的显著降低,因而渗透率损失较大;在有效应力增大的后期,压缩到一定程度之后,剩下的多为不易闭合的喉道,小孔隙受压缩变形也很小(甚至不变形),所以渗透率损失幅度锐减,几乎达停滞状态。

定义渗透率应力损害率为

$$D_K = \frac{K_0 - K}{K_0} \times 100\% \tag{3-5}$$

式中 K——不同有效应力下的渗透率,$10^{-3} \mu m^2$;

K_0——第一个有效应力点所对应的储层渗透率,$10^{-3} \mu m^2$;

D_K——某个有效应力点所对应的储层渗透率的损害率值。D_k 值越大,渗透率的应力损害程度越严重。

根据公式(3-5)计算 9 块岩心在不同有效应力下的渗透率应力损害率,见表 3-9。

表 3-9 基质岩心渗透率应力损害率

有效应力 (MPa)	损害率(%)								
	Z31 井 1-62/63	Z28 井 1-11/11	S100 井 1-37/88	T34 井 1-20/181	Z71 井 1-111/129	T34 井 1-87/181	Z60 井 3-62/71	T31 井 1-19/141	T31 井 1-33/141
5	0	0	0	0	0	0	0	0	0
10	30.0962	39.2035	18.3673	52.9530	47.2123	51.1184	36.3810	31.9231	33.3333
15	45.0000	61.2389	26.5306	77.6510	70.4626	72.5000	56.2857	49.6703	51.9868

续表

有效应力 (MPa)	损害率(%)								
	Z31 井 1-62/63	Z28 井 1-11/11	S100 井 1-37/88	T34 井 1-20/181	Z71 井 1-111/129	T34 井 1-87/181	Z60 井 3-62/71	T31 井 1-19/141	T31 井 1-33/141
20	55.4808	75.6637	33.1633	87.4497	79.5967	84.5395	67.3333	61.9231	65.8940
25	65.4808	82.2124	38.7755	90.4027	87.3072	89.7368	76.6667	68.5165	74.5033
30	73.7500	86.8142	44.3878	94.9262	91.7200	92.4342	81.8095	72.6923	78.9183
40	83.2692	93.2301	49.4898	95.8255	95.9668	94.0132	88.5714	78.4066	84.6578
50	87.5000	95.6814	52.3980	97.4631	96.7260	95.2500	91.2095	81.4286	88.1898
60	88.0769	96.6372	53.5204	98.5570	97.3665	97.9342	92.4095	83.5714	90.6291

从表 3-9 中可以看出,因为 9 块岩心的渗透率都较低,所以他们的渗透率应力损害率都很大,损害程度很强。渗透率随有效应力的增大而明显减小,其中渗透率最终降低幅度最大的为 1-20/181 号岩心,达到了近 98.56%。这说明苏里格地区渗透率越小的储层,应力敏感性越强,渗透率受到的伤害也越严重。这是因为渗透率的变化主要与岩心的孔隙结构有关。对于特低渗的岩心,小孔道占多数,大孔道相对较少。也就是说,影响岩心渗透率的平均孔喉半径较小,在有效应力的作用下闭合的主要是小孔道。一旦小孔道被压缩,则岩心的渗透率下降较大,所以有效应力对低渗岩心渗透率的影响比较明显。同时也说明了在低渗透和特低渗油气藏的开发过程中,如果利用天然能量进行衰竭式开采,通过增大生产压差以获得最高产量,可能会由于地层渗透率的急剧降低而得到相反的效果,因此,需通过压裂、酸化等措施来改善近井地层渗透率的应力敏感对产能的影响。

与岩石孔隙度一样,国内外许多石油工作者也对储层岩石渗透率随有效应力之间的变化关系做了研究,认为储层岩石渗透率随有效应力变化关系相关性较好的是指数关系。我们针对此情况,对渗透率随有效应力的变化半对数关系来拟合,以找到描述渗透率随有效应力变化的关系式,如图 3-23 所示。

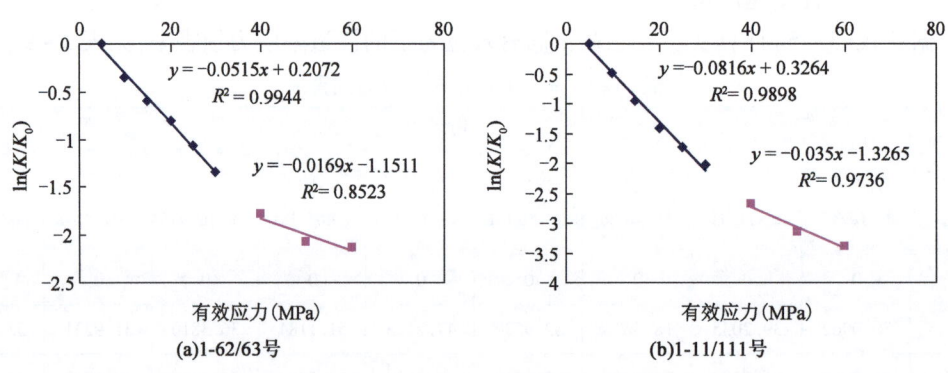

图 3-23 无因次渗透率半对数拟合

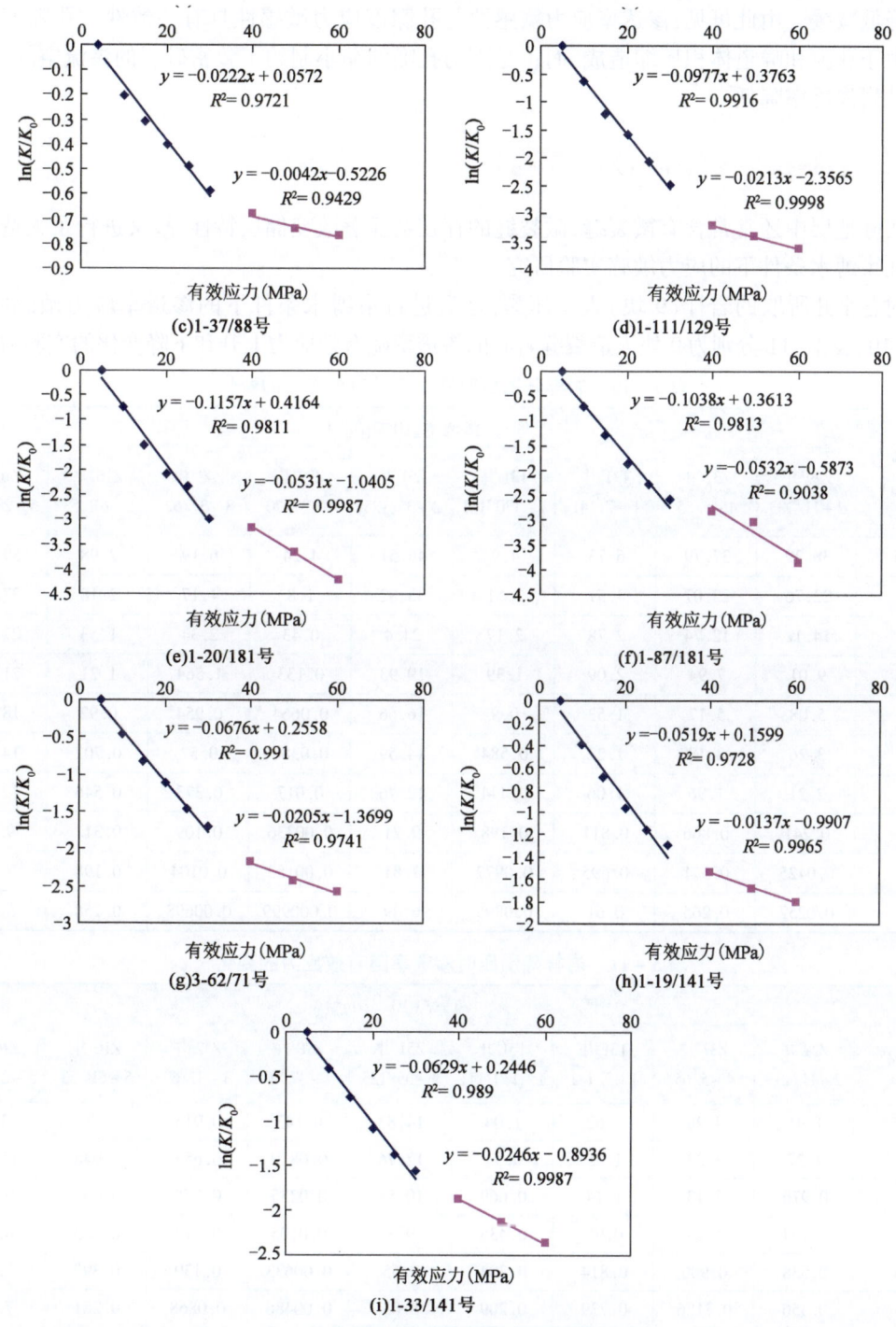

图 3-23 无因次渗透率半对数拟合(续)

通过图 3-23(a)至(i)半对数(分段)拟合曲线可清楚地看出,渗透率变化幅度也以 35MPa 左右的有效应力为分界点,曲线呈现为斜率不同的两段。前段曲线斜率很大,说明有效应力增大,渗透率急剧下降;后段曲线平缓,斜率降低,说明随有效应力的进一步增大,岩心渗透率降低减缓。由此可见,渗透率应力敏感性与孔隙度应力敏感性具有一致性。孔隙度的降低是由于孔隙和喉道体积压缩造成,而正是因为孔喉的缩小制约了致密砂岩的渗流空间,使得致密砂岩渗透率降低。

三、裂缝岩心渗透率应力敏感实验

实际地层中还常常含有微裂缝,微裂缝的存在会显著改变储层特性,故又进行了人造裂缝岩心在束缚水条件下的应力敏感实验研究。

对各个井所取的岩样(9块)人工压裂,之后进行束缚水条件下的渗透率应力敏感实验,表3-10、表3-11分别为9块人造裂缝岩心的渗透率随有效应力上升和下降变化的实验数据。

表3-10 岩样升围压时渗透率随有效应力的变化

有效应力(MPa)	渗透率($10^{-3}\mu m^2$)								
	Z29井 2-11/133	Z37井 4-5/65	T31井 1-7/141	T31井 1-130/141	Z51井 2-35/125	Z78井 4-37/70	Z42井 3-37/62	Z16井 5-6B/53	Z16井 5-23A/53
2.5	38.29	37.79	6.73	4.9	46.51	4.24	6.19	2.98	59.64
5	22.76	23.07	4.51	3.51	33.82	1.8	4.17	2.18	37.95
10	14.12	12.74	2.78	2.17	24.4	0.43	2.34	1.53	27.83
15	9.01	7.94	2.09	1.39	19.93	0.133	1.564	1.21	21.63
20	5.08	5.17	1.53	0.9	16.66	0.0664	0.954	0.92	18.15
25	3.26	3.18	1.22	0.584	14.59	0.0386	0.57	0.702	14.91
30	2.21	1.96	1.06	0.444	12.76	0.017	0.373	0.546	12.21
40	0.241	0.866	0.811	0.198	9.71	0.00336	0.109	0.311	9.49
50	0.0425	0.571	0.695	0.0977	7.81	0.00152	0.0104	0.198	7.45
60	0.0252	0.265	0.61	0.0895	6.49	0.000999	0.00698	0.158	5.93

表3-11 岩样降围压时渗透率随有效应力的变化

有效应力(MPa)	渗透率($10^{-3}\mu m^2$)								
	Z29井 2-11/133	Z37井 4-5/65	T31井 1-7/141	T31井 1-130/141	Z51井 2-35/125	Z78井 4-37/70	Z42井 3-37/62	Z16井 5-6B/53	Z16井 5-23A/53
2.5	1.91	4.26	1.62	1.04	14.83	0.143	0.915	1.1	13.21
5	1.27	3.32	1.35	0.93	12.76	0.0819	0.655	0.948	11.83
10	0.976	2.13	1.14	0.669	10.58	0.0235	0.376	0.692	9.82
15	0.754	1.29	0.95	0.435	9.3	0.0105	0.217	0.523	8.66
20	0.538	0.906	0.814	0.304	8.55	0.00633	0.139	0.399	7.88
25	0.356	0.7186	0.739	0.209	8.03	0.00486	0.0868	0.281	7.45
30	0.257	0.6063	0.688	0.165	7.62	0.00396	0.0733	0.186	6.96
40	0.0524	0.487	0.664	0.112	7.06	0.00226	0.033	0.134	6.48
50	0.0273	0.304	0.632	0.0919	6.76	0.00112	0.00869	0.118	6.14
60	0.0252	0.265	0.61	0.0895	6.49	0.000999	0.00698	0.158	5.93

将表3-10、表3-11中的实验岩心的渗透率随有效应力的变化表示在图3-27、图3-28中,更能直观地反映样品岩心渗透率随有效应力变化的规律。

由图3-24、图3-25可以看出,实验岩心的渗透率随着有效应力的增大而减小,在有效应力增加初期,渗透率与有效应力的关系曲线的斜率相当大,表明初期渗透率的下降幅度很大,而到后期,关系曲线的斜率变小,渗透率的下降幅度变小,趋向平缓。

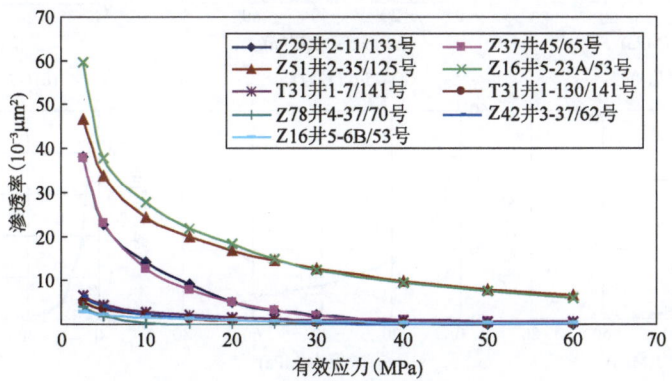

图3-24 岩样升围压时渗透率变化

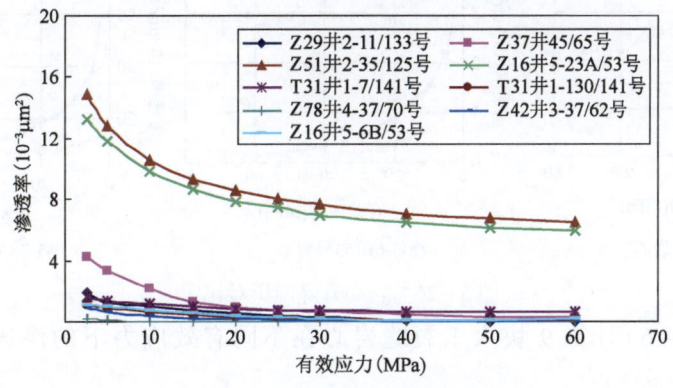

图3-25 岩样降围压时渗透率变化

同样,从地层压力恢复时降围压过程与升围压过程对比来看,渗透率并不能恢复到储层初始应力状态下的渗透率值,如图3-26(a)至(i)所示。这表明储层岩石在有效应力作用下,发生的是弹塑性变形。但是与基质岩心在束缚水条件下的应力敏感实验结果比较,裂缝岩心渗透率在有效压力加载和卸载过程的渗透率变化曲线差别更大,说明岩石的塑性变形更强,渗透率损失更多。

根据储层敏感性流度实验评价方法,这里定义储层渗透率应力损害率为

$$d = \frac{K_0 - K}{K_0} \times 100\% \qquad (3-6)$$

式中 d——渗透率应力损害百分比;

K_0——岩石第一个应力点的渗透率,$10^{-3}\mu m^2$;

K——岩石在某个应力点的渗透率,$10^{-3}\mu m^2$。

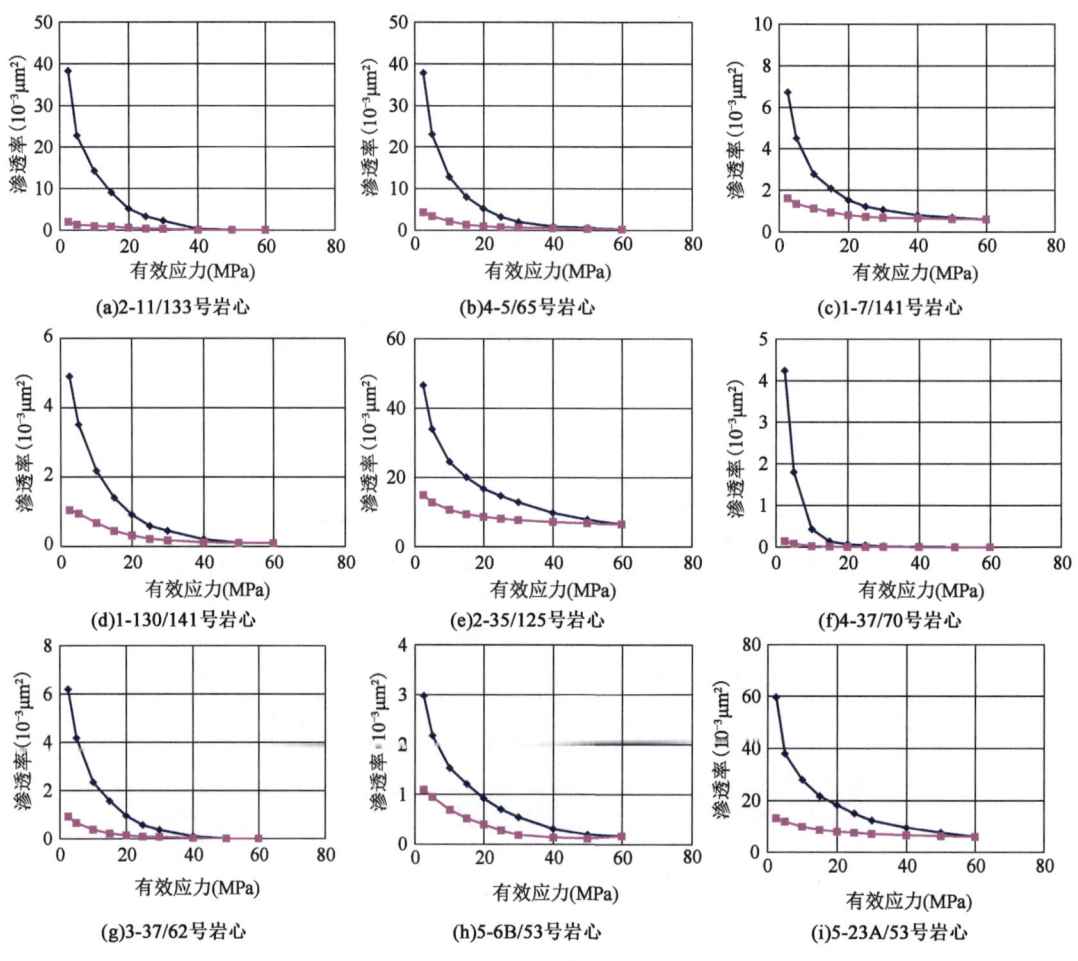

图 3-26 岩心升降围压对比图

根据公式(3-6)计算 9 块人工裂缝岩心在不同有效应力下的渗透率应力损害率,见表 3-12。

表 3-12 渗透率应力损害率

有效应力 (MPa)	损害率(%)								
	Z29 井 2-11/133	Z37 井 4-5/65	T31 井 1-7/141	T31 井 1-130/141	Z51 井 2-35/125	Z78 井 4-37/70	Z42 井 3-37/62	Z16 井 5-6B/53	Z16 井 5-23A/53
2.5	0	0	0	0	0	0	0	0	0
5	40.56	38.95	32.99	28.37	27.28	57.55	32.63	26.85	36.37
10	63.12	66.29	58.69	55.71	47.54	89.86	62.20	48.66	53.34
15	76.47	78.99	68.95	71.63	57.15	96.86	74.73	59.40	63.73
20	86.73	86.32	77.27	81.63	64.18	98.43	84.59	69.13	69.57
25	91.49	91.59	81.87	88.08	68.63	99.09	90.79	76.44	75.00
30	94.23	94.81	84.25	90.94	72.57	99.60	93.97	81.68	79.53

续表

有效应力(MPa)	损害率(%)								
	Z29井 2-11/133	Z37井 4-5/65	T31井 1-7/141	T31井 1-130/141	Z51井 2-35/125	Z78井 4-37/70	Z42井 3-37/62	Z16井 5-6B/53	Z16井 5-23A/53
40	99.37	97.71	87.95	95.96	79.12	99.92	98.24	89.56	84.09
50	99.89	98.49	89.67	98.01	83.21	99.96	99.83	93.36	87.51
60	99.93	99.30	90.94	98.17	86.05	99.98	99.89	94.70	90.06

从表3-12中可以看出,9块岩心的渗透率应力损害率都很大,损害程度很强。渗透率随有效应力的增大而明显减小,渗透率降低幅度接近100%。

这里对实验样品的无因次渗透率与有效应力之间的关系采用半对数拟合,如图3-27所示。

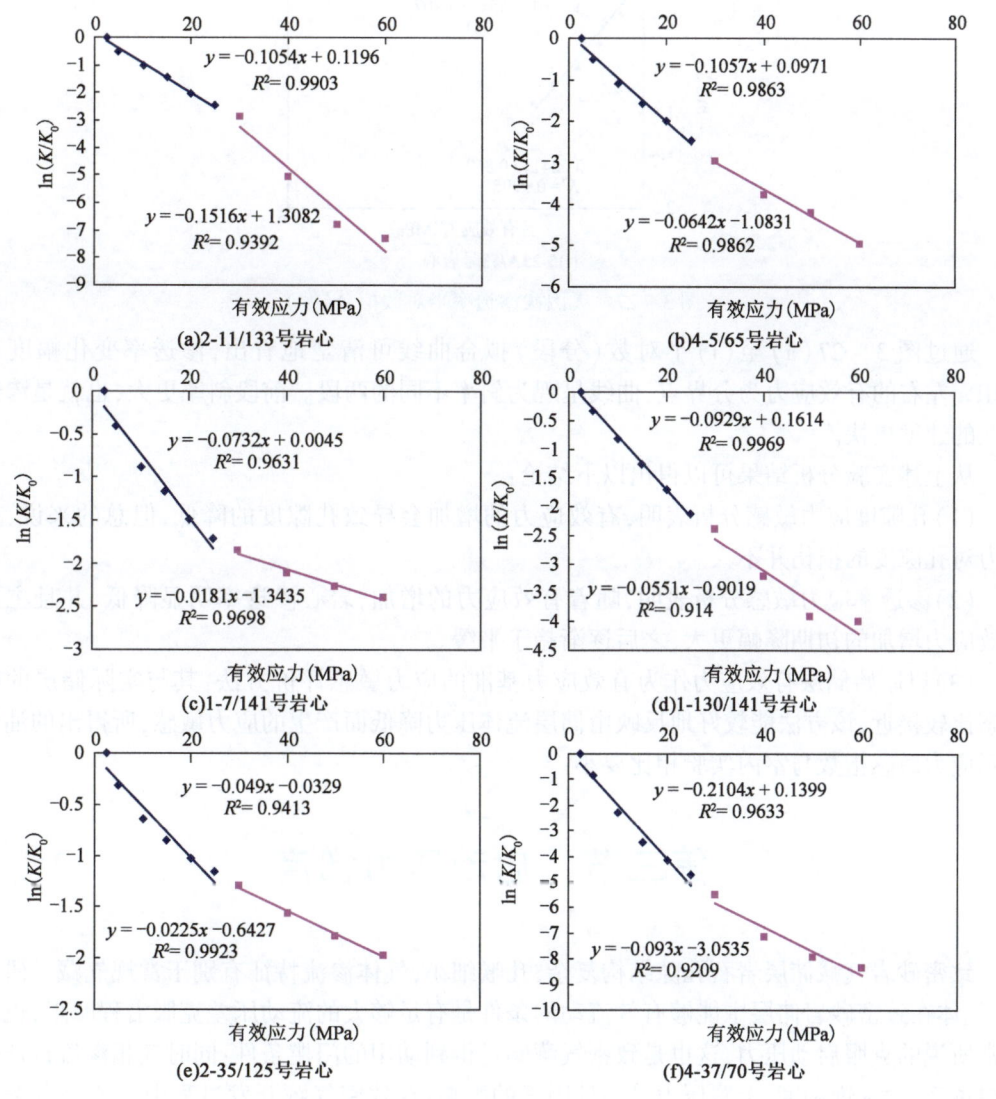

图3-27 无因次渗透率半对数拟合

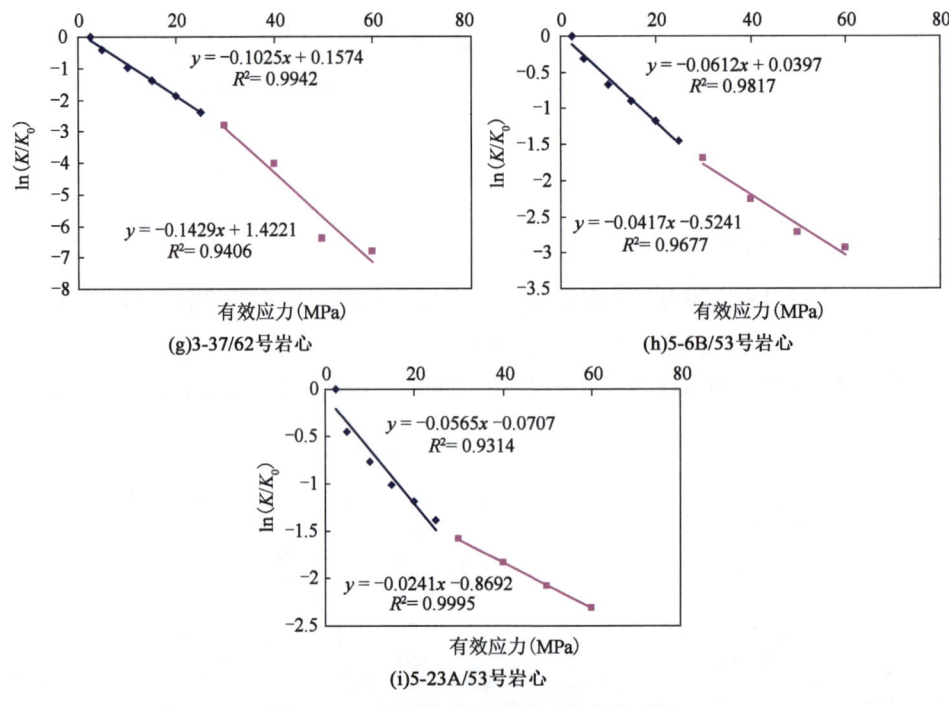

图 3-27 无因次渗透率半对数拟合（续）

通过图 3-27(a) 至 (i) 半对数（分段）拟合曲线可清楚地看出，渗透率变化幅度也以 27MPa 左右的有效应力为分界点，曲线呈现为斜率不同的两段。前段斜率更大，也就是渗透率降低的速度更快。

从上述实验分析结果可以得出以下结论：

(1) 孔隙度应力敏感分析表明，有效应力的增加会导致孔隙度的降低，但总的来说，有效应力对孔隙度的损伤并不大。

(2) 渗透率应力敏感分析表明，随着有效应力的增加，岩心渗透率明显降低，并且主要在有效应力增加的初期降幅更大，之后逐渐趋于平缓。

(3) 以原始储层有效应力作为有效应力基准的应力敏感评价方法，其与实际储层的应力状态比较接近，该方法能较好地反映由储层流体压力降低而产生的应力敏感，所得出的油气藏实际应力敏感指数与室内实验相比要小。

第三节　启动压力梯度

致密砂岩气藏储层岩石孔隙结构复杂，孔喉细小，气体渗流特征有别于常规气藏。研究表明，气体在致密砂岩储层中能够有效流动的条件是有足够大的流动压差克服沿程摩阻，也就是通常所说的克服启动压力，这也是致密气藏储量得到动用的门槛条件；同时气相渗流特征受基质渗透率、含水饱和度、上覆压力等多种因素的影响，在致密气藏开发过程中需要综合考虑这些因素对气井产能及稳产能力的影响情况。

孔隙喉道狭窄、连通性差、渗透性差的岩层,即低渗致密储层,是造成非达西低速渗流的重要地质因素;流体在多孔介质中渗流时,由于相与相之间表面分子的物理化学作用,使越来越多的流体停止流动,产生薄层区的流态,这是造成非达西低速渗流的主要原因;在孔隙中的薄膜水阻碍了天然气的流动,增加了渗流的阻力,地层孔隙中的气体从静止到流动必须突破薄膜水产生的吸附阻力,作用于薄膜水表面两侧的压力差达到一定大小是气体开始流动的必要条件,即启动压力梯度,岩样渗流偏离达西定律。

对 P2h、P1s 两层位 19 块岩心在不同含水饱和度下驱替压差与流量的关系进行了测试,其中 4 块岩心驱动压差与流量关系,如图 3 – 28(a)至(d)所示,将每块岩心在不同含水饱和度下的驱替压差和流量关系曲线的直线段(拟线性渗流段)反向延长并与驱替压差轴相交,交点对应的驱替压力即是启动压力,对应的压力梯度即是启动压力梯度,见表 3 – 13、表 3 – 14。

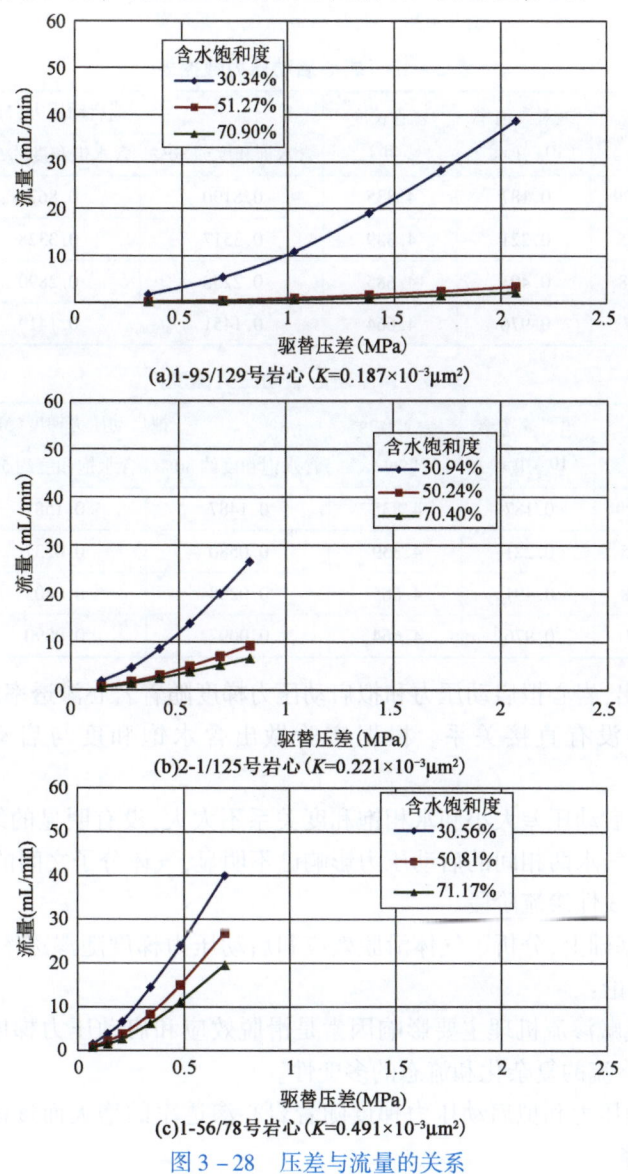

图 3 – 28 压差与流量的关系

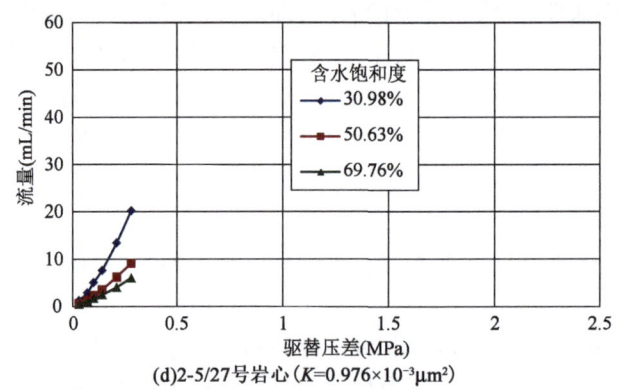

(d) 2-5/27号岩心（K=0.976×10^{-3}μm^2）

图 3-28　压差与流量的关系（续）

表 3-13　岩心启动压力数据表

井号	岩样编号	绝对渗透率 （10^{-3}μm^2）	岩心长度 （cm）	拟启动压力（MPa）		
				含水饱和度约30%	含水饱和度约50%	含水饱和度约70%
Z71	1-95/129	0.187	4.835	0.8190	0.8675	0.8205
Z51	2-1/125	0.221	4.339	0.3517	0.3328	0.2755
S47	1-56/78	0.491	4.685	0.2258	0.2890	0.2852
Z42	2-5/27	0.976	4.664	0.1451	0.1419	0.1326

表 3-14　岩心启动压力梯度

井号	岩样编号	绝对渗透率 （10^{-3}μm^2）	岩心长度 （cm）	拟启动压力梯度（MPa/cm）		
				含水饱和度约30%	含水饱和度约50%	含水饱和度约70%
Z71	1-95/129	0.187	4.835	0.1487	0.1587	0.1490
Z51	2-1/125	0.221	4.339	0.0580	0.0537	0.0405
S47	1-56/78	0.491	4.685	0.0268	0.0403	0.0395
Z42	2-5/27	0.976	4.664	0.0097	0.0090	0.0070

从上表可以看出,岩心拟启动压力和拟启动压力梯度随着岩心渗透率的增大而逐渐变小,与含水饱和度大小没有直接关系。根据实验做出含水饱和度与启动压力梯度关系图(图 3-29)。

分析可以得出:启动压差大小和水相饱和度关系不太大,没有明显的线性关系,当实验压差高于启动压差时,气水两相间的启动压力影响已不明显,气体分子之间的黏滞力影响变得更为明显,逐渐进入拟线性渗流阶段。

在上述实验的基础上,分析了气体滑脱效应和启动压力梯度随渗透率及含水饱和度变化的规律,得出如下结论:

(1)低渗致密气藏渗流机理主要影响因素是滑脱效应和启动压力梯度效应,二者作用程度的变化导致气体渗流的复杂化和流态的多变性。

(2)岩心拟启动压力和拟启动压力梯度随着岩心渗透率的增大而逐渐变小,与含水饱和度大小没有直接关系。

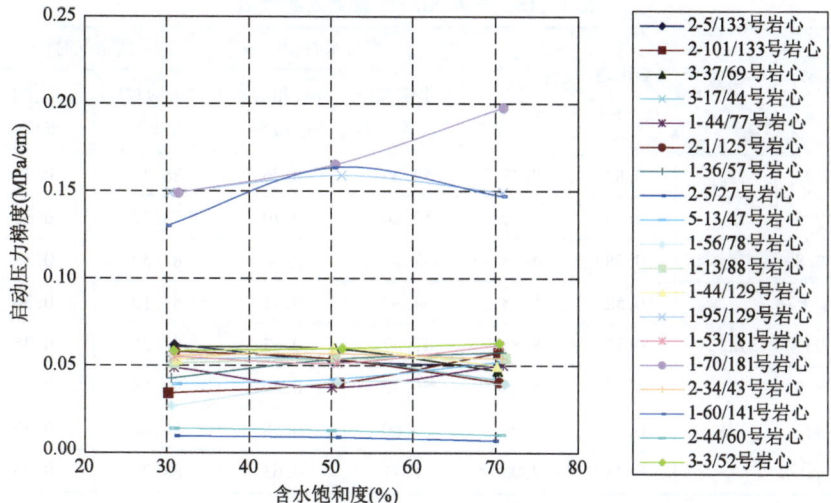

图 3-29 P2h 层位岩心含水饱和度与启动压力梯度关系图

因此针对具体气藏,有必要对气体渗流特征进行深入分析,以达到全面准确地认识气体在地下的渗流情况。

第四节 渗流特征——多相渗流实验

一、相对渗透率曲线特征参数

1. 束缚水饱和度和残余气饱和度

气水相对渗透率曲线(以下简称"相渗曲线")中束缚水饱和度(S_{wc})主要是从油气运移角度考虑,当油气从生油层运移到砂岩储层时,由于油、水、气对岩石的润湿性差异和毛细管力的作用,运移的油气不可能把岩石孔隙中的水完全驱替出去,会有一定量的水残存在岩石孔隙中。这些水大多数会分布和残存在岩石颗粒接触处角隅和微细孔隙中,或吸附在岩石骨架颗粒表面。由于特殊的分布和存在状态,这一部分水几乎是不流动的,因而称为不可动水,也称为束缚水或残余水,相应的饱和度称为束缚水饱和度。对于气水两相流体,水开始流动的最小饱和度,即水的临界饱和度。残余气(油)饱和度(S_{gr})则是指残余气(油)在岩石孔隙中所占体积的百分数。气开始流动的最小饱和度,即气的临界饱和度。

由于裂缝、溶洞发育区域样品难以采集,因此实验中选取的六块岩样比较致密,渗透率、孔隙度小,储层物性差。实验结果只能反映裂缝、溶洞不发育的较致密储层渗流特征。

通对数据的综合分析整体来看(表 3-15),盒$_{8上}$段样品的束缚水饱和度在 52.66% ~ 57.89% 之间,平均值为 54.98%;残余气饱和度在 11.58% ~ 26.63% 之间,平均值为 16.9%。

盒$_{8下}$段样品的束缚水饱和度为 47.37%;残余气饱和度为 15.79%。

表 3－15　气水相渗实验结果统计表

井号	深度(m)	层位	气测渗透率($10^{-3}\mu m^2$)	孔隙率(%)	束缚水时 含水饱和度(%)	束缚水时 气相对渗透率	残余气时 含水饱和度(%)	残余气时 水相对渗透率	驱气效率(%)
S300	3639	盒$_{8上}$	0.83	8.43	54.39	0.76	88.42	0.38	0.75
S358	3849.5	盒$_{8上}$	0.45	5.09	52.66	0.70	73.37	0.31	0.74
S37	3742.8	盒$_{8上}$	0.28	4.43	57.89	0.68	87.50	0.38	0.66
盒$_{8上}$平均			0.52	5.98	54.98	0.71	83.10	0.36	0.72
S361	3695	盒$_{8下}$	0.55	8.81	47.37	0.63	84.21	0.36	0.78
S301	3688.5	山$_1$	0.47	8.85	56.82	0.69	90.58	0.32	0.66
S302	3742	山$_1$	0.39	6.96	66.00	0.58	86.00	0.40	0.78
山$_1$平均			0.43	7.90	61.41	0.63	88.29	0.36	0.72

山$_1$ 段样品的束缚水饱和度在 56.82%～66% 之间，平均值为 61.41%；残余气饱和度在 9.42%～14%，平均值为 11.71%。

以上数据表明，研究区目的层为储层的残余气饱和度远小于束缚水饱和度，这说明储层岩石对水具有较大的束缚力，岩石的亲水性特征非常明显。

2. 等渗点饱和度

等渗点饱和度(S_{wx})是指气(油)水两相相对渗透率曲线在交点处的饱和度，在这一点上气相和水相相对渗透率相等所对应的饱和度。

资料统计表明(表 3－16)，盒$_{8上}$段所有样品等渗点饱和度在 68.75%～69.35% 之间，平均值为 68.98%，水相的相对渗透率在 0.03～0.05 之间。

表 3－16　各小层等渗点饱和度

井号	深度(m)	层位	气测渗透率($10^{-3}\mu m^2$)	孔隙率(%)	交点处 含水饱和度(%)	交点处 气水相对渗透率	驱气效率(%)
S300	3936	盒$_{8上}$	0.83	8.43	68.85	0.04	0.75
S358	3849.5	盒$_{8上}$	0.45	5.09	61.75	0.03	0.74
S37	3742.8	盒$_{8上}$	0.28	4.43	70.35	0.05	0.66
盒$_{8上}$平均			0.52	5.98	66.98	0.04	0.72
S361	3695	盒$_{8下}$	0.55	8.81	62.98	0.04	0.78
S301	3688.5	山$_1$	0.47	8.85	71.14	0.04	0.66
S302	3742	山$_1$	0.39	6.96	74.15	0.04	0.78
山$_1$平均			0.43	7.90	72.65	0.04	0.72

盒$_{8下}$段所有样品等渗点饱和度在 62.98%，水相的相对渗透率为 0.04。

山$_1$段所有样品等渗点饱和度在 71.14%～74.15% 之间，平均值为 72.65%，水相的相对渗透率在 0.05～0.18 之间。

通过对以上数据分析表明,研究区气水两相在渗流能力相等的前提下,水相比气相更容易占据岩石的孔隙,这表明岩石具有较强的亲水性,和分析束缚水、残余气饱和度得出的储层岩石润湿性结论相同。

二、相对渗透率曲线特征

在油气藏开发前,流体压力、岩石骨架应力与上覆岩层压力处于平衡状态,此时储层的渗透率为原始渗透率。油气藏投入开发后,由于储层内部流体的产出,引起储层孔隙流体压力发生变化,储层岩石骨架的有效应力发生改变,使得承载骨架颗粒与孔喉结构的原始关系发生变化,导致渗流通道的变化,进而使储层物性参数如孔隙度、渗透率、压缩系数和油气水状态(饱和度)等发生变化,而这些物性参数的变化又反过来影响了储层流体的渗流,影响到油藏的最终采收率。

通常情况下研究不同净围压下单相流体有效渗透率的变化趋势,但对于多相渗流,研究不同围压下各相流体的相对渗流能力变化趋势,更有利于对实际油气藏在降压开采过程中地层流体的渗流规律及产能做出合理评价。

气水相渗曲线是研究气水两相渗流的基础,它可用于确定气水饱和度分布、分析产水率变化规律、计算产量及流度比等方面,是油田开发设计中必不可少的重要资料。实验采用非稳态法进行测试。用贝克莱前缘驱替理论推导出的相对渗透率和饱和度的计算公式,对实验数据进行处理,就可以得到相对渗透率和饱和度的关系曲线。根据达西定律,在实验室条件下注入各种与地层应力损害有关的流体,或改变渗流条件,测定岩心的渗透率变化,以评价储层渗透率损害程度。

为评价P2h、P1s储层在不同开发阶段气水的渗流特征,开展了不同净围压下气水两相相对渗透率曲线实验测试。

气驱水过程的气水相渗曲线测试方法是:将岩心清洗干净、烘干、气测气渗透率、抽真空;再将岩心100%饱和水,气驱水,至残余水饱和度,测得每块岩心气驱水过程的气水相对渗透率实验数据。

实验岩样总共12块,为无裂缝岩样,分别测定每块岩心在围压为10MPa、20MPa、30MPa下气水两相渗流过程中气水的相对渗透率曲线。不同围压下岩心的气水相对渗透率曲线测试结果如图3-30所示,相渗曲线特征参数见表3-17、表3-18。

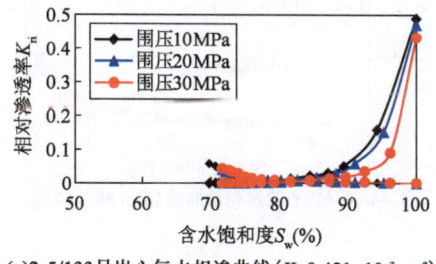

(a)2-5/133号岩心气水相渗曲线($K=0.421\times10^{-3}\mu m^2$)

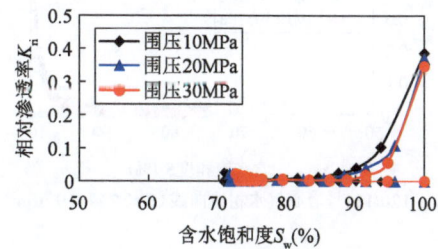

(b)2-19/133号岩心气水相渗曲线($K=0.159\times10^{-3}\mu m^2$)

图3-30 气水相渗曲线

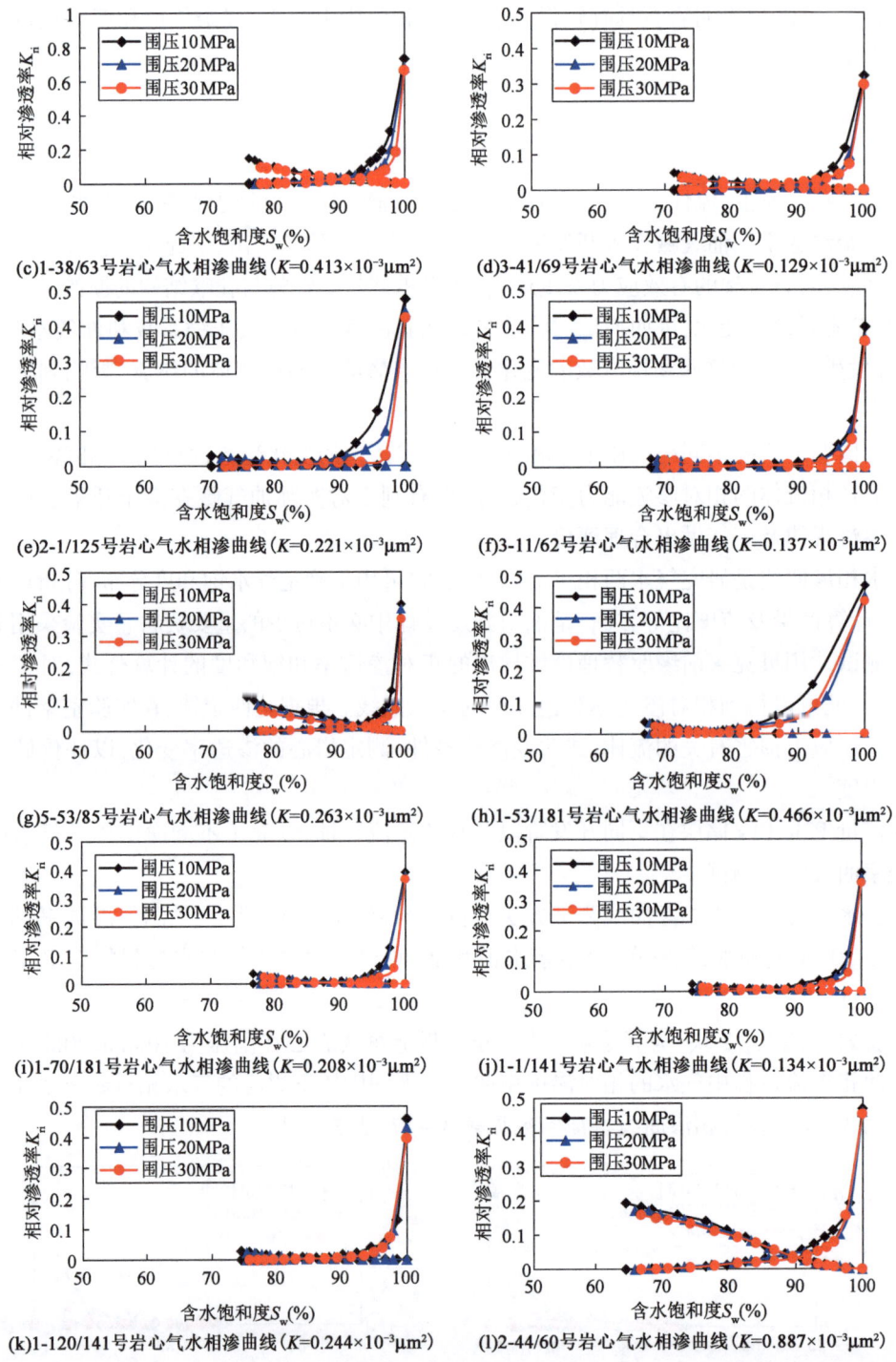

图 3-30 气水相渗曲线(续)

表 3-17 P2h 层位岩心气水相渗曲线的特征参数统计

层位	岩心编号	孔隙度（%）	渗透率（$10^{-3}\mu m^2$）	围压（MPa）	$K_{rw}(S_g=0)$	S_{wr}（%）	$K_{rg}(S_{wr})$	等渗点水饱和度（%）	共渗区（%）	气驱水效率（%）
P2h	2-5/133	5.61	0.421	10	0.4893	69.73	0.0582	0.72	30.27	30.27
				20	0.4703	70.67	0.0477	81.74	29.33	29.33
				30	0.4323	71.62	0.043	83.45	28.38	28.38
P2h	2-19/133	5.97	0.159	10	0.3855	70.74	0.0262	78.52	29.26	29.26
				20	0.3692	71.60	0.0224	78.53	28.40	28.40
				30	0.3465	72.46	0.0206	78.15	27.54	27.54
P2h	1-38/63	14.94	0.413	10	0.7312	75.99	0.1492	90.08	24.01	24.01
				20	0.6804	77.10	0.1027	89.65	22.90	22.90
				30	0.6634	77.84	0.0961	91.55	22.16	22.16
P2h	3-41/69	7.99	0.129	10	0.3225	71.38	0.0474	87.56	28.62	28.62
				20	0.3062	72.62	0.0394	88.19	27.38	27.38
				30	0.2977	72.62	0.0356	85.45	27.38	27.38
P2h	2-1/125	5.66	0.221	10	0.3959	67.74	0.0236	82.12	32.26	32.26
				20	0.3629	68.75	0.0204	85.52	31.25	31.25
				30	0.3552	69.76	0.0191	82.35	30.24	30.24
P2h	1-53/181	13.8	0.466	10	0.4678	66.69	0.0373	76.48	33.31	33.31
				20	0.4335	67.45	0.0339	76.17	32.55	32.55
				30	0.4185	68.21	0.0251	78.26	31.79	31.79
P2h	1-70/181	9.71	0.208	10	0.3904	76.60	0.0356	89.05	23.40	23.40
				20	0.3774	77.72	0.0289	89.38	22.28	22.28
				30	0.3678	78.27	0.0258	90.17	21.73	21.73
P2h	1-1/141	9.37	0.134	10	0.3910	74.19	0.0244	85.58	25.81	25.81
				20	0.3739	75.22	0.0189	86.25	24.78	24.78
				30	0.3567	75.74	0.015	86.77	24.26	24.26
P2h	1-120/141	11.5	0.244	10	0.459	74.55	0.0281	86.21	25.45	25.45
				20	0.4303	75.41	0.0233	86.46	24.59	24.59
				30	0.3967	75.84	0.0193	87.25	24.16	24.16
P2h	2-44/60	14.61	0.887	10	0.4679	64.51	0.1928	88.76	35.49	35.49
				20	0.4589	65.88	0.1714	88.47	34.12	34.12
				30	0.4532	66.79	0.1590	90.18	33.21	33.21

表 3-18 P1s 层位岩心气水相渗曲线的特征参数统计

层位	岩心编号	孔隙度 (%)	渗透率 ($10^{-3}\mu m^2$)	围压 (MPa)	$K_{rw}(S_g=0)$	S_{wr} (%)	$K_{rg}(S_{wr})$	等渗点水饱和度 (%)	共渗区 (%)	气驱水效率 (%)
P1s	3-11/62	8.71	0.137	10	0.4759	70.22	0.0293	82.35	29.78	29.78
				20	0.4387	71.85	0.0230	83.47	28.15	28.15
				30	0.4226	72.39	0.0188	84.15	27.61	27.61
P1s	5-53/85	9.59	0.263	10	0.3992	75.88	0.1057	93.35	24.12	24.12
				20	0.3840	77.60	0.0806	94.16	22.40	22.40
				30	0.3529	78.17	0.0662	93.07	21.83	21.83

注:$K_{rw}(S_g=0)$——气相饱和度为 0 时的水相相对渗透率;$K_{rg}(S_{wr})$——束缚水饱和度下的气相相对渗透率;S_{wr}——束缚水饱和度。

根据不同围压下气水相渗曲线及相渗曲线特征参数统计表,得到以下结论:

(1)P2h 层选取的岩心渗透率范围为(0.129~0.887)×$10^{-3}\mu m^2$,孔隙度为 5.61%~14.94%;P1s 层选取的岩心渗透率范围为(0.137~0.263)×$10^{-3}\mu m^2$,孔隙度为 8.71%~9.59%。两个层位皆属于典型的超低渗低孔储层。

(2)气驱水过程中,残余水饱和度较高,P2h 层范围为 64.51%~78.27%,平均残余水饱和度为 72.12%;P1s 层范围为 70.22%~78.17%,平均残余水饱和度为 74.35%。

(3)气水相渗曲线交点对应的含水饱和度很高,P2h 层范围为 76.17%~91.55%,平均等渗点含水饱和度为 84.97%,P1s 层范围为 82.35%~94.16%,平均等渗点含水饱和度为 88.43%,两个储层皆表现为强亲水性。

(4)初始水相相对渗透率较低,P2h 层范围为 0.2977~0.7312,平均相对渗透率为 0.4284;P1s 层范围为 0.3840~0.4759,平均相对渗透率为 0.4122,单一水相流动能力较强。

(5)两相共渗区范围很小,P2h 层范围为 21.73%~35.49%,两相共渗区平均值为 27.87%;P1s 层范围为 21.83%~29.78%,两相共渗区平均值为 25.65%。

(6)气驱水效率较低,P2h 层气驱水效率范围为 21.73%~35.49%,平均值为 27.87%;P1s 层气驱水效率范围为 21.83%~29.78%,平均值为 25.65%。

(7)不同围压下气水相对渗透率有一定的变化:随着围压的增加,岩心的水相相对渗透率下降速度增大,同时气相相对渗透率也降低;残余水饱和度增大,两相渗流区变小,等渗点含水饱和度增加,故气驱水效率降低。

说明围压增加,岩心的喉道和较大孔隙受到压缩而发生变形,甚至闭合,导致气水相对渗透率值整体下降。在油藏的开发过程中,如果利用天然能量进行衰竭式开采,通过增大生产压差以获得最高产量,可能会由于地层渗透率的降低而得到相反的效果,因此,需要通过早期注水、压裂、酸化等措施来改善近井地层渗透率的应力敏感。

按照气驱水相渗曲线归一化方法,将岩心数据进行归一化处理,得到有代表性的气驱水相渗曲线(图 3-31)及归一化相渗曲线特征参数(表 3-19)。

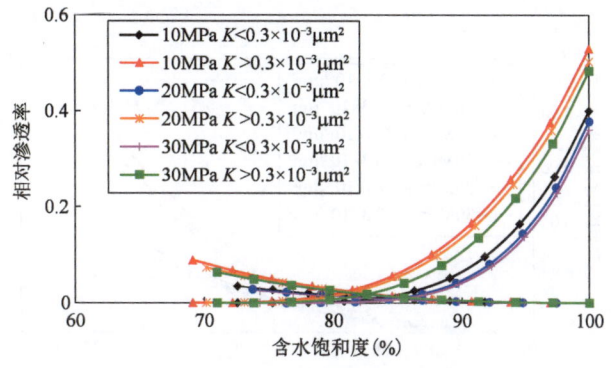

图3-31 气水相渗归一化曲线

表3-19 归一化气驱水相渗曲线特征参数

围压 (MPa)	岩心渗透率 范围 ($10^{-3}\mu m^2$)	岩心渗透率 ($10^{-3}\mu m^2$)	岩心孔隙度 (%)	$K_{rw}(S_g=0)$	S_{wr} (%)	$K_{rg}(S_{wr})$	等渗点 含水饱和度 (%)	共渗区 含水饱和度 (%)	气驱水 效率 (%)
10	<0.3	0.180	8.35	0.4000	72.60	0.0349	83.62	27.40	27.40
	>0.3	0.518	11.40	0.5290	69.10	0.0889	81.21	30.90	30.90
20	<0.3	0.180	8.35	0.3783	73.79	0.0284	84.55	26.21	26.21
	>0.3	0.518	11.40	0.5023	70.15	0.0730	81.45	29.85	29.85
30	<0.3	0.180	8.35	0.3604	74.35	0.0245	84.65	25.65	25.65
	>0.3	0.518	11.40	0.4829	70.99	0.0637	82.49	29.01	29.01

由相渗实验数据(图3-31)及归一化数据分析(表3-19)得到以下结论：

(1)气驱残余水饱和度及等渗点饱和度总体偏高,残余水饱和度高于69.10%,等渗点含水饱和度高于81.21%,反映储层岩石强亲水特性。

(2)残余水饱和度下气相相对渗透率较低,平均值为0.0523。

(3)两相共渗区范围较小,平均值为28.17%。

(4)气驱水效率较低,平均气驱水效率为28.17%。

(5)孔隙结构对气驱水效果影响明显:渗透率越高,共渗区范围越大、残余水下气相相对渗透率越大,气驱水效率越好。这表明气驱过程中,孔隙结构越好,气驱水过程中,气水两相渗流能力越强,越有利于气水共渗。

(6)相同渗透率条件下,不同围压对气水相渗有一定的影响:随着围压的增加,岩心的水相相对渗透率下降速度增大,同时气相相对渗透率也降低;残余水饱和度增大,两相渗流区变小,等渗点含水饱和度增加,故气驱水效率降低。说明围压增加,岩心的喉道和较大孔隙受到压缩而发生变形,甚至闭合,导致气水相对渗透率值整体下降。

根据气水相渗归一化曲线(图3-32),可得到气相相对渗透率与含气率相关性曲线,如图3-32所示。将曲线拟直线部分反向延长并交于横坐标轴,其交点即为岩心拟最小可采含水饱和度,结果见表3-20。

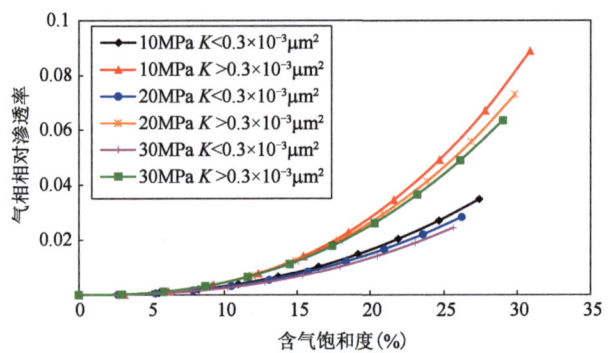

图 3-32 岩心气相相对渗透率与含气率相关性

表 3-20 不同围压下岩心拟最小可采含气饱和度

围压 MPa	几何渗透率 （$10^{-3}\mu m^2$）	拟最小可采含气饱和度 （%）
10	<0.3	17.17
	>0.3	14.42
20	<0.3	16.19
	>0.3	13.68
30	<0.3	15.40
	>0.3	13.40

由图 3-32 和表 3-20 可知,随着围压的升高,岩心拟最小可采含气饱和度变小。在同样的围压下,渗透率较高的岩心,其拟最小可采含气饱和度更低。

对于超低渗透气藏,随着生产的进行,净围压不断升高,防止近井地带水锁伤害,对提高气藏采收率意义重大。

第五节 渗流特征——可视化多相渗流实验

一、实验原理

在保持原岩心的各类性质和孔隙结构的条件下,对岩石进行切片、磨平,将磨平的岩石薄片黏结在两个玻璃片之间,在黏结时注意不要将孔隙污染或堵死,等胶黏剂固化后即制成了砂岩微观模型。由于其精细的制作技术,保留了储层岩石本身的孔隙结构特征、岩石表面物理性质及部分填隙物,使研究结果可信度较其他模型大大增加。利用真实砂岩模型实验的最大优点是可以通过显微镜和图像采集系统直接观察流体在实际油层岩石孔隙空间的渗流特征。

二、实验装置及样品信息

微观模型实验系统按照实验流程依次分为抽真空系统、加压系统、显微观察系统和图像采集系统四个部分。主要实验装置和流程如图3－33所示。

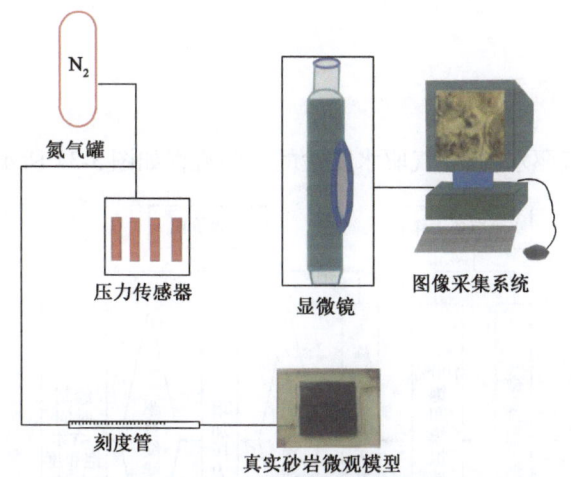

图3－33　实验装置流程图

实验前对样品进行抽真空处理,抽真空系统以抽真空机为主,配有夹子、软管和玻璃管,其功能是将样品抽真空后,饱和液体;加压系统采用氮气瓶加压,数字压力仪测压,可以自由调节压力大小,通常最大可加压至250kPa;显微观察系统是利用显微镜在不同放大倍数下进行镜下观察;图像采集系统与显微观察系统相连,可利用计算机进行拍照、摄像。

三、抽真空饱和水及液测渗透率

实验所用砂岩模型样品尺寸一般为2.5cm×2.5cm,厚度约0.6mm,承压能力为0.2~0.3MPa,耐温能力为80℃左右。本次实验15个模型参数见表3－21。

表3－21　微观驱替实验样品数据统计表

编号	井号	刻度（mL）	时间（s）	长（cm）	宽（cm）	厚（cm）	渗透率（$10^{-3}\mu m^2$）
S1	S300	0.005	330.87	2.55	2.5	0.067	0.033
S2	S358	0.005	214.73	2.5	2.5	0.068	0.034
S4	S361	0.005	235.87	2.6	2.55	0.07	0.031
S5	S301	0.005	19.36	2.5	2.55	0.072	0.050
S6	S302	0.005	345.76	2.5	2.6	0.067	0.029
S7	S301	0.005	84.87	2.5	2.5	0.064	0.153
S9	S301	0.005	47.03	2.5	2.6	0.067	0.254
S10	S302	0.005	401.36	2.5	2.5	0.065	0.019
S14	S358	0.005	156.75	2.5	2.55	0.066	0.117
S15	S37	0.005	524.77	2.5	2.5	0.07	0.019

本次实验过程中的实验用水为实际地层水(矿化度17300mg/L),为便于在实验过程中进行观察,水中加入少量甲基蓝。

在模型驱替实验前,依据模型的实际尺寸和孔隙度值计算出每一模型的孔隙体积,将模型抽真空并饱和水,测模型的液体渗透率,一般测 5 次取平均值。经计算,模型的渗透率见表 3-21。

四、气驱水渗流特征

首先对样品进行气驱水,微观气驱水实验的实验流程如图 3-34 所示。

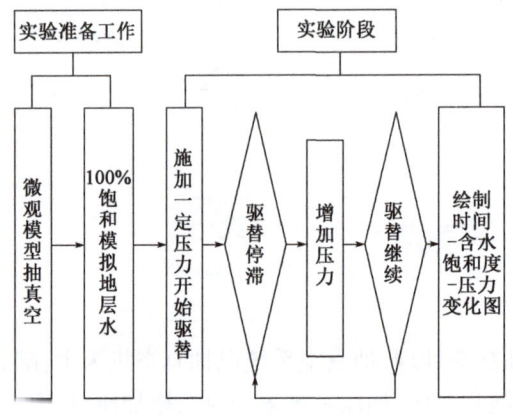

图 3-34　气驱水实验流程图

(1)将微观模型抽真空,一般需要 4h,然后饱和水(水经过甲基蓝染色),物性越好的样品,饱和水的时间越短。

(2)饱和水过程完成后,将样品放至显微镜载物台上,从左边模型入口连接加压系统,使压力每隔半小时增加 10~20kPa,观察气体进入模型的情况。

(3)当气体开始进入模型后,记录启动压力大小以及驱替起始时间,并从连接的计算机显示屏上观察模型微观气、水分布状态,待模型中气、水分布状态稳定后记录下时间,并拍照,计算模型中含水饱和度的变化。

(4)继续加压记录,重复此过程直到模型含水饱和度达到不同的原始地层含水饱和度,结束实验。

气驱水实验主要用来模拟气藏的形成过程和束缚水的形成过程。在实验样品制备完成后,先饱和水,由于水无法进入一些死孔隙和微细孔隙,无法达到 100.00% 的含水饱和度。根据成藏理论,地层原始状态下应该是全部饱和水,生物生气后气驱水,条件适合的情况下才形成气藏,因此,这一部分不可流入孔隙度应该算作是束缚水饱和度。通过实验显微照片可以看出,各种微观赋存状态的水的流动难易程度存在较大的差距:大孔道内的水容易被驱出;而微细孔隙及其包围的大孔道内的水,由于毛细管阻力的作用,在较低的驱替压差下气较难进入其中,驱替压差达到一定程度,才能部分驱出;死孔道内的水很难在驱替压差下流动。实验样品的高出水段主要是大孔道内的水被驱出,而后期主要是中孔隙和微细孔隙内的水被驱出。

天然气的运移取决于运移力与毛细管阻力之间的对比,气体总是沿着毛细管阻力最小的方向运移,运移速率不均匀,运移路径迂回曲折。实验过程中,观察到卡断现象比较明显。微观模型在亲水多孔介质中,残余水主要是由于卡断和绕流现象形成的;而在低渗储层中孔喉比更大、孔隙直径更小,卡断和绕流现象将更为明显,将形成更高的残余水饱和度。

苏48区储层石英含量较高,润湿性普遍表现为亲水性,因此其在开发过程中如果气藏中一旦有水进入,由于润湿性和毛管力的双重作用,水很快就会沿着孔喉壁面和毛细管渗入整个气藏。水大面积进入气藏后可能会产生以下结果:一是由于孔喉壁面被水附着,气体渗流通道将会显著减小,从而引起气相相对渗透率的明显降低;二是由于水主要在毛细管中绕流前进,致使很多大孔隙中的气体被水圈闭,从而导致气体开发过程中采出程度大大降低。

图 3-35 和图 3-36 是亲水微观模型水驱气过程中气、水在微观孔喉中观察到的渗流机理和分布状态。可以发现充满气体的孔喉见水后,水主要沿着孔喉壁面快速突进,同时对大孔喉中的气体快速形成圈闭;被圈闭的气体在随后的渗流过程中很难再发生运移,特别是周围都被小喉道包围的大孔隙中的气体再流动的难度极大,除非在极高的驱动压力梯度下气体在小喉道中克服贾敏效应后变成小气泡或卡断裂解成一个个更小的气泡后才能流动,如图 3-37、图 3-38 所示。

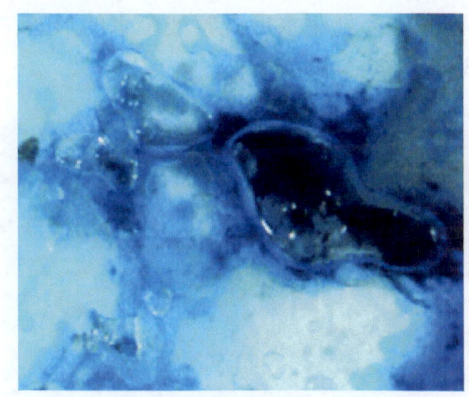

图 3-35 卡断现象

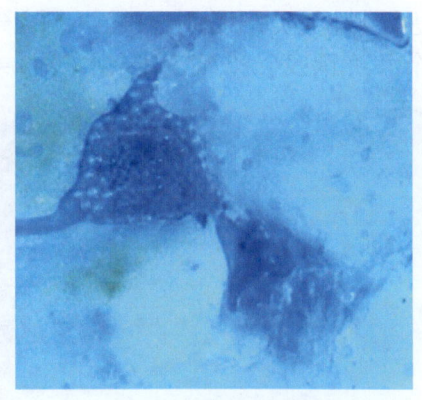

图 3-36 气驱水系统照

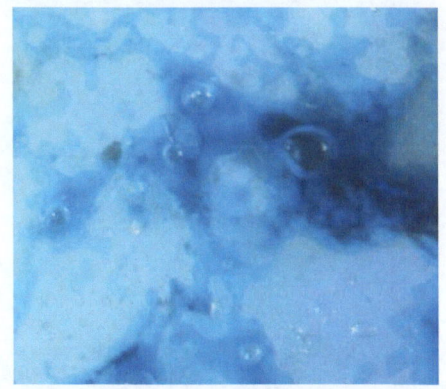

图 3-37 气体被水圈闭

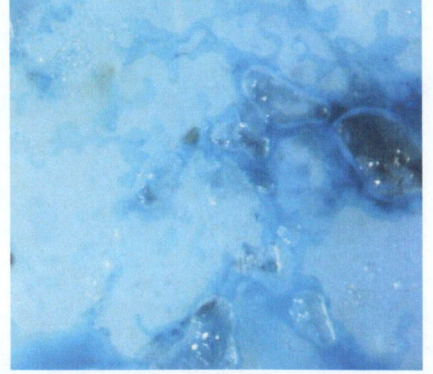

图 3-38 角隅残余水向膜状残余水转化

由此可见,低渗亲水砂岩气藏储层中一旦见水,其对储层伤害的效果相当显著,水流动过程中,一方面缩小了储层的孔喉半径,同时导致大量气体被水圈闭,最终严重降低气藏开发效果。

在本次饱和气实验中,压力由小到大逐步增加,气从模型入口端充满左引槽,当第一个气泡由左引槽进入模型时,记录注入压力,此压力便是饱和气的启动压力。通过饱和气时启动压力和渗透率的关系可以看出,饱和气时启动压力与渗透率表现出较好的负相关性。

微观模拟实验研究结果表明,亲水砂岩气藏见水后水在多孔介质中的渗流速度很快,波及范围很大,但是水量不多,主要分布在多孔介质的壁面和细小的喉道中,可是其对气藏的伤害却相当严重。由于水在多孔介质壁面和细小喉道中的存在,导致气相相对渗透率大大降低,渗流能力明显下降;水沿着细小喉道大范围分布对于大孔隙中的气体形成了有效的圈闭,即气体水锁严重;再加上气藏的低渗透性,最终导致低渗砂岩含水气藏开发难度大,采出程度低。

五、气驱水后气、水赋存状态

对于低渗致密砂岩气藏,水在孔隙中的赋存状态受控于孔喉大小、形状以及岩石表面物理性质等。致密砂岩储层孔隙结构十分复杂,孔喉细小,经过成藏作用后,岩石孔隙中各类孔喉中均有水的赋存,其中细小孔喉中赋存量较大。

苏西地区原始含水饱和度分布在30.45%~62.73%之间,平均含水饱和度为42.02%。对模型进行水驱气实验,分别饱和至不同含气饱和度。气驱水后观察残余水的形态,主要有:膜状残余水、角隅残余水、绕流残余水(图3-39~图3-44)。

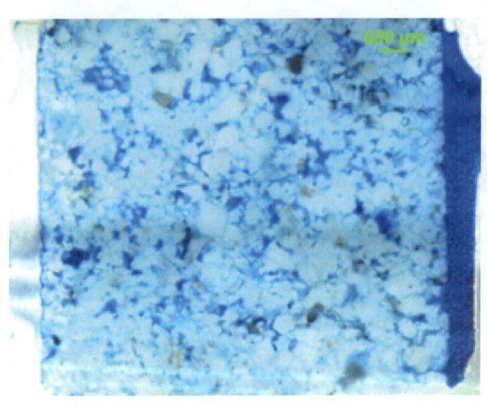

图3-39　S2 含气饱和度30%

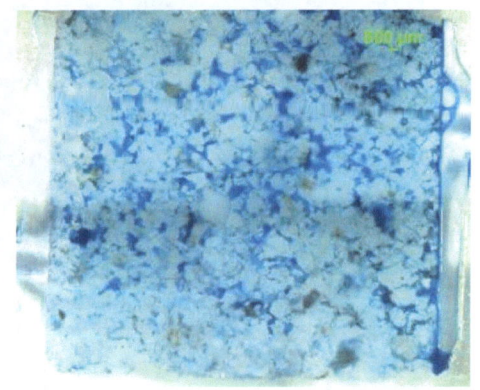

图3-40　S2 含气饱和度45%

图3-41　S2 含气饱和度60%

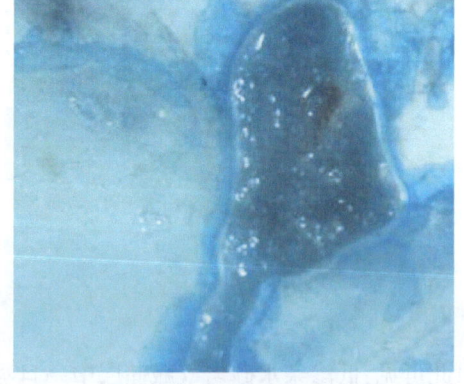

图3-42　S7 膜状残余水

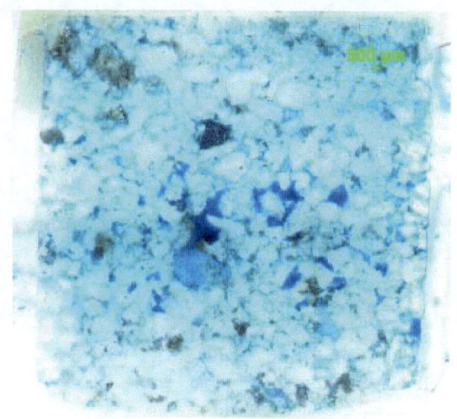

图 3-43　S8 角隅处残余水　　　　　图 3-44　S10 簇状残余水

膜状残余水:研究区盒$_8$段、山$_1$段储层岩石矿物成分较为稳定,石英含量高,岩石普遍亲水。镜下观察表明,水膜主要存在于气体通过的孔隙壁上,同时可以看出在渗流通道上水膜厚度较厚,在角隅残留水分布区域较多(图 3-45)。

角隅残余水:在气驱水能量不高的情况下,与细小喉道相连通的孔隙由于毛管力的作用使得气体不能驱替孔隙中的水形成边缘角隅的残余水(图 3-46)。

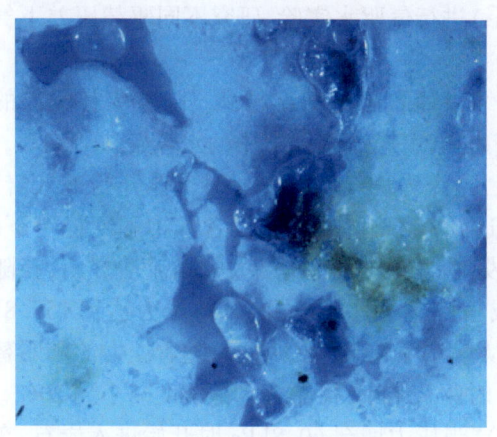
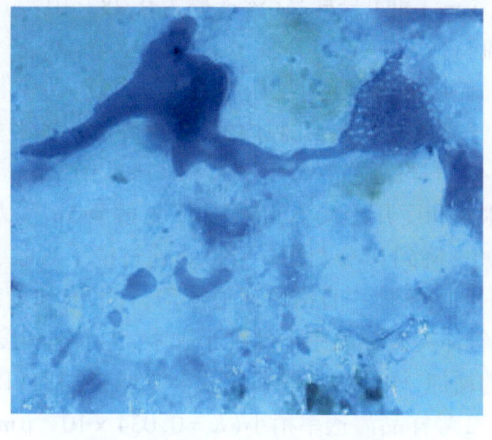

图 3-45　S37 井 3726m 膜状残余水　　　图 3-46　S358 井 3906.5m 角隅残余油

绕流残余水:主要是由储层岩石孔隙结构的非均质性所造成。真实砂岩微观模型渗流实验结果表明,气体沿着模型中阻力较小的孔道(或裂缝)向前突进,同时逐渐向两边绕流扩张,形成气的通道。气水驱替过程中的这种气体突进现象具有一定的普遍性。由于突进和绕流,地层中大量的水被残留而形成残余水(图 3-47、图 3-48)。

综上所述,根据气水受力将气驱水后的残余水分为薄膜残余水、角隅残余水和簇状残余水(表 3-22)。

图 3-47　S302 井 3671.3m 绕流残余水

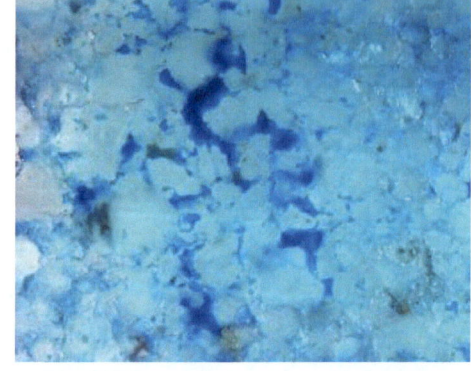
图 3-48　S302 井 3671.3m 绕流残余水

表 3-22　残余水可动性评价表

残余水类型	膜状残余水	线流残余水	角隅残余水
主要作用力	表面张力	表面张力、毛细管作用力	强毛细管压力
可动性评价	易动	可动	可动性差

六、不同驱替压差下气水渗流特征

对不同物性岩样，2 号样品（渗透率为 $1.25 \times 10^{-3} \mu m^2$），7 号样品（渗透率为 $0.85 \times 10^{-3} \mu m^2$）和 4 号样品（渗透率为 $0.28 \times 10^{-3} \mu m^2$）进行气驱水实验，研究不同驱替压差下气水渗流特征。

储层渗透率越小，需克服的压力越大，驱替结束后含水饱和度越高。随着驱替压差的增大，气体流速增加，孔隙内的水逐渐减少，孔喉壁水膜变薄，次级孔隙中的水开始参与流动。

7 号样品渗透率较小（$K = 0.15 \times 10^{-3} \mu m^2$），当压力增至 80.9kPa 时气体开始进入岩石，含水饱和度开始减小，继续加压驱替至 5h 压力达到 145.5kPa，稳定后含水饱和度稳定下降，从 90% 降到 65%（图 3-49）。通过镜下观察，发现此时大量气体沿大孔喉流动排出，在随后的 1h 中，气体一直沿该通道流动，含水饱和度减小快速。驱替 6.0h，气体压力达到 155.8kPa 时，气体突破样品中下部细小孔喉，含水饱和度从 34% 下降到 26%，之后随着压力的和驱替时间的增加，样品含水饱和度减小缓慢，到 181kPa 时驱替结束，样品含水饱和度减小到 20%。

2 号样品渗透率稍小（$K = 0.034 \times 10^{-3} \mu m^2$），当压力增至 60.8kPa 时开始进入岩石，在加压至 120kPa 时，主通道打开，含水饱和度从 92.1% 下降到 75.5%，随后从曲线上看出分别在加压至 155.3kPa 和 175kPa 时，含水饱和度又发生两次骤降，含水饱和度分别从 70.2% 下降到 68.9% 和从 52.3% 下降到 31.2%，气驱水实验结束后，测得含水饱和度稳定在 22.5%（图 3-49）。

4 号样品渗透率最小（$K = 0.28 \times 10^{-3} \mu m^2$），驱替所需的压力大且驱替过程缓慢，从时间-含水饱和度-压力变化图可以看出，气体在加压至 110kPa 才开始进入岩石，加压至 215kPa 时，主通道才能打开，含水饱和度从 93% 下降到 77.8%，加压至 220kPa，含水饱和度大幅度减小，从 77.8% 降到 47%，随后驱替结束后，含水饱和度稳定在 30%。

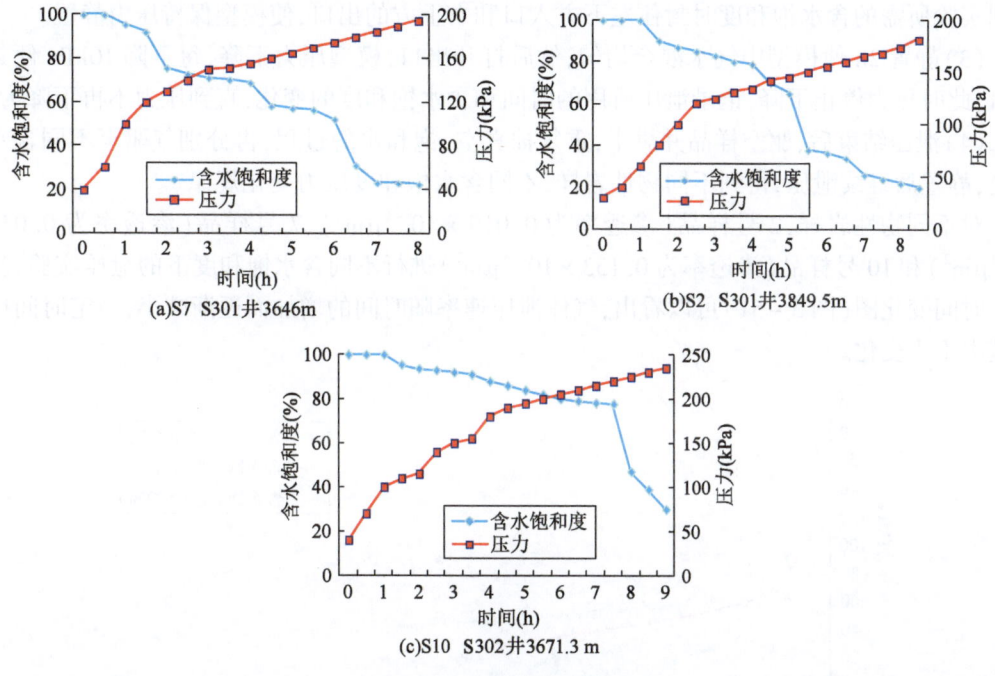

图 3-49 气驱水实验曲线

不同储层类型岩样微观驱替实验表明:各类储层含水饱和度-时间曲线形态有一定相似,存在一段持续下降的斜坡,说明苏西地区气水特征较有规律,不同的是随着物性变差,稳定坡降段较长、含水饱和度陡降段所需时间和压力变大、气驱水后束缚水饱和度增高。

七、泄压开采

泄压实验可以模拟气藏开采时的气水排出情况以及分布规律,为模拟不同含水饱和度气藏的开采情况,其实验流程如图 3-50 所示。

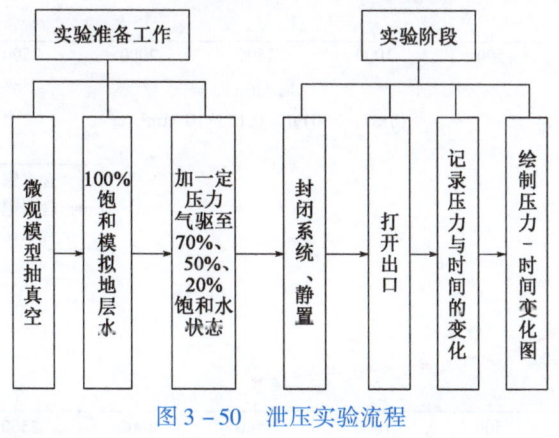

图 3-50 泄压实验流程

具体实验步骤如下:
(1)将模型抽真空,饱和水。
(2)在模型右上方出口连接加压系统以及真空压力计,逐渐加压控制模型的含水饱和度,达到实验所需的含水饱和度时封住左下方入口和右上方的出口,使模型保持压力静置。

(3)静置2h使模型中气水混合均匀,然后打开出口,模型压力下降,每下降10kPa便封住出口,此时压力停止下降,记录泄压所用的时间和含水饱和度的变化,直到压力不再下降为止。

(4)泄压结束后,驱空样品并烘干,重复抽真空、饱和水的过程,再分别气驱至不同含水饱和度,静置后继续泄压,得到不同物性岩样,不同含水饱和度压力变化规律。

对不同物性岩样,2号样品(渗透率为$0.019 \times 10^{-3} \mu m^2$)、7号样品(渗透率为$0.034 \times 10^{-3} \mu m^2$)和10号样品(渗透率为$0.153 \times 10^{-3} \mu m^2$)进行不同含水饱和度下的泄压实验,从压力—时间变化图(图3-51)可以看出,气体泄压速率随时间的增加而逐渐减小,一定时间后压力基本不再变化。

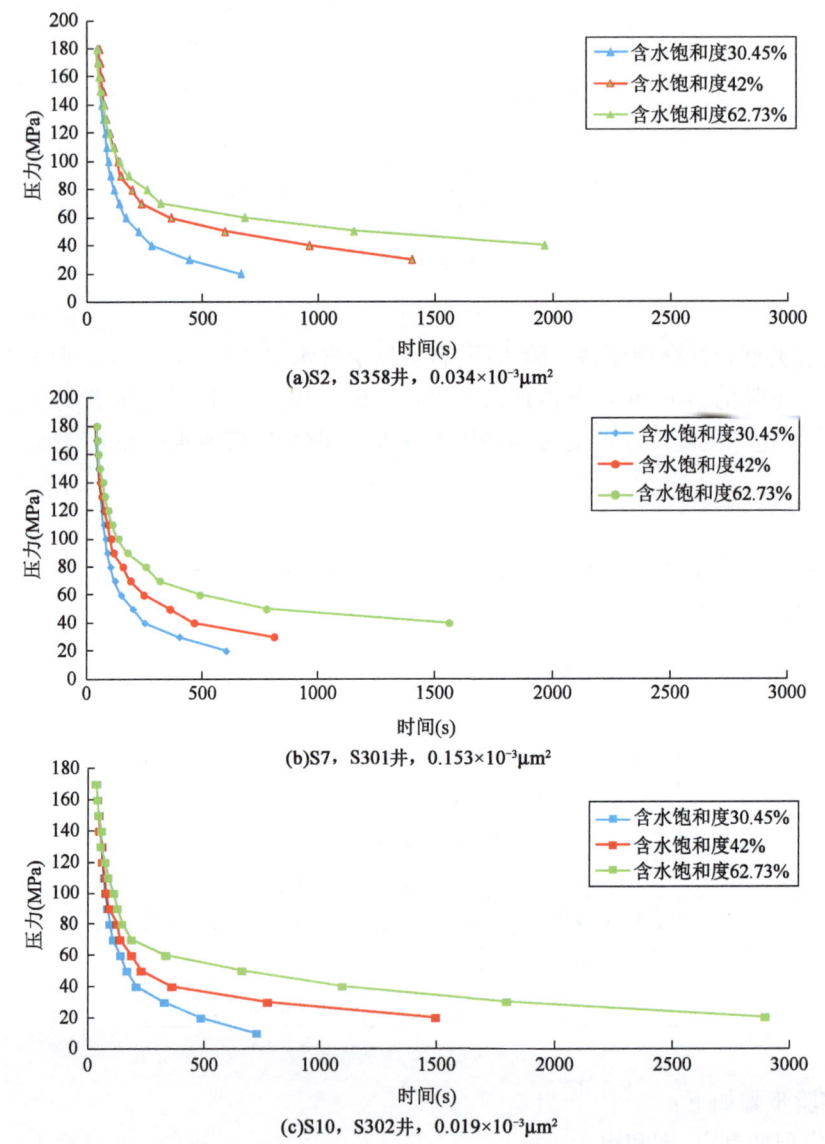

图3-51 不同含水饱和度压力变化规律曲线

图 3-51(a)为 2 号样品泄压开始与泄压结束后的压力以及含水饱和度变化情况,当含水饱和度为 62.73% 时,压力下降至 20kPa、含水饱和度减小至 32% 时气体泄压结束;当含水饱和度为 42% 时,压力下降至 15kPa、含水饱和度减小至 21% 时气体泄压结束;当含水饱和度为 30.45% 时,压力下降至 10kPa、含水饱和度减小至 18% 时气体泄压结束。

苏 48 区平均含水饱和度在 42% 左右,对不同渗透率岩样模拟含水饱和度为 42% 的气体泄压实验(图 3-52),图为 2 号样品(渗透率为 $0.034 \times 10^{-3} \mu m^2$)、6 号样品(渗透率为 $0.029 \times 10^{-3} \mu m^2$)、7 号样品(渗透率为 $0.153 \times 10^{-3} \mu m^2$)、9 号样品(渗透率为 $0.254 \times 10^{-3} \mu m^2$)、10 号样品(渗透率为 $0.019 \times 10^{-3} \mu m^2$)和 14 号样品(渗透率为 $0.117 \times 10^{-3} \mu m^2$)泄压开始与泄压结束后的压力以及含水饱和度变化情况,2 号样品在压力下降至 30kPa、含水饱和度减小至 31% 时气体泄压结束;6 号样品在压力下降至 30kPa、含水饱和度减小至 31% 时气体泄压结束;7 号样品在压力下降至 15kPa、含水饱和度减小至 19% 时气体泄压结束,9 号样品在压力下降至 10kPa、含水饱和度减小至 13% 时气体泄压结束;10 号样品在压力下降至 35kPa、含水饱和度减小至 30% 时气体泄压结束;14 号样品在压力下降至 20kPa、含水饱和度减小至 22% 时气体泄压结束。

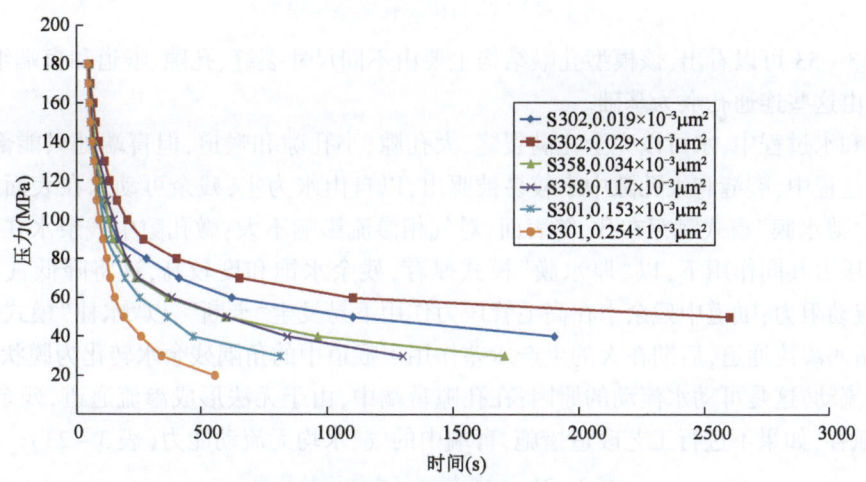

图 3-52　不同渗透率岩样压力变化规律曲线(含水饱和度 42%)

泄压实验研究表明:

(1)苏 48 区储层泄压速率相似,可能代表了致密储层具有相似的渗流特征,储层越致密渗透率越小,储层泄压速率就越小,代表其渗流能力较差。

(2)同一样品,随含气饱和度增高,泄压时间逐渐缩短,压力变化幅度增大,即单位时间内采气程度更高。

(3)对于较高含水饱和度的致密砂岩储层,储层类型越好,单位时间内采气程度越高。

(4)储层类型越好,携液能力越强。

(5)致密砂岩储层都有一个较长的低压、低产阶段且储层类型越差,低压、低产阶段越长。

八、实验结果及影响因素分析

1. 储层非均质性对产水的影响

根据本书第二章分析的砂岩微观孔喉结构特征,结合铸体薄片实验结果,以孔喉中值半径为基准,构建岩石微观孔喉结构模型(图 3-53)。

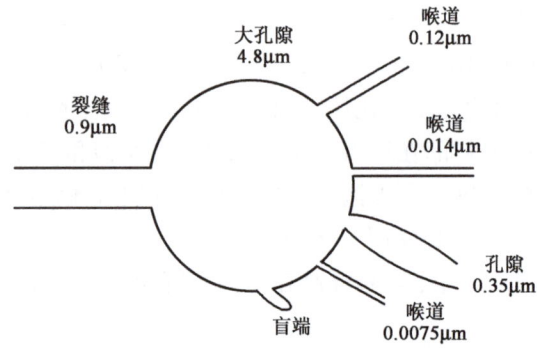

图 3-53　岩石微观孔喉结构模型

从图 3-53 可以看出,该模型孔喉结构主要由不同尺寸裂缝、孔隙、喉道和盲端组成,渗流通道主要由这些连通孔喉为基础。

在饱和水过程中,水可以完全充满裂缝、大孔隙、小孔隙和喉道,但盲端处只能部分饱和;在气驱水过程中,裂缝和大孔隙中水较易被驱出,以自由水为主,残余可动水在表面张力作用下主要以"薄水膜"模式赋存在孔、缝表面,对气相渗流影响不大;微孔隙中残余水在强表面张力和毛管压力共同作用下,以"厚水膜"模式赋存,残余水饱和度较高,这将降低气相渗流通道,增加流动阻力;喉道中残余水在高毛管压力作用下易发生"卡断",以"水柱"模式赋存于整个喉道,堵塞渗流通道,后期在大的生产压差作用下喉道中的角隅残余水转化为膜状残余水沿渗流通道流动,这是可动水流动的原因;在孔隙盲端中,由于无法形成渗流通道,残余水以"水珠"模式赋存,如果不进行工艺改造措施,盲端中的气、水均无流动能力(表 3-23)。

表 3-23　微观模型气水渗流特征表

孔隙结构	裂缝	大孔隙	微孔隙	喉道	盲端
饱和水时水体分布	完全饱和水	完全饱和水	部分饱和水	完全饱和水	部分饱和水
气驱水后残余水时水体分布	表面张力作用下残余水主要以"薄水膜"的形式赋存在孔、渗表面。残余水饱和度较小	表面张力作用下残余水主要以"薄水膜"的形式赋存在孔、渗表面。水膜厚度取决于气驱水的充分程度	强表面张力和高毛管压力共同作用下以"厚水膜"模式赋存于微孔中,残余水饱和度较高	高毛管压力作用下"卡断"残余水以"水柱"模式赋存于整个喉道	无法形成渗流通道,残余水以"片状"分布于边缘角隅处
对天然气开采的影响	对气相渗流影响较小	对气相渗流影响较小	减小渗流通道,增加气相流动阻力	堵塞渗流通道	水封闭盲端形成残余气,生产压差足够大时,气通过膨胀残余流动

储层非均质性较弱的条件下,模拟开采时初期产水量较高,待自由水完全产出,产出的水体主要是膜状残余水,产出的水量有限。

从图3-54中可以看出当初层非均质性较弱时,孔隙连通性较好,样品渗透性较好,孔隙中的水随气体携带一起流动,喉道处的水由片状转为贴壁状,当生产压差足够大时,附着在孔隙壁上的水在压力和气体流动产生的表面张力联合作用下,沿着孔隙壁向前爬行形成贴壁爬行流,模拟开采时,气体采出程度高,携液能力较强,残余的水体较少。

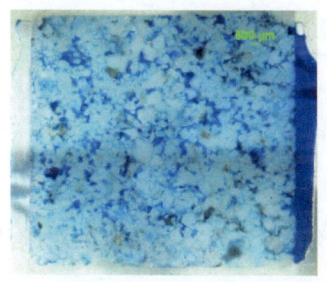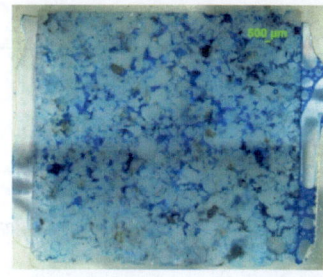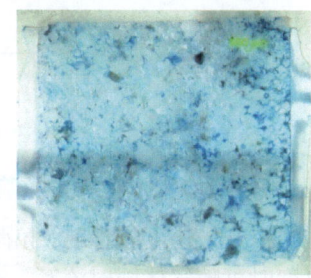

图 3-54　S2(S300 井 3849.5m)非均质性弱 t_1、t_3、t_5 时刻

非均质性较强时,气体沿阻力较小的通道运移,相当一部分水体残留在储层中,开采时原有的气水平衡被打破,气水运动不规律,在气体运移通道附近的簇状残余水被大量带出。

非均质性较强时,孔隙间连通性较差,孔隙和喉道尺寸分布不均,大孔隙和小孔隙交互分布,可动水在小孔道中形成的段塞不仅堵塞了小孔道,在小孔隙包围大孔隙的情况下也使大孔隙成为不能参与天然气流动的封闭孔隙,进而大大减小了天然气的流动空间,使气相渗透率急剧下降,这种情况下,气体主要沿着局部高渗带流动,从图3-55可以看出气体主要沿上部产出,气体携液能力较差。

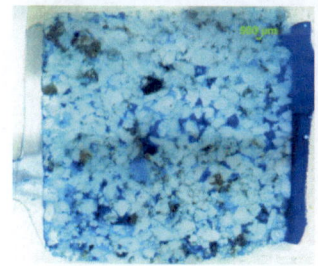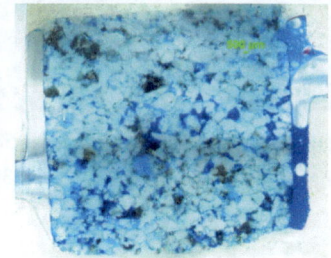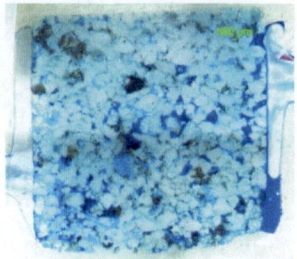

图 3-55　S2(S300 井 3849.5m)非均质性弱 t_1、t_3、t_5 时刻

2. 生产压差对产水的影响

随着生产压差逐渐增大,产水量不断增加,含水饱和度明显下降。实验过程中发现生产压差增大到一定程度时,再增大压差,一部分残余水会转变为可动水体。通过残余水饱和度与生产压差(图3-56)关系可以看出,残余水饱和度与生产压差呈现一定的负相关性。因此生产过程中应注重对生产压差的确定与研究。

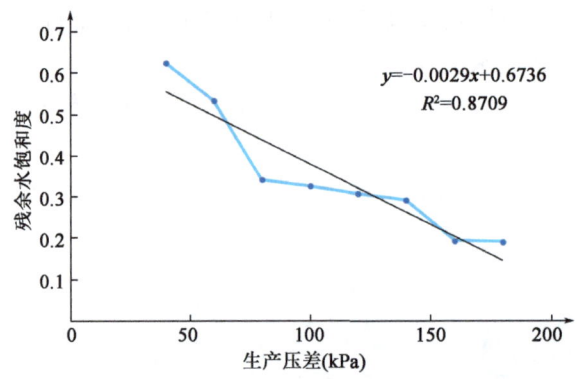

图 3-56　S301 井(3688.5m 山$_1$)残余水饱和度与生产压差的关系

3. 开采速度对产水的影响

模拟开采速度较慢时,角隅处的残余水首先转变为膜状残余水,当膜状残余水的水膜达一定厚度时可随气体同时流动。

模拟开采速度较快时,产生较大的膨胀力推动三种类型的残余水与气体同时流动,气水流动区域明显增大。

模拟开采前系统照如图 3-57 所示,模拟开采后系统照如图 3-58 所示。

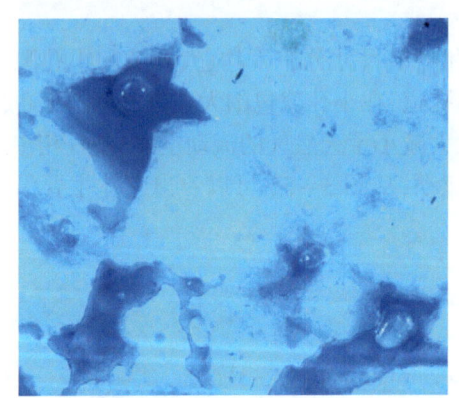

图 3-57　模拟开采前系统照
(S301 井 3688.5m 山$_1$)

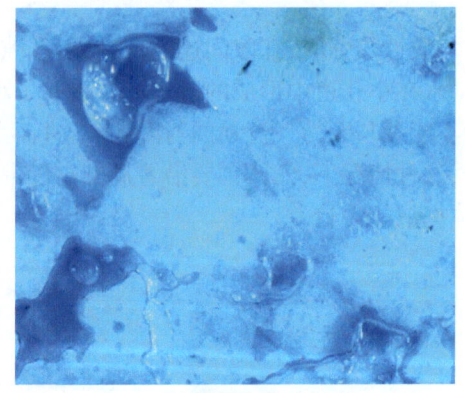

图 3-58　模拟开采后系统照
(S301 井 3688.5 山$_1$)

4. 含气饱和度对产水的影响

如图 3-59 所示,气驱水至含水饱和度为 30.45%,在含气饱和度较低的区域,气驱水不彻底,开采过程中,绕流形成的簇状残余水沿较粗的孔喉随气体流动。

增加含气饱和度至 42%(图 3-60),在含气饱和度中等区域,气驱水较为彻底,气体有一定的渗流通道,开采过程中,随着生产压差不断增大会带动通道周边的水体流动。

对物性较好样品持续饱和气直至增加含气饱和度至 62.73%,在含气饱和度较高的区域,饱和气较为充分,气体流动已基本达到稳定状态,开采过程中,随着生产压差不断增大,在膨胀力作用下少量的角隅残余水沿通道流动转变为膜状残余水,这种情况下气体携液能力强,产出的水体有限,产水量较小(图 3-61)。

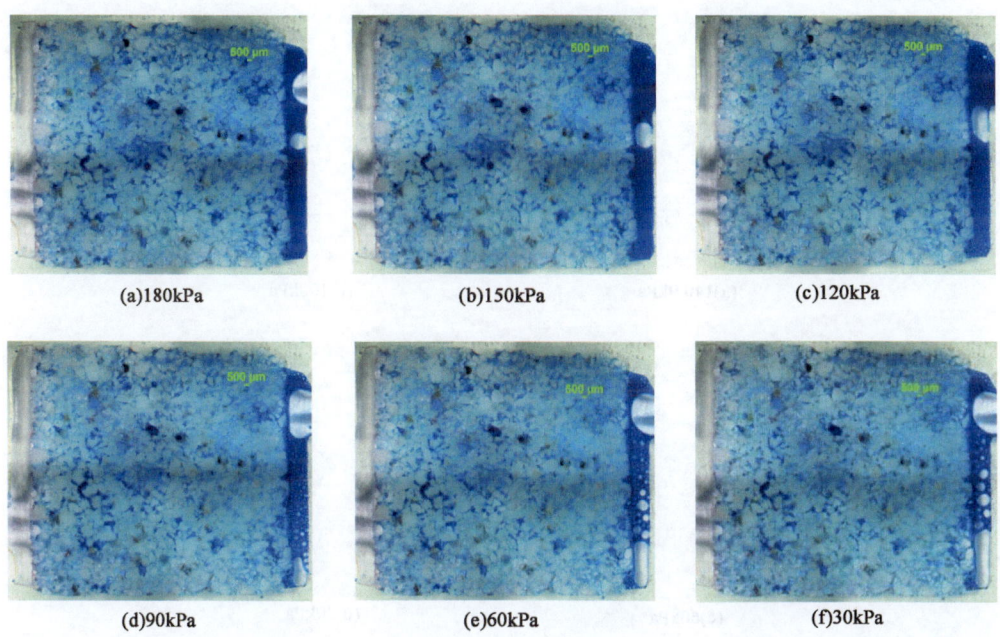

图 3-59　S2(S358 井 3849.5m 盒$_{8上}$)含水饱和度 30.45% 泄压实验全视域

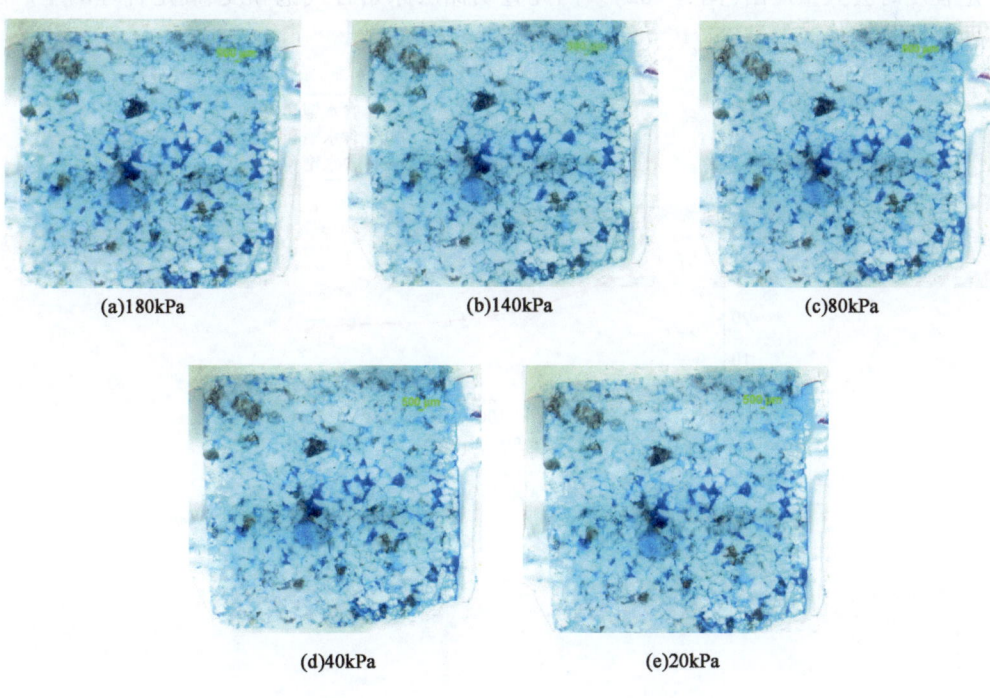

图 3-60　S2(S301 井 3646m 盒$_{8下}$)含水饱和度 42% 泄压实验全视域

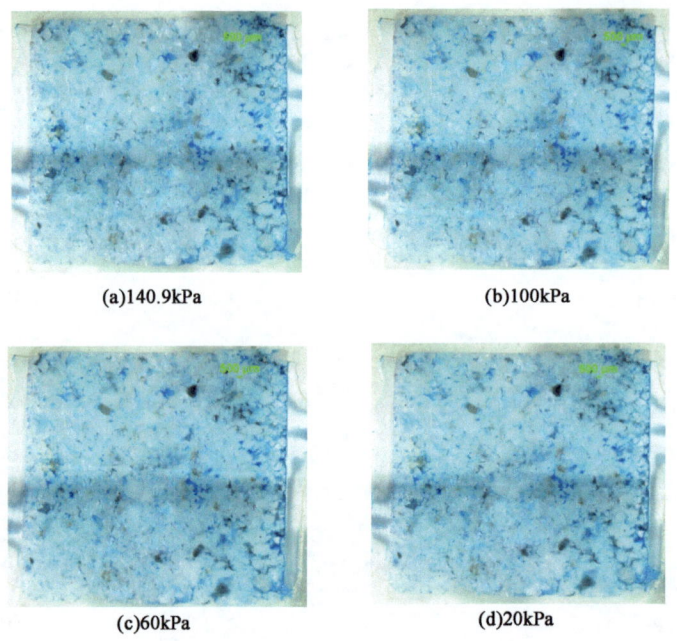

图3-61 S10(S302井3671.3m 盒$_{8上}$)含水饱和度62.73%泄压实验全视域

储层物性差,导致气驱水不彻底,在开采过程中,随着生产压差逐渐增大,残留水体在压差达一定程度时会大量产出(图3-62)。因此查明储层原始含气饱和度、确定合理的生产压差是苏西地区长期稳产的基础。

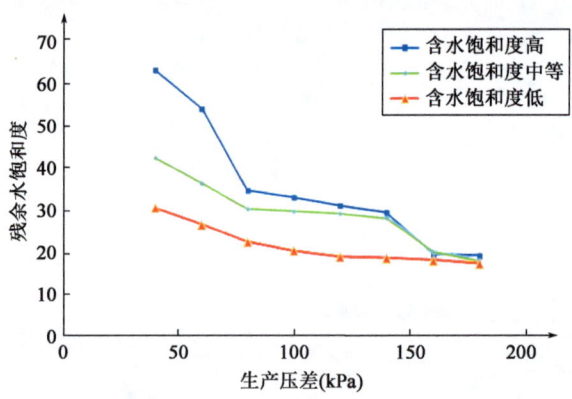

图3-62 生产压差与含水饱和度关系图

第四章 苏里格气田致密砂岩气藏动态特征

第一节 气藏产能评价

一、气井的产能方程

气井的绝对无阻流量是反映气井潜在产能的重要指标。无论是新发现的探井,还是投产的生产井都需要不失时机地了解绝对无阻流量的大小,以便选用合理的气井生产水平,实现气井长期高产、稳产。

气井的产能方程是描述气井产量与井底压力的关系方程,根据地层中天然气 LIT(层流—惯性—湍流)流动方程,可以推导出理论上严格的气井产能方程,即二项式产能方程,也称作 Forchheimer 方程。其表达式为:

$$p_R^2 - p_{wf}^2 = Aq_g + Bq_g^2 \tag{4-1}$$

其中

$$A = \frac{3.6846 \times 10^4 \bar{\mu}_g \bar{Z} T p_{sc}}{KhT_{sc}} \left(\ln \frac{0.472 r_e}{r_w} + S \right)$$

$$B = \frac{3.6846 \times 10^4 \bar{\mu}_g \bar{Z} T p_{sc}}{KhT_{sc}} D$$

式中 p_R——原始地层压力,MPa;

p_{wf}——井底流压,MPa;

q_g——标准状况下的产气量,$10^4 m^3/d$;

T——气层温度,K;

p_{sc}——标准状况下的压力,MPa;

T_{sc}——标准状况下的温度,K;

μ_g——气藏条件下天然气的黏度,mPa·s;

Z——气体偏差因子,量纲;

r_w——井筒半径,m;

r_e——有效排泄面积的折算外半径,m;

K——气体有效渗透率,$10^{-3}\mu m^2$;

h——气层有效厚度,m;

S——气井的真实表皮系数,压裂井 $S = \ln \dfrac{2r_w}{X_f}$;

D——非达西流流动系数,$(10^4 m^3/d)^{-1}$。

从式(4-1)可以看出,A、B的大小与天然气性质、地层、井的特性以及工程因素有关。

二、气井产能计算

进行气井产能计算的前提是建立单点法气井产能公式。以下将简要介绍气井单点法产能公式的推导过程。

气井二项式产能方程:

$$p_R^2 - p_{wf}^2 = A q_g + B q_g^2 \tag{4-2}$$

根据气井的无阻流量定义,可得

$$p_R^2 = A q_{AOF} + B q_{AOF}^2 \tag{4-3}$$

式(4-2)与式(4-3)相除,得

$$\dfrac{p_R^2 - p_{wf}^2}{p_R^2} = \dfrac{A q_g + B q_g^2}{A q_{AOF} + B q_{AOF}^2} \tag{4-4}$$

令

$$q_D = \dfrac{q_g}{q_{AOF}}; \quad p_D = \dfrac{p_R^2 - p_{wf}^2}{p_R^2}; \quad \alpha = \dfrac{A}{A + B q_{AOF}}$$

得

$$p_D = \alpha q_D + (1 - \alpha) q_D^2 \tag{4-5}$$

对式(4-5)进行求解,得

$$q_D = \dfrac{\alpha \left[\sqrt{1 + 4\left(\dfrac{1-\alpha}{\alpha^2}\right) p_D} - 1 \right]}{2(1-\alpha)}$$

$$q_{AOF} = \dfrac{2(1-\alpha) q_g}{\alpha \left[\sqrt{1 + 4\left(\dfrac{1-\alpha}{\alpha^2}\right)\left(\dfrac{p_R^2 - p_{wf}^2}{p_R^2}\right)} - 1 \right]} \tag{4-6}$$

式(4-6)为单点法产能的计算公式,其中 α 值是产能公式计算的关键。α 值是衡量储层非均质性的重要参数,一般由产能试井(修正等时试井、系统试井)产能方程系数 A、B 及无阻流量得到。从图4-1可以看出,随 α 值增加,计算产能增大;产能越大的井,α 值对产能的计算结果影响越大。

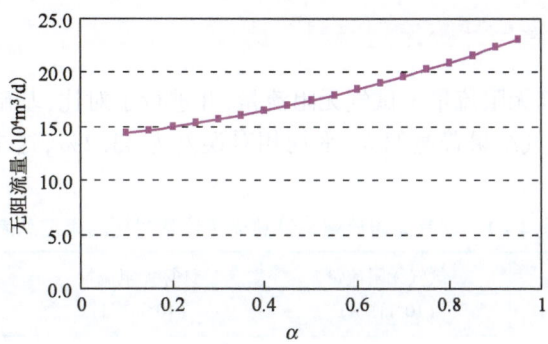

图 4-1 计算不同井无阻流量随 α 的变化

三、产能公式修正

1. 一点法公式修正

一点法是否具有比较强的代表性,主要取决于 α 值的样本数,样本数越多,建立的一点法公式代表性越强。收集更多修正等时试井产能解释结果,可以丰富 α 值,进而建立更具有代表性的一点法公式。统计了历年苏里格气田单井的修正等时试井解释结果,最终得到上古一点法的平均 α 值为 0.72。代入相关公式得到修正后的上古一点法公式:

$$q_{AOF} = \frac{0.77 q_g}{\sqrt{1 + 2.16 p_D} - 1} \tag{4-7}$$

2. 产能复核

为便于比较,采用稳定生产一个月资料应用修正后的上古一点法对苏 14 井区直井产能进行了计算。总共计算了 480 口井,平均无阻流量为 $5.61 \times 10^4 m^3/d$。

复核 I 类井平均无阻流量为 $13.8 \times 10^4 m^3/d$,II 类井平均无阻流量为 $6.69 \times 10^4 m^3/d$,III 类井平均无阻流量为 $1.89 \times 10^4 m^3/d$。苏 14 井区直井无阻流量柱状图如图 4-2 所示。

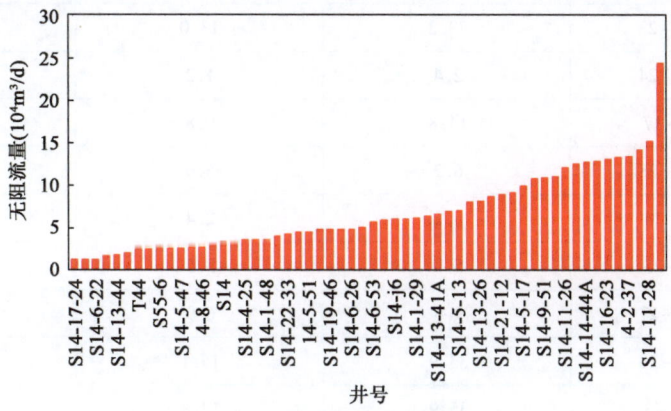

图 4-2 苏 14 井区直井无阻流量柱状图

四、试气无阻流量与计算无阻流量对比

筛选 56 口气井计算无阻流量与试气无阻流量,并进行了对比,基础数据见表 4 – 1。对比表明:两者相差较大,试气结果普遍偏大,平均相对误差为 43.2%,这主要是试气流动时间短(只有 8 ~ 72h)造成的。

表 4 – 1　试气无阻流量与计算无阻流量对比结果汇总表

序号	井号	试气无阻流量 ($10^4 m^3/d$)	计算无阻流量 ($10^4 m^3/d$)	相对误差 (%)
1	S14 – 22 – 31	5.2	3.6	30.77
2	S14 – 22 – 33	5.7	4.2	26.32
3	S14 – 2 – 35	4.9	4.0	18.37
4	S14 – 8 – 26	63.8	24.3	61.91
5	S14 – 5 – 11	5.3	2.7	49.06
6	S14 – 2 – 41	4.5	3.0	33.33
7	S14	8.3	3.3	60.24
8	S55 – 6	5.8	2.5	56.90
9	T44	5.6	2.4	57.14
10	S14 – 5 – 14	4.3	2.0	53.49
11	S14 – 5 – 13	18.6	7.0	62.37
12	S14 – j6	16.1	6.0	62.73
13	S14 – 1 – 48	16.1	3.6	77.64
14	S14 – 5 – 25	6.1	4.4	27.87
15	S14 – 4 – 21	18.1	10.9	39.78
16	S14 – 2 – 42	20.9	14.2	32.06
17	S14 – 16 – 23	23.2	13.0	43.97
18	S14 – 17 – 24	2.4	1.2	50.00
19	S14 – 5 – 17	14.8	9.8	33.78
20	S14 – 14 – 28	6.2	5.9	4.84
21	S14 – 9 – 14	6.2	2.4	61.29
22	S14 – 4 – 25	5.9	3.5	40.68
23	S14 – 22 – 27	9.5	6.9	27.37
24	S14 – 11 – 28	33.9	15.1	55.46
25	S14 – 1 – 43	35.9	12.8	64.35
26	14 – 22 – 39C1	6.0	6.0	0.00

续表

序号	井号	试气无阻流量 ($10^4 m^3/d$)	计算无阻流量 ($10^4 m^3/d$)	相对误差 (%)
27	S14－22－34C4	8.9	8.0	10.11
28	S14－22－34	19.2	10.7	44.27
29	S14－13－11	8.7	6.3	27.59
30	S14－22－38C1	6.4	4.8	25.00
31	S14－22－32C1	4.1	1.2	70.73
32	S14－19－46	6.8	4.8	29.41
33	S14－1－29	9.1	6.1	32.97
34	4－2－37	25.6	13.4	47.66
35	4－17－44	4.9	2.6	46.94
36	4－7－12	3.5	1.7	51.43
37	4－8－46	8.1	2.7	66.67
38	S14－6－22	3.2	1.2	62.50
39	S14－6－54	6.3	4.8	23.81
40	S14－14－43	6.1	3.3	45.90
41	14－5－51	8.5	4.4	48.24
42	S14－6－26	6.6	4.8	27.27
43	S14－13－44	7.4	1.8	75.68
44	S14－6－53	6.6	5.7	13.64
45	S14－3－29	11.9	8.6	27.73
46	S14－13－41A	10.9	6.5	40.37
47	S14－5－47	7.8	2.6	66.67
48	S14－14－44A	28.5	12.7	55.44
49	S14－12－28	28.0	12.5	55.36
50	S14－21－12	11.3	8.9	21.24
51	S14－12－27	21.1	9.1	56.87
52	S14－9－51	13.4	10.8	19.40
53	S14－13－26	10.3	8.1	21.36
54	S14－12－26	17.0	5.0	70.59
55	S14－11－26	24.0	12.0	50.00
56	S14－21－18	29.7	13.3	55.22

将试气无阻流量与复核无阻流量进行线性回归(图4－3),二者的关系如下：

$$Q_{\text{AOF}计算} = 0.386 Q_{\text{AOF}试气} + 1.7225 \qquad (4-8)$$

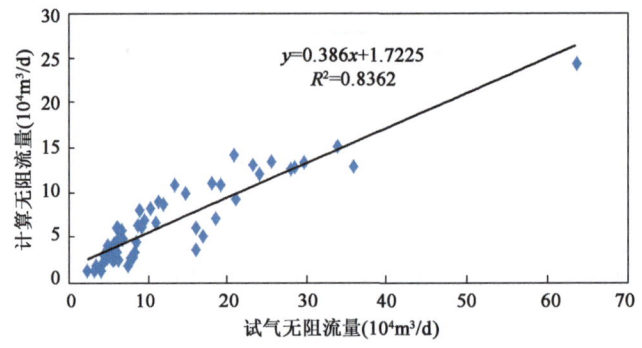

图4-3 复核无阻流量与试气无阻流量相关性

五、产能影响因素

苏里格气田砂岩储层物性差,自然产能偏低,一般均需进行压裂改造之后投产。根据压裂气井产能试井理论,对压裂气井产能的影响因素及影响程度进行分析,从而明确压裂气井产能的主要影响因素。压裂气井产能影响因素包括两方面,一是内因即储层地质因素,二是外因即工程因素。

1. 有效砂体规模对产能的影响

从S14-17-36井至S14-20-36井砂体连通剖面可见(图4-4),砂体规模变化大,从单砂体长度看,单砂体长度为600~800m,其中小于700m占45%,单砂体宽度为500~600m,小于600m占71%(图4-5、图4-6)。由砂体规模与无阻流量的关系(图4-7)可见,有效砂体规模越大,气井稳态产能越小。

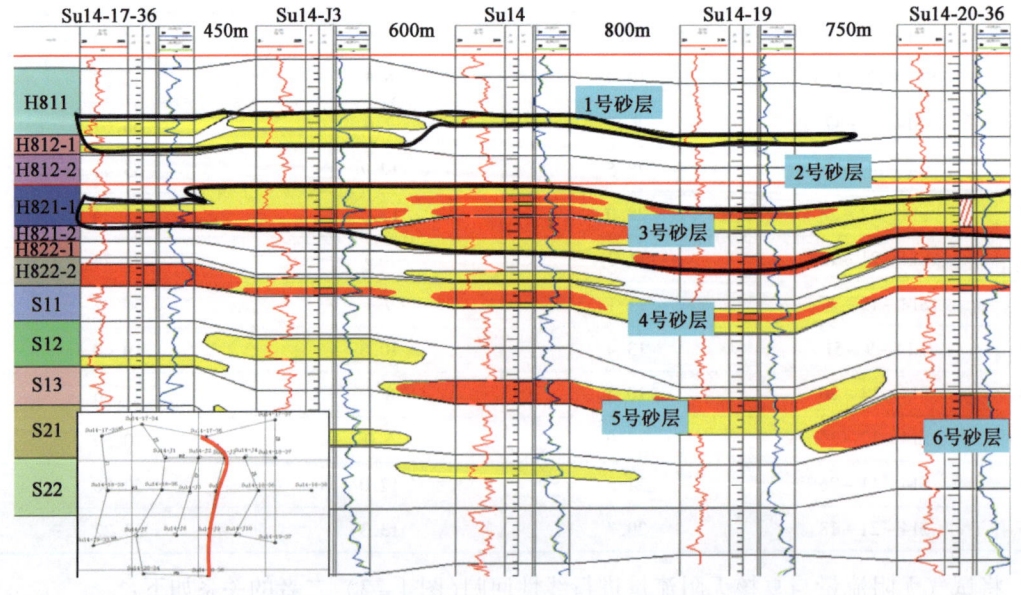

图4-4 S14-17-36井~S14-20-36井砂体连通剖面

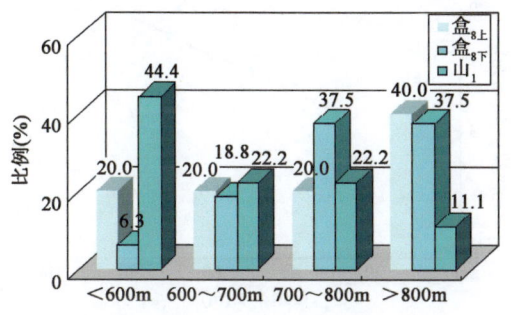

图4-5 苏14有效单砂体长度占比分布图

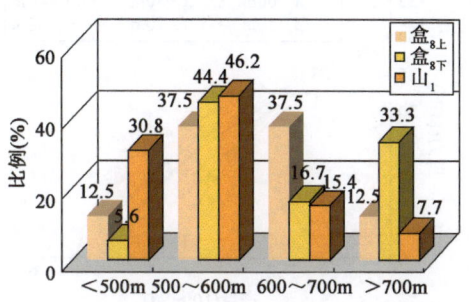

图4-6 苏14有效单砂体宽度占比分布图

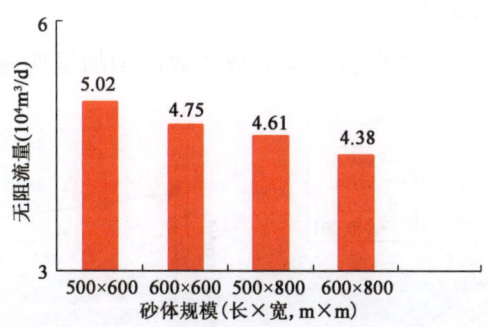

图4-7 砂体规模与无阻流量变化图

2. 地层系数对产能的影响

从图4-8、图4-9可见,无阻流量随地层系数K_H的增加呈现近视线性递增关系,可见地层系数K_H是气井产能的决定性因素。

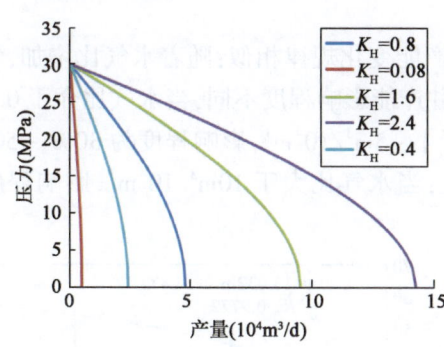

图4-8 不同流动系数条件下IPR曲线

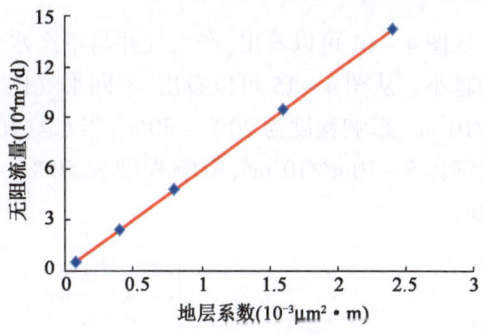

图4-9 流动系数与无阻流量的关系

3. 裂缝半长对产能的影响

从图4-10、图4-11可见,无阻流量随裂缝半长的增加呈现递增趋势,初期增幅快,后逐渐变慢。

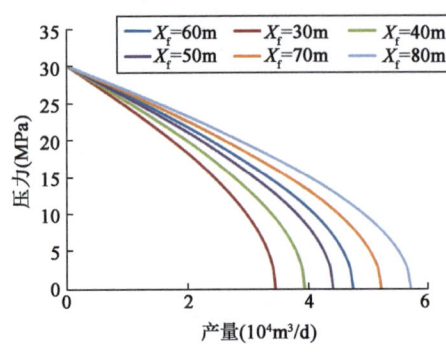
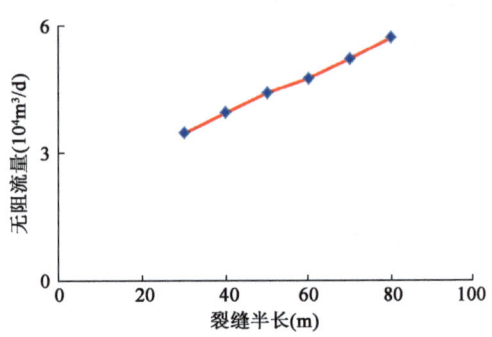

图 4-10 不同裂缝半长条件下 IPR 曲线

图 4-11 裂缝半长与无阻流量的关系

4. 表皮系数对产能的影响

从图 4-12、图 4-13 可见,无阻流量随表皮系数的增加呈现递减趋势,递减趋势近似呈线性关系。

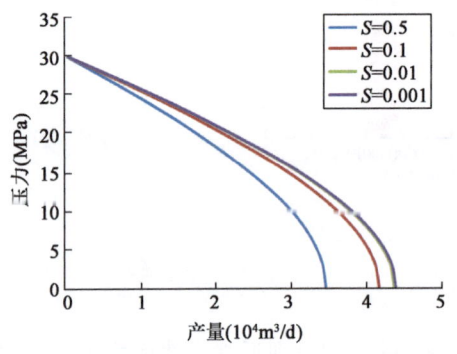
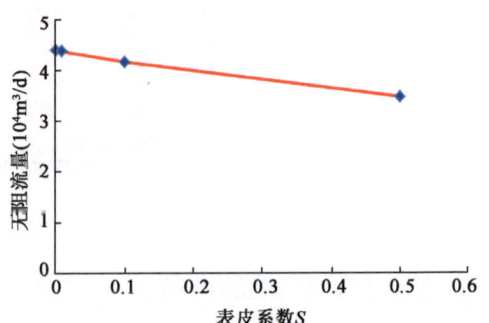

图 4-12 不同总表皮系数 S 条件下 IPR 曲线

图 4-13 表皮系数 S 与无阻流量的关系

5. 产水对产能的影响

从图 4-14 可以看出,产水气井与不产水气井产能变化规律相似;随着水气比增加,气井产能越小。从图 4-15 可以看出,不同水气比对气井产能影响程度不同,当水气比介于 $0.5 \sim 1 m^3/10^4 m^3$,影响程度为 20%~30%;当水气比介于 $1 \sim 5 m^3/10^4 m^3$,影响程度为 30%~50%;当水气比 $5 \sim 10 m^3/10^4 m^3$,影响程度为 50%~60%;当水气比大于 $10 m^3/10^4 m^3$,影响程度大于 60%。

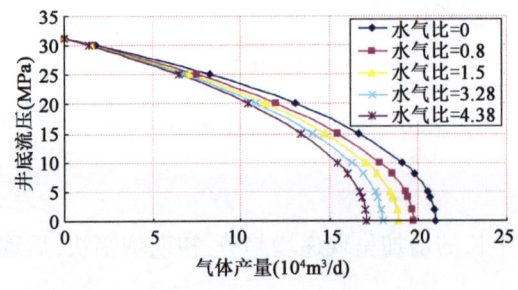
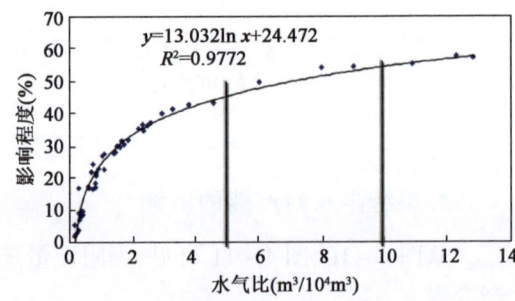

图 4-14 不同水气比下流入动态曲线

图 4-15 不同水气比对产能影响结果趋势

第二节 气藏压力评价

压力是气藏能量的直接体现,及时、准确地掌握气藏的地层压力变化,对于气藏动储量计算及开发效果预测都具有重要的意义。苏里格气田由于采用井下节流方式生产,测压较为困难,因此得到地层压力存在困难,为此通过对常用的井口压力折算、试井外推、压降法等地层压力计算方法进行评价,筛选适合苏里格气田的地层压力计算方法,下面就这几个方法进行论述。

气井的井底压力是气井生产的重要参数,井底压力参数值主要通过下井底压力计实测和通过井口压力计算两种方法获得;对于实际生产过程,每次均采用下井底压力计实测井底压力是不可能的,特别是一些复杂井筒结构气井,有时很难通过下压力计操作获得井底压力值。对于这种情况,一般都采用根据井口测定的油压或套压资料来计算井底压力。

一、井口压力折算常规算法

气井井底压力计算基于垂直管流方程,而垂直管流方程则由能量守恒方程推导而来,采用实用单位垂直管流公式:

$$\int_{p_1}^{p_2} \frac{d^5 pZT\mathrm{d}p}{d^5 p^2 + 1.324 \times 10^{-18} f(q_{\mathrm{sc}}TZ)^2} = 0.03415 \int_{H_1}^{H_2} \gamma_g \mathrm{d}H \tag{4-9}$$

式中 d——油管直径,m;

p——压力,MPa;

Z——井筒气体偏差系数;

T——井筒内热力学温度,K;

f——摩阻系数;

q_{sc}——气体井口(或标态下)产气量,m³/d;

γ_g——气体相对密度;

H——垂向油管长度,m。

式(4-9)是计算井底压力的一般表达式。利用式(4-9),不仅可以计算气井井底流压,也可以计算气井井底静压。式(4-9)的计算方法较多,主要有平均温度和平均偏差系数法、Cullender 和 Smith 法、Adiz 法和数值积分法等,其中平均温度和平均偏差系数法、积分法是当前应用较广、精度较高的两种井底静压计算方法。

对于静止气柱 $q_{\mathrm{sc}} = 0$,式(4-9)可进一步简化为

$$\int_{p_{\mathrm{ts}}}^{p_{\mathrm{ws}}} \frac{ZT}{p}\mathrm{d}p = \int_0^H 0.03415\gamma_g \mathrm{d}H \tag{4-10}$$

1. 平均温度、平均偏差系数的计算方法

全井的温度、气体偏差系数视为常数,即 $T = \overline{T}, Z = \overline{Z}$。由式(4-10)可得

$$p_{\mathrm{ws}} = p_{\mathrm{ts}}\exp\left(\frac{0.03415\gamma_g}{\overline{Z}\,\overline{T}}\right)H \tag{4-11}$$

其中
$$\bar{p} = \frac{1}{2}(p_{ws} + p_{ts}); \quad \bar{T} = (T_{ws} + T_{ts})/2$$
$$\bar{Z} = f(\bar{p}, \bar{T}) \quad 或 \quad \bar{Z} = (Z_{ts} + Z_{ws})/2$$

式中 $\bar{p}$——井筒内平均压力，MPa；

p_{ws}——静止气柱计算的井底压力，MPa；

p_{ts}——静止气柱的井口压力，MPa；

γ_g——气体相对密度，量纲为1；

H——井到气层中部深度，m；

$\bar{T}$——井筒内平均热力学温度，K；

T_{ws}, T_{ts}——静止气柱井底、井口热力学温度，K；

$\bar{Z}$——井筒气体平均偏差系数；

Z_{ws}, Z_{ts}——静止气柱井口、井底条件下的气体偏差系数。

可以采用迭代法求解式（4-11），即对 p_{ws} 赋初值，取 $p_{ws}^{(0)} = p_{ts} + \dfrac{p_{ts}H}{12192}$，计算 $\bar{p}$、$\bar{T}$ 及 $\bar{Z}$，得 $p_{ws}^{(1)}$，比较 $p_{ws}^{(0)}$ 和 $p_{ws}^{(1)}$，若符合精度要求，即为所求；否则，以 $p_{ws}^{(1)}$ 为初值，继续迭代，直到满足精度要求为止。

2. 积分法

井筒内静止气体压力随井深变化关系符合如下方程：

$$gH/29.28 = \int_{p_{wh}}^{p_{ws}} \frac{TZ}{p} dp \tag{4-12}$$

对方程（4-12）的右边进行数值积分，为此，把 (p_{ws}, p_{wh}) 平均分作 n 个压力段 $[p_{i-1}, p_i]$ $(i = 1, 2, 3, \cdots, n; p_0 = p_{wh}, p_n = p_{ws})$，每个压力段的步长足够小，则

$$\int_{p_{wh}}^{p_{ws}} \frac{TZ}{p} dp = \int_{p_0}^{p_n} \frac{TZ}{p} dp = \frac{1}{2} \sum_{i=1}^{n} [(p_i - p_{i-1})(I_i + I_{i-1})] \tag{4-13}$$

其中 $I_i = (TZ/p)_i \quad i = 1, 2, 3, \cdots, n$

若用计算机进行计算，可把 n 值取得很大，以便取得相当精确的 p_{ws} 值。但若用手工计算，可取 $n = 2$，也能获得满意的结果。此时将（4-13）式变为

$$\int_{p_{wh}}^{p_{ws}} \frac{TZ}{p} dp = \int_{p_0}^{p_n} \frac{TZ}{p} dp = \frac{1}{2} \sum_{i=1}^{n} [(p_i - p_{i-1})(I_i + I_{i-1})] \tag{4-14}$$

式中下标 ws、ms 和 wh 分别表示井底、油管中部和井口，如 p_{ms}、I_{ms} 分别表示油管柱中部的压力值和 $I = \dfrac{TZ}{p}$ 值。

将式（4-14）代入式（4-12）得

$$0.00683\gamma H = (p_{ms} - p_{wh})(I_{ms} + I_{wh}) + (p_{ws} - p_{ms})(I_{ws} + I_{ms}) \tag{4-15}$$

式（4-15）可以近似地认为由油管的上半部和下半部两部分组成，分别表示为

$$0.00683\gamma H = (p_{ms} - p_{wh})(I_{ms} + I_{wh}) \tag{4-16}$$

$$0.00683\gamma H = (p_{ws} - p_{ms})(I_{ws} + I_{ms}) \tag{4-17}$$

在算出 I_{wh}、I_{ms} 和 I_{ws} 后，也可以用 Simpson 公式进行计算，其公式为

$$0.00683\gamma H = \frac{p_{ws} - p_{wh}}{3}(I_{wh} + 4I_{ms} + I_{ws}) \tag{4-18}$$

或

$$p_{ws} = \frac{[p_{wh}(I_{wh} + 4I_{ms} + I_{ws}) + 3 \times 0.0683\gamma H]}{I_{wh} + 4I_{ms} + I_{ws}} \tag{4-19}$$

应用积分方法计算井底压力相关参数确定方法与前面相同,计算步骤如下:

(1)对油管柱的上半部分,用式(4-16)计算。

(2)由井口压力、温度等数据,计算 I_{wh}。

(3)假设 $I_{ws} = I_{wh}$。

(4)用式(4-16)计算 p_{ms}。

(5)计算 T_{ms},$T_{ms} = \frac{1}{2}(T_{wh} + T_{ws})$。

(6)应用第4步计算的 p_{ms} 和第五步计算的 T_{ms},并由式(4-19)计算 I_{ms},$I_{ms} = \frac{T_{ms}Z_{ms}}{p_{ms}}$。

(7)由式(4-16)重新计算 p_{ms},如果结果与第四步计算的值之差超过 0.007MPa,则把 p_{ms} 的新值替换原 p_{ms},重新计算第6步和第7步,直到满足上述精度为度。

(8)对油管的下半部分计算时,也首先假设 $I_{ms} = I_{ws}$;再用式(4-17)计算 p_{ms},然后反复进行迭代,直到求得足够精确的井底静止压力 p_{ws}。

(9)用 Simpson 公式(4-19)求得更为精确的井底静止压力。

3. 静压计算结果

对于苏里格气田苏14井区部分有实测地层压力的气井,分别采用上述两种方法进行计算,计算结果见表4-2。由表可以看出,平均温度、平均偏差系数法计算结果与测试平均绝对误差为 0.38MPa,积分法与测试平均绝对误差为 0.24MPa,两种方法折算精度都满足生产需求。

表4-2 苏14井区井地层压力结果表

序号	井 号	气层中深 (m)	测试时间	关井天数 (d)	2023年地层压力 (MPa)	井口恢复套压 (MPa)	平均温度和偏差系数法	误差	积分法	误差
1	S14-17-36	3497.5	2008-10-9	151	21.47	18.1	22.05	0.58	21.64	0.17
2	S14-12-41	3418	2008-10-9	98	17.96	12	17.33	0.63	18.14	0.18
3	S14-16-30	3514	2008-10-13	102	23.66	18.5	23.24	0.42	23.48	0.18
4	S14-12-34	3532	2008-10-13	91	17.96	10.5	17.10	0.86	17.47	0.49
5	S56-8	3458.75	2008-10-14	69	26.28	20.9	25.90	0.38	26.76	0.48
6	S14-16-40	3455.75	2008-10-14	68	20.21	16.2	20.10	0.11	20.46	0.25
7	S14-17-41	3448.5	2008-10-15	70	16.00	11.9	16.20	0.20	16.02	0.02
8	S14-18-41	3412.5	2008-10-18	91	17.42	13.6	18.07	0.65	17.18	0.24
9	S14-18-33	3485.5	2008-10-18	68	21.86	15.9	21.48	0.38	21.78	0.08
10	S14-5-14C1	3579.00	2010-4-6	298	25.22	20.89	25.32	0.10	25.01	0.21

续表

序号	井 号	气层中深（m）	测试时间	关井天数（d）	2023年地层压力（MPa）	井口恢复套压（MPa）	平均温度和偏差系数法	误差	积分法	误差
11	S14-5-14C3	3579.00	2010-4-27	300	28.59	22.38	28.93	0.34	28.65	0.06
12	S14-5-14C4	3579.00	2010-4-27	298	28.86	23.71	29.17	0.31	28.80	0.06
13	S14-5-15	3589.50	2010-4-28	470	29.61	21.62	29.51	0.10	29.63	0.02
14	S14-5-13	3625.50	2010-4-28	298	31.03	24.15	30.20	0.83	31.05	0.02
15	S14-4-07	3606.00	2010-5-1	267	28.02	23.11	28.48	0.46	28.16	0.14
16	S14-5-16	3477.50	2010-5-1	264	31.95	22.66	31.88	0.07	31.85	0.10
17	S14-4-06	3521.50	2010-5-2	300	25.45	21.94	25.29	0.16	25.35	0.10
18	S14-1-11	3615.80	2010-5-5	311	24.70	20.72	24.17	0.53	24.19	0.51
19	S14-1-12	3511.50	2010-5-5	297	17.14	16.85	17.25	0.11	17.29	0.15
20	S14-1-13C1	3687.35	2010-5-6	429	29.50	22.41	29.16	0.34	29.01	0.49
21	S14-1-13C2	3680.30	2010-5-6	301	21.74	20.55	21.82	0.08	21.69	0.05
22	S14-0-12	3562.20	2010-5-9	332	17.54	16.71	17.86	0.32	17.85	0.31
23	S14-4-04	3544.00	2010-5-9	298	27.61	21.38	27.36	0.25	27.34	0.27
24	S14-0-11	3562.00	2010-5-10	264	24.94	17.6	24.58	0.36	24.83	0.11
25	S14-12-37	3507.90	2010-7-30	42	14.29	9.84	14.61	0.32	14.03	0.26
26	S14-15-36	3508.95	2010-7-31	54	20.37	11.05	20.76	0.39	20.57	0.20
27	S14-15-43	3432.65	2010-7-31	41	16.94	13.76	17.05	0.11	17.14	0.20
28	S14-7-32	3435.20	2010-8-2	35	16.09	12.47	15.46	0.63	16.73	0.64
29	S52-8	3445.40	2010-8-3	36	11.10	9.75	11.46	0.36	11.48	0.38
30	S14-11-32	3459.50	2010-8-7	86	15.51	12.76	15.84	0.33	15.55	0.04
31	S14-0-31	3514.5	2011-9-27	37	10.49	8.91	10.10	0.39	10.11	0.38
32	S14-13-42	3448.0	2011-9-27	24	14.10	10.96	14.59	0.49	14.51	0.41
33	S14-21-18	3575.5	2011-10-4	25	15.96	8.86	15.08	0.88	15.11	0.85
34	S14-19-42	3403.5	2011-11-5	56	12.97	10.06	12.44	0.53	13.16	0.19
35	S14-21-10	3520.8	2011-11-15	45	14.28	11.02	13.74	0.54	14.58	0.30
平均	—	—	—	—	—	—	—	0.38	—	0.24

二、井口压力折算简便算法

1. 折算的理论基础

关井时井底压力与井口套压存在如下关系：

$$p_R = p_{th} + DH = p_{th} + \rho_g gH \tag{4-20}$$

根据气体密度的定义可得

$$D = \frac{28.963 p \gamma_g g}{ZRT} \quad (4-21)$$

根据平均温度、平均偏差系数求 Z 的方法，假设 $T = \overline{T}$ = 常数，$Z = \overline{Z}$ = 常数，即将全井筒的温度、天然气偏差系数视为常数，可分别用数学平均值代替，从而得到井筒压力梯度与井口压力存在如下关系：

$$\mathrm{grand}p = \frac{28.963 \gamma_g g}{\overline{Z}R\,\overline{T}} p \quad (4-22)$$

式中　$\mathrm{grand}p$——井筒压力梯度，MPa/m；
　　　γ_g——气体相对密度。

从式(4-22)可看出井筒压力梯度与压力存在一定关系，该斜率主要跟气体相对密度、温度有关，由于偏差因子随压力是变化的，所以并非完全的线性关系。为了证实该认识，根据公式做出井口压力与井筒压力梯度的理论曲线。

当地温梯度为 3.06℃/100m，井口温度为 20℃时，气体相对密度为 0.591 时，考虑苏里格气井井口套压一般不超过 27MPa，计算不同的井口压力下的井筒压力梯度，再做出井筒压力梯度与井口压力的关系曲线，如图 4-16 所示。理论计算表明：采用二项式拟合时，井筒压力梯度与井口压力的相关性为 0.9958，研究表明井筒压力梯度与井口压力呈二项式关系。

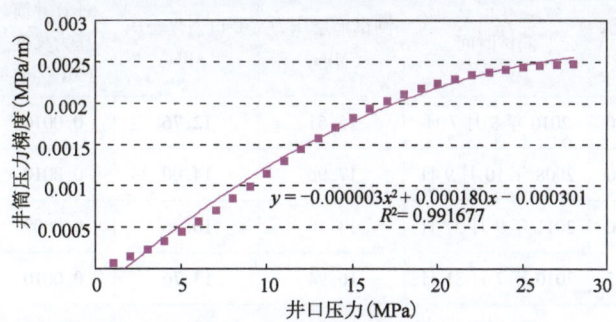

图 4-16　井筒压力梯度与井口压力关系曲线

2. 井筒压力梯度与井口压力经验公式的建立

苏里格气田因使用井下节流工艺，在做压力恢复测试、修正等时试井、"一点法"试井等动态监测项目时需先打捞出节流器，动态监测结束后需重新投放节流器。因此单井动态监测需要频繁起下节流器，增加了单井维护费用。该区早期投入的节流器经过多年使用后，使得密封胶筒过硬，打捞比较困难，经常造成胶筒损坏，严重时因张力过大会使钢丝绳拉断，造成井下事故，这给压力恢复测试带来了极大的困难。通过以上理论分析，认为对纯气井压力恢复试井，井口压力与井筒压力梯度存在二项式关系，可以利用记录的井口压力资料，折算成地层压力，较好地解决了苏里格气田地层压力测试难的问题。

苏里格气田井下生产数据中有大量关井恢复的井口压力数据，通过苏 14 井区 35 口气井的关井资料发现苏 14 井区关井井口压力与井筒压力梯度存在二项式关系(图 4-17)，利用该关系式，在有关井井口压力的情况下，可以估算地层压力。

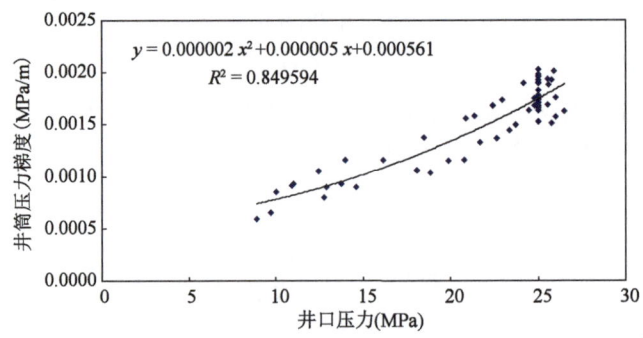

图 4-17 关井条件下井筒压力梯度与井口压力关系曲线

经拟合图 4-17 中的曲线得到井筒压力梯度与井口压力 p_c 存在如下关系：

$$\mathrm{grand}p = 0.000002p_c^2 + 0.000005p_c + 0.000561 \quad (4-23)$$

该方法实用性强，但公式准确性需建立在大量关井资料基础上，需根据资料的丰富来完善。

采用井筒压力梯度与井口压力的关系式，对部分井进行地层压力计算，计算结果与实测值平均误差为 0.30MPa（表 4-3），测试精度可满足生产需求。

表 4-3 苏 14 井区井地层压力结果表

井号	气层中深（m）	测试时间	测试地层压力（MPa）	井口恢复套压（MPa）	计算井筒压力梯度（MPa/m）	计算地层压力（MPa）	误差（MPa）
S14-11-32	3459.50	2010年8月7日	15.51	12.76	0.0010	16.05	0.54
S14-12-41	3418.00	2008年10月9日	17.96	14.00	0.0010	17.50	0.46
S14-13-42	3448.00	2011年9月27日	14.10	10.96	0.0009	13.91	0.19
S14-15-43	3432.65	2010年7月31日	16.94	13.76	0.0010	17.22	0.28
S14-16-30	3514.00	2008年10月13日	23.66	18.50	0.0013	23.20	0.46
S14-16-40	3455.75	2008年10月14日	20.21	16.20	0.0012	20.23	0.02
S14-17-41	3448.50	2008年10月15日	16.00	12.90	0.0010	16.20	0.20
S14-18-41	3412.50	2008年10月18日	17.42	14.60	0.0011	18.22	0.80
S14-19-42	3403.50	2011年11月5日	12.97	10.06	0.0008	12.83	0.14
S14-21-10	3520.80	2011年11月15日	14.28	11.02	0.0009	14.04	0.24
S14-5-13	3625.50	2010年4月28日	31.03	24.15	0.0018	30.85	0.18
S14-5-14C3	3579.00	2010年4月27日	28.59	22.38	0.0017	28.37	0.22
S14-7-32	3435.20	2010年8月2日	16.09	12.47	0.0009	15.68	0.41
S56-8	3458.75	2008年10月14日	26.28	20.9	0.0015	26.22	0.06
平均	—	—	—	—	—	—	0.30

第三节　产量递减规律分析

对产量递减规律的研究方法(指数、双曲、调和)主要是基于阿尔普斯(Arps)产量–时间衰减经验公式。其适用条件包括:气井在恒定井底压力下生产;分析井拥有固定的不渗透边界;同时该公式假定井有恒定的渗透率和表皮系数。

产量变化规律研究在气田开发中具有重要的地位,它是气田开发效果评价、气田开发规划、气田开发方案设计与调整的重要依据。只有掌握了气田的产量递减的规律,才能够有的放矢地采取防止产量递减的有效措施,达到稳产甚至是增产的目的。

一、气井产量递减理论模型

致密砂岩气藏气井实际生产过程产量和压力的变化情况复杂,且受人为控制的影响很大。要从实际上准确地认识其产量递减的过程,需要从理论角度出发,做理想情况的假设,得到对致密砂岩气藏气井产量递减一般规律的认识,以指导实际。

最早的分析油气生产数据的系统方法是由 Arps 于20世纪50年代提出来的,即经典的指数递减、双曲递减和调和递减。Arps 方法简单易用,它是一种经验方法,不需了解油气藏或井的参数,可以应用于不同类型的油气藏。但是,该方法的局限性也是显而易见的,其一是预测的最终可采储量必须假定历史生产条件在未来保持不变,其二是在不稳定(或无界)流动状态下的应用受限。

对于进入递减阶段的油气藏,Arps 根据矿场实际的产量递减数据,进行了统计与分析,得出了 Arps 产量递减模型的数学通式:

$$q = \frac{q_i}{[1 + nD_i(t - t_0)]^{1/n}} \quad (4-24)$$

式中　q——递减 t 时间后的产量,t(油),$10^4 m^3$(气);

q_i——初始递减产量,t(油),$10^4 m^3$(气);

n——递减指数;

D_i——初始递减率,单位是 a^{-1},m^{-1},d^{-1},与时间单位对应;

t——递减时间,单位可以是 a(年),m(月),或是 d(天)。

1. 双曲线递减模型

双曲线递减,是指在递减阶段产量随时间的变化关系符合双曲线函数;双曲线递减的递减率不是一个常数,它介于指数递减率和调和递减率之间。从整体对比来说,指数递减类型的产量递减最快;其次是双曲线递减类型;产量递减最慢的是调和递减。油气田(井)的递减类型不是一成不变的,在递减阶段的中期,一般符合双曲线递减类型;在递减阶段的后期,一般符合调和递减类型。

当递减指数 $n = 0 \sim 1$ 时,产量递减方程依然为式(4-24),即:

$$q = \frac{q_i}{[1 + nD_i(t - t_0)]^{1/n}} \qquad (4-25)$$

式(4-25)被 J. J. Arps(1945)称作双曲递减模型。进一步对产量递减方程进行积分,可以得到累计产量与时间的关系式:

$$N_p = N_{p0} + \frac{q_i}{D_i(1-n)}\{1 - [1 + nD_i(t - t_0)]^{\frac{n-1}{n}}\} \qquad (4-26)$$

式中 N_{p0}——初始累计产量,t(油),$10^4 \mathrm{m}^3$(气)。

将产量公式(4-25)代入累计产量公式(4-26)中,可以得到累计产量与产量的关系式:

$$N_p = N_{p0} + \frac{q_i}{D_i(1-n)}\left[1 - \left(\frac{q_i}{q}\right)^{n-1}\right] \qquad (4-27)$$

2. 指数递减模型

解析方法的步骤是首先在单对数坐标中绘出产量随时间变化的曲线。找出其直线段,求得其初始产量和递减期开始时间;为了求递减率可以取一段时间,再求出这段时间所对应的压力变化,然后根据递减率公式就能求出递减率;这样产量变化公式就完全确定了。指数递减类型的产量的对数与时间呈直线关系,产量与累计产量呈普通的直线关系。

当递减指数 $n = 0$ 时,产量递减模型的数学通式可简化为指数递减模型的产量公式。其产量与时间的关系式为:

$$q = q_i e^{-D_i(t - t_0)} \qquad (4-28)$$

进一步对产量递减方程进行积分,可以得到累计产量与时间的关系式:

$$N_p = N_{p0} + \frac{q_i}{D_i}[1 - e^{-D_i(t - t_0)}] \qquad (4-29)$$

将式(4-28)代入式(4-29)可以得到累计产量与产量的关系式:

$$N_p = N_{p0} + \frac{q_i - q}{D_i} \qquad (4-30)$$

3. 调和递减模型

当递减指数 $n = 1$ 时,产量递减曲线的数学通式可简化为调和递减模型。其产量与时间的关系式为:

$$q = \frac{q_i}{1 + D_i(t - t_0)} \qquad (4-31)$$

对产量递减方程在 $0 \sim t$ 时间段内进行积分,可以得到累计产量与时间的关系式:

$$N_p = N_{p0} + \frac{q_i}{D_i}\ln[1 + D_i(t - t_0)] \qquad (4-32)$$

同样,将式(4-31)代入式(4-32)中可以得到累计产量与产量的关系式:

$$N_p = N_{p0} + \frac{q_i}{D_i}\ln\frac{q_i}{q} \qquad (4-33)$$

Arps 通过经验公式将递减规律分为三种,即指数递减、双曲线递减和调和递减。在分析时要求气井生产时间足够长,能发现产量递减趋势,适用于定井底流压生产情况,国内气田(井)在主要生产期一般采用定产降压的方式,一般到中后期才能识别产量递减趋势。从严格的流动阶段来讲,递减曲线代表的是边界控制流阶段,不能用于分析生产早期的不稳定流阶段。

指数递减的递减率通常为定值,指数递减的产量和开发时间呈半对数直线关系,由于这个简单的直线关系,指数递减很容易辨认,并且使用简单,与其他递减曲线相比,这是使用最普遍的递减曲线。指数递减预测的产量下降比双曲递减和调和递减都要快,它经常被用作计算储量较小的油藏。从整体对比来说,指数递减类型的产量递减最快;其次是双曲线递减类型;产量递减最慢的是调和递减。

二、致密砂岩气藏递减分析方法

1. Arps 产量递减方法适用性评价

以上系统论述了 Arps 递减方法的三种模型,但是对于苏里格致密气藏,以上模型是否适应还需评价。Arps 模型的适用条件包括两个:

(1)定井底流压生产。
(2)气井控制边界达到最大不再变化,气体流动进入边界控制流动阶段。
选取生产时间大于 3 年(直井)的井进行 3 类井递减规律分析。
(1)Ⅰ类井。
113 口 Ⅰ 类井中,生产大于 3 年的井共 91 口,其产量(压力)—时间运行图显示(图 4 – 18),生产初期平均日产气量为 $2.45 \times 10^4 m^3$,生产 8 年后末期平均日产气量为 $0.37 \times 10^4 m^3$。生产前一年半基本呈指数递减,生产第二年开始基本呈线性递减,生产 2~4 年时递减相对减缓,平均年递减率 11.73%;生产第六年开始递减迅速,平均年递减率 24.90%。压力则基本呈指数平稳递减,初期 4 个月递减迅速,后期基本平稳下降,8 年末期套压为 6.82MPa。

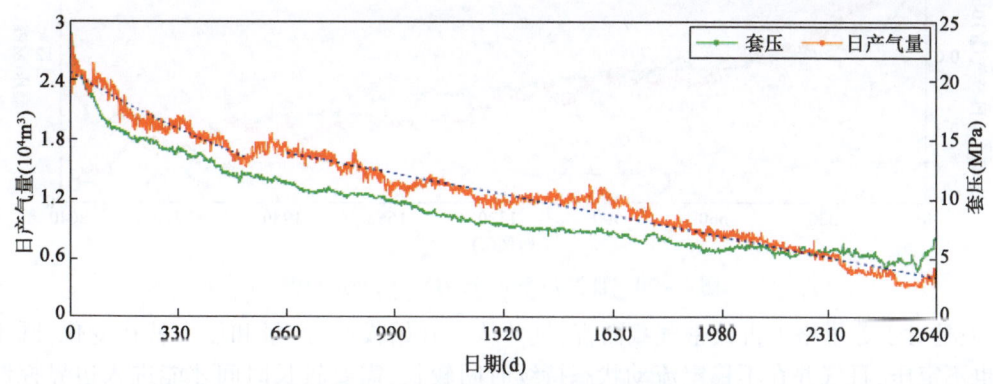

图 4 – 18 Ⅰ类井产量(压力)—时间运行图

(2)Ⅱ类井。
92 口 Ⅱ 类井中,生产大于 3 年的井 76 口,其产量(压力)—时间运行图显示(图 4 – 19),生产初期平均日产气量为 $1.44 \times 10^4 m^3$,生产 8 年后末期平均日产气量为 $0.36 \times 10^4 m^3$。整体上日产气量呈指数递减,生产前两年递减相对较快,平均年递减率为21.91%,后期呈指数递减相对缓慢,平均年递减率为10.87%,生产第8年基本维持在$0.35 \times 10^4 m^3/d$平稳生产。生产前8个月压力递减较快,稳定生产后压力基本呈缓慢指数递减,8年末期套压为6.46MPa。

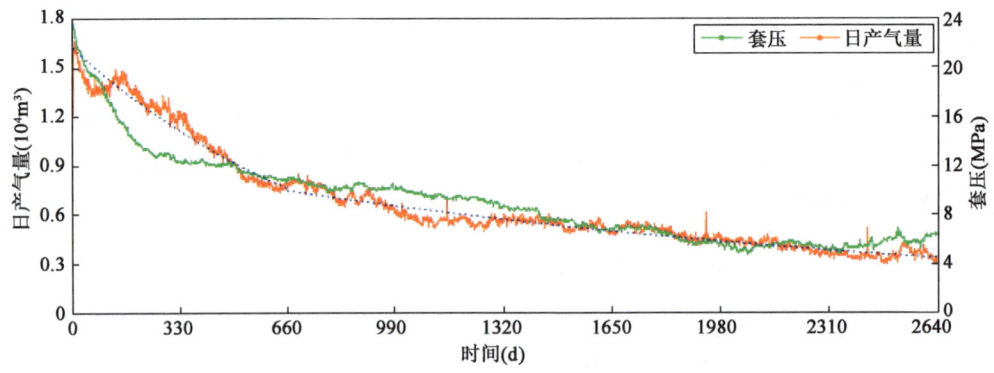

图4-19 Ⅱ类井产量(压力)—时间运行图

(3) Ⅲ类井。

95口Ⅲ类井中,生产大于3年的井77口,其产量(压力)—时间运行图显示(图4-20),生产初期平均日产气量$0.90 \times 10^4 m^3$,生产8年后末期平均日产气量仅$0.15 \times 10^4 m^3$。整体上日产气量呈指数递减,生产前两年递减相对较快,平均年递减率17.14%,稳定生产的第三年基本维持$0.5 \times 10^4 m^3/d$稳定生产,4~7年呈指数缓慢递减,平均年递减率14.80%,生产第8年产量递减明显,年递减率38.94%。生产前6个月压力递减较快,稳定生产后压力基本呈缓慢指数递减,8年末期套压为6.49MPa。

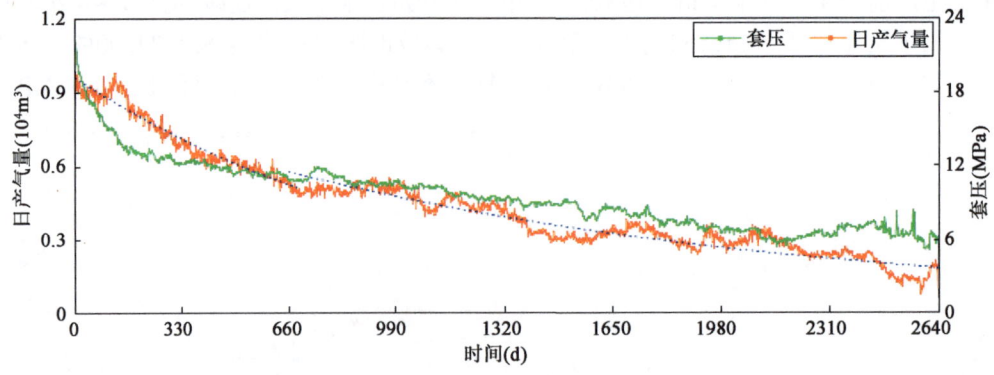

图4-20 Ⅲ类井产量(压力)—时间运行图

但是对于苏里格上古致密气藏而言,气井从一开始投产,产量和压力就在变化,既不定产,也不定压,且气井在不稳定流动状态持续时间较长,需要较长时间才能进入边界控制流动阶段。因此,直接应用Arps模型对苏里格气田单井进行拟合,不满足Arps递减模型的适用条件。应用Arps模型拟合典型井,结果发现:采用一个递减指数整体拟合,初期拟合效果较差;分段拟合,大部分井初期拟合递减指数大于1(图4-21、表4-4),不满足Arps递减方法。

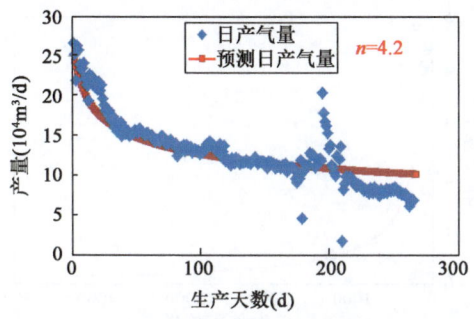

图 4-21 苏 14-0-31 产量递减拟合曲线

表 4-4 压裂直井产量递减类型井数统计表　　　　　　　　　单位：口

类型	调和递减	指数递减	双曲递减	$n>1$
Ⅰ类井	6	7	7	
Ⅱ类井	18	30	18	54
Ⅲ类井	4	22	8	
合计	28	59	33	

2. 递减指数研究

上述的应用效果表明，苏里格气田致密气井的递减指数一直在变化，因此，研究递减指数的变化规律意义重大。针对致密气藏，递减指数可用式(4-34)表示，从式(4-34)可以看出递减指数受时间和气井递减率的倒数影响。

$$n = \frac{\mathrm{d}}{\mathrm{d}t}\left(\frac{1}{D}\right) \tag{4-34}$$

Kupchenko 等学者总结了递减指数 n 的规律：

$n=4$，双线性流；

$n=2$，线性流；

$n<0.5$，边界控制拟稳定流；

n 增大，拟径向流（$2<n<20$）；

n 减小，边界影响下的流动。

理论条件下，根据气体渗流状态的不同，压裂气井的递减指数随时间的变化存在四个阶段，如图 4-22 所示。$A-B$ 代表裂缝线性流阶段，递减指数变化范围为 $n>2$；$B-C$ 代表线性流至拟径向流过渡段；$C-D$ 向边界控制流过渡段，递减指数变化范围为 $0.5<n<4$；D 代表边界控制流动段，$n<0.5$。

3. 计算到达边界控制流时间

通过研究递减指数的变化规律证实要在苏里格气田单井应用 Arps 递减方法预测，前提是气井的流动必须进入边界控制流阶段，进入边界控制流后，气井的产量变化规律才符合应用 Arps 模型分析的条件。依据气藏工程理论，判定气井是否进入边界控制流，可以应用式(4-35)进行计算。

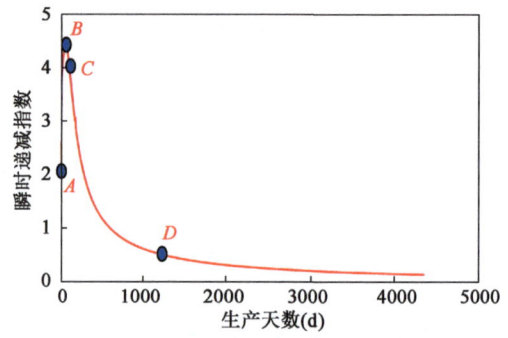

图4-22 有限导流压裂直井递减指数变化曲线

$$t_{pss} = \frac{1.275\phi\mu C_t A}{K} \qquad (4-35)$$

为了省去计算过程,依据苏14井区的储层物性变化范围,分别建立了边界控制流图版。直井进入边界控制流图版如图4-23所示,水平井进入边界控制流图版如图4-24所示。通过图版可以直接查到气井进入边界控制流的时间。

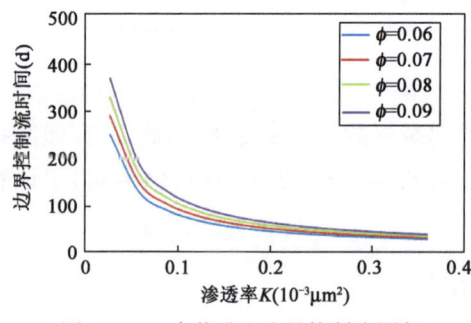

图4-23 直井进入边界控制流图版

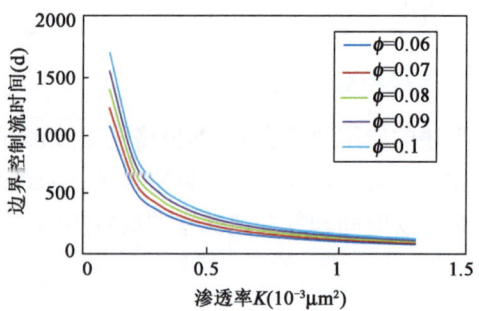

图4-24 水平井进入边界控制流图版

4. 递减模型优选

气井进入边界控制流后,递减指数的变化范围符合Arps模型的适用条件,但是Arps模型包括指数递减模型、衰竭式递减模型、双曲线递减模型、调和递减模型,具体选哪个模型进行递减分析,还需进一步研究。以苏14井区直井储层的平均物性参数为基础(储层物性见表4-5),建立单井数值模型(模型如图4-25所示),生产模拟得到气井产量数据,以理论生产数据为基础,取进入边界控制流后的数据,应用不同递减模型进行分析,对比模拟计算的单井累计采气量与递减模型预测的气井的累计采气量,确定了苏14井区递减类型。

表4-5 苏14井区储层平均物性表

参数类别	数值	参数类别	数值
地层温度,℃	117	孔隙度,%	9.57
地层压力,MPa	31.72	渗透率,mD	0.085
控制面积,km²	0.26	地层压缩系数,10^{-4}MPa^{-1}	4.35
裂缝半长,m	65	气体相对密度	0.58
裂缝导流能力,$10^{-3}\mu m^2 \cdot m$	74	储层厚度,m	4.5
井径,m	0.062	气体饱和度,%	72.26

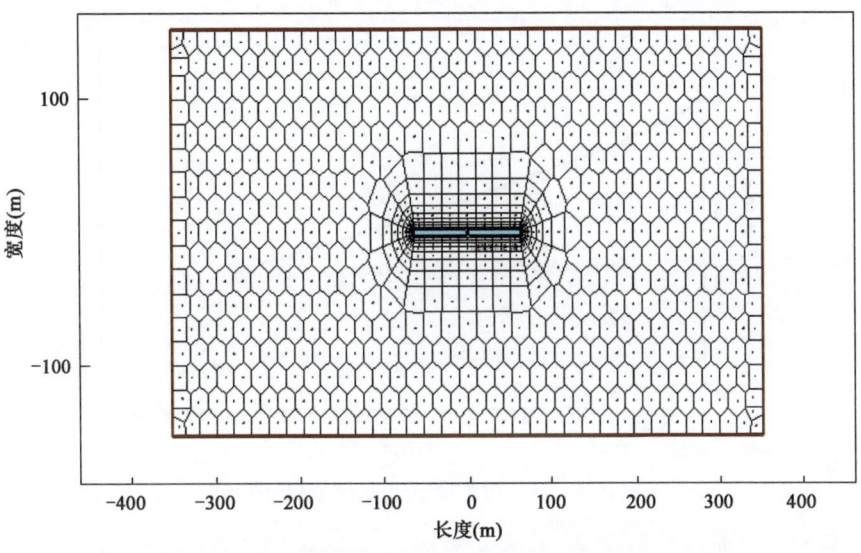

图 4-25 直井单井模型示意图

取进入边界控制流后的生产数据（图 4-26），应用 Arps 模型进行预测，对比不同递减模型的预测效果，不同递减模型拟合结果如图 4-27～图 4-30 所示。以模型预测的可采储量拟合值与模拟值之间的相对误差作为评价模型拟合效果的标准，认为相对误差小于 10% 时模型可靠。不同递减模型预测结果对比见表 4-6，对比结果表明：衰竭模型预测误差最小。因此，进入边界控制流后应用衰竭模型预测气井的递减规律更为准确一些。

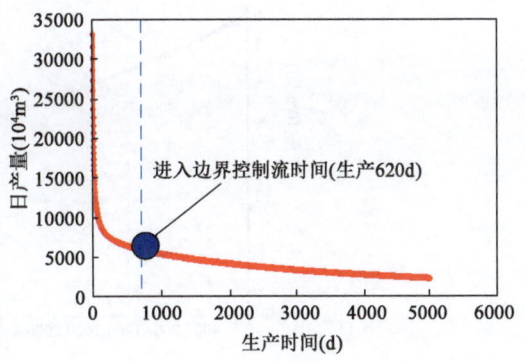

图 4-26 直井单井模拟产量数据

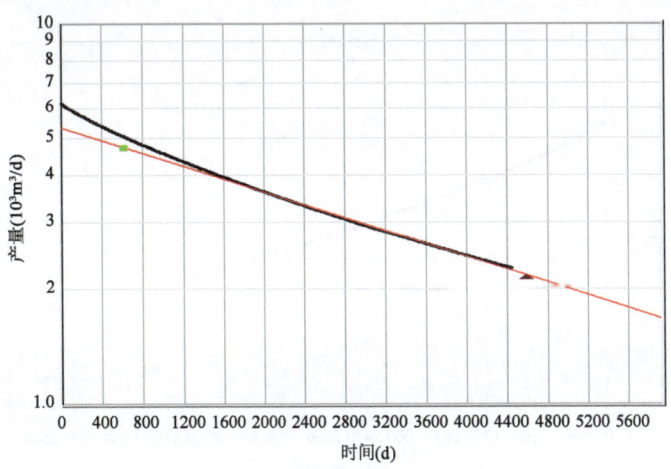

图 4-27 指数模型递减预测结果图

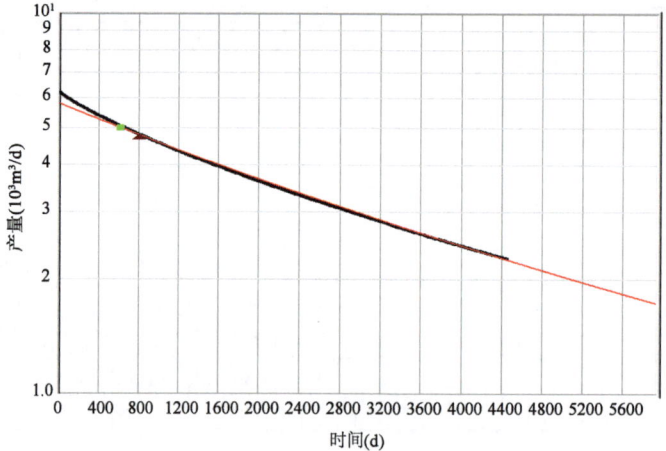

图 4-28 指数模型递减预测结果图

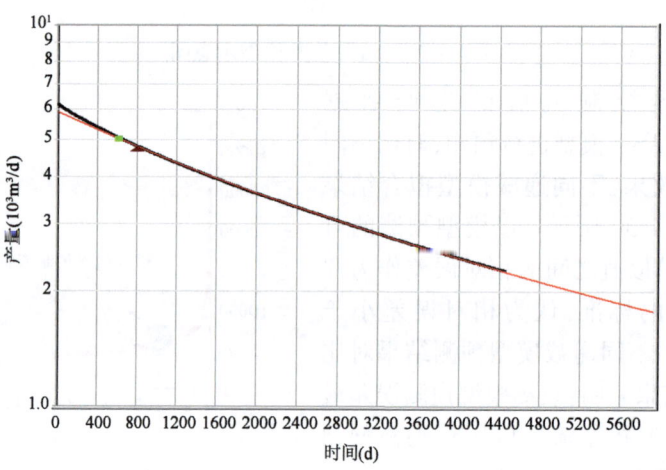

图 4-29 衰竭模型递减预测结果图

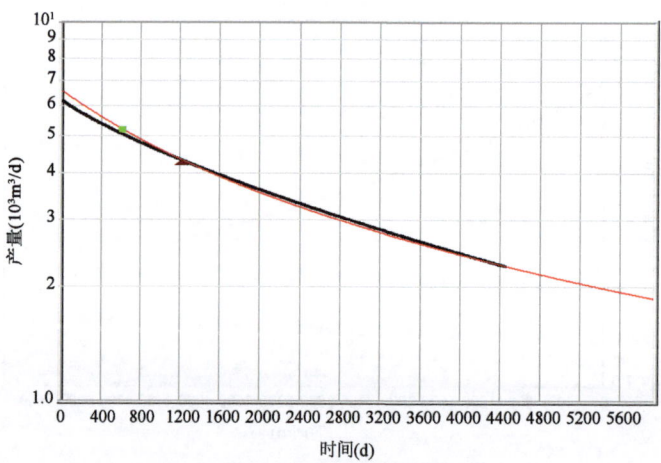

图 4-30 调和模型递减预测结果图

表 4-6 不同递减模型预测结果对比表

递减模型	预测可采储量（$10^4 m^3$）	模拟计算可采储量（$10^4 m^3$）	相对误差（%）
指数递减	2248	2670	15.8
双曲递减	2394		10.3
调和递减	2885		8.1
衰竭递减	2576		3.5

三、不同类型直井与水平井递减分析

应用上文确定的递减模型，对不同类型直井和水平井进行了递减分析，Ⅰ类直井初期递减率为16.7%，三年平均递减率为15.5%，五年平均递减率为14.5%，如图4-31所示。Ⅱ类直井初期递减率为18.3%，三年平均递减率为16.8%，五年平均递减率为15.6%，如图4-32所示。Ⅲ类直井初期递减率为28.4%，三年平均递减率为25.1%，五年平均递减率为22.7%，如图4-33所示。

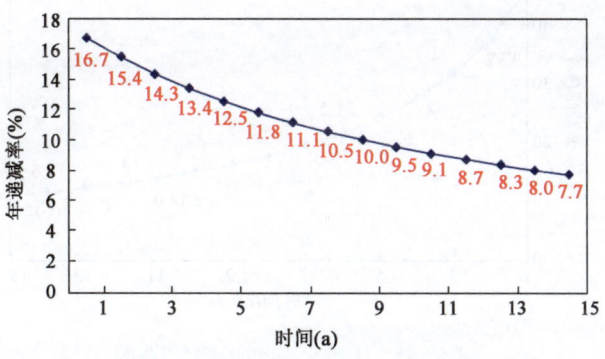

图4-31 Ⅰ类直井递减率变化图

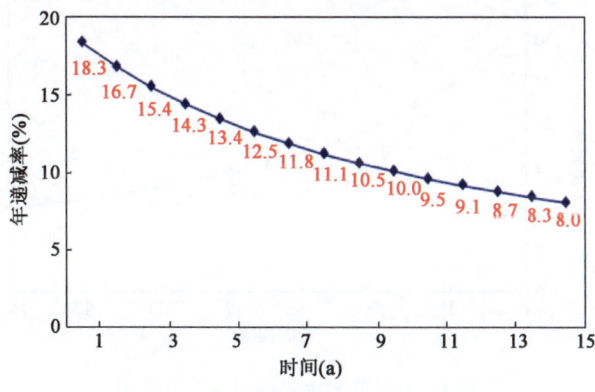

图4-32 Ⅱ类直井递减率变化图

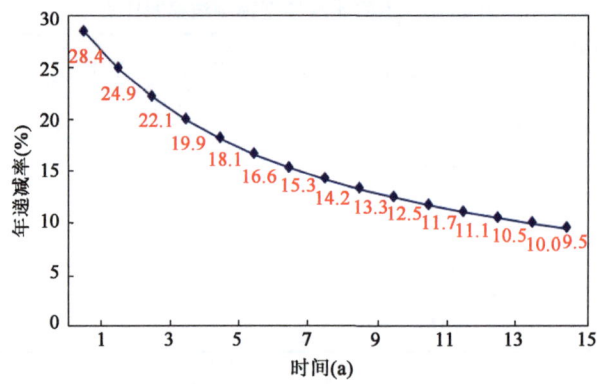

图 4-33　Ⅲ类直井递减率变化图

分析Ⅰ类水平井初期递减率为 46.2%，三年平均递减率为 38.5%，五年平均递减率为 33.4%，如图 4-34 所示。Ⅱ类水平井初期递减率为 32.6%，三年平均递减率为 28.4%，五年平均递减率为 25.4%，如图 4-35 所示。Ⅲ类水平井初期递减率为 31.0%，三年平均递减率为 27.2%，五年平均递减率为 24.4%，如图 4-36 所示。

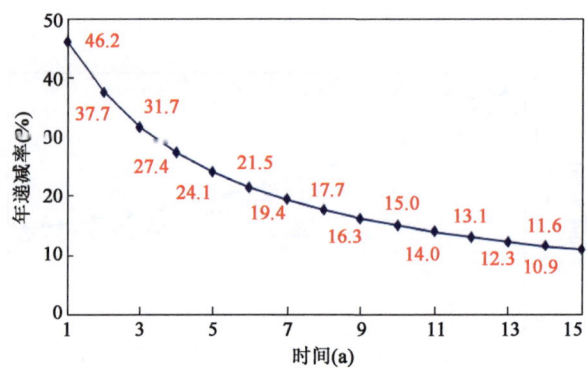

图 4-34　Ⅰ类水平井递减率变化图

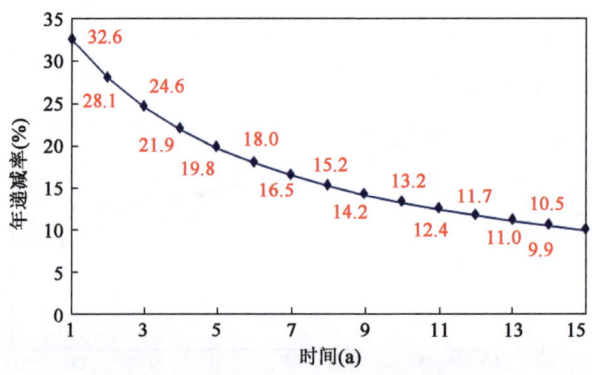

图 4-35　Ⅱ类水平井递减率变化图

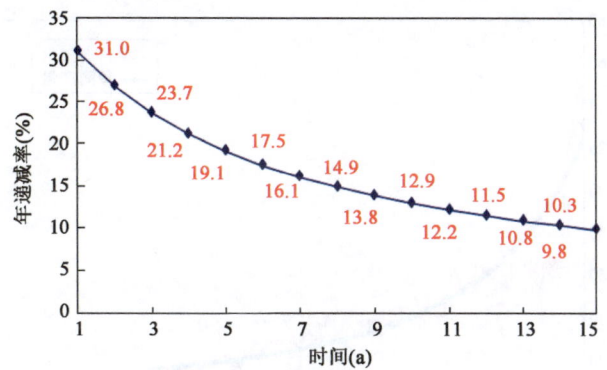

图 4-36 Ⅲ类水平井递减率变化图

四、区块递减分析

通过分析可知,苏里格气井产量进入边界控制流后,递减符合衰减式递减规律。那么可以根据衰减式递减公式得到分年投产井的递减率(图 4-37～图 4-44)。在分年投产井递减预测的基础上,得到区块的综合递减率。研究中选取苏里格中区开展递减分析,明确了区块分年递减特征。

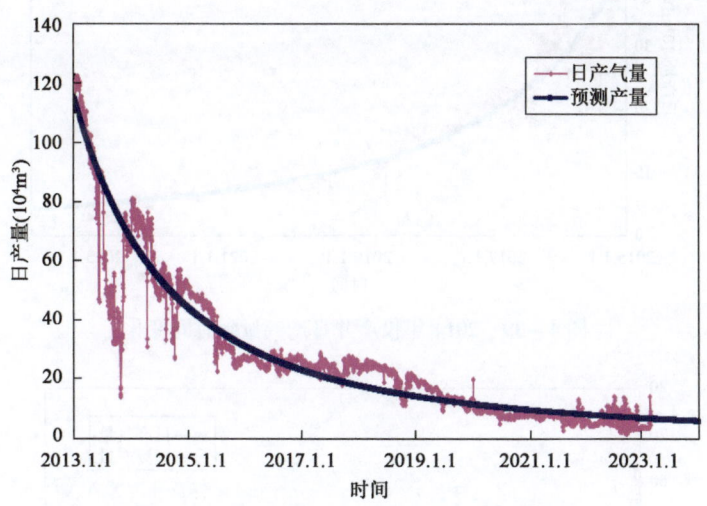

图 4-37 2012 年投产井日产气量随时间变化

根据衰竭式递减的递减率变化公式:

$$D = \frac{1}{\frac{1}{D_i} + 0.5t} \tag{4-36}$$

假设第一年投产 n_1 口井,第二年投产 n_2 口井,第三年投产 n_3 口井,…,第 N 年投产 n_n 口井,第 $N+1$ 年井均进入递减期,可以计算第 $N+2$ 年时历年投产井的年递减率分别为 D_{i1}、D_{i2}、D_{i3}、…、D_{in} 为:

$$D_{i1} = \frac{Q_{n1(N+1)} - Q_{n1(N+2)}}{Q_{n1(N+1)}} \tag{4-37}$$

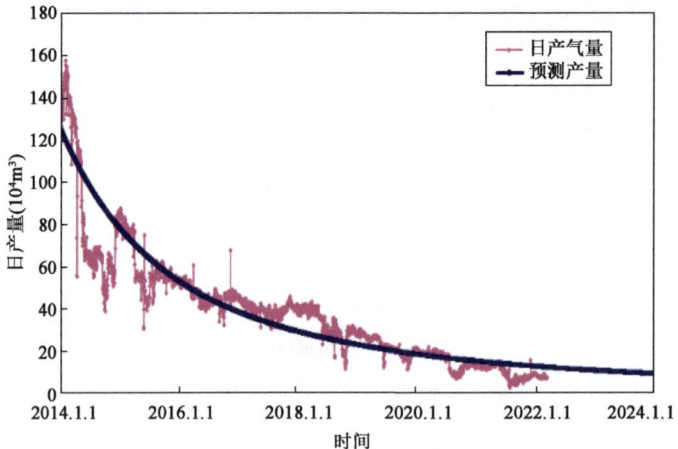

图 4-38　2013 年投产井日产气量随时间变化

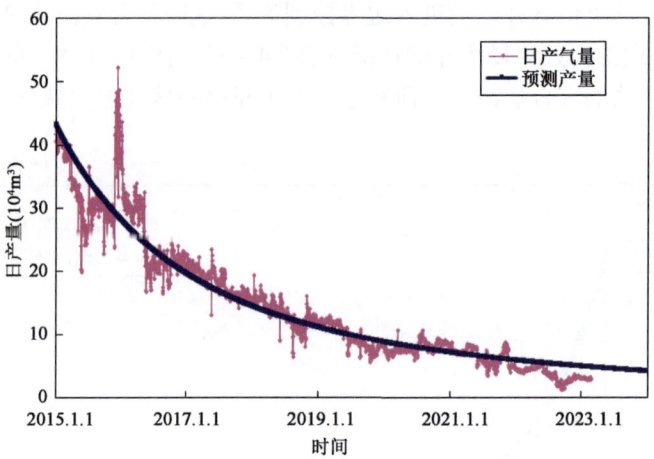

图 4-39　2014 年投产井日产气量随时间变化

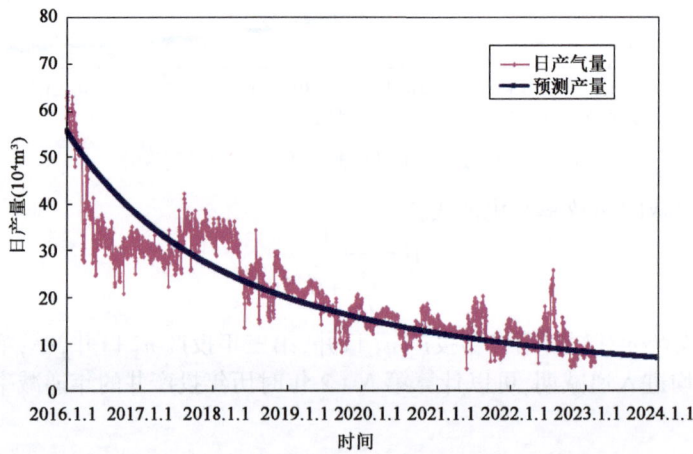

图 4-40　2015 年投产井日产气量随时间变化

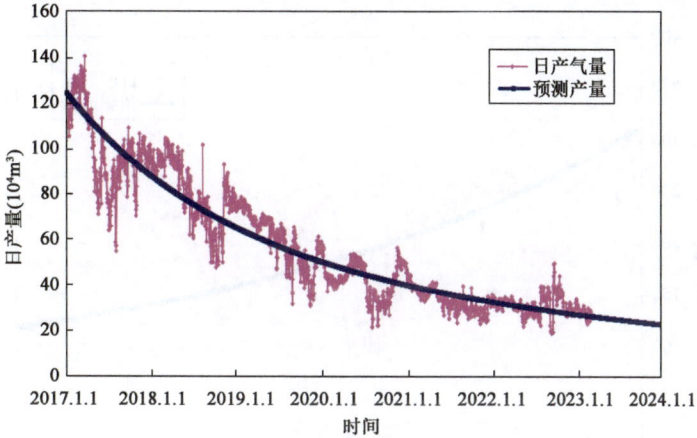

图 4-41 2016 年投产井日产气量随时间变化

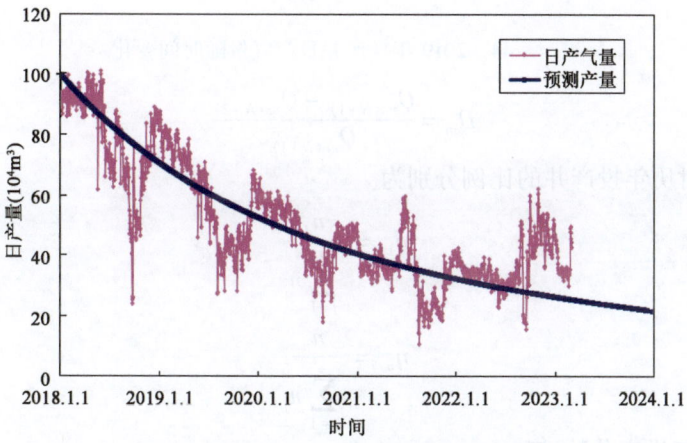

图 4-42 2017 年投产井日产气量随时间变化

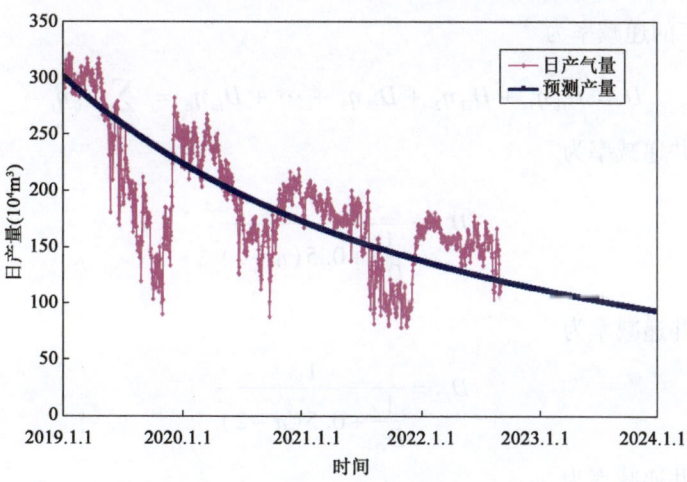

图 4-43 2018 年投产井日产气量随时间变化

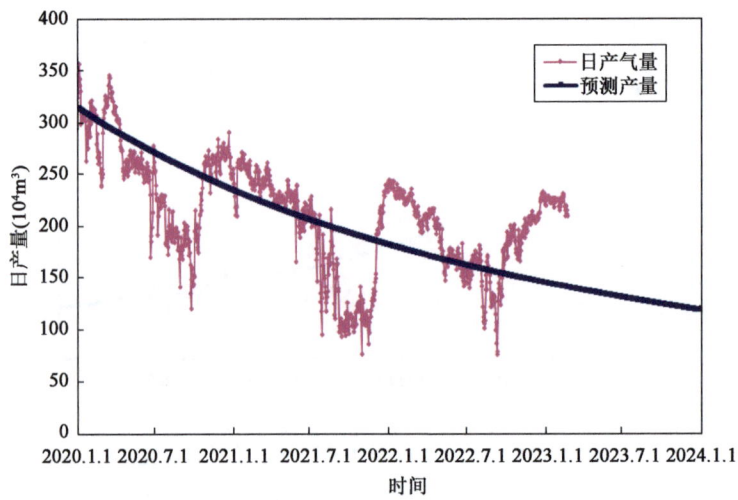

图 4-44 2019 年投产井日产气量随时间变化

$$D_{in} = \frac{Q_{nn(N+1)} - Q_{nn(N+2)}}{Q_{nn(N+1)}} \quad (4-38)$$

计算第 $N+2$ 年时历年投产井的比例分别为

$$\eta_1 = \frac{n_1}{\sum_{j=1}^{n} n_j} \quad (4-39)$$

$$\eta_n = \frac{n_n}{\sum_{j=1}^{n} n_j} \quad (4-40)$$

式中　n_1—第一年投产井数，口；
　　　n_n—第 n 年投产井数，口。

该区块第 $N+2$ 年的递减率为

$$D = D_{i1}\eta_1 + D_{i2}\eta_2 + D_{i3}\eta_3 + \cdots + D_{in}\eta_n = \sum_{j=1}^{n} D_{ij}\eta_j \quad (4-41)$$

第一年投产井递减率为

$$D_{n1} = \frac{1}{\frac{1}{D_{i1}} + 0.5(n-2)} \quad (4-42)$$

第二年投产井递减率为

$$D_{n2} = \frac{1}{\frac{1}{D_{i2}} + 0.5(n-2)} \quad (4-43)$$

第 n 年投产井递减率为

$$D_{nn} = \frac{1}{\frac{1}{D_{in}} + 0.5(n-2)} \quad (4-44)$$

则第 $n+n$ 年该区块投产井递减率为

$$D = D_{n1}\eta_1 + D_{n2}\eta_2 + D_{n3}\eta_3 + \cdots D_{nn}\eta_n = \sum_{j=1}^{n} D_{nj}\eta_j \quad (4-45)$$

从苏 14 井区历年投产井递减率变化图及该区块分年投产井数占总井数的比例,根据区块递减率计算公式得到区块历年递减率(图 4-45、图 4-46)。

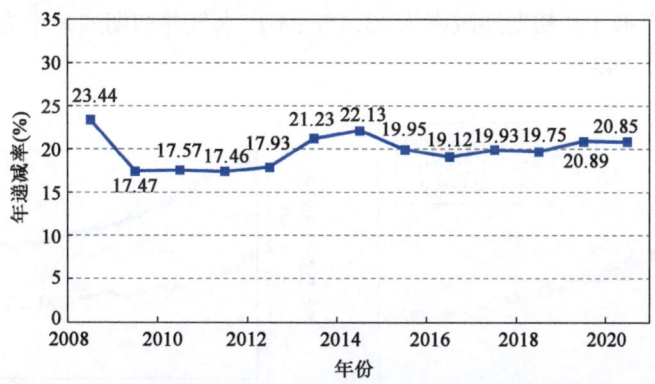

图 4-45 S14 井区综合递减率变化曲线

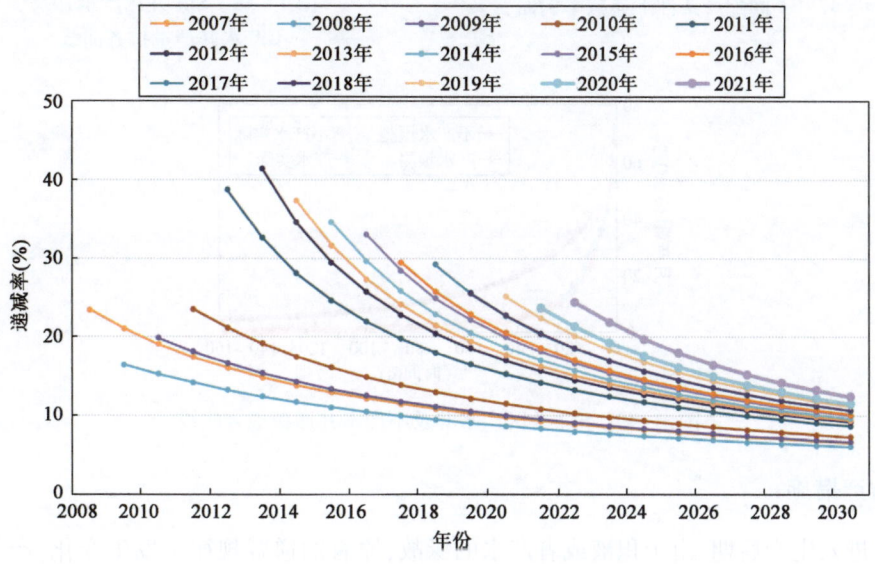

图 4-46 S14 井区历年投产井递减率预测结果

五、产量递减影响因素分析

影响气井产量递减的因素主要有三个,气井初期配产、产水及增产措施。本节主要从这三个方面开展研究。

1. 配产

应用数值模型,给定不同初期配产,形成不同产量剖面,然后应用衰竭式递减模型进行分析。分析结果表明:同一条件下配产越高稳产期越短,初期递减率越大,如图4-47所示。配产对气井的稳产年限影响较大,这也直接影响区块的稳产形势。

2. 产水

通过单井摸排,排查出产水气井及不产水气井,进行产量拉齐(图4-48),然后开展递减分析。分析表明,产水气井初期递减率为43.1%;不产水气井初期递减率为32.9%;产水气井递减明显更快(图4-49)。

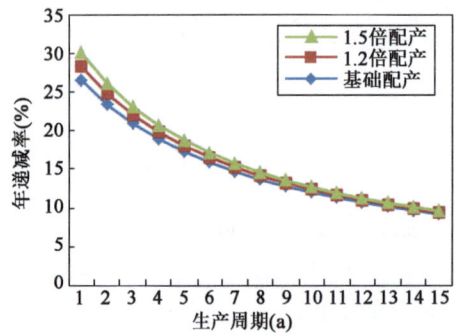

图4-47 不同配产条件下递减率剖面

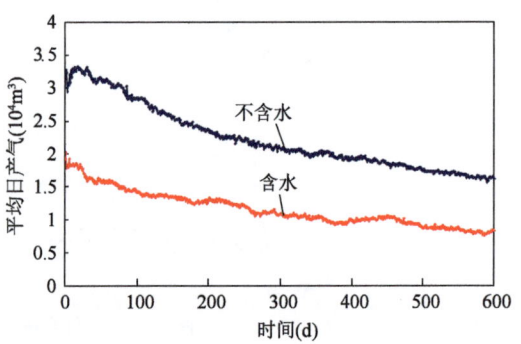

图4-48 S14井区产水井及不产水井产量拉齐曲线

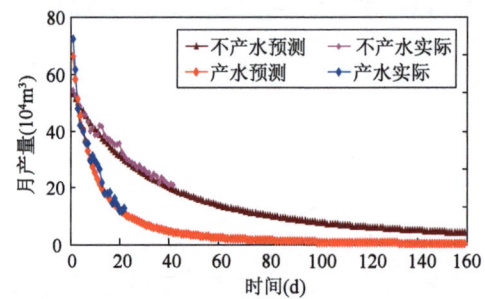

图4-49 S14井区产水井及不产水井递减拟合曲线

3. 增产措施

气井进入生产后期,由于积液或者产水的缘故,原有的递减规律会发生变化,产量也会急剧递减。此时,可以采用一些增产措施提高气井的携液能力,包括泡排、速度管柱、柱塞等工艺措施。采取增产措施后,气井的生产潜力将会得到恢复,同时气井产量体现新的递减规律。以S14-22-50井为例,在开展采取速度管柱增产措施之后,气井的递减产能得到提高,生成新的递减剖面,如图4-50所示。经过递减预测,采取措施后,实际累计产气量比措施前预测累计产气量增加$266×10^4m^3$,增产效果非常明显,如图4-51所示。

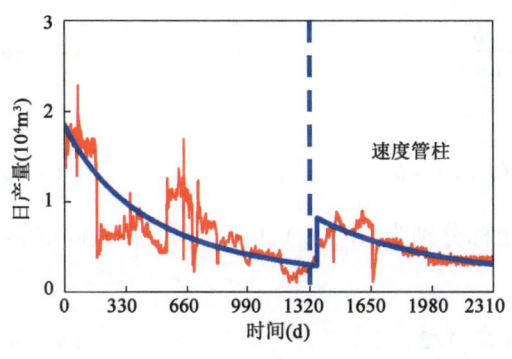
图 4-50　S14-22-50 井递减预测图

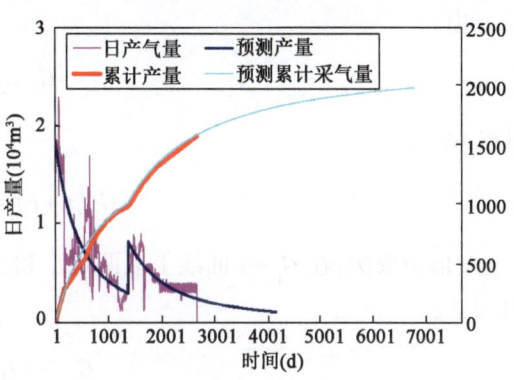
图 4-51　S14-22-50 井最终累计采气量拟合预测图

第四节　气藏动态储量评价

动态储量是气藏开发的基础,准确的储量计算分析关系着对气藏的客观综合评价,关系着气井产量及工作制度的制定与开发井网的部署与调整。针对低孔低渗透特征,在已有资料基础上,采用产量累计法进行单井动态储量计算。

产量累计法为经验估算法,根据开采经验,认为累计产气量 G_p 随时间变化的关系曲线符合下列经验公式:

$$G_p = a - \frac{b}{t} \tag{4-46}$$

变形可得

$$G_p t = at - b \tag{4-47}$$

当 $t \to \infty$ 时,$b/t \to 0$。此时 $G_p—t$ 关系曲线趋近于它的水平渐近线,G_p 值即为储量(图 4-52)。

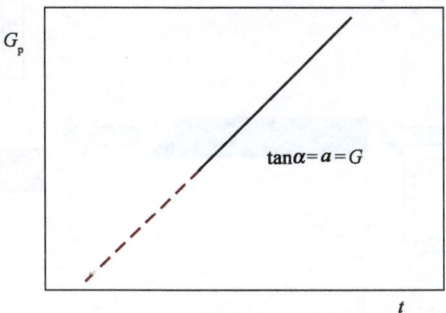

图 4-52　产量累计法曲线图

这种方法仅在产量发生正常持续递减时才能应用,其计算结果与压降储量接近,最大差值不超过 10%。此法简便,易于掌握,不需关井求压,是一种实用方法。

在多数情况下,使用更为精确的带有修正的经验公式:

由

$$G_p = a - \frac{b}{t+c} \tag{4-48}$$

线性化,得

$$G_p(t+c) = a(t+c) - b \tag{4-49}$$

c 值得取法:在 G_p—t 曲线上取两点 1 和 3,坐标分别为 (G_{p1}, t_1),(G_{p3}, t_3),在其间取第 2 点为

$$G_{p2} = (G_{p1} + G_{p3})/2 \tag{4-50}$$

可在曲线上求出相应的 t_2,则 c 值为

$$c = \frac{t_2(t_1 + t_3) - 2t_1 t_3}{t_1 + t_3 - 2t_2} \tag{4-51}$$

一、单井动储量评价

在递减分析基础上,引入拟等效时间将变压力/变产量生产数据等效为定流量生产数据,利用典型图版拟合,评价气井动态储量及泄流范围。采用产量不稳定分析法分析过程如图 4-53 所示。

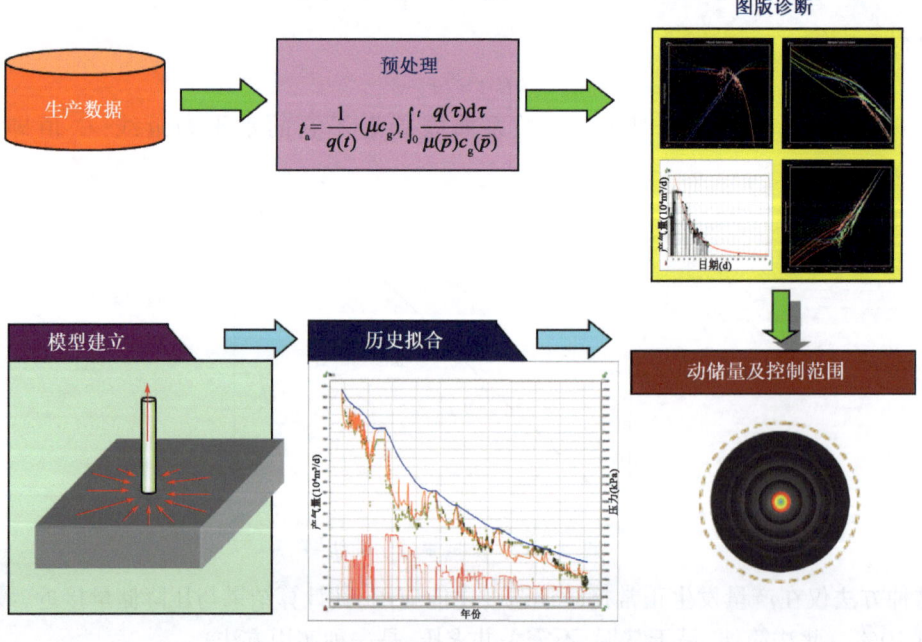

图 4-53 产量不稳定分析法计算流程图

选择苏里格气田某井区生产井 360 口,其中满足计算条件井 242 口,包括直丛井 202 口、水平井 40 口,单井动储量为 (371.71～24520.28)×10⁴m³,平均单井动储量为 4262.88×10⁴m³。其中水平井平均单井动储量为 6814.79×10⁴m³,直井平均单井动储量为 3757.55×10⁴m³,主要分布在 (1000～5000)×10⁴m³ 范围内(图 4-54);直井 I 类井平均单井动储量为 6115.19×10⁴m³(76 口井), II 类井平均单井动储量为 2820.45×10⁴m³(73 口), III 类井平均单井动储量为 1667.49×10⁴m³(53 口);水平井 I 类井平均单井动储量为 11158.16×10⁴m³(8 口井), II 类井平均单井动储量为 6048.74×10⁴m³(26 口), III 类井平均单井动储量为 4343.15×10⁴m³(6 口)。平面上(图 4-55),动储量丰富区主要分布在北部 T2-1-4C1 井区、T2-2-12 井区、T2-1-27 井区及中部 T2-16-4、T2-9-18、T2-9-25—T2-11-29、T2-16-14C4 井区。

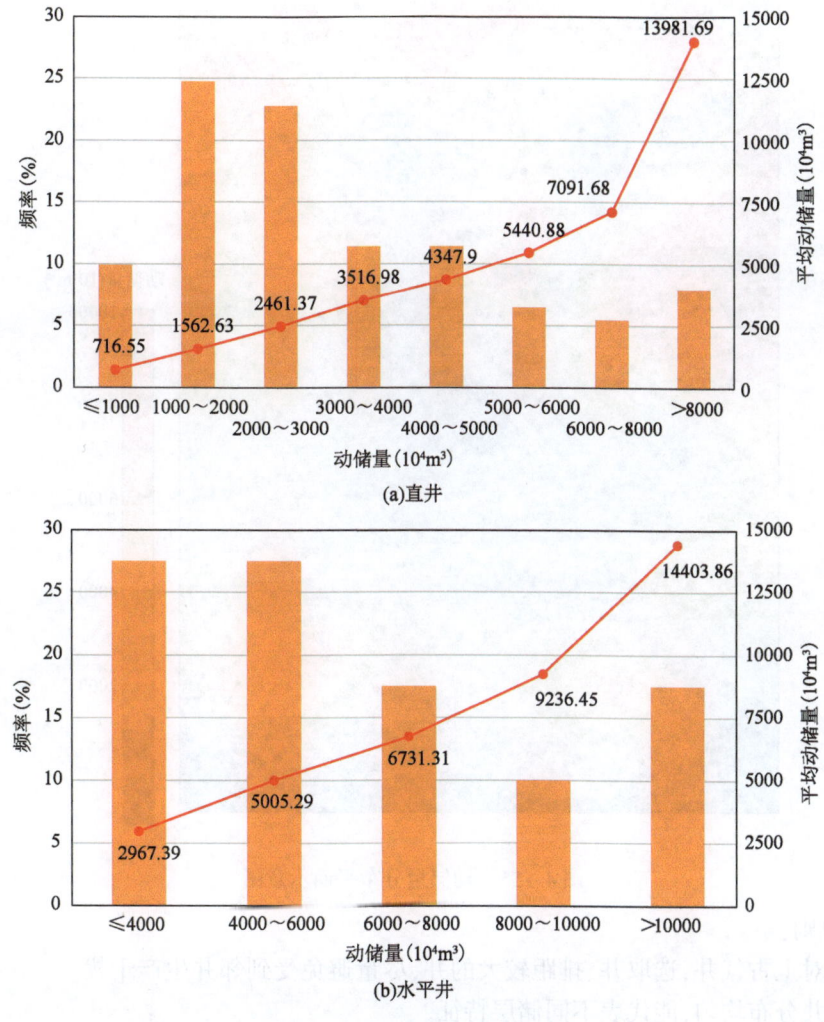

图 4-54 动储量分布直方图

开发方案设计中,I 类井平均动储量为 3699.3×10⁴m³; II 类井平均动储量为 2114.1×10⁴m³; III 类井平均动储量为 1224.0×10⁴m³;平均单井动储量为 2350.2×10⁴m³。开发到 2023

年动储量均高于开发设计方案。

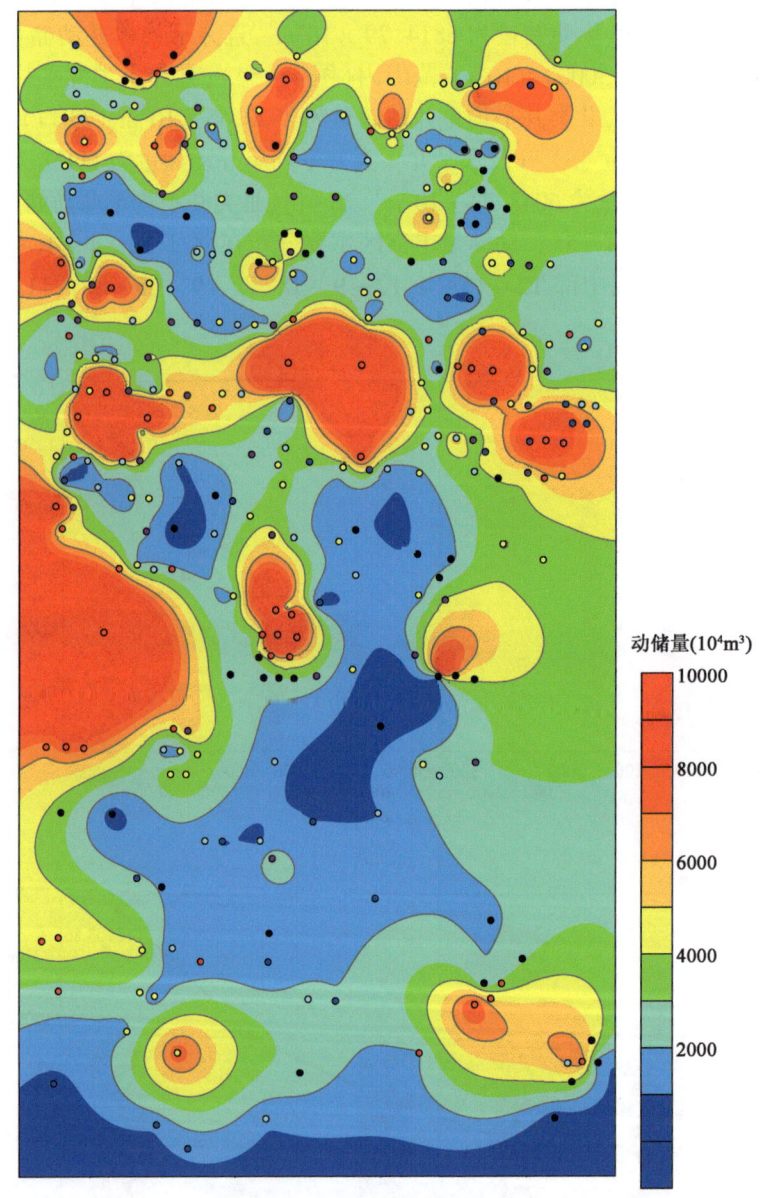

图 4-55 动储量分布平面示意图

选井原则:
(1)针对上古气井,选取井、排距较大的井,尽量避免受到邻井生产干扰。
(2)选井分布均匀,能代表不同储层特征。
(3)选取Ⅰ类、Ⅱ类、Ⅲ类井比例和区块动态分类比例接近。
(4)投产时间长,生产井史较稳定,无水淹,间开时间段不长。

1. 典型直井特征及计算结果

(1)典型Ⅰ类井:S14-7-50。

该井于2008年7月2日投产,动态分类为Ⅰ类井,投产初期套压为25.5MPa,配产为1.6×10⁴m³/d,2023年套压为6.45MPa,平均日产气量为0.3×10⁴m³/d,累计产气量为2517×10⁴m³,预测动储量4666×10⁴m³,最终累计采气量为3701×10⁴m³(图4-56、图4-57)。

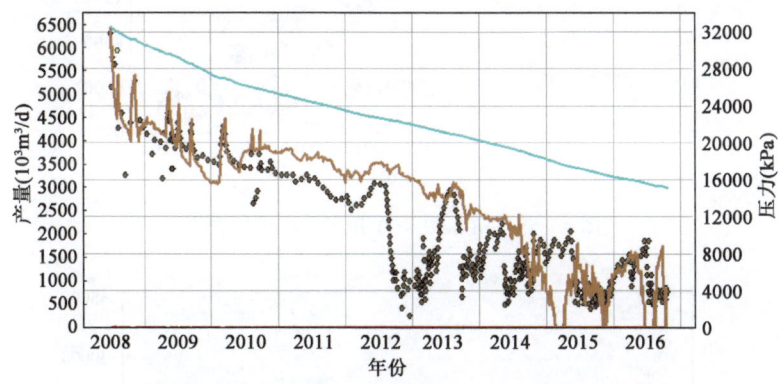

图4-56　S14-7-50井压力历史拟合图

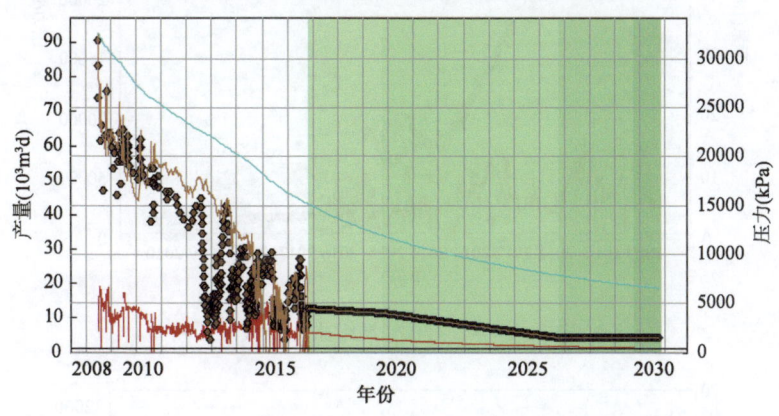

图4-57　S14-7-50井最终累计采气量预测图

(2)典型Ⅱ类井:S14-4-22。

该井于2008年12月14日投产,动态分类为Ⅱ类井,投产初期套压为25.0MPa,配产为1.0×10⁴m³/d,2023年套压为1.75MPa,平均日产气为0.2×10⁴m³/d,累计产气量为1913.6×10⁴m³,预测动储量为2550×10⁴m³,最终累计采气量为2246×10⁴m³(图4-58、图4-59)。

(3)典型Ⅲ类井:S14-8-07。

该井于2009年1月17日投产,动态分类为Ⅲ类井,投产初期套压为25.0MPa,配产为0.6×10⁴m³/d,2023年套压为7.65MPa,平均日产气为0.15×10⁴m³/d,累计产气量为1229×10⁴m³,预测动储量为1848×10⁴m³,最终累计采气量为1428×10⁴m³(图4-60、图4-61)。

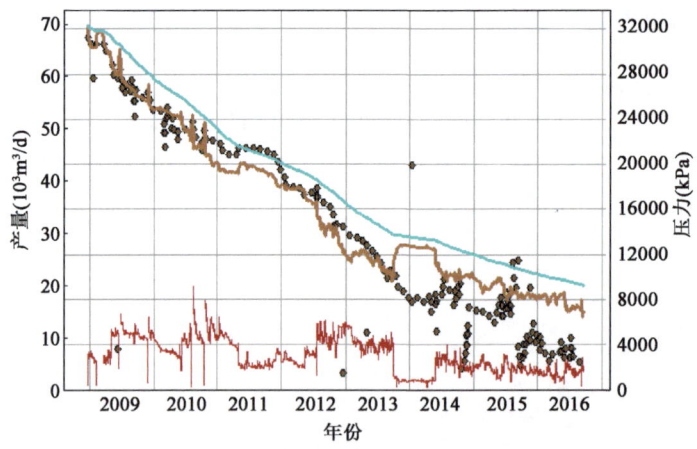

图 4-58　S14-7-50 井压力历史拟合图

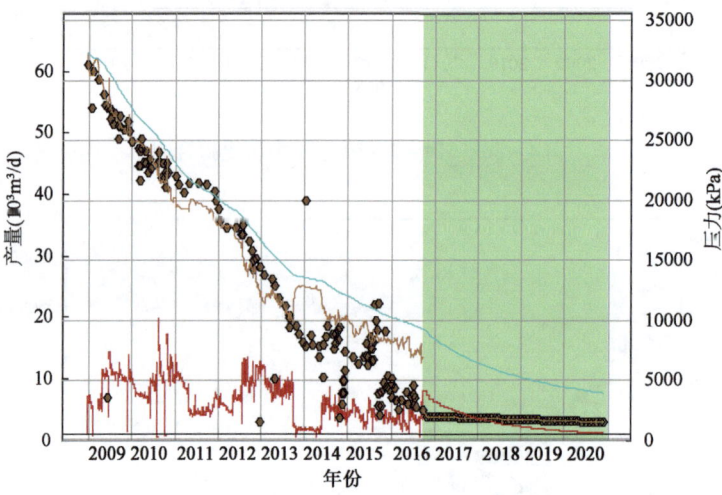

图 4-59　S14-7-50 井最终累计采气量预测图

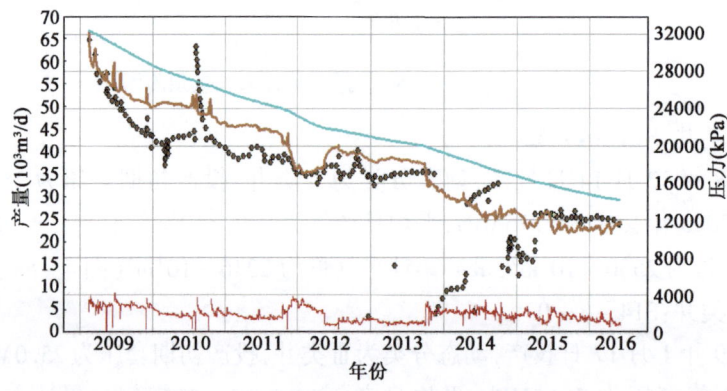

图 4-60　S14-8-07 井压力历史拟合图

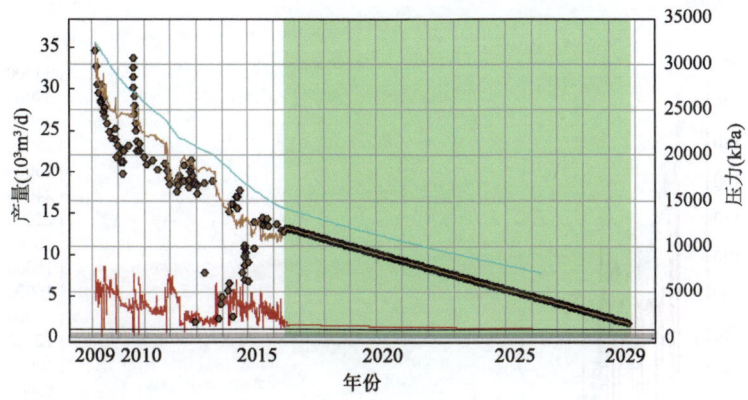

图4-61　S14-8-07井最终累计采气量预测图

应用不稳定产量分析法预测苏14区块直井井均控制面积为0.26km², 平均泄流半径为287m, 平均控制动储量为2789×10⁴m³, 预测最终累计采气量为2466×10⁴m³（表4-7）。

表4-7　苏14井区直井泄流面积、井控面积及动储量统计表

类型	井数	比例（%）	泄流半径（m）	控制面积（km²）	控制动储量（10⁴m³）	累计采气量（10⁴m³）
Ⅰ	72	11.90	354	0.39	4938	4444
Ⅱ	329	54.38	292	0.27	2791	2512
Ⅲ	204	33.72	256	0.21	1629	1311.6
合计	605	100	—	—	—	—
平均	—	—	287	0.26	2789	2466

2. 典型水平井特征及计算结果

（1）典型Ⅰ类井：SP14-19-09。

该井于2009年12月15日投产, 动态分类为Ⅰ类井, 投产初期套压为25.06MPa, 配产13.0×10⁴m³/d, 2023年套压为1.38MPa, 平均日产气量为0.85×10⁴m³/d, 累计产气量为10789×10⁴m³, 预测动储量为14918×10⁴m³, 最终累计采气量为12966×10⁴m³（图4-62、图4-63）。

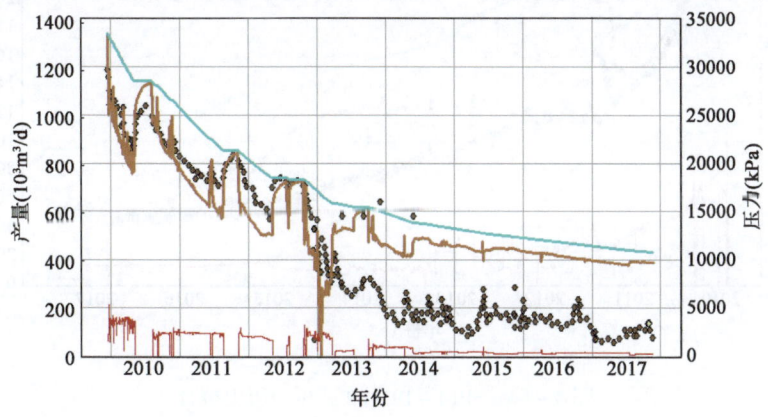

图4-62　SP14-19-09井压力历史拟合

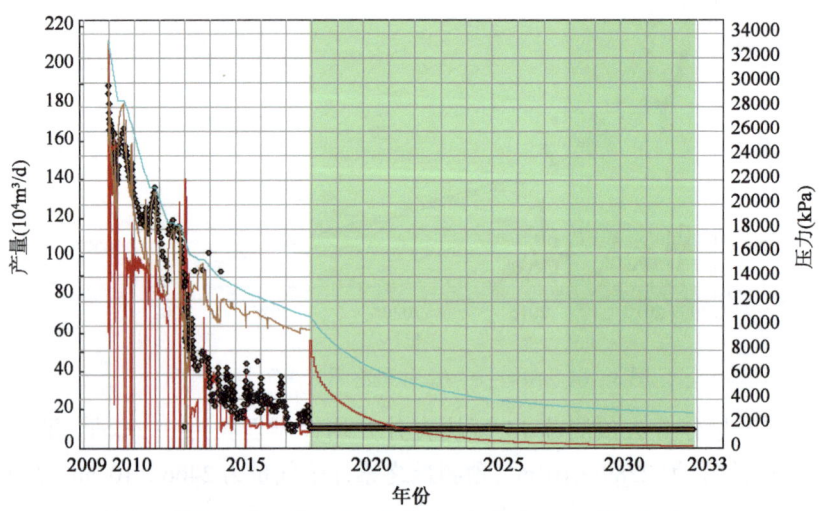

图 4-63　SP14-19-09 井最终累计采气量预测

(2) 典型Ⅱ类井：SP14-19-09。

该井于 2010 年 6 月 2 日投产，动态分类为Ⅱ类井，投产初期套压为 24.47MPa，配产为 $6.0 \times 10^4 \mathrm{m}^3/\mathrm{d}$，2023 年套压为 4.2MPa，平均日产气量为 $0.4 \times 10^4 \mathrm{m}^3/\mathrm{d}$，累计产气量为 $4595.7 \times 10^4 \mathrm{m}^3$，预测动储量为 $6548 \times 10^4 \mathrm{m}^3$，最终累计采气量为 $5820 \times 10^4 \mathrm{m}^3$（图 4-64、图 4-65）。

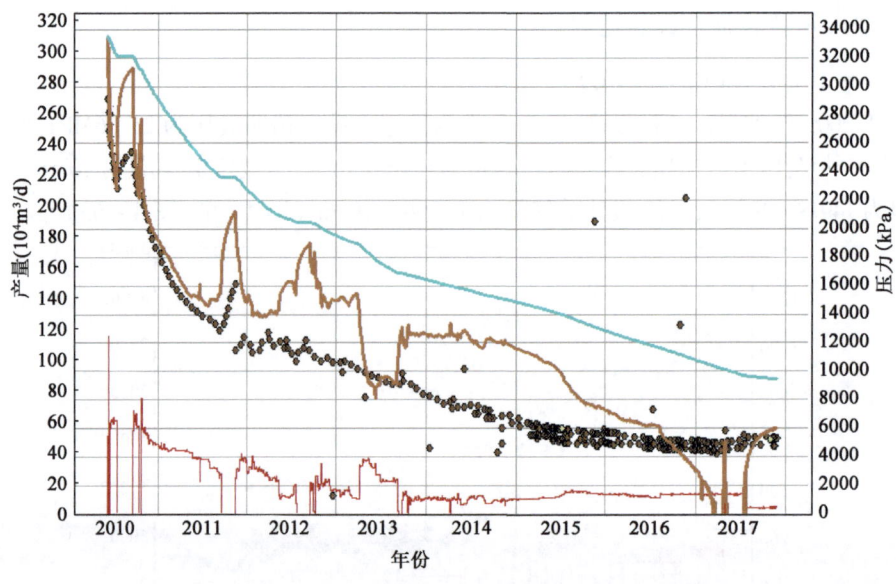

图 4-64　SP14-19-09 井压力历史拟合

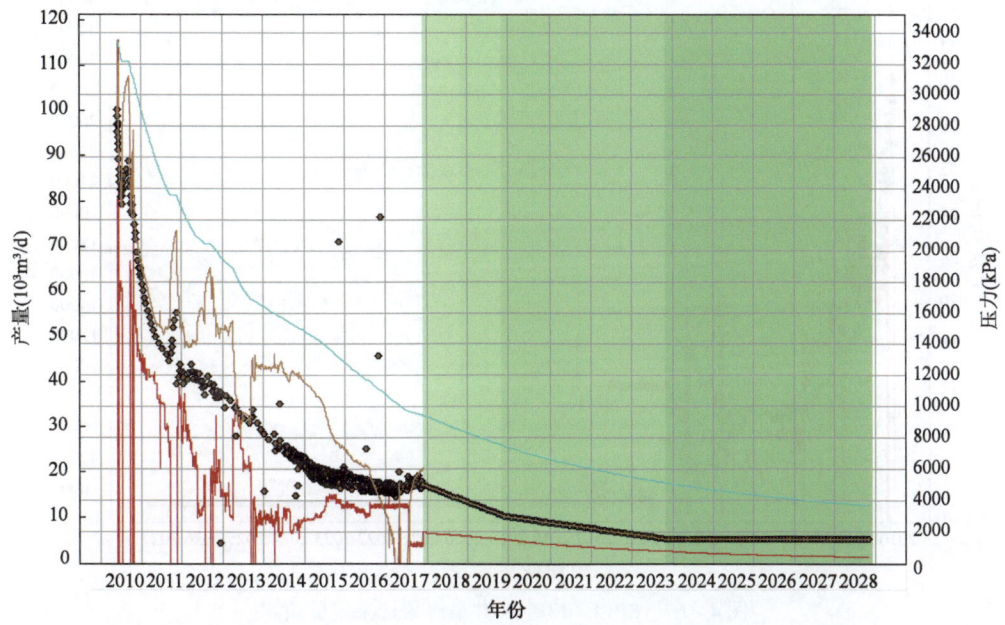

图 4-65　SP14-19-09 井最终累计采气量预测

（3）典型Ⅲ类井：苏平 14-13-39。

该井于 2010 年 9 月 3 日投产，动态分类为Ⅲ类井，投产初期套压为 24.2MPa，配产为 $4.0 \times 10^4 m^3/d$，2023 年套压为 0.97MPa，平均日产气量为 $0.3 \times 10^4 m^3/d$，累计产气量为 $3250.8 \times 10^4 m^3$，预测动储量为 $4650 \times 10^4 m^3$，最终累计采气量为 $3920 \times 10^4 m^3$（图 4-66、图 4-67）。

图 4-66　SP14-13-39 井压力历史拟合

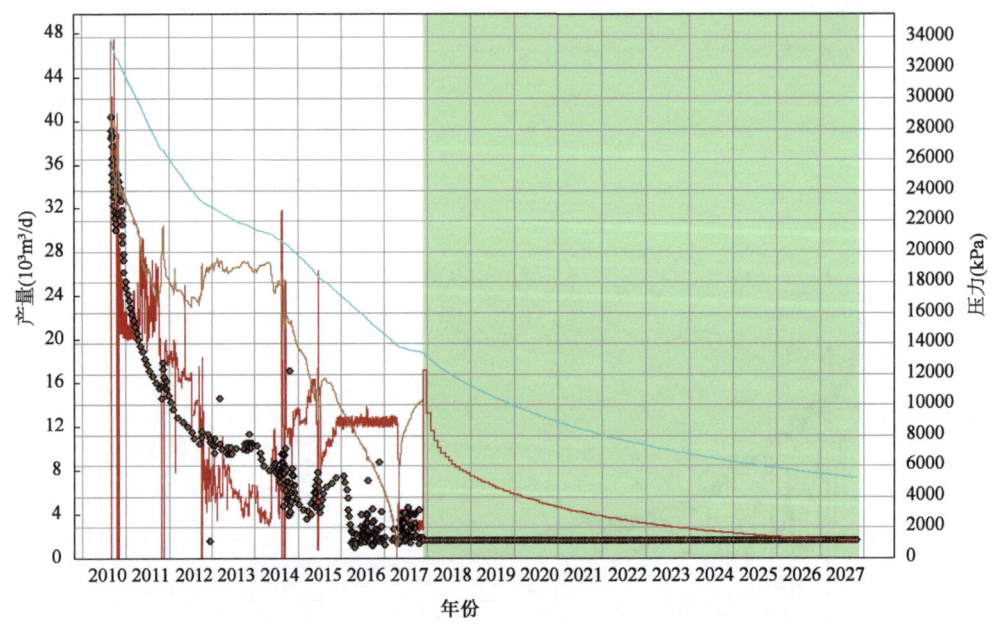

图 4-67 SP14-13-39 井最终累计采气量预测

应用不稳定产量分析法预测苏 14 井区水平井平均控制面积为 $0.99km^2$,平均控制动储量为 $5804 \times 10^4 m^3$(表 4-8)。

表 4-8 苏 14 井区水平井泄流面积、井控面积及动储量统计表

类型	井数	比例（%）	泄流半径（m）	控制面积（km²）	控制动储量（10⁴m³）	累计采气量（10⁴m³）
Ⅰ	11	12.36	435	870	1.19	14097	12687
Ⅱ	38	42.70	405	810	1.03	7799	6629
Ⅲ	40	44.94	376	752	0.89	3910	3128
合计	89	100	—	—	—	—	—
平均	—	—	395	791	0.99	6829	5804

二、动储量变化特征

压降法实质是定容封闭气藏的物质平衡法,根据气藏的累计采气量与地层压力下降的关系来推算储集空间的储量。其物质平衡方程为:

$$\frac{p_R}{Z} = \frac{p_i}{Z_i}\left(1 - \frac{G_p}{G}\right) \tag{4-52}$$

$$\frac{p}{Z} = a - bG_p \tag{4-53}$$

当地层压力降为零时,对应的累计采气量即为气井控制的动储量。

根据压降法的基本原理,其存在以下两个适用条件:

(1)采出程度达到 10%。采出程度过低,地层压力降不明显,累计产气量相对较小,造成计算结果误差较大。

(2)在生产阶段应有两个或两个以上实测或计算的地层压力,压力数据越多,越能真正反映气井的生产过程,分析所得结果越准确(图4-68)。

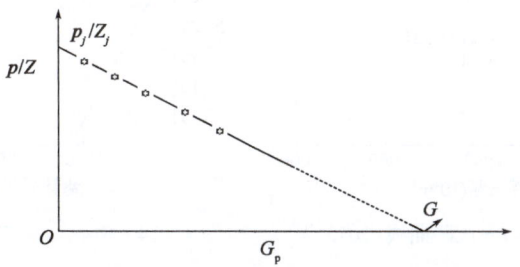

图4-68　定容封闭消耗式气藏的压降图

结合区块已测压井数据,采用压降法评价气井动储量;分别针对一个测压点和两个测压点气井评价动储量,并进一步评价动储量变化规律。

28口老井历年测压井实测数据和动储量结果显示:随着生产时间延续,动储量逐渐增加(图4-69)。根据S14-13-42于2011年及2015年的测压结果,计算得到动储量分别为$647×10^4m^3$、$3125×10^4m^3$(图4-70、图4-71),S14-4-06井2010年及2012年预测结果为$293×10^4m^3$、$643×10^4m^3$(图4-72、图4-73),S14-4-07井2010年及2012年预测结果为$1163×10^4m^3$、$1685×10^4m^3$(图4-74、图4-75),S14-7-32井2010年及2015年预测结果为$2268×10^4m^3$、$3384×10^4m^3$(图4-76、图4-77),单井历年跟踪测压井动储量评价结果同样证实动储量随生产实际增加。

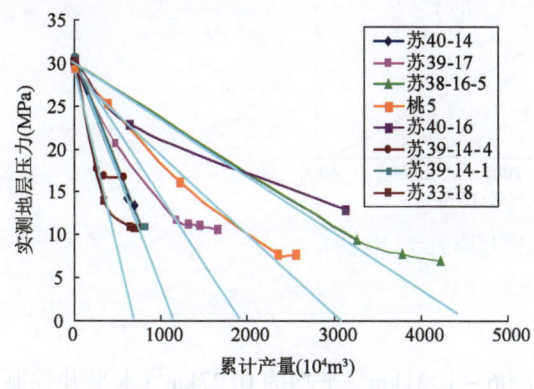

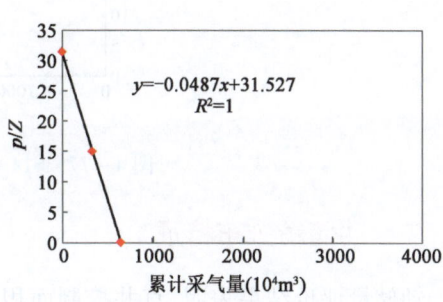

图4-69　历年测压井压力与累计产气量变化关系图　　图4-70　S14-13-42压降曲线(2011年)

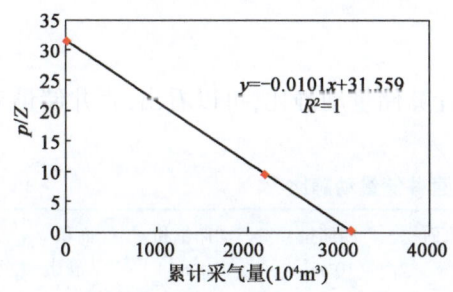

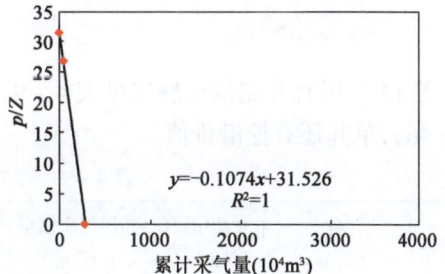

图4-71　S14-13-42压降曲线(2015年)　　图4-72　S14-4-06压降曲线(2010年)

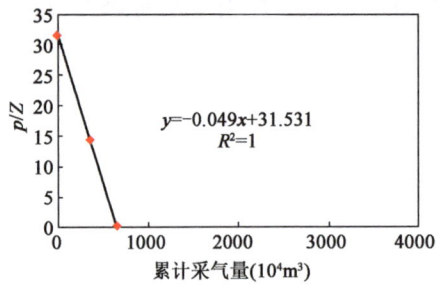

图 4－73　S14－4－06 压降曲线（2012 年）　　图 4－74　S14－4－07 压降曲线（2010 年）

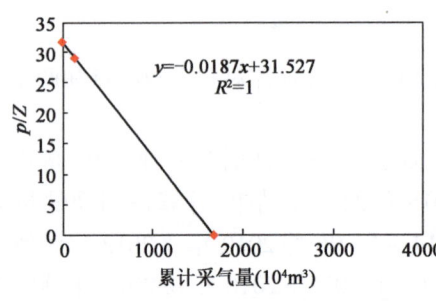
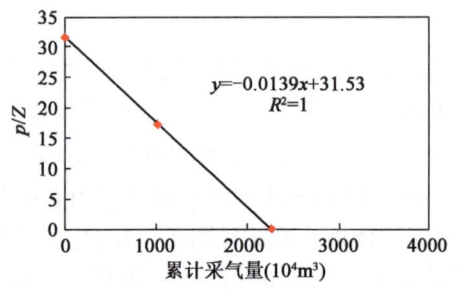

图 4－75　S14－4－07 压降曲线（2012 年）　　图 4－76　S14－7－32 压降曲线（2010 年）

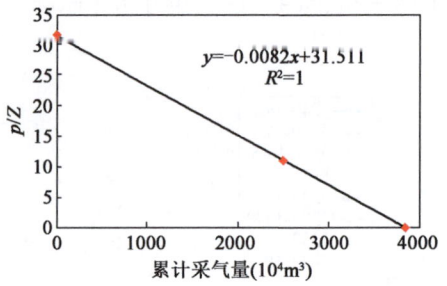

图 4－77　S14－7－32 压降曲线（2012 年）

三、动储量分布特征

动储量评价结果表明，直井控制面积为 0.06～1.31km²，平均为 0.27km²；水平井控制面积为 0.26～2.39km²，平均为 0.99km²。

四、储量动静比

苏 14 井区直井储量动静比见表 4－9，通过计算储量动静比，可以看出，直井储量动静比达 0.46，，单井还有挖潜价值。

表 4－9　苏 14 井区直井储量动静比

类别	井数（口）	单井动用面积（km²）	动用地质储量（10⁸m³）	单井泄流面积（km²）	动储量（10⁴m³）	动储量和（10⁴m³）	面积动静比	储量动静比
直井	605	0.48	363	0.26	2789	168.73	0.54	0.46

第五节 气井生产指标评价

一、气井分类标准

如图4－78、图4－79所示,直井及水平井无阻流量与产量具有较好相关性,根据动静态资料建立直井及水平井的分类标准见表4－10、表4－11。

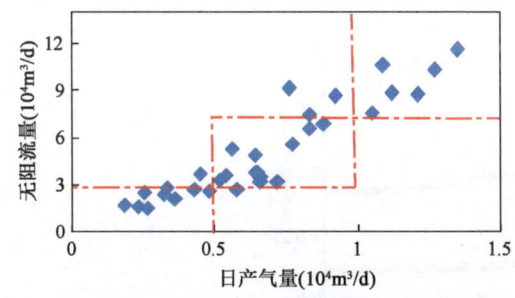

图4－78 直井无阻流量与产量关系

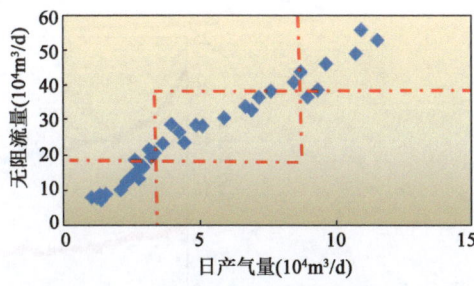

图4－79 水平井无阻流量与产量关系

表4－10 直井分类标准

类别	单气层最大厚度 （m）	累计气层厚度 （m）	无阻流量 （$10^4 m^3/d$）	三年平均日产气量 （$10^4 m^3/d$）	稳产时间 （年）	最终累计采气量 （$10^4 m^3$）
Ⅰ类	>5	>8	>10	1.8	3	≥3500
Ⅱ类	3~5	>8	4~10	0.8~1.8	3	1500~3500
Ⅲ类	<3	<5	<4	0.8	3	≤1500

表4－11 水平井分类标准

类别	无阻流量(单点法) （$10^4 m^3/d$）	三年平均日产气量 （$10^4 m^3/d$）	稳产时间 （年）	最终累计采气量 （$10^8 m^3$）
Ⅰ类	≥50	≥8	≥3	≥1.0
Ⅱ类	20~50	3~8	≥3	0.5~1.0
Ⅲ类	≤20	≤3	≥3	≤0.5

二、直井指标对比

苏14井区不同类型井拉齐曲线如图4－80、图4－81、图4－82所示,苏14井区不同类型直井产量、压力的关系见表4－12。从统计结果看直井配产$1.02 \times 10^4 m^3$,稳产三年,稳产期间累计采气量$1011.71 \times 10^4 m^3$。

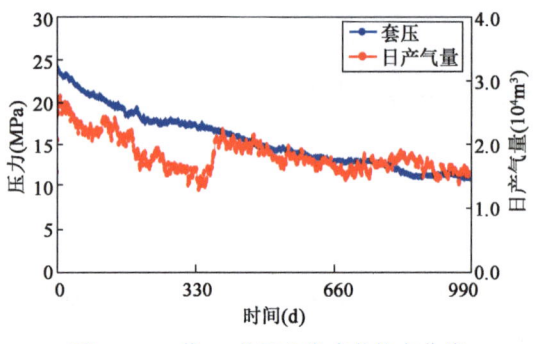

图4-80 苏14井区Ⅰ类直井拉齐曲线　　图4-81 苏14井区Ⅱ类直井拉齐曲线

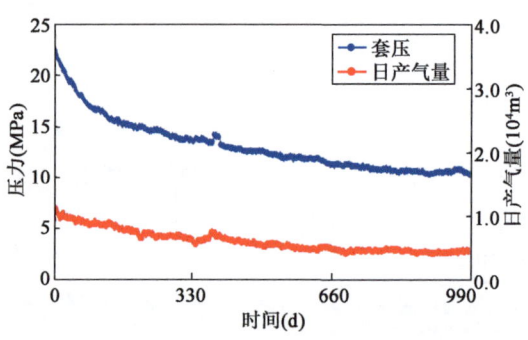

图4-82 苏14井区Ⅲ类直井拉齐曲线

表4-12 苏14井区不同类型直井产量、压力

类型	三年平均产量 ($10^4 m^3/d$)	三年末压力 (MPa)	三年末累计产量 ($10^4 m^3/d$)
Ⅰ类	1.82	10.88	229.16
Ⅱ类	1.03	10.43	634.13
Ⅲ类	0.6	10.22	148.41
合计/平均	1.02	10.43	1011.71

从表4-13可见直井指标,三年稳产$1.02 \times 10^4 m^3/d$,预测最终累计产量为$2466 \times 10^4 m^3$,最终累计产量高于方案指标的三年稳产$1.1 \times 10^4 m^3/d$,最终累计产量为$2200 \times 10^4 m^3$。这是由于气井整体呈现递减较快,但生产初期产量高,中后期生产平稳。

表4-13 实际开发指标与方案对比结果

类型	实际				方案			
	井数	比例 (%)	三年平均产量 ($10^4 m^3/d$)	累计采气量 ($10^4 m^3$)	井数	比例 (%)	三年平均产量 ($10^4 m^3/d$)	累计采气量 ($10^4 m^3$)
Ⅰ类	87	14.38	1.82	4444	13	17.57	2.1	3611
Ⅱ类	355	58.68	1.03	2512	48	64.86	1.1	1981
Ⅲ类	163	26.94	0.6	1311.6	13	17.57	0.6	1129
合计	605	100	—	—	74	100	—	—
平均	—	—	0.98	2466	—	—	1.1	2208

三、水平井指标对比

Ⅰ类、Ⅱ类、Ⅲ类水平井压力、产量变化如图4-83、图4-84、图4-85所示，不同类型生产井的压力、产量统计见表4-14，由此可见水平井配产为$2.7\times10^4m^3/d$，稳产三年，稳产期间累计采气量为$2673\times10^4m^3$。

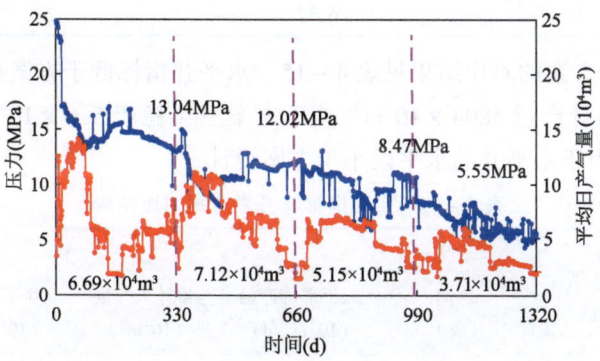

图4-83　Ⅰ类水平井压力、产量变化图

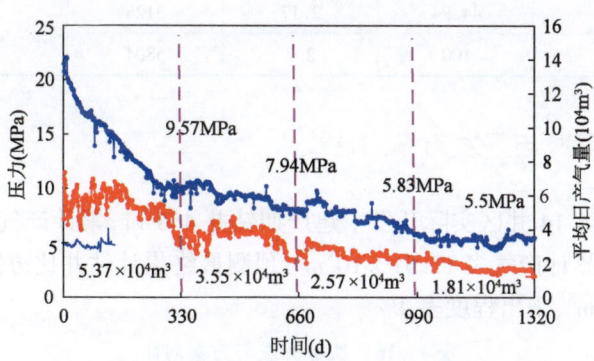

图4-84　Ⅱ类水平井压力、产量变化图

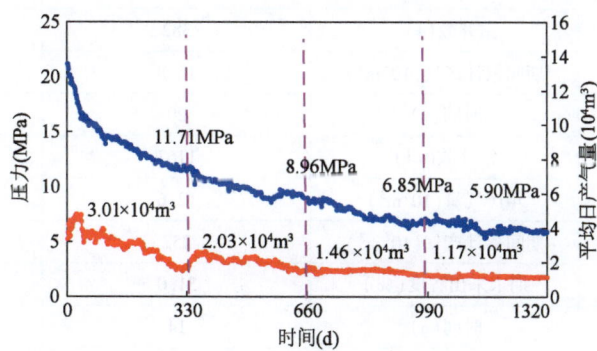

图4-85　Ⅲ类水平井压力、产量变化图

表 4-14 三年不同类型生产情况统计表

类型	压力(MPa)	平均日产气量($10^4 m^3$)
Ⅰ类井	8.47	6.32
Ⅱ类井	5.83	3.83
Ⅲ类井	6.85	2.17
加权平均	6.77	2.70

实际指标与开发方案的对比结果见表 4-15。水平井指标低于方案指标,三年稳产 $2.7 \times 10^4 m^3/d$,预测最终累计产量 $5804 \times 10^4 m^3$,差于方案三年稳产 $5.0 \times 10^4 m^3/d$,最终累计产量 $8000 \times 10^4 m^3$。这是由于水平井的水平段小于方案设计。

表 4-15 实际指标与开发方案对比结果

类型	实际				方案	
	井数	比例(%)	三年平均产量($10^4 m^3/d$)	累计采气量($10^4 m^3$)	三年平均日产量($10^4 m^3/d$)	累计采气量($10^4 m^3$)
Ⅰ类	11	12.36	6.32	12687	5.0	8000
Ⅱ类	38	42.70	3.83	6629		
Ⅲ类	40	44.94	2.17	3128		
合计/平均	89	100	2.7	5804		

四、实际开发情况与开发方案对比

由表 4-16 可见苏 14 井区实际开发中建产期钻井 466 口,累计产气量为 $34.31 \times 10^8 m^3$,比方案多钻井 84 口,累计产气多 $17.51 \times 10^8 m^3$,预测最终累计钻井比方案多 99 口,累计产气比方案多 $95.48 \times 10^8 m^3$,采出程度多 4%。

表 4-16 实际开发与方案对比

区块		方案	实际+预测
建产期	时间(a)	4	4
	钻井数(口)	382	466
	期间累计产气($10^8 m^3$)	16.8	34.31
稳产期	时间(a)	20	20
	钻井数(口)	1167	1182
	年产气量($10^8 m^3$)	12.6	15.0
	期间累计产气($10^8 m^3$)	252	306.16
	期末采出程度(%)	31.0	30.1
递减期	时间(a)	14	14
	期间累计产气($10^8 m^3$)	48.4	72.21

续表

区块		方案	实际+预测
合计	生产时间(a)	38	38
	累计钻井数(口)	1549	1648
	累计产气量($10^8 m^3$)	317.2	412.68
	动用地质储量($10^8 m^3$)	867.4	921.93
	采出程度(%)	36.6	40.6

五、指标影响因素

通过总结与对比,共有以下因素影响指标:

(1)单井指标优于方案设计。

苏14井区作为苏中较好区块,生产指标优于预期,主要是砂体规模大、有效储层多层叠置,开打过程中通过富集区优选、开发井钻遇效果较好。

(2)区块产能规模发生变化。

随着苏里格气田大规模开发,天然气需求量增加,气田不同区块之间地质差异大,苏14井区地质条件好,整体规模较方案有所增加,建产期和稳产期井数明显增加。

(3)井网发生变化。

苏14井区井网主要有3种:600m×1200m、600m×800m、500m×650m,通过井网优化实现采收率等指标优于方案。

第五章　苏里格气田致密砂岩气藏建模与数值模拟技术

地质建模是在将地质、测井、地球物理资料和各种解释结果或者概念模型进行综合分析的基础上，利用计算机图形技术，生成三维定量随机模型的建模方式。油藏数值模拟是指利用计算机求解油藏数学模型，模拟地下油气水流动，给出某时刻油气水分布，以预测油气藏动态。气藏地质建模作为气藏精细描述的重要方法，对于精细刻画储层，将地质建模结果运用到油藏数值模拟中，对于气藏开展动态分析，研究剩余气分布具有重要意义，以桃2井区为例阐述了苏里格致密气藏致密砂岩气藏建模和数值模拟技术。

第一节　气藏地质建模

一、地质建模方法优选

尽管商业软件提供了多种储层地质建模算法，但仍然需要对其在苏里格气田的适应性进行评价。不同类型的地质建模算法适用于不同的沉积环境、构造特征和油气藏类型。因此，需要开展储层地质建模方法优选。

现有主要随机建模方法有基于目标、基于象元、多点统计三种方法。苏里格气田主力气层以辫状河沉积为主（图5-1），根据实际辫状河沉积原型，建立原型模型（图5-2），并部署均匀井网，验证多套算法的模拟效果，优选适合本次建模的建模方法。

图5-1　现代辫状河沉积原型

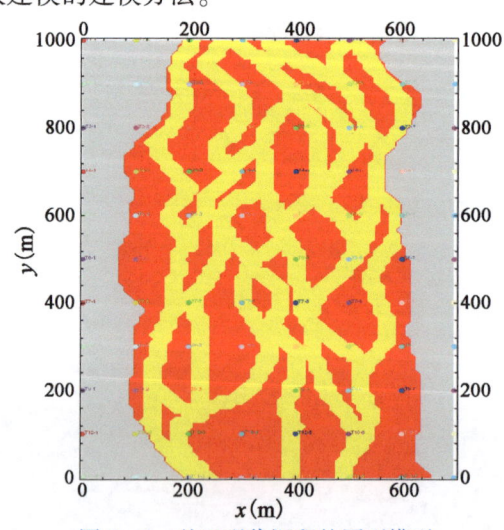

图5-2　基于现代沉积的原型模型

建立原型模型面积0.7km²,按照井网100m×100m均匀部署,共部署88口直井,井点处的沉积相为原型模型离散后赋值获得,即井点沉积相忠实于原型模型。

同时,根据原型模型,建立堤岸、河道、滩坝三种微相的趋势面,趋势面由原型模型中三种微相提取得到,当原型模型为河道微相,给予河道概率90%,其他空间河道微相概率为10%,当原型模型为滩坝微相,给予滩坝概率90%,其他空间滩坝微相概率为10%,当原型模型为堤岸微相,给予堤岸概率90%,其他空间堤岸微相概率为10%。堤岸、河道、滩坝概率分布如图5-3~图5-5所示。

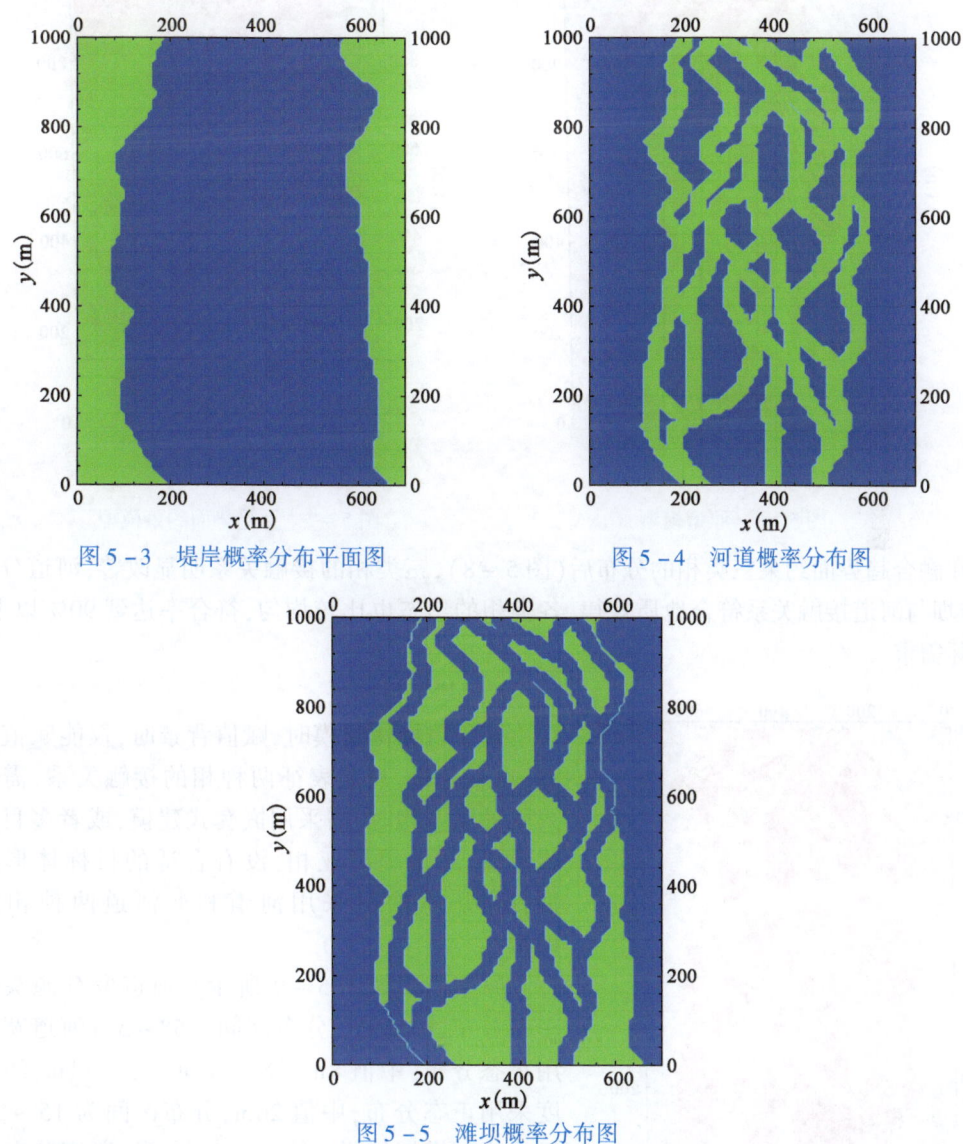

图5-3 堤岸概率分布平面图　　图5-4 河道概率分布图

图5-5 滩坝概率分布图

1. 横向对比

利用井数据,融合趋势面,开展有无趋势面两种方式的随机模拟,验证趋势面对河流相储层建模的重要性。

(1) 基于象元法。

基于象元法算法中的变差函数采用原型模型(图 5–6)自动获得,以忠实于实际地质情况,模拟表明,在没有趋势面约束的情况下,随机模拟建立的地质模型(图 5–7),三类相接触关系无规律,各类相分布离散,与原型模型差异明显,符合率低,建立的地质模型不能满足实际需求。

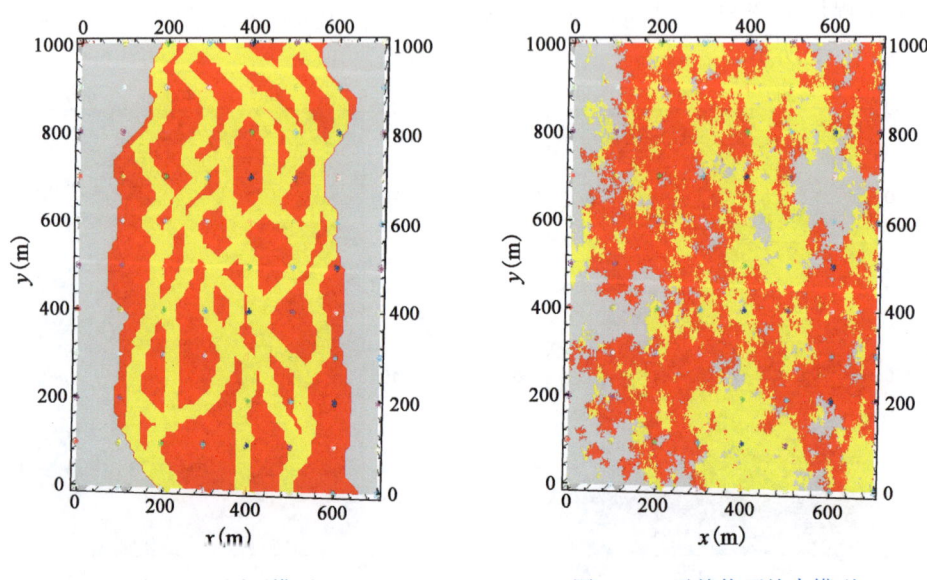

图 5–6 原型模型　　　　　　　图 5–7 无趋势面约束模型

在融合趋势面约束三类相的分布后(图 5–8),三类相的接触关系明显改善,河道分布清晰,滩坝与河道接触关系符合地质规律,各类相的形态也比较均匀,符合率达到 90% 以上,满足实际需求。

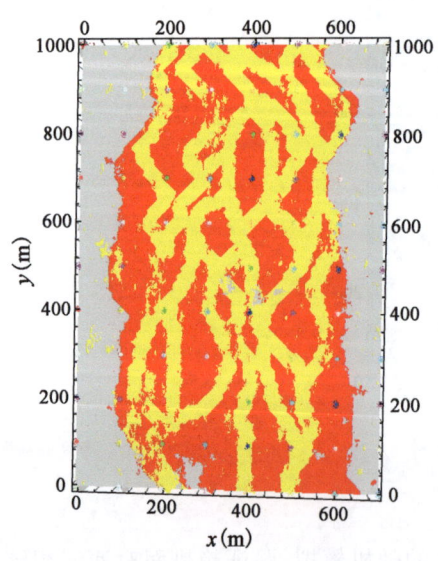

图 5–8 有趋势面约束模型

(2) 基于目标法。

基于目标体建模时,赋值背景时,仅能赋值 1 个相,也就是说,只能表征两种相的接触关系,需要加入两种以上相时,需采用嵌套式建模,或者多目标体式建模,对于堤岸亚相,没有合适的目标体形态表征,所以,本次只采用河道和非河道两种相类型模拟。

原型模型如图 5–9 所示。河道发育源头采用正态分布,中值 0°,分布区间 –5°~5°;河道宽度采用正态分布,中值 8m,分布区间为 5~11m;河道曲度采用正态分布,中值 20m,分布区间为 15~25m。无趋势面模拟结果(图 5–10)表明,河道分布主要集中在中部,且汇聚程度高,外部仍然可见部分河道,且局部河道曲度较大,不能很好地反映实际原型。

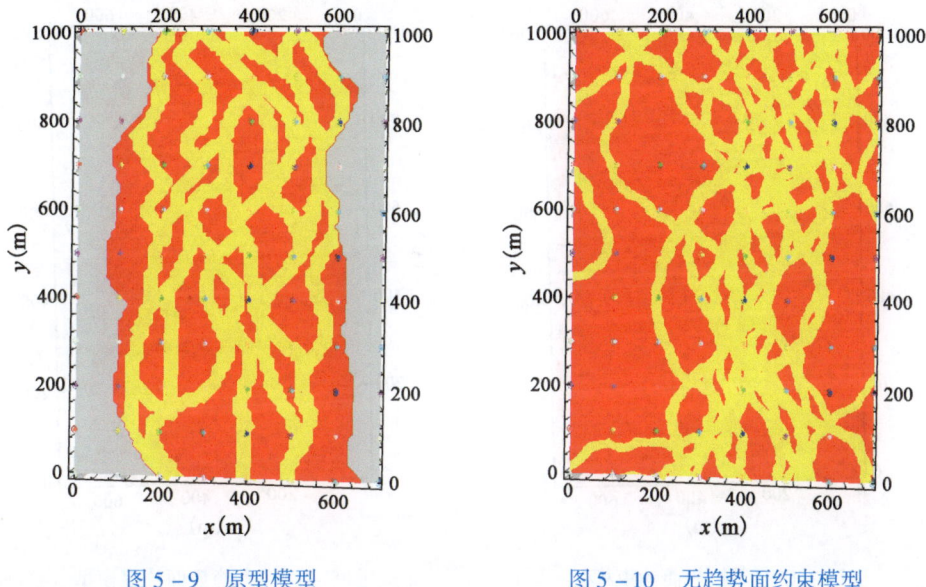

图 5-9 原型模型　　　　　　　图 5-10 无趋势面约束模型

加入趋势面约束后(图 5-11),河道集中度降低,河道间滩坝分布清晰,但缺乏堤岸相,不能很好地表征实际地质情况。

(3)多点地质统计学法。

采用原型模型(图 5-12)为训练图像,学习相与相的基础关系,及相与相之间的分布概率,开展无趋势面约束的随机模拟(图 5-13),模拟特征基本满足原型模型,但可见河道的间断发育,在没有井控的东侧区域出现另一支河道,与实际原型模型不符。

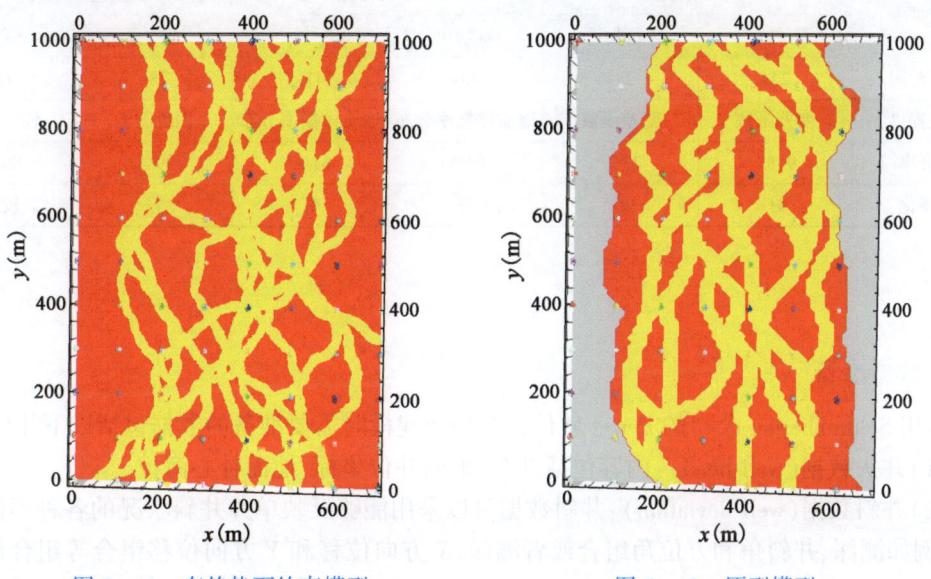

图 5-11 有趋势面约束模型　　　　图 5-12 原型模型

加入趋势面后(图 5-14),随机实现与原型模型完全一致,符合率达到 99%,是最理想的建模方法。

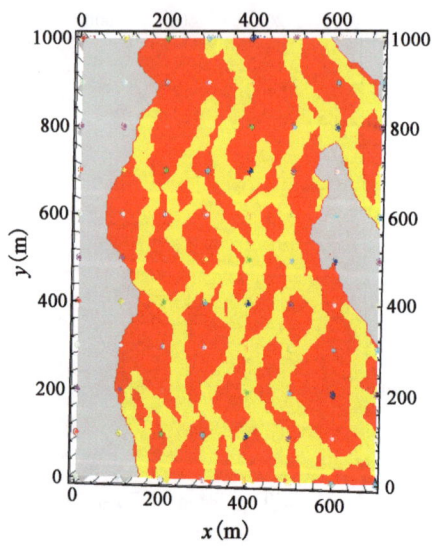

图 5-13　无趋势面约束模型　　　　图 5-14　有趋势面约束模型

2. 纵向对比

分别对比无趋势面的三类模拟结果和有趋势面的三类模拟结果，符合率最高的是多点地质统计学＋趋势面约束，符合率最低的是基于目标体＋无趋势面约束，运行时间最短的为基于象元＋无趋势面约束，运行时间最长的是多点地质统计学＋趋势面约束（表 5-1）。

表 5-1　几种建模方法对比表

类型	基于象元		基于目标体		多点地质统计学	
	有约束	无约束	有约束	无约束	有约束	无约束
运算时间	24s	22s	43s	41s	78s	72s
参数提供	变差函数	变差函数	地质体概率分布	地质体概率分布	训练图像	训练图像
符合率	95%	73%	84%	61%	99%	86%
可视化	好	差	好	好	好	较好

二、储层建模的基本步骤

1. 数据准备

利用 Schlumberger 公司的 Petrel 软件进行地质建模时需要准备的数据包括以下几种。

（1）井头数据（well head）：内容包括井名、地面井位坐标、地面补心海拔。

（2）井斜数据（well deviation）：井斜数据可以采用能够反映单井井斜状况的各种不同数据组合，例如测深、井斜角和方位角组合或者测深、X 方向位移和 Y 方向位移组合等组合形式都能作为井斜数据，井斜数据文件主要作用在进行井斜校正。本次建模主要采用测深、井斜角和方位角组合。

（3）分层数据（well top）：分层数据包括井名、层号、层型、单井分层点测深等信息。

(4)断层数据(fault):断层数据可由地震构造解释程序生成,也可间接从构造图数字化获得。本次建模断层数据主要从构造图数字化获得,并利用断点数据对其加以约束。

(5)相数据:相数据包括深度和相代码两种信息。深度可以采用任何能反映相数据点三维空间位置的数据形式,最常用的是测深;相代码为某一深度点处所对应的不同沉积微相代码。

(6)测井数据:包括深度和测井值两种信息。深度最常用的是测深,测井值为不同测井曲线在某一深度点所对应的测井值。本次建模首先分析测井解释结果与岩心分析结果之间的误差,对测井解释结果进行二次校正。

在数据准备好之后,需要对补心海拔和井斜进行相应的校正。补心海拔校正的目的是消除地表起伏和补心高差异对油藏构造模型的影响,本次研究是以海平面作为统一基准面来进行补心海拔校正;而对于斜井的井斜校正,一般由 Petrel 软件自动进行校正。

本次建模,研究工区面积为 790km², 录入井头信息:直井 918 口,水平井 146 口,含井口横纵坐标,补心海拔。录入分层数据信息:直井 918 口,层信息(盒$_1$、盒$_2$、盒$_3$、盒$_4$、盒$_5$、盒$_6$、盒$_7$、盒$_{8上}$、盒$_{8上}^2$、盒$_{8下}$、盒$_{8下}^2$、山$_1^1$、山$_1^2$、山$_1^3$、山$_2^1$、山$_2^2$、山$_2^3$、太原组、本溪组、马六、马五$_1^1$、马五$_1^2$、马五$_1^3$、马五$_1^4$、马五$_2^1$、马五$_2^2$、马五$_3$、马五$_4^{1a}$、马五$_4^{1b}$)。录入井轨迹:直井 918 口,水平井 146 口。录入测井曲线:直井 918 口(含 GR、POR、PERM、SW、AC),水平井 146 口(含随钻 GR、随钻气测)。录入趋势面:盒$_{8上}^1$、盒$_{8上}^2$、盒$_{8下}^1$、盒$_{8下}^2$、山$_1^1$、山$_1^2$、山$_1^3$。

2. 断层模型的建立(Fault modeling)

岩石受力超过其强度时,即应力差超过其强度时,便开始产生破裂。断层的形成是由微裂隙逐渐发展、相互联合,最终形成明显的破裂面,当应力差超过摩擦阻力时,断裂面两旁的岩层就开始相对滑动,形成断层。若研究区无断层发育,则无须进行此步骤。

3. 骨架网格系统的建立(Pillar Gridding)

在建立断层模型之后、层面模型之前,有必要对整个模型在横向和垂向的识别范围和分辨率做出确切的规定,网格化(Pillar Gridding)是一个把对研究区块的面积和体积大小模拟投影到 Petrel 软件中并赋予其一定分辨率的过程,网格系统是一个地质模型的基石,犹如生物的骨架起着支撑的基础性作用;其分辨率的大小直接体现的是地质模型中沉积体被细分的程度,进而进一步影响其被模拟算法处理、运算的相关性;简而言之,就是分辨率越高,细分后的沉积体(主要是砂体)参与模拟运算的数量(网格数量)就越大,模拟的精度就越高。在建立网格系统的时候,要因时制宜地使用趋势线的约束功能:在构造简单、断层不发育的工区建模时,尽量少用或者不使用趋势线;在构造复杂、断层发育的研究工区建模时,可以选择性地使用断层线作为趋势线;也可以人工绘制与断层线平行或者垂直的趋势线对网格的生成进行约束。网格系统的最佳效果是:网格疏密既能满足建模精度的需求,又能承受计算机处理能力的限制;网格形态整体平滑不存在网格奇异点、奇异区(上翘、扭曲)。

考虑研究区面积较大,本次网格采用 100m×100m,在保证模型可利用的基础上,降低网格数量,确保数模运算。

4. 层面模型的建立(Make Horizon)

层面模型反映的是地层层面的三维分布情况,是地质分层三维数字化的一种直观的表现形式。其原理就是利用单井分层数据结合前期的构造解释成果,通过井间插值算法,使原本毫无联系的单井分层数据点之间形成一个数据场,在这个数据场的带动下生成面。在利用 Petrel 进行层面模型的构建时,需要提供尽可能多的构造趋势参考面,以获取最符合地质认识的层面模型。构造趋势参考面选取的几种情况如图 5—15 所示,实际工作时,地层的构造特征具有多样性,其构造趋势参考面的选择不能由单一的参考面来指导所有层位,需根据实际选取不同的参考面。层面模型的建立是一项耗时的工作,根据软件系统自动生成的层面往往凹凸不平、上下窜层,在尽可能保持分层数据不变的情况下,使层面中的等值线(Contour lines)的走向、趋势符合自然规律和实际认识;同时考虑层面之间的空间位置关系,以调整无井点数据的区域为主要手段,达到同一层面无起伏异常点(尖形点)和层面之间起伏自然、过渡平缓的目的。

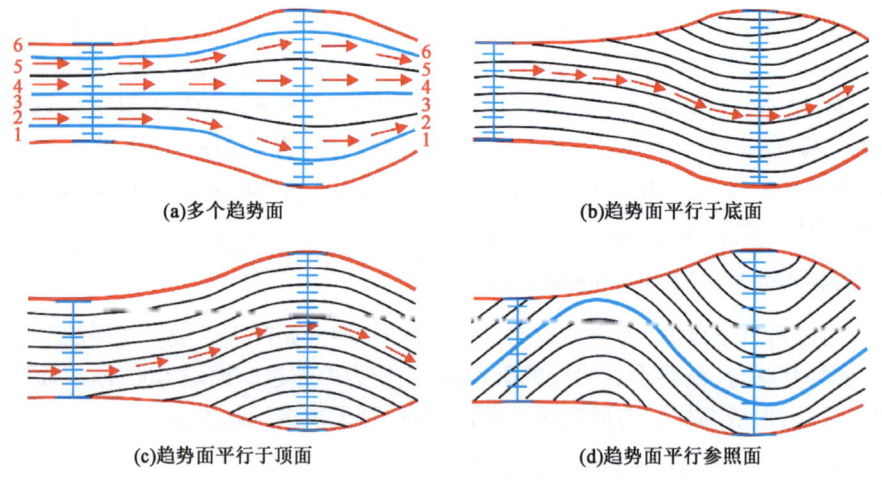

图 5—15 层面模型构建时选择构造趋势参考面的示意图

5. 构造模型的建立(Make Zone)

准确地讲,Make Zone 的过程并不能称为建立构造模型。其实,建立断层模型、层面模型和 Make Zone、细分层(Layering)合在一起称为构造建模。断层模型建立的只是模拟断层产状的几何面,断层模型和层面模型以一定的切割、空间配置关系相互作用,叠合在一起,并把一定的体积赋予每个层面之间的空间,就形成了构造模型。构造模型在地质建模中起着"承前启后"的作用,既是先前的地层划分与对比、构造分析、地震分析的成果的继承,又是后续的沉积相研究、物性研究启动的基石。因此,构造模型在三维地质建模研究中十分重要。

6. 沉积相模型的建立(Facies Modeling)

沉积相建模是为了表征地质沉积体在地层中的叠置关系。建立沉积模型的过程中,要合理利用已经成图的沉积相地质图件,利用 Petrel 提供的强大的交互式处理工具,在建模工区内建立各个微相的限制面,再把它们有层次地赋在一个大小为构造模型范围边界大小的面上,在利用优选出来的模拟算法进行运算的时候,这些微相面就可以起到很好的限制作用,这对井点数据不足、数据分布不均的不利建模条件具有很好的弥补作用,同时结合已绘制的小层微相平面图,参考各微相控制下砂体的平面展布形态以及参考定量地质知识库中的内容,对各微相的离散化数据进行分析处理,得到各微相的变差函数及相关参数,最后进行模拟插值运算得到未知点的属性值。

7. 物性模型的建立(Physical Property Modeling)

不同的油藏属性参数可以从不同角度来反映储层的不同特征,如渗透率反映了油藏中渗透层特点分布特征,其对应的储层物性参数模型能很好地反映地层流体在油藏中运动的地质条件,体现储层的三维宏观非均质性特征;而有效厚度则反映了油藏中油层的分布特征,因而其对应的储层物性参数模型可以用来进行油藏的地质储量计算,因此为适应不同的研究需要,可建立不同的油藏属性模型。在油藏属性建模方面现在比较流行的建模方法是"相控建模",又称"二次建模",即在构造模型建立之后,先建立沉积(微)相模型,然后在沉积相模型的基础上利用相带来控制井间插值,不同相带的插值相互独立,也可以使用不同的插值方法。

8. 模型质量检测

地质模型模拟结果的可靠性可从两方面评价:
(1)模拟得出的井点数据的忠实程度,可与生产实际相结合予以检验。
(2)与地质认识和生产开发实际的符合程度,既包括单井的地质认识也包括区域性的油气藏地质认识。随机模拟的主观性很强,其主要目的是实现大多数地质工作者所接受的地质理念,并将其以等概率地质体的形式输出,并选择最优模型,为后续的油气藏数值模拟提供三维网格化数据体。
(3)数值模拟检验。通过对探井及开发的单井开发历史拟合,评估拟合指标及参数,以达到对前期地质模型的检验目的。

三、储层构造建模

本次构造建模,地层类型主要分两类,一是无剥蚀的、全区均覆盖的地层,该类地层利用井插值即可获得构造模型,另一类是有剥蚀的地层,该类地层在区域内不是全覆盖,所以需要根据剥蚀情况,单独建立构造面。

1. 上古稳定地层构造建模

全区无三维地震资料覆盖,利用井间插值方法建立构造模型,商业软件提供4种插值方法,在小工区开展四种算法建立效果对比(图5-16),最终优选收敛插值法建立构造模型,该方法建立构造模型速度快,构造特征与地质规律相符,构造变化比较自然,没有明显变异特征。

储量主要集中在盒$_8$、山$_1$、山$_2$,考虑太原组、本溪组的情况,一并进行建模(图5-17)。上古地层构造具有较好的继承性,自西向东逐渐抬升,发育5~9个鼻状构造。中北部钻井数量较多,微幅度构造比较明显,南部钻井数量少,插值后,主要表征为大型鼻状构造,内部的小型微幅度构造特征不突出。

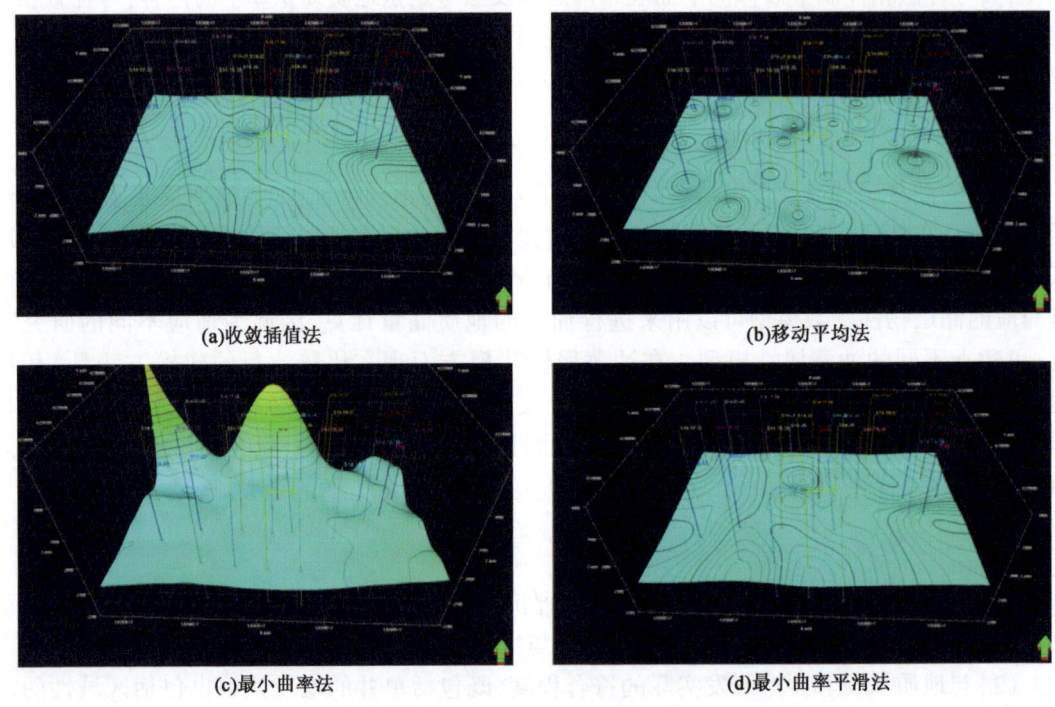

图 5-16　多种插值方法对比图

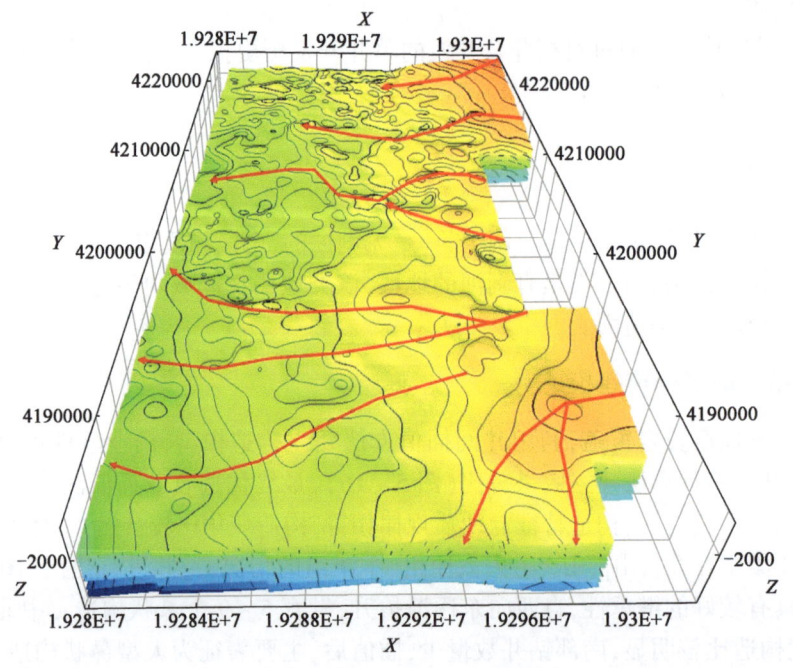

图 5-17　桃 2 区块上古构造模型

2. 下古剥蚀地层构造建模

下古储层主要受古地貌控制,通过古地质图可以了解沉积前的古构造格局及各地区的剥蚀程度,从而可以从区域上了解该地区的古地形特点,其对古地貌研究具有实际意义。在对研究区钻至奥陶系单井进行小层对比与划分的基础上,统计每口钻井所揭示的奥陶系顶面出露层位,绘制研究区前石炭系古地质图,从宏观背景上分析石炭系沉积前的古地貌特征(图5-18)。

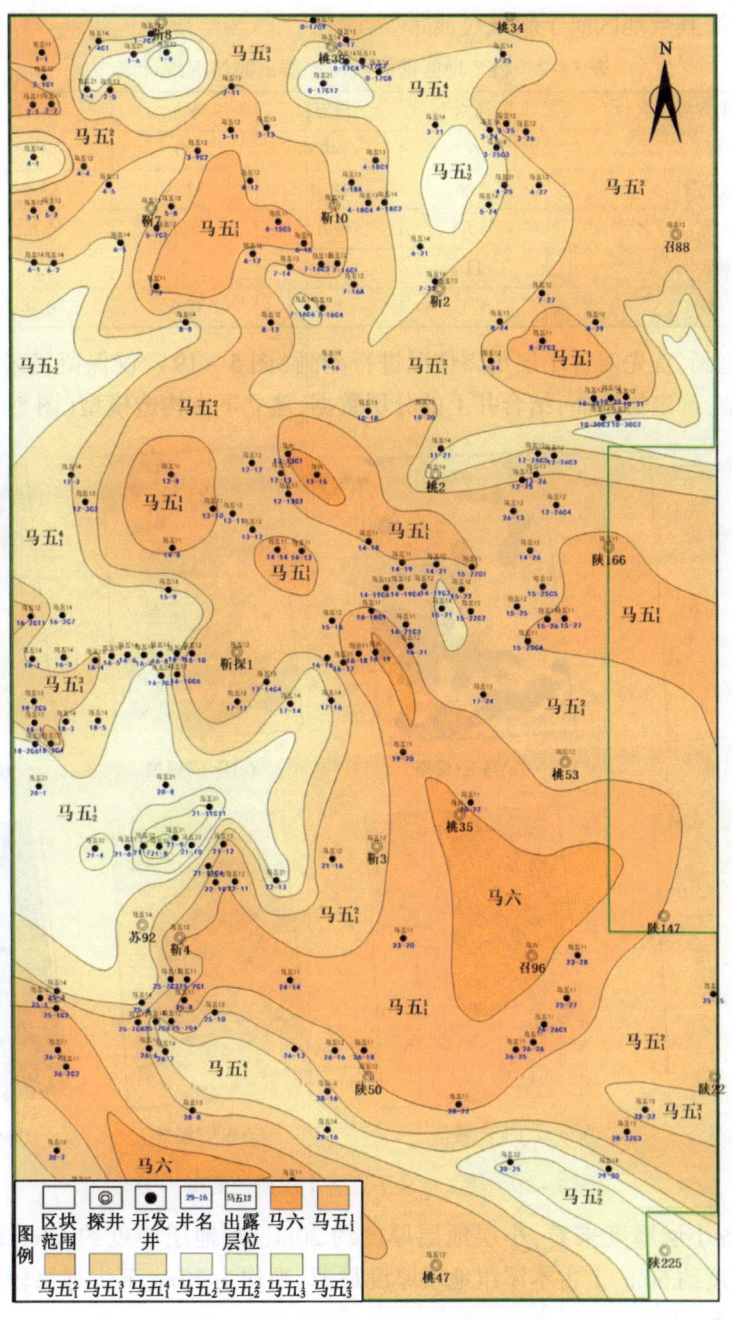

图 5-18 桃 2 区块下古地质示意图

石炭系沉积前研究区整体具有西高东低、北高南低的分布特征,马家沟组抬升遭受剥蚀程度不同使得各地出露地层情况不同(表5-2)。研究区西部马家沟组出露地层最老(出露最老地层马五$_3^2$,出露频率0.9%),北部及东南部出露地层次之(普遍出露马五$_2$),中部地区地层则保存相对完整。通过对石炭纪沉积前古地质图中出露地层研究发现,本区在经受加里东运动抬升剥蚀过程中,古地貌相对低坳地带主要位于研究区中部;北部、东南部两侧遭受剥蚀相对强烈;西部遭受强烈剥蚀,地势最高。其中西部、北部为侵蚀洼地,东南部、东部为近东西向或东南向沟槽剥蚀,其余地区属于斜坡过渡带。

表5-2 桃2地区前石炭纪地层出露情况统计表

奥陶系顶部出露层位名称	马六	马五$_1^1$	马五$_1^2$	马五$_1^3$	马五$_1^4$
频数	6	40	70	37	45
频率(%)	2.8	18.4	32.3	17.1	20.7
奥陶系顶部出露层位名称	马五$_2^1$	马五$_2^2$	马五$_3^1$	马五$_3^2$	总计
频数	11	4	2	2	217
频率(%)	5.1	1.8	0.9	0.9	100

下古构造刻画,首先对各小层出露情况进行刻画(图5-19),仅保留工区内未侵蚀区域,后对其进行赋值,确定构造面,结合井上的分层数据,建立下古构造模型(图5-20)。

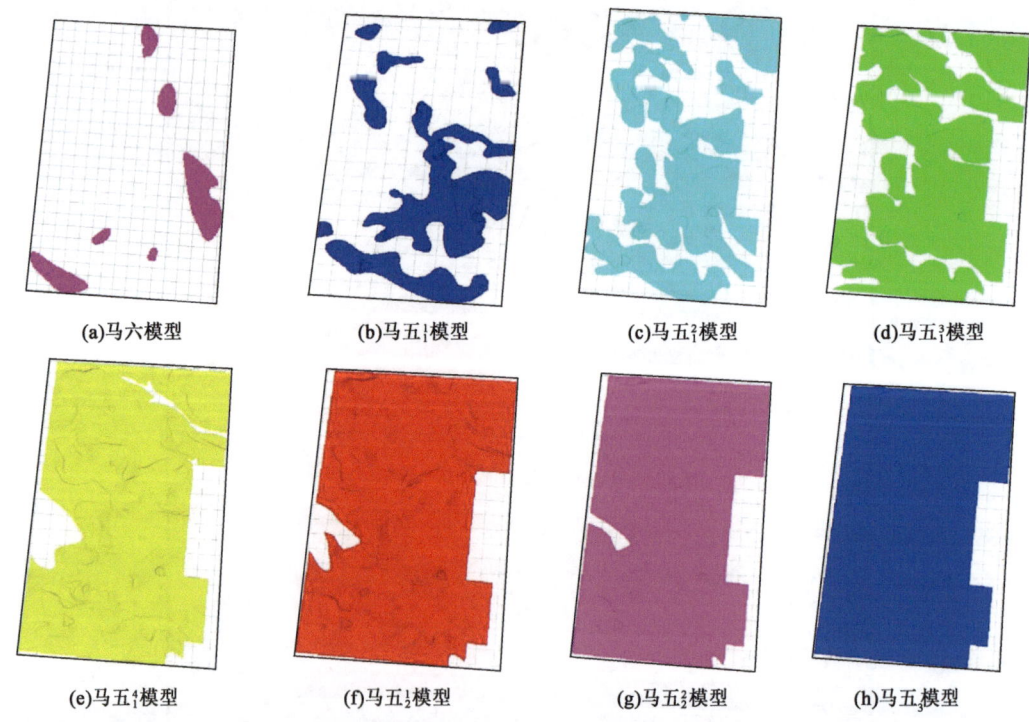

(a)马六模型　(b)马五$_1^1$模型　(c)马五$_1^2$模型　(d)马五$_1^3$模型

(e)马五$_1^4$模型　(f)马五$_2^1$模型　(g)马五$_2^2$模型　(h)马五$_3^1$模型

图5-19 桃2区块下古各小层侵蚀面刻画图

从建立的各小层厚度来看,小层地层厚度约20m,盒$_8$地层厚度约60m,山$_1$地层厚度约60m,山$_2$地层厚度约60m,上古本溪组地层厚度最薄,平均为17m,下古地层较薄,小层厚度一般小于10m(表5-3)。

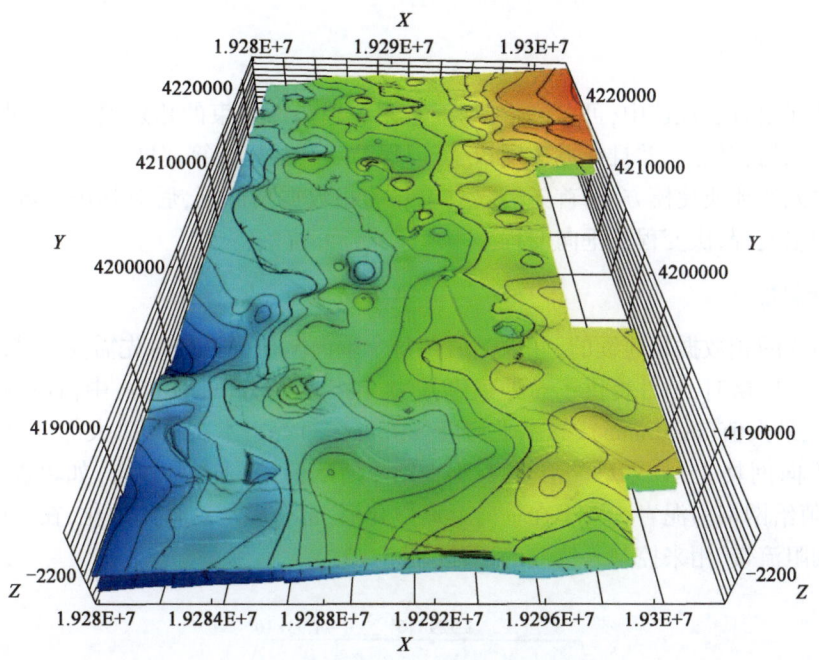

图 5-20 桃 2 区块下古构造模型

表 5-3 桃 2 区块建立模型层厚度分布表

层名	厚度区间(m)	平均厚度(m)
盒$_{8上}^{1}$	10.0~30.7	21.1
盒$_{8上}^{2}$	9.1~28.37	19.5
盒$_{8下}^{1}$	7.9~30.2	22.3
盒$_{8下}^{2}$	8.45~27.35	18.9
山$_{1}^{1}$	8.03~26.38	18.35
山$_{1}^{2}$	7.1~29.36	25.36
山$_{1}^{3}$	5.7~27.69	22
山$_{2}$	19.84~81.25	61.4
太原组	8.65~49.9	41.25
本溪组	6.53~37.21	17.03
马六	1.21~12.8	5.2
马五$_{1}^{1}$	0.9~17.41	4.95
马五$_{1}^{2}$	1.2~11.5	5.89
马五$_{1}^{3}$	0.6~14.4	3.68
马五$_{1}^{4}$	2~10.16	4.53
马五$_{2}^{1}$	0.6~8.46	3.04
马五$_{2}^{2}$	1.92~8.02	4.94
马五$_{3}$	15.86~43.79	29.2
马五$_{4}^{1a}$	2.9~24.32	5.37
马五$_{4}^{1b}$	2.9~8.11	5.22

四、储层相建模

从上述建模方法优选中,可以确定,基于象元+趋势面约束的相建模方法,可以满足研究区河流相沉积的相模式,并且计算速度快,可以保障后续数模计算速度。

针对象元的地质建模方法,首先需要对单井的相数据离散化,后对其进行数据分析,确定各个小层的主变程、次变程及垂向变程。

1. 数据离散化

测井曲线的相数据是连续的,并未赋值到每个垂向网格,所以,首先需要对其离散化,赋值网格。在赋值网格时,软件提供了6种赋值方法,包括大部分(most of)、中值(media)、最小值(minimum)、最大值(maximum)、算术平均值(arithmetic)等。本次采用"大部分"的赋值方法,即在一个垂向网格上,如果砂岩含量大于50%,则赋值给网格为砂岩,如果泥岩含量大于50%,则赋值给网格为泥岩。由于在垂向上离散化后,部分夹层就被离散化,在后期数模时,需要人工添加阻流带,用来控制天然气的运移(图5-21)。

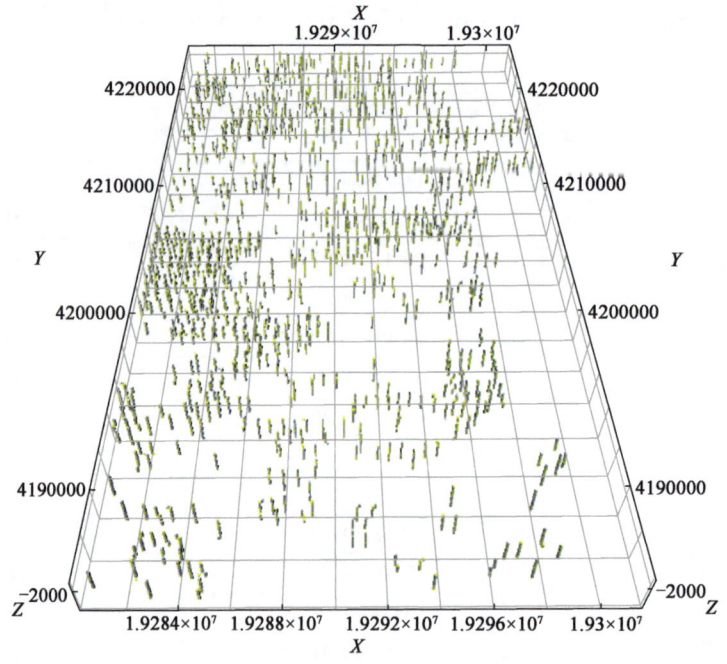

图5-21 桃2区块下古构造模型

2. 数据分析

数据分析包括数据在垂向上分布概率分析以及变差函数分析。

垂向上概率分布是指砂泥岩在垂向网格上的占比,一般,根据井数据可以确定,当井数据分布不均匀,或储层非均质性极强,可能导致井上获取的砂泥岩概率不准确,此时,可以参考地震,或者其他地球物理手段,人工调整砂泥岩在垂向上的分布概率。桃2区块完钻井数量多,可以代表全区的砂泥岩垂向概率分布。所以本次垂向上数据分析,不对其进行调整(图5-22、图5-23)。

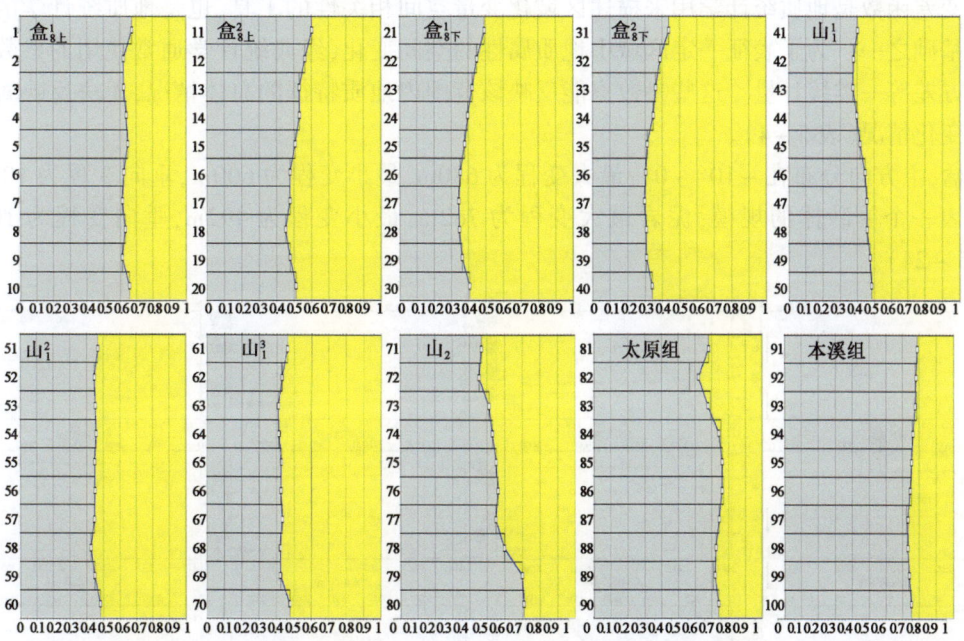

图 5-22　桃 2 区块上古砂泥岩垂向分布概率

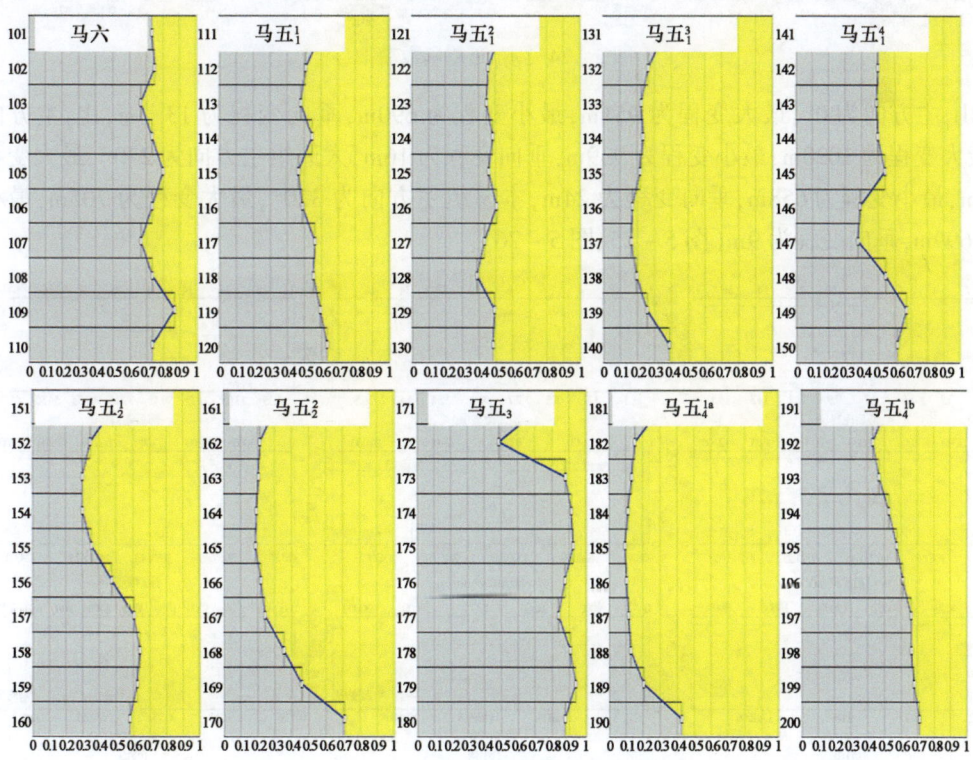

图 5-23　桃 2 区块下古白云岩-灰岩垂向分布概率

变差函数是地质统计学用来描述区域化变量空间相关性的工具,也是地质统计学的三大理论基础之一。为了表征一定区域中地质属性的空间变化,经典统计学通常使用的参数是均值和方差等一类统计量。这些参数只能反映该范围内地质特征的总体情况,无法反映属性的局部变化情况(表5-4)。

盒$_8$主方向分布在-10°~0°,最大变程为680m,最小变程为600m,垂向变程为10m,基本代表一个单砂体的规模,泥岩最大变程为762m,最小变程为492m,垂向变程为10.3m(图5-24)。

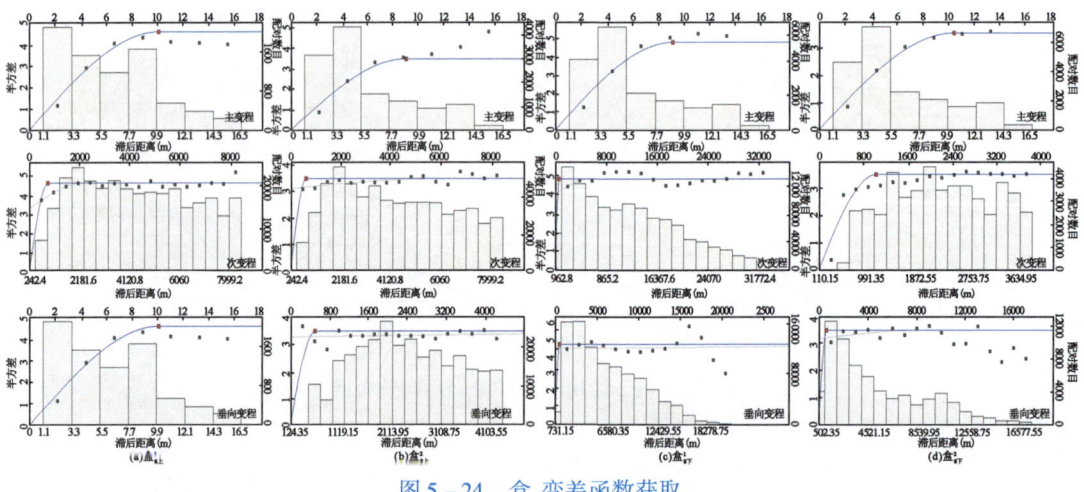

图5-24 盒$_8$变差函数获取

山$_1$主方向为0°,最大变程为951m,最小变程为690m,垂向变程为13.5m,山$_2$主方向为0°,最大变程为1020m,最小变程为939m,垂向变程为16m,太原组主方向为270°,最大变程为1098m,最小变程为658m,垂向变程为24m,本溪组主方向为320°,最大变程为705m,最小变程为699m,垂向变程为9m(图5-25、图5-26)。

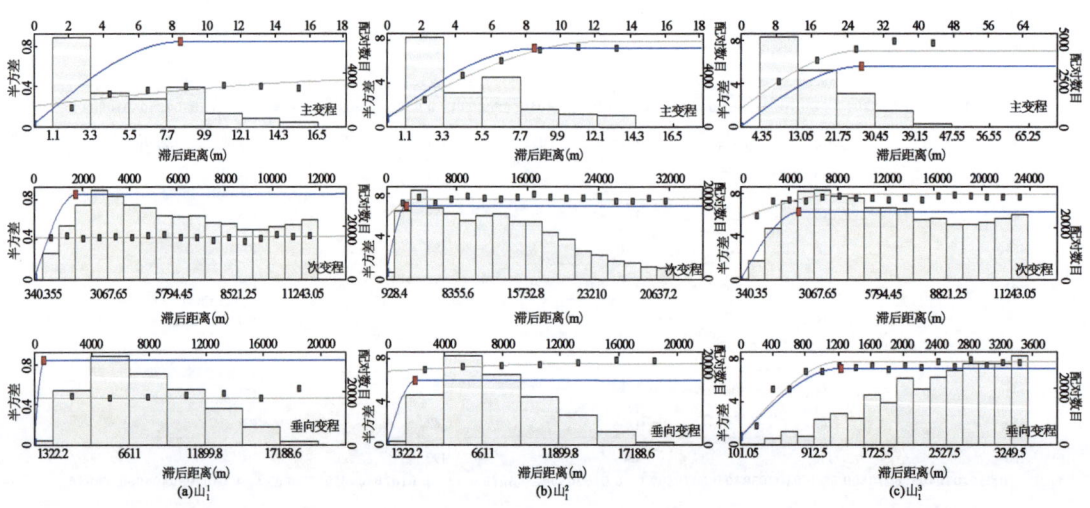

图5-25 山$_1$变差函数获取

表 5-4 相模型变差函数统计大表

储层类型	参数	盒$8上^1$	盒$8上^2$	盒$8下^1$	盒$8下^2$	山1_1^1	山1_1^2	山1_1^3	山1_2	太原	本溪	马六	马五$_1^1$	马五$_1^2$	马五$_1^3$	马五$_1^4$	马五$_1^5$	马五$_2$	马五$_3$	马五$_4^{1a}$	马五$_4^{1b}$
砂岩/白云岩	Major dir	355	350	350	0	0	0	0	0	270	320	0	270	270	270	360	360	360	270	0	270
	Minor dir	265	260	260	270	270	270	270	270	180	230	270	180	180	180	270	270	270	180	270	180
	Dip	0	0	0	0	0	0	0	0	0	0	0	0	0	0	0	0	0	0	0	0
	Type	球状	球状	球状	球状	球状	球状	球状	球状	球状	球状	球状	球状	球状	球状	球状	球状	球状	球状	球状	球状
	Sill	1	1	1	1	1	1	1	1	1	1	1	1	1	1	1	1	1	1	1	1
	Nugget	0.001	0	0	0.024	0.031	0.022	0.004	0.017	0	0.114	0.016	0.15	0.038	0	0	0.031	0.047	0.101	0.021	0.036	0
	Major range	710.5	676.7	680.6	653.2	786.1	861.5	1207.8	1020.6	1098	704.8	2214.5	1335.9	1097.3	1893.7	1247.4	1058.7	1722.7	2393.8	2258.1	1004.3
	Minor range	585.6	591.2	613.4	613.4	653.9	598.6	815.5	939.3	658	698.6	1302.8	1292.2	1065.3	1502	917.4	1033.3	1578.5	1436.6	1347.7	673
	Vertical range	10	9.9	10.2	12.9	13.5	13.5	13.5	16	24.6	8.7	3	4.1	1.9	2.9	1.9	2.7	4	17.4	4.2	6.4
泥岩/灰岩	Major dir	355	350	350	0	0	0	0	0	270	351	0	270	270	270	270	270	270	270	0	270
	Minor dir	265	260	260	270	270	270	270	270	180	261	270	180	180	180	180	180	180	180	270	180
	Dip	0	0	0	0	0	0	0	0	0	0	0	0	0	0	0	0	0	0	0	0
	Type	球状	球状	球状	球状	球状	球状	球状	球状	球状	球状	球状	球状	球状	球状	球状	球状	球状	球状	球状	球状
	Sill	1	1	1	1	1	1	1	1	1	1	1	1	1	1	1	1	1	1	1	1
	Nugget	0	0	0	0.022	0.036	0.004	0	0	0.009	0.2	0.084	0	0	0.016	0.042	0.028	0	0.398	0.052	0
	Major range	791.6	782.5	726.7	750.5	861.5	861.5	1207.8	1020.6	1098	500	2214.5	1335.9	1019.3	1893.7	1187.4	1030.9	1634.2	2325.1	2258.1	1004.3
	Minor range	461.3	510.8	499.3	499.3	397.4	598.6	815.5	939.3	658	500	1302.8	837.1	993.2	1083.1	1170.4	758.4	1248.6	1614.6	1408.8	673
	Vertical range	11.1	8.9	8.3	12.9	11.1	13.5	13.5	16	24.6	100	3	4	3.4	2.7	1.4	2.8	2.8	24.7	4.2	6.1

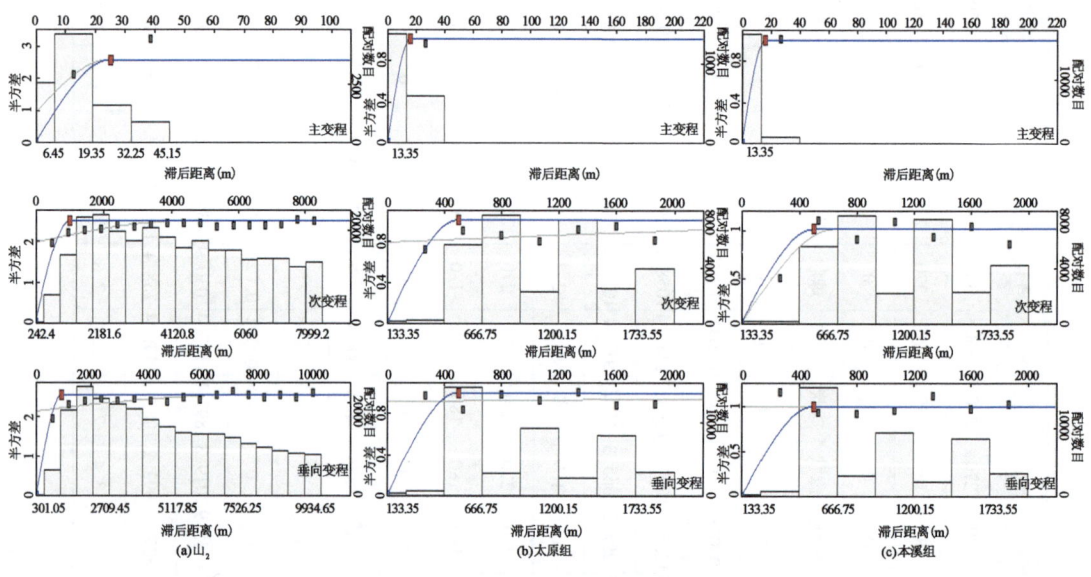

图 5-26 山$_2$、太原、本溪变差函数获取

下古主方向为 0° 或 270°，最大变程为 1622m，最小变程为 1214m，垂向变程为 4.8m（图 5-27~图 5-30）。

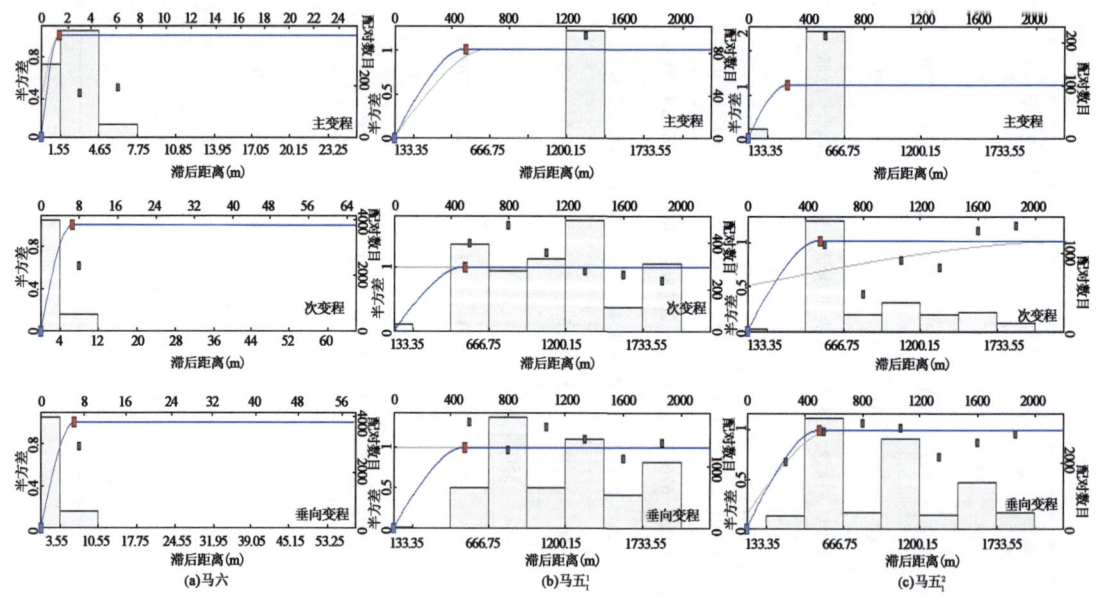

图 5-27 下古马六-马五$_1^2$ 变差函数获取

3. 模型实现

采用无趋势面和有趋势面两种方法，随机建立 6 个实现（图 5-31），从 6 个实现来看，空间特征相近，砂体规模也类似，但随机性较强（图 5-32）。

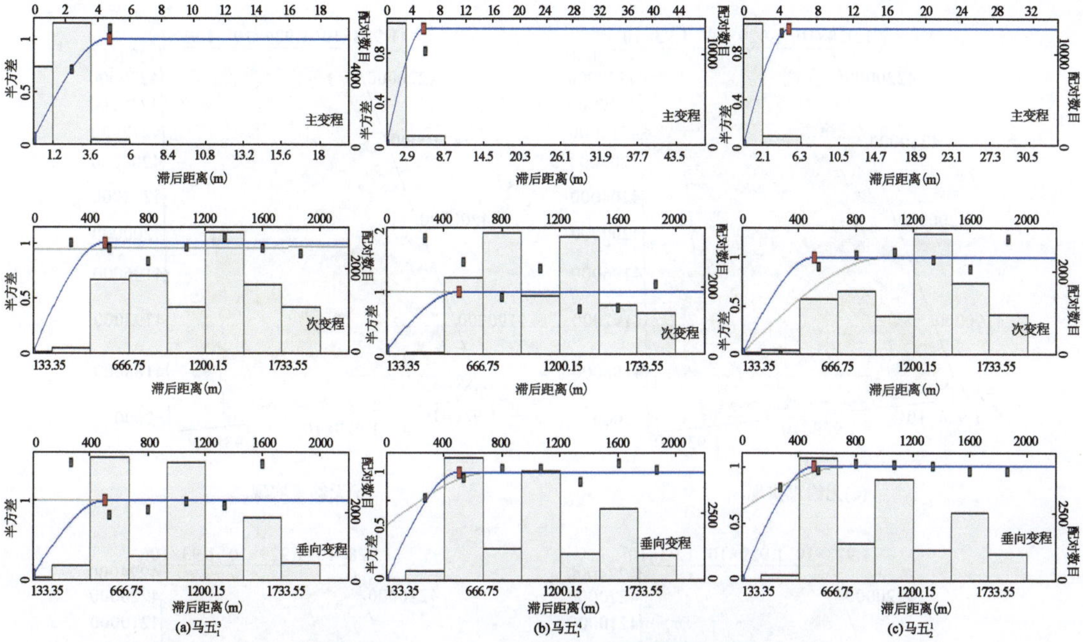

图 5-28 下古马五$_1^3$ – 马五$_2^1$变差函数获取

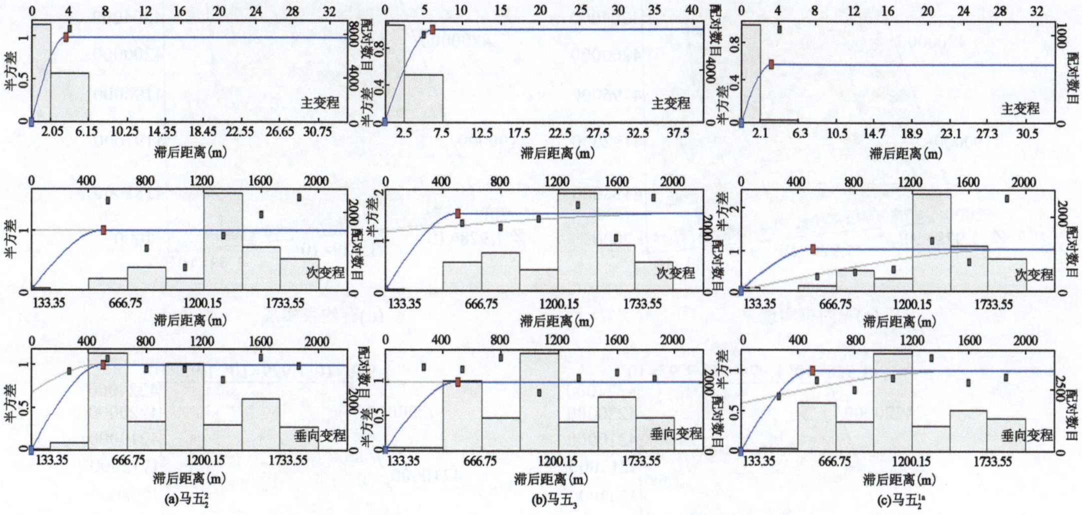

图 5-29 下古马五$_2^2$ – 马五$_4^{1a}$变差函数获取

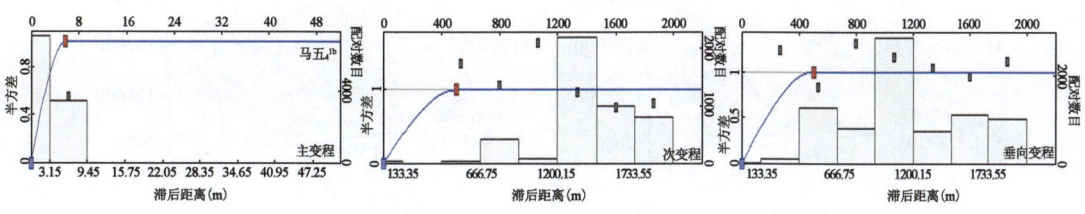

图 5-30 马五$_4^{1b}$变差函数获取

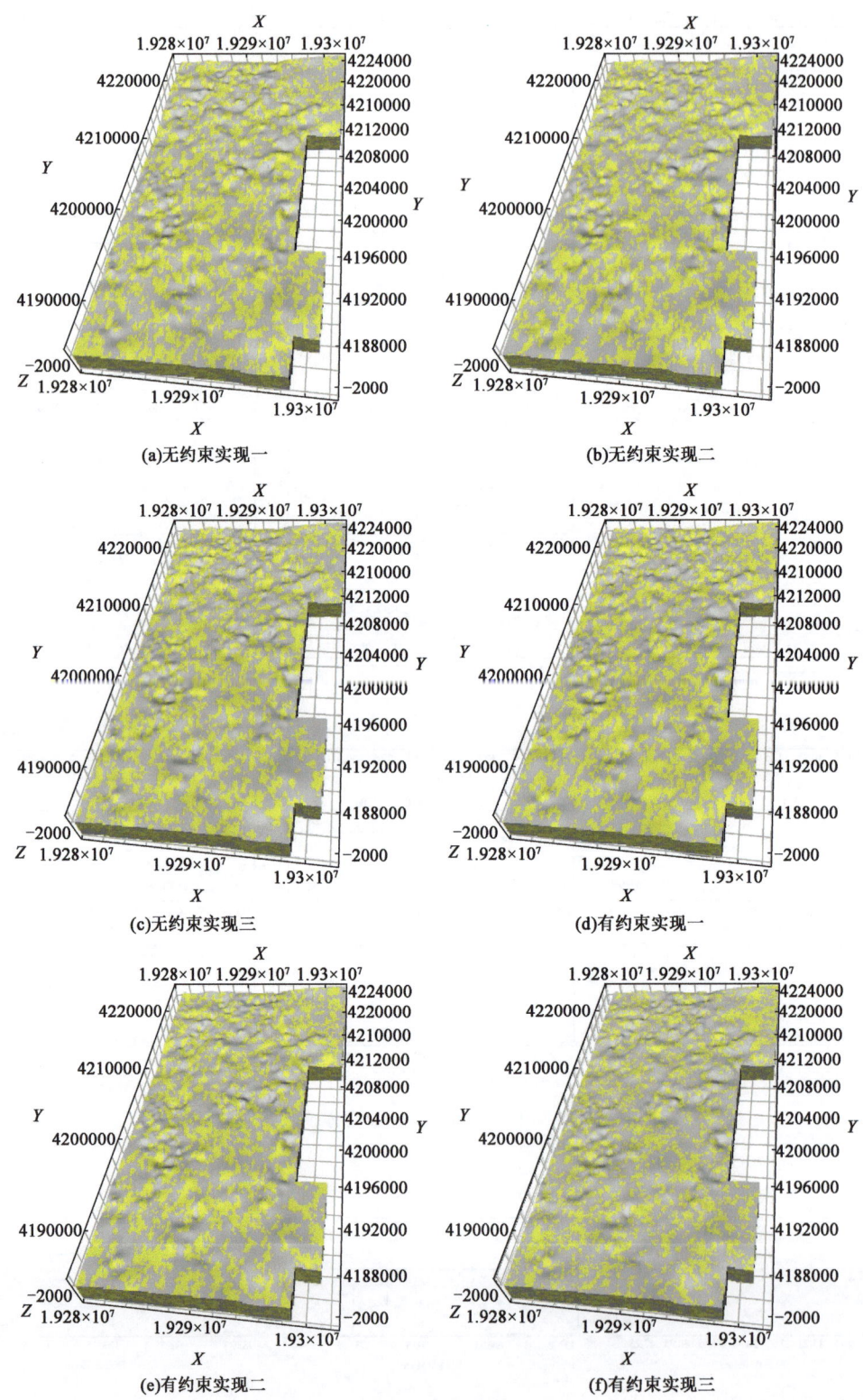

图5-31 岩相随机模拟六次实现

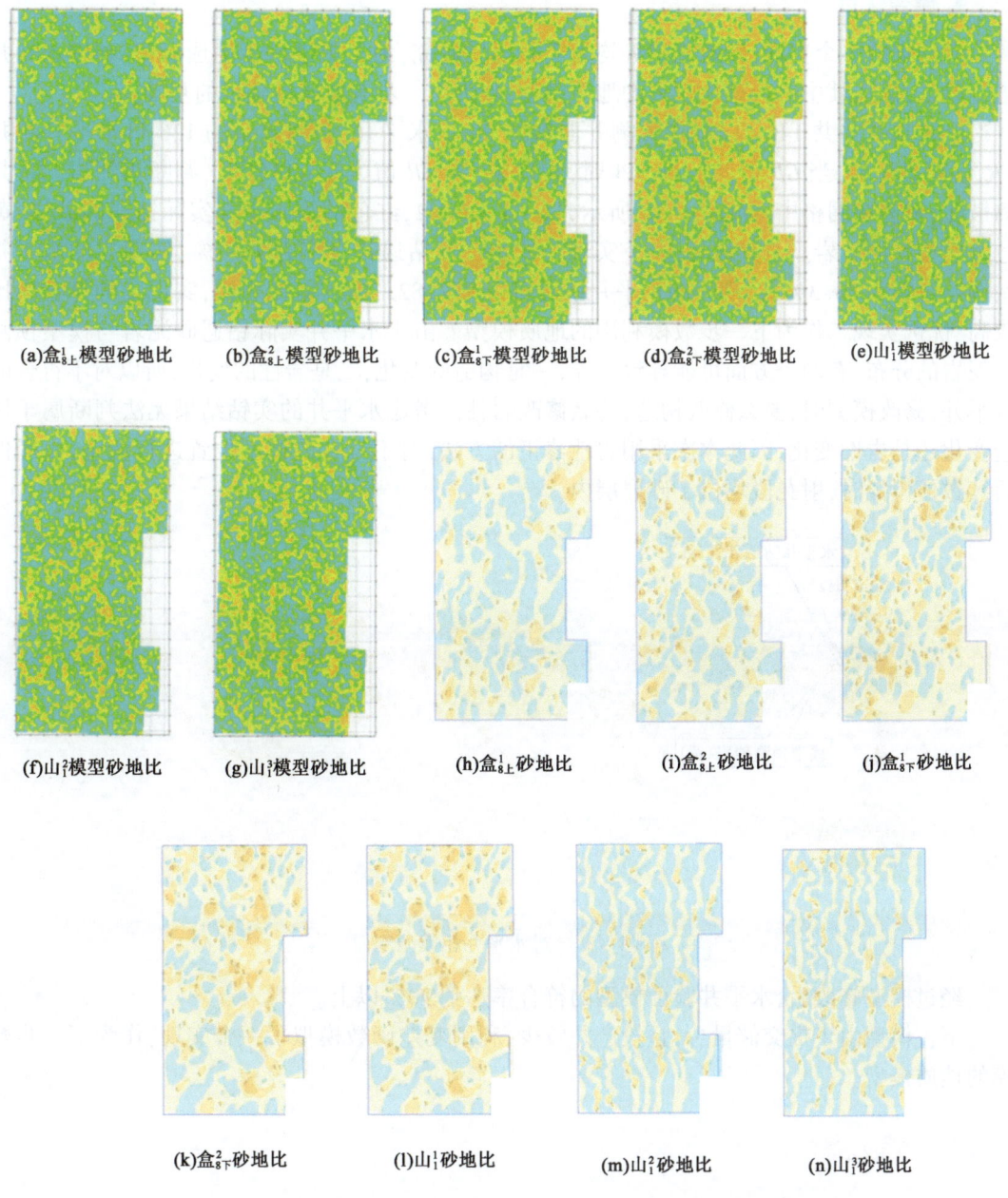

图5-32 有约束的随机模型砂地比平面图与甲方提供砂地比对比图

其中,无约束的三个模型砂岩除了井点外,在平面上分布比较均匀。有约束模型,实现三在顶面上的砂岩含量与有约束实现一的顶面砂岩含量具有比较明显的差异,但对每个小层提取砂地比时,可以看出基本均符合给予的趋势面约束,也就是说有约束的三个实现,都可以满足前期地质研究成果,但优选哪一个模型,作为下一步数值模拟的基础,还需要进一步优选。

4. 模型优选

有约束的 3 个实现,砂地比趋势均为实际地质研究,为了更进一步优选模型,利用水平井进行验证,优选其中符合率比较高的地质模型,作为下一步有效属性建模的基础。

上古水平井共 146 口,剔除无测井曲线的 20 口水平井,利用剩余的 126 口水平井测井 GR,解释砂泥岩,当 GR 值低于 60API 时,为砂岩,当 GR 值大于 60API 时,判断为泥岩。将其离散化,赋值在网格中,如图 5−33 所示,T2−1−13H2,红色的为水平井实际钻遇的砂岩,黄色为模型预测砂岩。对其进行比对,实现一的水平井钻遇符合率为 76.5%,实现二的水平井钻遇符合率为 83.3%,实现三的水平井钻遇符合率为 82.1%。对比表明,实现二的符合率比较高,优选实现二作为下一步数模利用的地质模型。由于水平井实际钻遇砂泥岩与模型预测砂泥岩的分布,有两个方面可能导致差异,一是构造的变化,二是岩性的变化,所以对不符合的水平井,修改模型时,要么修改构造,要么修改岩性。考虑水平井的实钻结果无法判断属于构造变化还是岩性变化,因此本次采用岩性修正的方法,对不符合的模型位置进行调整,以确保后续数值模拟时,射孔段均位于砂岩层内。

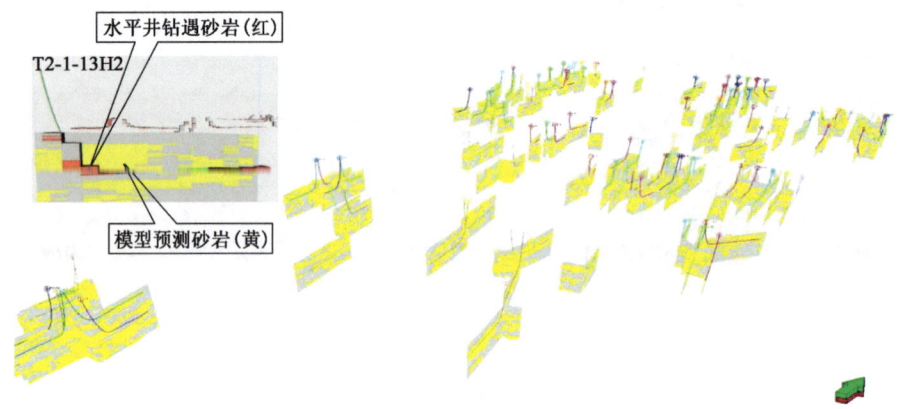

图 5−33 过水平井相模型剖面

经过模型修改后,水平井验证模型的符合率达到 90% 以上。

下古模型由于提交储量少,且投产井较少,利用变差函数模拟了一个实现,作为下一步数模的地质模型。

五、储层属性建模

属性模型的模拟,是在相模型实现二的约束下开展。在数据分析时,按照分相开展数据分析和变差函数调取。由于苏里格气田测井只解释砂岩,所以泥岩孔隙度均为 0。在对测井曲线做离散化数据时,部分泥岩的孔隙度计算到了砂岩中,导致砂岩在 0 的孔隙度值上,也占有一定比例,为了降低这种因离散造成的误差,将砂岩孔隙度、渗透率、含水饱和度的 0 值占比适当调低,并通过反复模拟,使模拟的属性模型满足井数据的概率分布(图 5−34 ~ 图 5−37)。

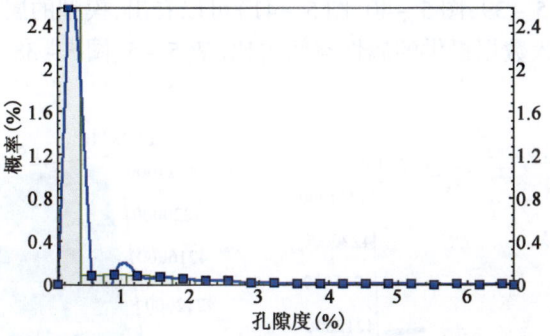

图 5-34　盒$_{8上}^1$泥岩孔隙度分布

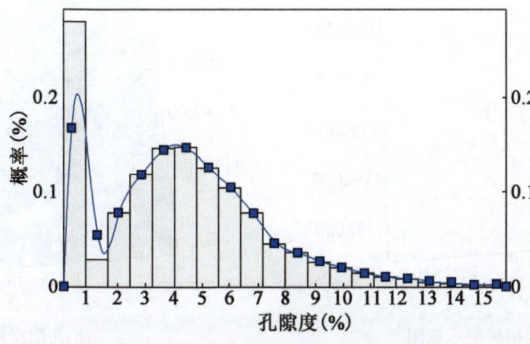

图 5-35　盒$_{8上}^1$砂岩孔隙度分布

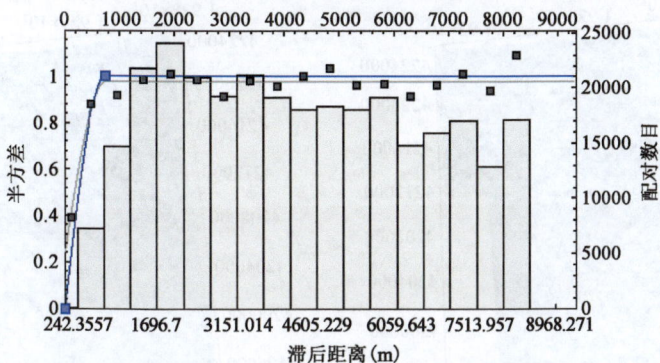

图 5-36　盒$_{8上}^1$砂岩孔隙度最大变程

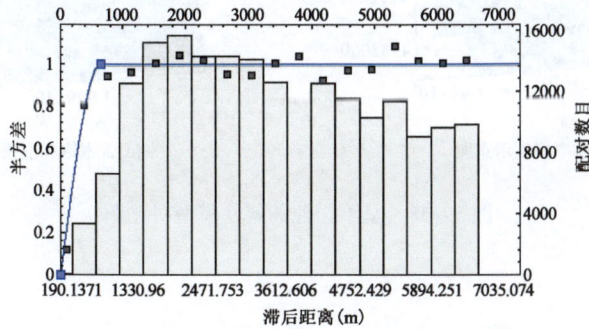

图 5-37　盒$_{8上}^2$砂岩孔隙度最小变程

从质量控制图(图5-39、图5-40、图5-41)可以看出,模型的属性值分布与测井曲线的分布基本一致,满足输入数据提供的属性空间占比(表5-5、图5-38~图5-41)。

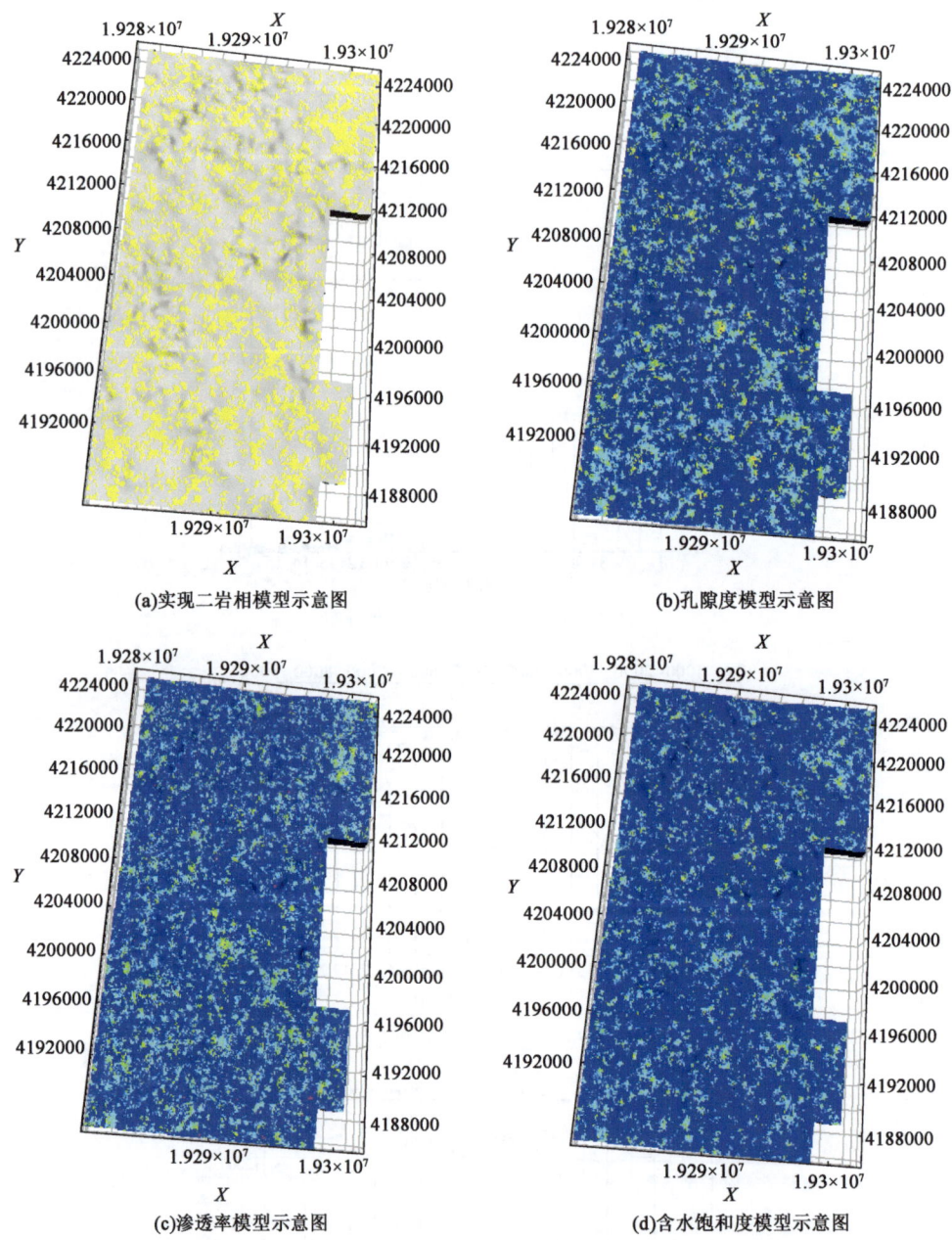

图5-38 基于相控的属性模型对比图

表 5-5 桃 2 区块孔隙度变差函数分析表

储层类型	参数	盒$_8^1$上	盒$_8^2$上	盒$_8^1$下	盒$_8^2$下	山$_1^1$	山$_1^2$	山$_1^3$	山$_2$	太原	本溪	马六	马五$_1^1$	马五$_1^2$	马五$_1^3$	马五$_1^4$	马五$_2^1$	马五$_2^2$	马五$_3$	马五$_4^{1a}$	马五$_4^{1b}$
砂岩/白云岩	Major dir	0	0	0	0	0	0	0	0	0	0	0	0	0	0	0	0	0	0	0	0
	Minor dir	270	270	270	270	270	270	270	270	270	270	270	270	270	270	270	270	270	270	270	270
	Dip	0	0	0	0	0	0	0	0	0	0	0	0	0	0	0	0	0	0	0	0
	Type	Spherical	Spherical	Spherical	Spherical	Spherical	Spherical	Spherical	Spherical	Spherical	Spherical	Spherical	Spherical	Spherical	Spherical	Spherical	Spherical	Spherical	Spherical	Spherical	Spherical
	Sill	1	1	1	1	1	1	1	1	1	1	1	1	1	1	1	1	1	1	1	1
	Nugget	0	0	0	0	0	0	0	0.013	0	0	0	0.055	0	0	0	0	0.049	0	0	0
	Major range	739.7	622.9	572.8	739.7	992	739.7	739.7	1013	727.8	739.7	1187.4	588.2	527.9	588.2	588.2	588.2	543.7	588.2	600	431
	Minor range	643.5	506.9	561.6	643.5	951	700	464.8	950	660.5	643.5	900	552.8	415.2	442.6	438.3	446	403.2	276.8	588.6	410
	Vertical range	6.7	6.7	7.7	8.7	10.2	6.7	6.7	6.7	6.7	6.7	6.7	4	2.8	3.8	1.4	1.9	2.9	10.3	4	4

注:Major dir—主方向角(°);Minor dir—次主方向角(°);Dip—倾角(°);Type—类型;Sill—基合值;Nugget—块金值;Major range—主变程(m);Minor range—次主变程(m);Vertical range—垂向变程(m)。

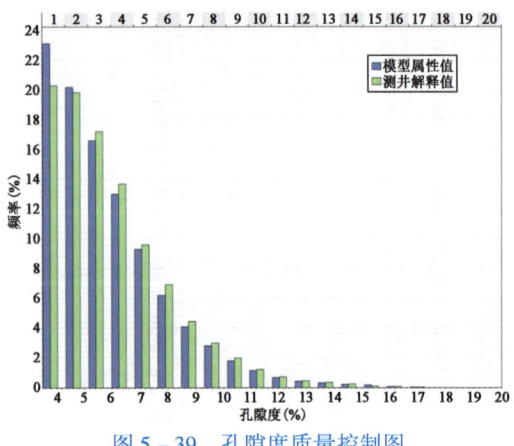

图 5-39 孔隙度质量控制图

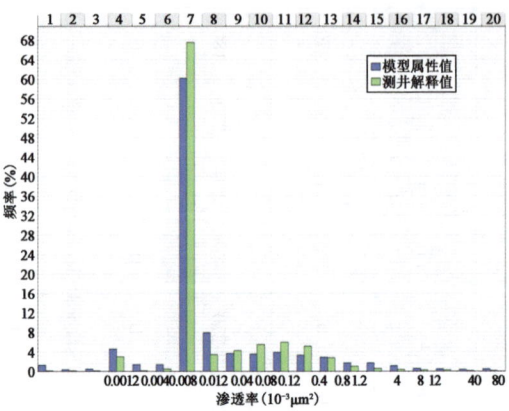

图 5-40 渗透率质量控制图

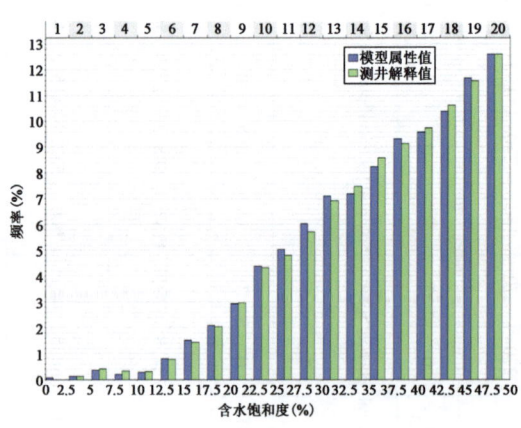

图 5-41 含水饱和度质量控制图

六、储量复算

区块原提交探明+基本探明地质储量共计 $1434.48 \times 10^8 m^3$，其中，上古盒$_8$提交探明+基本探明地质储量 $678.3 \times 10^8 m^3$，山$_1$提交 $328 \times 10^8 m^3$，山$_2$提交 $116 \times 10^8 m^3$，下古共提交 $311 \times 10^8 m^3$，利用模型复算后地质储量 $1330 \times 10^8 m^3$，减少 $104.48 \times 10^8 m^3$，其中，下古减少 $163.33 \times 10^8 m^3$，减少数量较多，其次，盒$_8$减少 $8.3 \times 10^8 m^3$，山$_1$减少 $121.6 \times 10^8 m^3$、山$_2$地质储量增加 $58.3 \times 10^8 m^3$（表 5-6）。

表 5-6 储量复算对比表

层位	提交储量(探明+基本探明)($10^8 m^3$)	复算储量($10^8 m^3$)
盒$_8^1$上	678.3	81
盒$_8^2$上		138
盒$_8^1$下		211
盒$_8^2$下		240
小计		670↓

续表

层位	提交储量(探明+基本探明)($10^8 m^3$)	复算储量($10^8 m^3$)
山$_1^1$	328.16	89
山$_1^2$		107
山$_1^3$		120
小计		316↓
山$_2$	116.69	175
太原组		12
本溪组		9
马六$_6$		0
马五$_1^1$	179.81	1
马五$_1^2$		15
马五$_1^3$		35
马五$_1^4$		8
马五$_2^1$		5
马五$_2^2$		10
马五$_3$		6
马五$_4^{1a}$	131.52	63
马五$_4^{1b}$		5
小计	311.3	148↓
合计	1434.48	1330↓

第二节　数　值　模　型

气藏数值模拟作为提高气田开发水平的一种手段，经过几十年的发展已经成为气藏工程师们所掌握的一种重要研究方法。对气藏进行数值模拟研究的目的是根据气藏的实际情况，模拟和预测气藏的开发动态，为采油、采气确定最经济、最有效的战略和技术措施提供科学依据。

一、气藏数值模型

当前，油气藏数值模拟已发展了一系列模型处理各种复杂问题。实际模拟时，可根据油气藏的类型选用不同的数学模型。具体选择时，应针对油气藏静态、动态的主要矛盾，选用一些能解决主要矛盾且相对比较简单的模型。

在所有油气藏数值模拟数学模型中，黑油模型是应用最普遍，也是当前油气藏模拟中发展最完善、最成熟的一种模型。该模型可以模拟三维空间油、气、水存在的油气藏系统，将地下复杂的地质空间进行网格差分，数值离散，按其流动特征(相渗曲线、毛管力)、开采方式进行模拟

图5-42 数值模拟区域网格分布示意图

计算,使用计算机完成油气藏若干年开采过程的开发研究工作。

以桃2井区为例,该区块自2008年6月起正式投入生产,经过多年开发,发现气井单井井间、层间差异较大、单井产量低等特点,本次采用数值模拟方法对气藏开发指标进行预测,提供持续开发借鉴。

桃2区块盒$_8$—山$_2$段主要气源为石炭—二叠系煤系地层,其物理性质相对稳定。天然气相对密度约0.6,甲烷含量高于90%。压力梯度为0.1985MPa/100m,温度梯度为2.835℃/100m。气藏属低压、低丰度、非均质性强的复杂岩性气藏,凝析油含量低,为干气气藏。气藏驱动类型为定容弹性驱动,采取衰竭式降压开采。

1. 模拟区网格设置

对桃2井区进行数值模拟时,平均网格步长为100m×100m,平面网格数为205×385,垂向上考虑地质分层,网格数确定为10,总网格数为205×2385×10=78.925×10^4(个),其平面网格展布如图5-42所示。

2. 模拟参数选取

(1)物性参数选取。

根据桃2区块高压物性、气水物性资料,数值模拟参数见表5-7。

表5-7 模拟区基础物性参数表

原始气藏压力(MPa)	30.00	天然气相对密度(kg/m^3)	0.6003
原始气体偏差系数	0.9980	地层水压缩系数(10^{-4}MPa^{-1})	4.51
地层温度(K)	368	地层水黏度(mPa·s)	0.4
岩石压缩系数(10^{-6}MPa^{-1})	1.25	地层水体积系数	1
原始气油比(10^{4}m^3/t)	25	地层水密度(g/cm^3)	1

(2)相渗曲线选取。

桃2区块相渗曲线如图5-43所示,模拟过程中,采用统一相渗曲线。

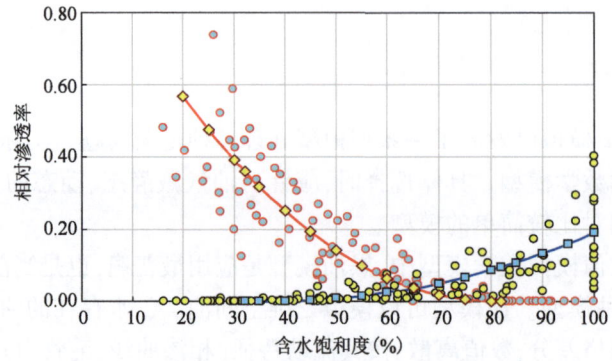

图5-43 模拟区相渗曲线

(3) pVT 参数。

pVT 数据是气藏数值模拟中重要输入参数,根据桃 2 区块的流体分析资料计算流体性质参数,主要有气体在不同压力下的体积系数和黏度指标(表 5 - 8)。

表 5 - 8　天然气高压物性表

压力 (MPa)	体积系数 ($10^{-3} m^3/m^3$)	动力黏度 ($10^{-2} mPa \cdot s$)	压力 (MPa)	体积系数 ($10^{-3} m^3/m^3$)	动力黏度 ($10^{-2} mPa \cdot s$)
80	0.015642	0.015428	200	0.00614	0.019152
90	0.013855	0.015561	210	0.005863	0.019418
100	0.012432	0.01596	220	0.005614	0.019684
110	0.011265	0.016359	230	0.005393	0.01995
120	0.010297	0.016625	240	0.00519	0.020216
130	0.009481	0.017024	250	0.004999	0.020748
140	0.008788	0.01729	260	0.00483	0.02128
150	0.00819	0.017556	270	0.004673	0.021679
160	0.007672	0.017822	280	0.004537	0.022211
170	0.00721	0.018221	290	0.004404	0.022477
180	0.006812	0.018487	304.74	0.004231	0.023009
190	0.006457	0.018886			

二、历史拟合

选取了桃 2 区块拟合井位 353 口,模拟层位盒$_8$—山$_2^2$ 小层,拟合历史 2008 年 6 月至 2016 年 10 月,模拟过程中以月为单位。

1. 储量拟合

数值模拟时,首先进行桃 2 区块全区储量、压力、采气量等生产指标拟合,以明确油气藏的不确定参数。储量是物质基础,储量拟合程度高,说明原始参数可信度高,地质模型比较可靠,其相对误差一般控制在 6% 以内。从该数值模拟储量可以看出,模拟储量 $914.45 \times 10^8 m^3$ 比实际储量略低,总储量拟合误差 0.27%,各小层拟合误差小于 3%,在允许误差范围内(表 5 - 9)。

表 5 - 9　桃 2 区块数值模拟储量对比表

小层	天然气地质储量($10^8 m^3$)	数值模拟地质储量($10^8 m^3$)
盒$_8^1$上	49.90	48.65
盒$_8^2$上	97.81	96.19
盒$_8^1$下	103.89	103.72
盒$_8^2$下	394.70	392.21
山$_1^1$	50.01	52.55
山$_1^2$	55.23	55.35
山$_1^3$	72.44	73.63
山$_2^1$	60.61	59.21
山$_2^2$	25.16	25.55
山$_2^3$	7.19	7.40
合计	916.92	914.45

2. 区块生产指标拟合

给定物性、渗流、pVT 等参数,给定生产历史数据及措施数据,进行区块整体拟合,从区块整压力及产量拟合图可以看出,拟合率较高(图 5-44、图 5-45)。

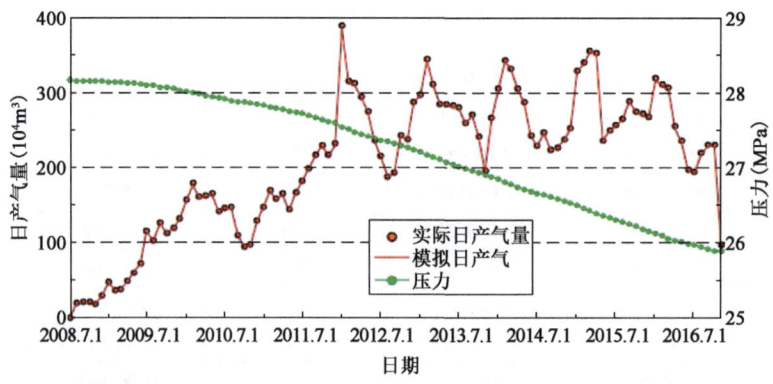

图 5-44 桃 2 区块日产气及压力拟合图

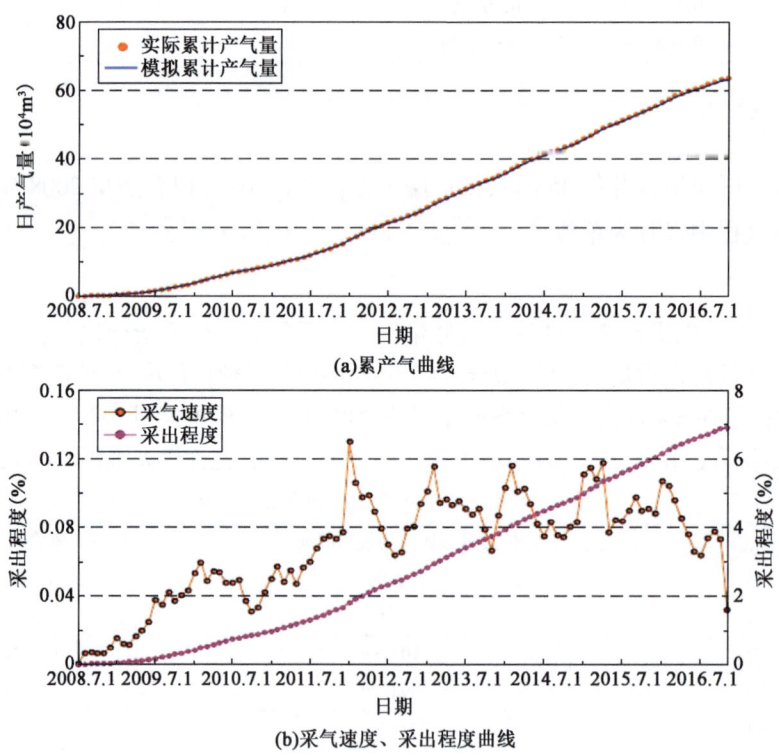

图 5-45 桃 2 区块生产指标曲线图

3. 单井拟合

给定单井产气量、压力等指标,模拟以月为单位,对 353 口井进行拟合,拟合过程中主要调整单井物性参数、井点渗透率、表皮系数等,使得拟合率在 95% 以上,满足预测要求。本次拟合的353口井中,拟合较好的井达到95%以上(图5-46),部分井在产气量高点拟合略差(图5-47);单井压力拟合显示,压力趋势相同。

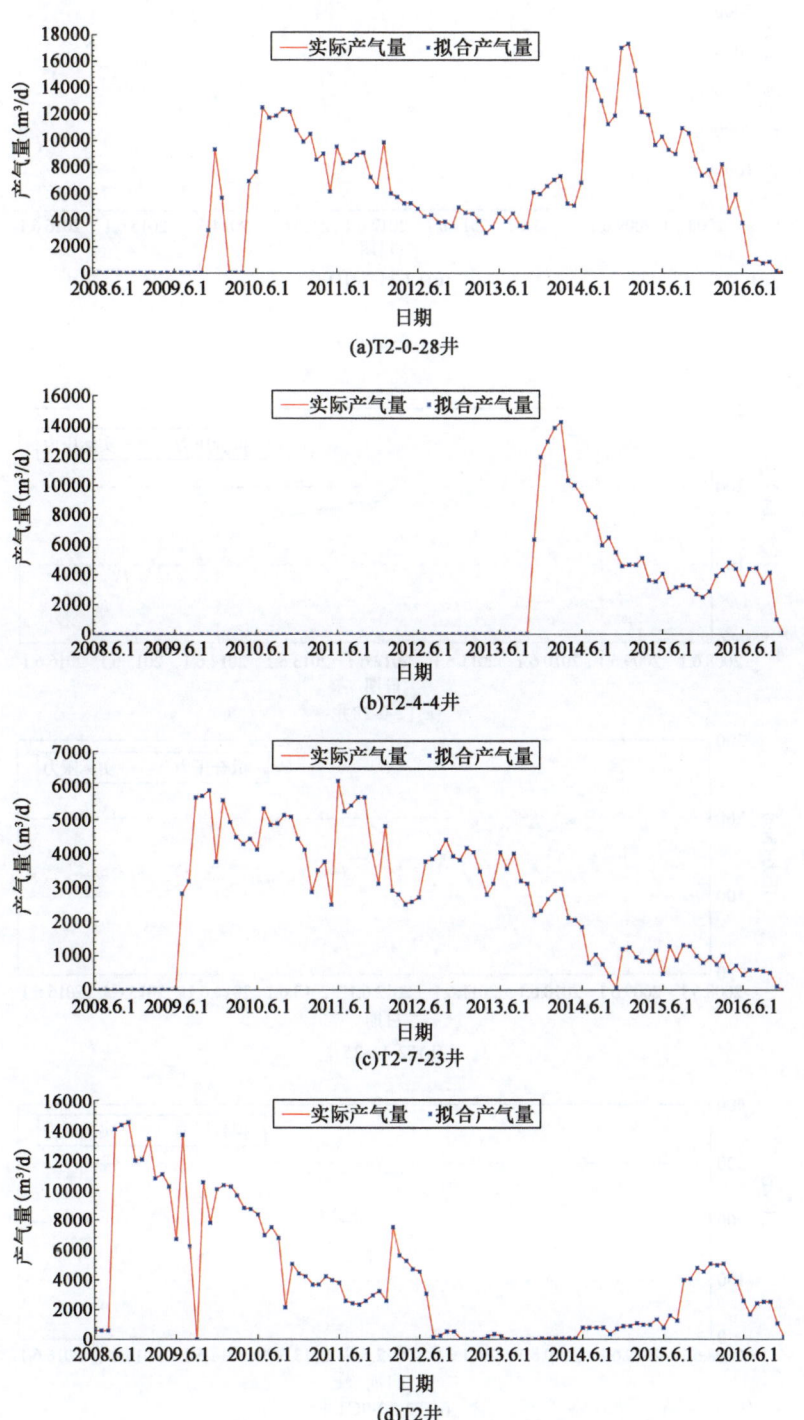

图5-46 单井产量指标拟合

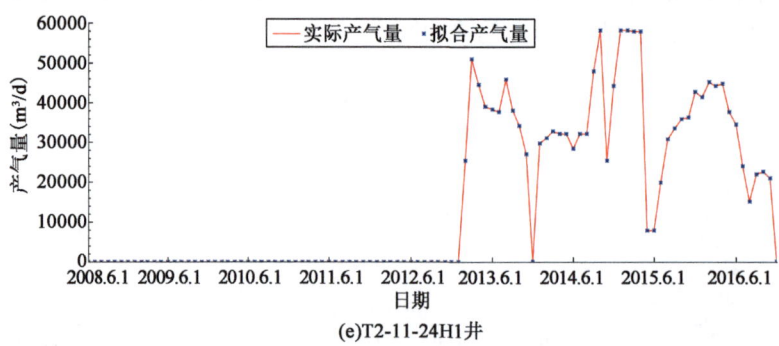

(e)T2-11-24H1井

图5-46 单井产量指标拟合(续)

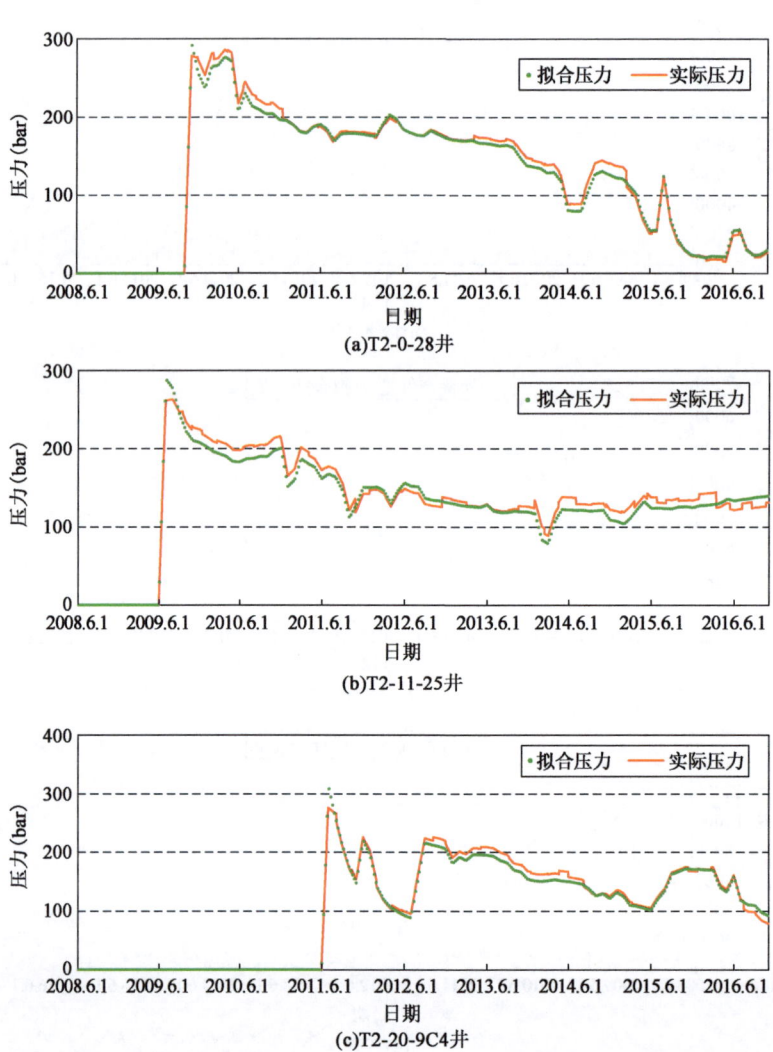

(a)T2-0-28井

(b)T2-11-25井

(c)T2-20-9C4井

图5-47 单井压力指标拟合

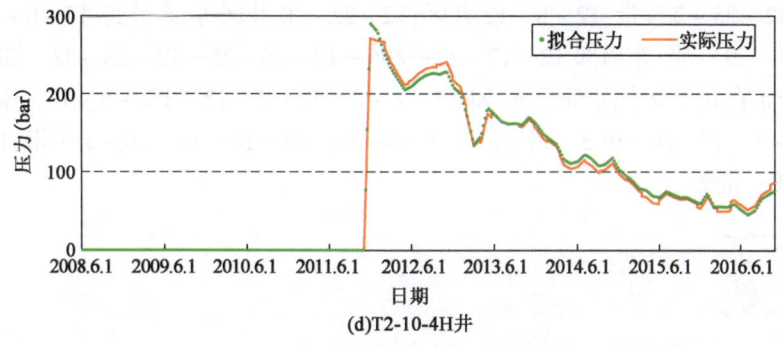

(d)T2-10-4H井

图 5-47 单井压力指标拟合(续)

第三节 开发效果及剩余储量分布

一、开发效果

对气藏进行数值模拟研究的目的是根据气藏的实际情况,模拟和预测气藏的开发动态,为开发效果评价提供定量分析的数据基础。

桃 2 区块模拟采出量为 $63.29 \times 10^8 \text{m}^3$,采出程度为 6.92%,整体较低,从各小层预测采出量及贡献比例(表 5-10)可以看出,主要采出层位为盒$_8^2$下段,盒$_8$段总贡献率为 86.22%,山$_1$ 段贡献率为 10.06%。

表 5-10 各小层采出量及贡献率汇总表

小层	预测采出量(10^8m^3)	贡献比例(%)	采出程度(%)
盒$_{8下}^1$	2.03	3.21	4.07
盒$_{8上}^2$	3.71	5.86	3.79
盒$_{8下}^2$	7.52	11.89	7.24
盒$_{8下}$	41.29	65.26	10.46
山$_1^1$	1.72	2.71	3.43
山$_1^2$	1.58	2.50	2.87
山$_1^3$	3.07	4.84	4.23
山$_2^1$	2.31	3.64	3.80
山$_2^2$	0.05	0.08	0.19
山$_2^3$	0.01	0.02	0.19

盒$_8$段、山$_2$段小层日产气曲线(图 5-48)显示,各小层日产气量呈上升状态,以盒$_{8下}^2$小层日产气量最高,其次为盒$_{8下}^1$小层、山$_1$段以及山$_2^1$小层。

二、剩余资源量分布

基于上述分析,对剩余资源量进行定量研究。盒$_8$段、山$_1$段剩余资源量分布图(图 5-49)显示,盒$_8$段剩余资源量丰富,均有分布,主要分布在西部 T2-1-1C1—T2-7-2—T2-11-6—

T2-20-2—T2-25-2一带;T2-8-12井区;T2-22-10井区等;东北部T2-0-28—T2-4-25C4—T2-11-29一带;东南部T2-17-25—Z96—T2-26-25—T2-28-32一带。山$_1$段剩余资源量主要分布在北部及中南部区域,如T2-2-2—T2-2-12—T2-6-14一带;T2-1-22井区;T2-15-7—T2-20-9C3一带;T2-23-8—T2-25-10—T2-30-8一带;T2-20-22—T2-26-26C4一带等。

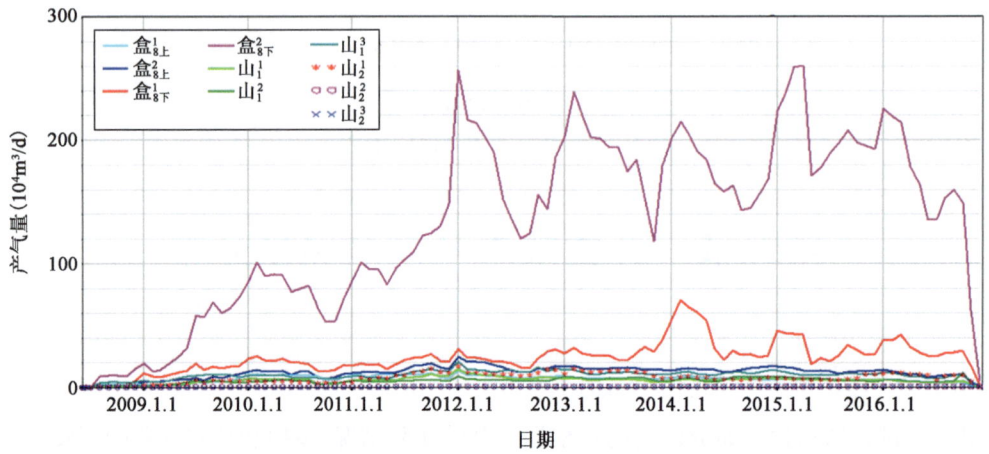

图5-48 各小层日产气曲线

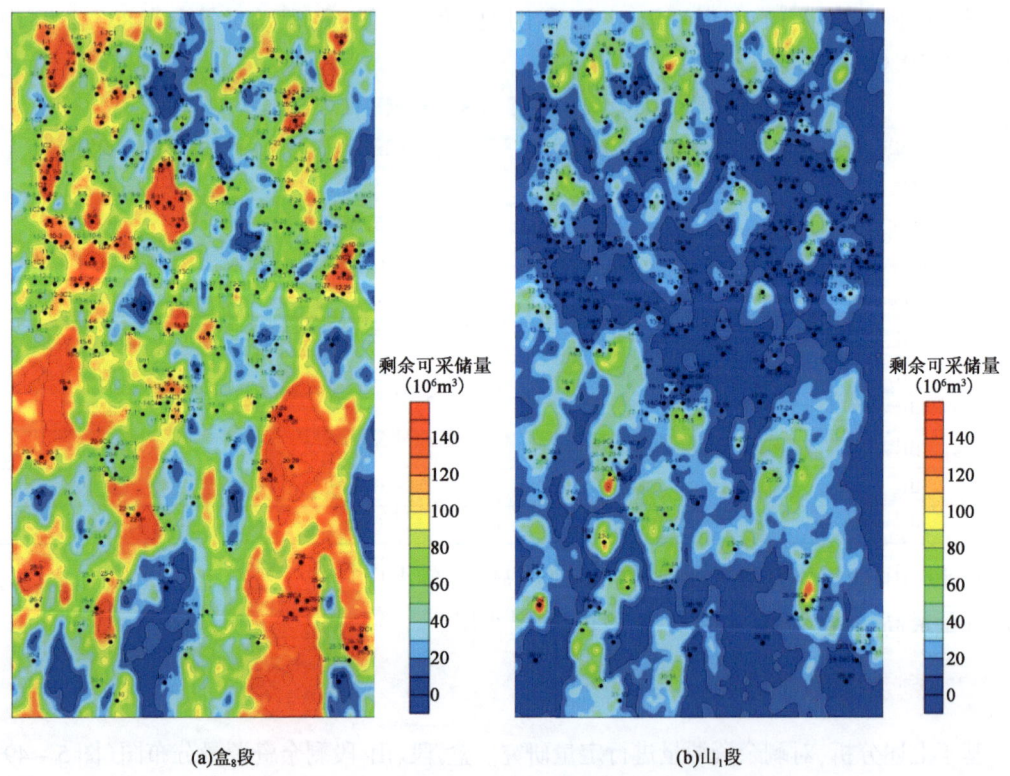

(a)盒$_8$段　　　　　(b)山$_1$段

图5-49 2016年11月剩余资源量分布示意图

可以看出,模拟区整体采出程度较低,主要分布在北部、中部地区(图5-50)。盒$_8$段采出资源量主要分布井区有:T2-1-4—T2-3-2—T2-7-3—T2-11-6一带;T28-12井区;T2-4-25井区;T2-11-29井区;T2-17-25井区等。山$_1$段采出资源量主要分布在北部1排—6排井区,如T2-2-5井区、T2-2-12井区、T2-1-22井区等。

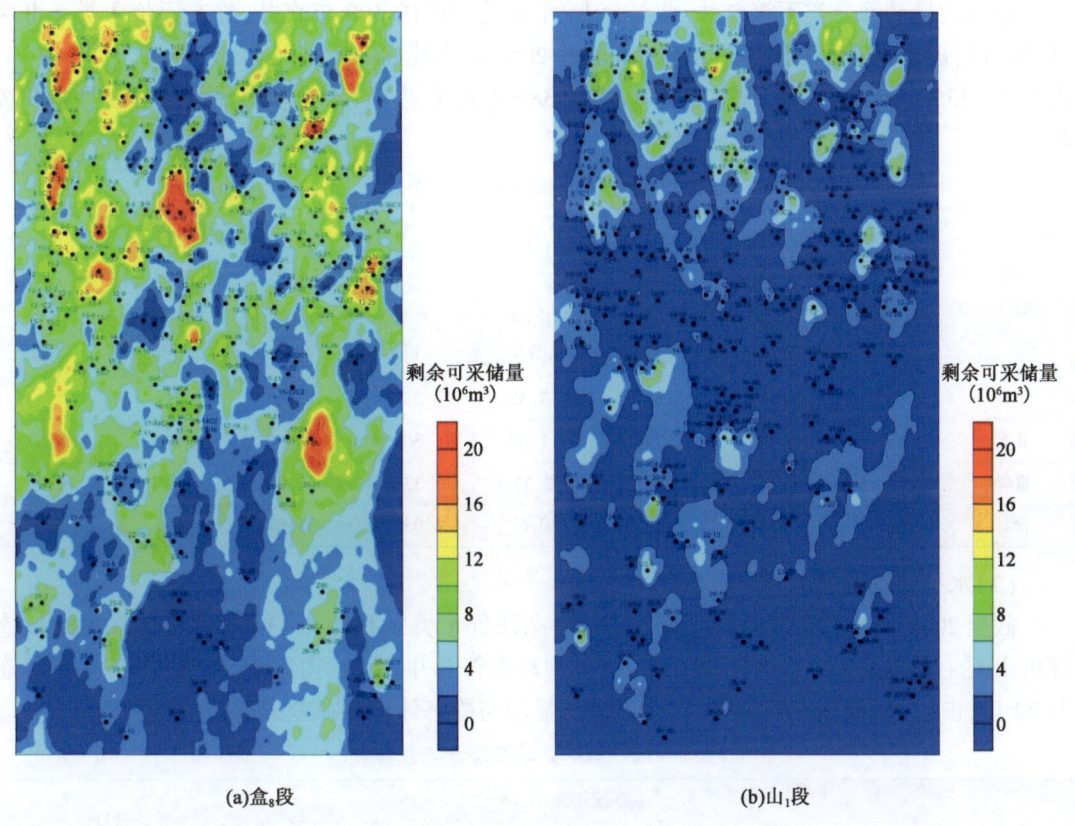

图5-50　2016年11月采出量分布示意图

第四节　开发方案调整及指标预测

通过对气藏地质特征、生产动态特征分析可以看出,气藏开发具有以下特点:(1)气藏为低孔低渗、单层有效厚度小、非均质性强的岩性气藏。(2)气井单井产能差异大,存在大量动态生产特征与静态特征不符合井。(3)单井控制储量差异大。(4)初期压力递减快,平均单井产量、压力偏低。(5)部分井出现产水现象,日产液小但稳定。(6)气藏当前采出程度低、动用程度低。针对桃2井区存在的问题,分析当前开发效果主控因素,提出相应增产及稳产措施。

一、开发效果主控因素

1. 动静态差异

（1）直井动静态差异。

存在大量动静分类不符合井,截至2016年8月投产的300口直井,静态评价Ⅰ类+Ⅱ类井258口,占比86%;动态评价Ⅰ类+Ⅱ类井205口,占比68.33%。其中动静符合井160口,占比53.33%,动态差于静态井114口,占比38%(表5-11),生产动态显示与静态评价相差较大。

表5-11　直井动静态分类差异表

静态分类	动态分类						合计	
	Ⅰ类		Ⅱ类		Ⅲ类			
	井数（口）	比例（%）	井数（口）	比例（%）	井数（口）	比例（%）	井数（口）	比例（%）
Ⅰ类	94	31.33	52	17.33	32	10.67	178	59.33
Ⅱ类	17	5.67	33	11.00	30	10.00	80	26.67
Ⅲ类	2	0.67	7	2.33	33	11.00	42	14.00
合计	113	37.67	92	30.67	95	31.67	300	100

（2）水平井动静态差异。

截至2016年8月投产的60口水平井,静态评价Ⅰ类+Ⅱ类井43口,占比81.13%;动态评价Ⅰ类+Ⅱ类井47口,占比78.33%。其中动静符合井22口,占比36.67%,动态差于静态井22口,占比36.67%(表5-12),生产动态显示与静态评价存在差异。

表5-12　水平井动静态分类差异表

静态分类	动态分类						合计	
	Ⅰ类		Ⅱ类		Ⅲ类			
	井数（口）	比例（%）	井数（口）	比例（%）	井数（口）	比例（%）	井数（口）	比例（%）
Ⅰ类	4	6.67	11	18.33	3	5.00	18	30.00
Ⅱ类	8	13.33	16	26.67	8	5.00	32	53.33
Ⅲ类	1	1.67	7	11.67	2	1.67	10	16.67
合计	13	21.67	34	56.67	13	11.67	60	100

分析总体动静不符合井,实际生产过程中,存在动态生产变好井,也存在动态生产差于静态评价井。动静态差异的存在,主要取决于储层非均质性、沉积微相、物性、配产等因素。

2. 储层非均质性

以T2-20-9井为例,虽然生产气井位于砂体边缘,但其射开盒$_{8下}$段、山$_1$段、山$_2$段共4层,累计气层、差气层厚度为24.5m,单层厚度为1.9~5.3m,但钻遇砂体较厚,物性好,静态划分为Ⅰ类井(图5-51)。在实际生产过程中,由于储层非均质性强,受外围低渗透阻隔带的影响,生产供气半径偏小,井控范围较小,稳产能力差,动态划分为Ⅱ类或Ⅲ类井。该井于2011年6月投入生产,生产初期日产气量为 $0.31×10^4m^3$,当前日产气量为 $0.64×10^4m^3$,压力下降速率高,动态生产表现为Ⅱ类井(图5-52)。主要因为其位于砂体边缘,外围存在低渗阻隔带,供气半径小。

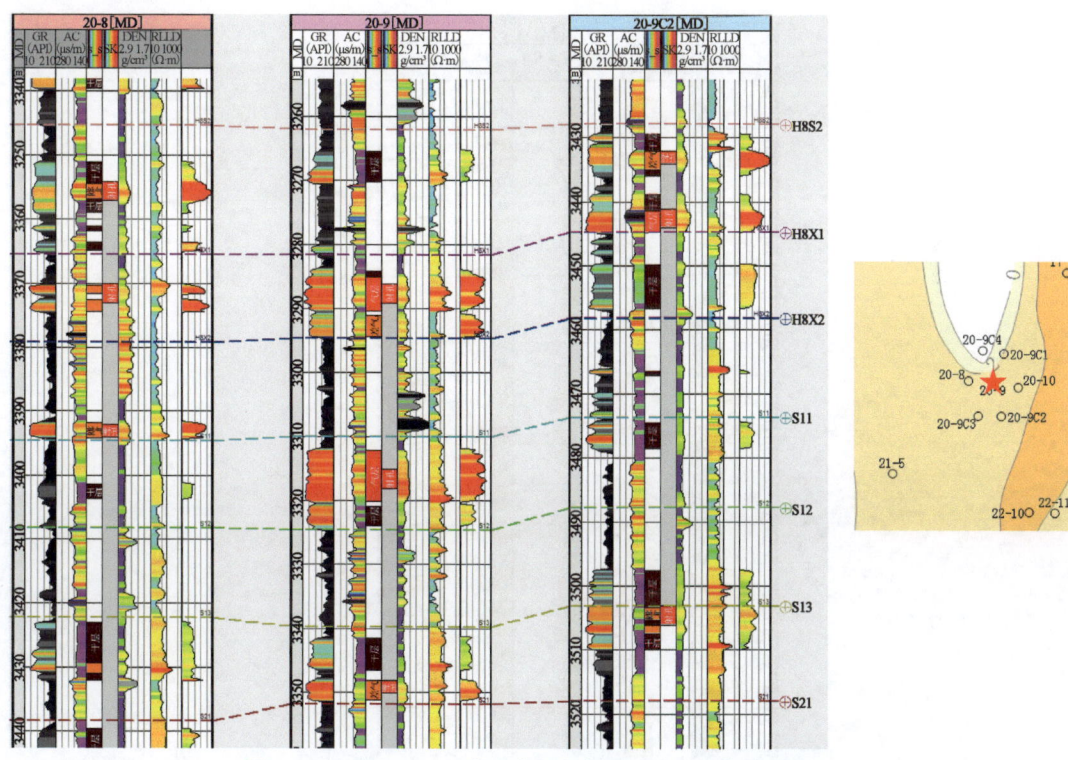

图5-51 T2-20-9井连井解释剖面及盒$_{8下}$局部有效厚度

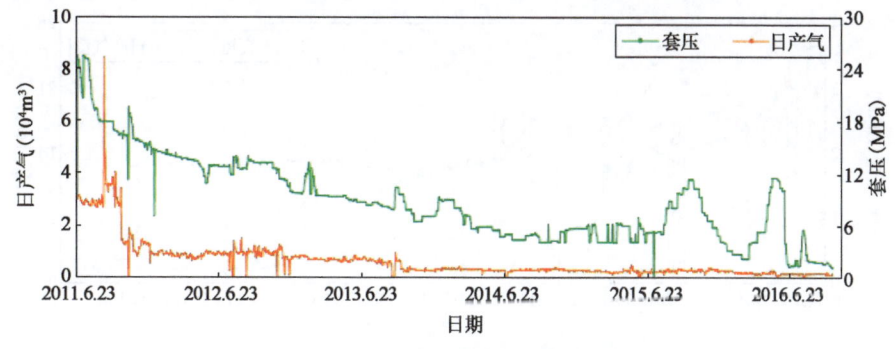

图5-52 T2-20-9井生产曲线图

3. 沉积相

盒$_8$段为辫状河沉积,辫状河横向摆动交错发育,平面上形成连片砂体;纵向上砂体互相叠置,形成厚砂。山西组为曲流河沉积,相对盒$_8$段而言,河道宽度明显变小,河漫滩发育增强,河道优势沉积相态被切割,横向连通性变差,纵向叠置砂体厚度变小。生产过程中,以山西组为主力产气层为的气井,生产情况相对较差,以 T2-13-1C2 井为例,共射开山$_1$组二层,累计气层、差气层厚度为 12.5m,单层厚度为 1.8~5.9m,静态划分为 I 类井(图 5-53)。生产过程中,初期日产气量为 $1.26 \times 10^4 m^3$,当前日产气量为 $0.56 \times 10^4 m^3$,平均日产气量为 $1.11 \times 10^4 m^3$,动态划分为 II 类井(图 5-54)。其动静态差异主要受沉积微相影响。

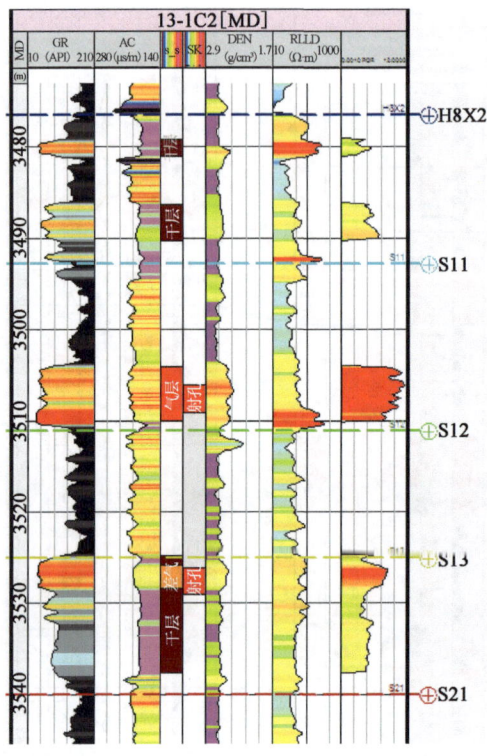

图 5-53 T2-13-1C2 井测井解释

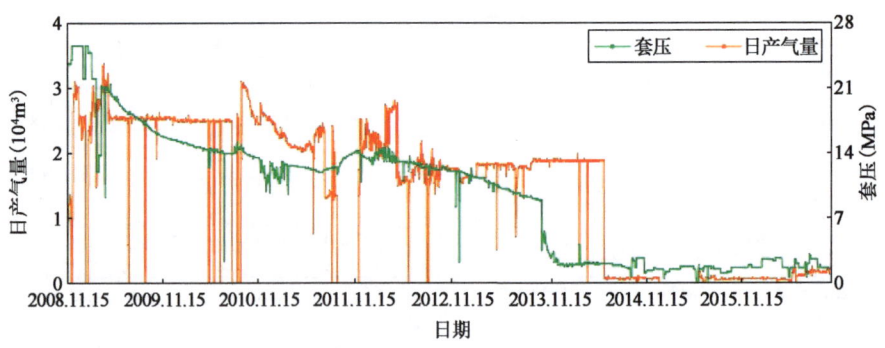

图 5-54 T2-13-1C2 井生产曲线图

4. 储层物性

若气井井眼外围储层物性较好,压力改造后井筒与外围连通性增强,则生产动态表现好于井眼评价结果。如 T2-4-17 井,共射开盒$_{8下}$、山$_1$三层,累计气层、差气层厚度为 6.4m,单层厚度为2~2.3m,静态划分为Ⅲ类井(图5-55);生产动态初期日产气量为$1.48×10^4m^3$,平均日产气量为$1.06×10^4m^3$,动态划分为Ⅱ类井(图5-56)。其动态表现好,主要因为其周围物性较好,主要受压裂后连通性增强影响。

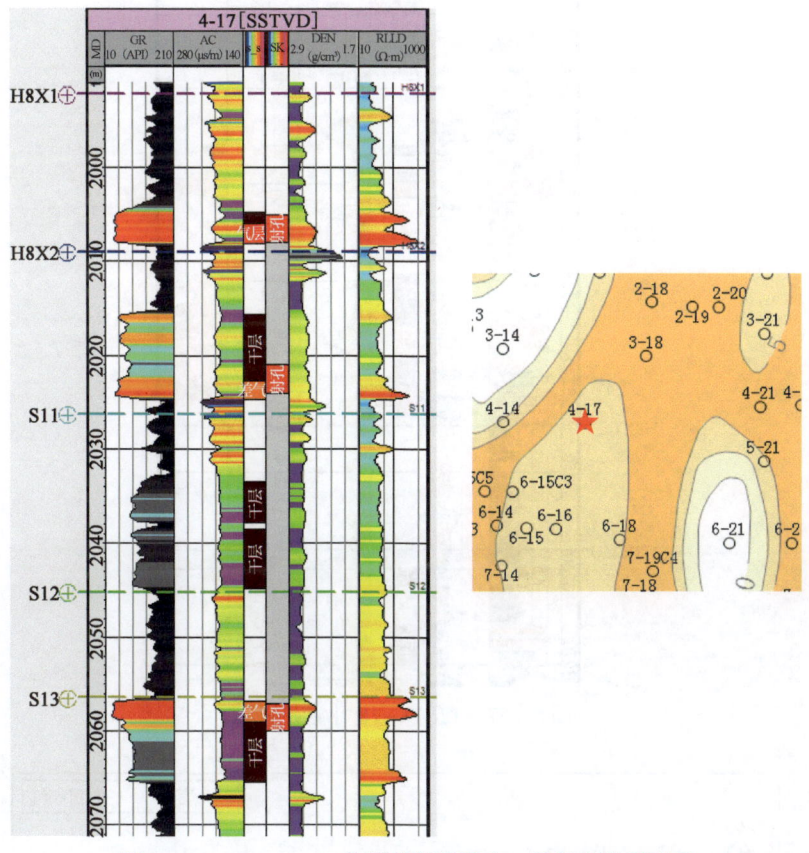

图5-55 T2-4-17井测井解释及盒$_{8下}$局部有效厚度图

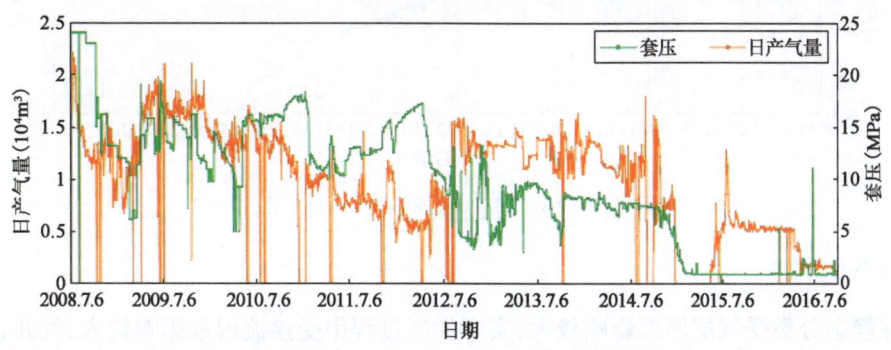

图5-56 T2-4-17井生产曲线图

再如T2-9-18井,射开盒$_{8上}$段一层,累计气层、差气层厚度为7.7m,单层厚度为1.8~3m,静态划分为Ⅱ类井(图5-57);试气无阻流量为$37.98×10^4m^3$,日产气量为$7.9×10^4m^3$,

生产后初期日产气量为 $2.41 \times 10^4 \text{m}^3$，平均日产气量为 $1.59 \times 10^4 \text{m}^3$，动态划分为 Ⅰ 类井（图 5-58）。动态生产表现好主要因为其物性好，平均孔隙度大于 10%。

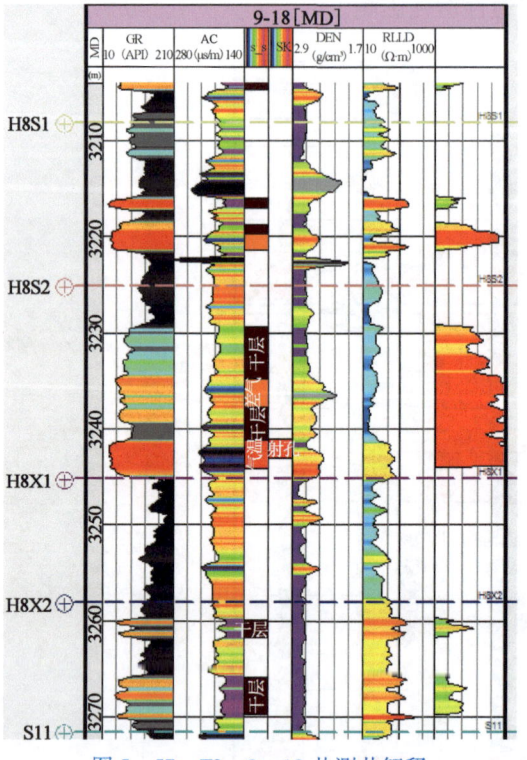

图 5-57　T2-9-18 井测井解释

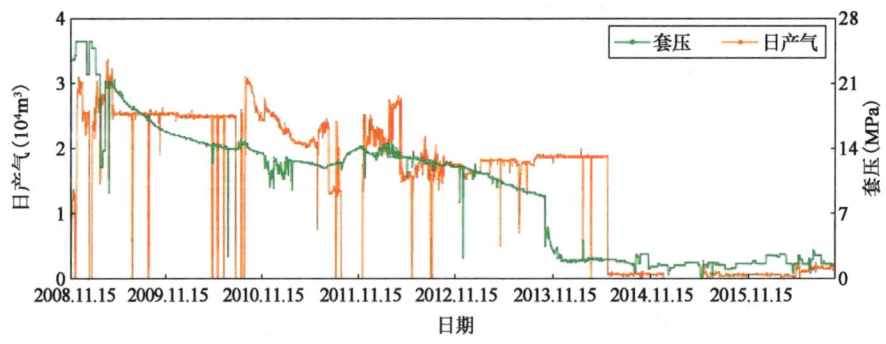

图 5-58　T2-9-18 井生产曲线图

5. 含气饱和度

气井静态分类受气层厚度影响较大，实际生产过程中受渗流因素影响较大，气井含气饱和度偏低时，生产表现差于静态评价。如 T2-8-10 井，其射开盒$_8$、山$_1$ 段共 2 层，累计气层、差气层厚度为 12.6m，单层厚度为 1.9~6.4m，静态划分为 Ⅰ 类井；但其基质渗透率较低，渗透性差，影响生产（表 5-13）。生产初期日产气量为 $0.82 \times 10^4 \text{m}^3$，当前日产气量为 $0.06 \times 10^4 \text{m}^3$，平均日产气量为 $0.37 \times 10^4 \text{m}^3$，动态表现为 Ⅲ 类井（图 5-59）。

表 5–13　T2–8–10 井射开层段物性表

层位	射孔井段（m）		厚度（m）	孔隙度（%）	含气饱和度（%）	基质渗透率（$10^{-3}\mu m^2$）	解释结果
盒$_8$	3290.4	3296.8	6.4	8.33	48.37	0.218	气层
山$_1$	3342.5	3346.8	4.3	3.41	49.75	0.055	气层
平均				5.87	49.06	0.1365	气层

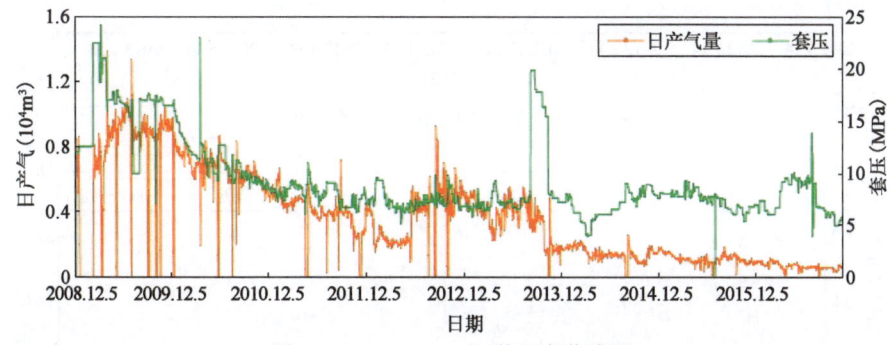

图 5–59　T2–8–10 井生产曲线图

6. 气井配产

致密气藏压裂产能具有较强的时效性，试气无阻流量与气井修正等时无阻流量存在较大差异，初期试采产能并不能真正反映气藏、气井的真实生产特征，气井配产不能仅仅依靠试气无阻流量决定，若配产过高可能导致井筒周围气藏亏空严重，井底压力下降速度过快，供不应产。

二、开发存在稳产问题

1. 井网完善程度低

桃 2 井区钻井井网为 600m×800m，平均单井控制半径为 334.08m，单井控制半径主要分布在 300～400m，其井网完善程度低，存在较多区域可完善，如南部等区域。

2. 压力下降快

经过 8 年开采后，井区气井油套压下降快，套压下降到 6MPa 以下井 140 口，占总井数的 38.89%，套压在 4MPa 以下井 78 口，占总井数的 21.67%，如不采取措施，压力下降可能影响气井产量及单井稳产期。

3. 产水井积液

随着开采时间的延续，气井井底压力、天然气流动速度逐步降低，导致气藏中产出水或凝析液不能被天然气流携带出井筒，使其滞留聚集于井底，形成液柱，随着液柱持续，气可能被井筒内的液柱"压死"，导致停产。存在因产液大而导致停产井，如 T2–29–16 井，其射开盒$_8$、马五合采共 3 个层段。2013 年 7 月 18 日因地层出水大关井，关井前平均日产气量为 $0.57\times10^4 m^3$，计算临界携液流量为 $0.54\times10^4 m^3$（图 5–60）。T2–30–8 井，射开盒$_8$、山西、马五合采共 6 个层段。2014 年 10 月 26 日井筒积液影响正常生产，平均日产气量为 $0.6\times10^4 m^3$，计算临界携液流量为 $0.55\times10^4 m^3$（图 5–61）。

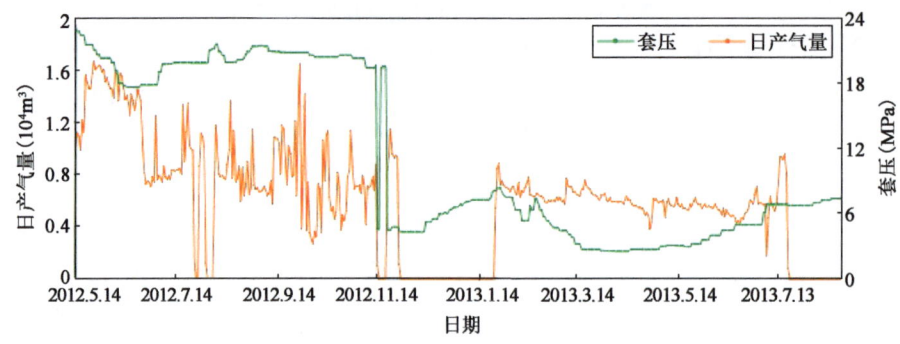

图 5-60 T2-29-16 井生产曲线图

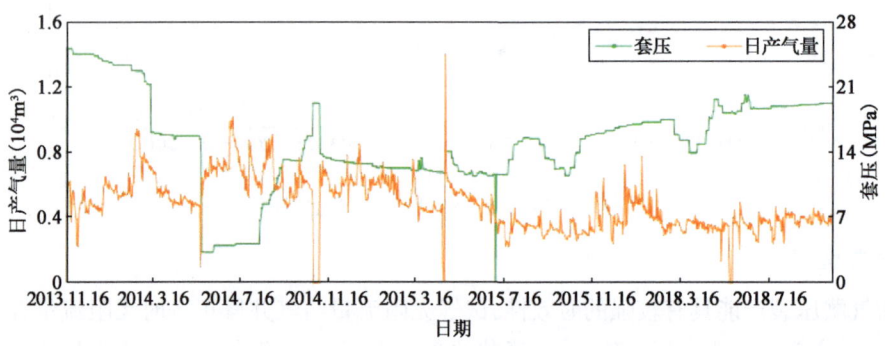

图 5-61 T2-30-8 井生产曲线图

4. 储量纵向打开程度低

各单井投产层位数与钻遇层位数的比值,即纵向打开程度。对 300 口直井统计(图 5-62)发现,桃 2 井区钻遇气层全部打开 93 口,占比只有 33.2%,打开程度低于 1/2 的井 55 口,占比 19.65%,打开程度低于 0.7 的井 137 口,占比 48.9%。储量总体纵向打开程度较低。

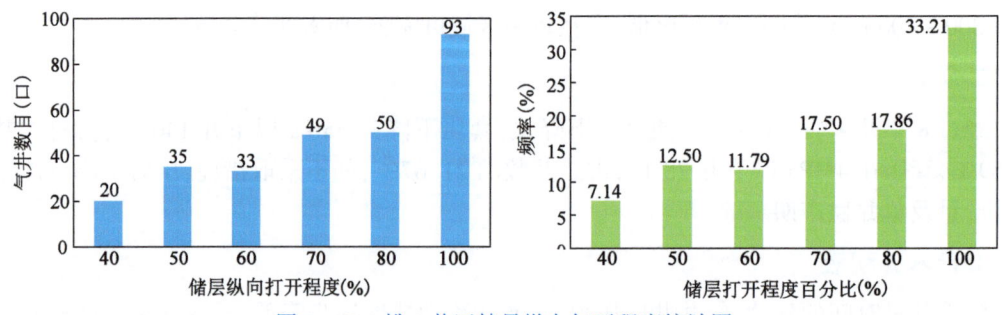

图 5-62 桃 2 井区储量纵向打开程度统计图

三、单井增产及稳产对策

1. 井网完善

根据剩余储量分布及钻井情况,可针对储量控制程度相对较低地区进行井网完善,如 T2-6-7—T2-8-27 区域、T2-20-21—Z96 区域(图 5-63)等。

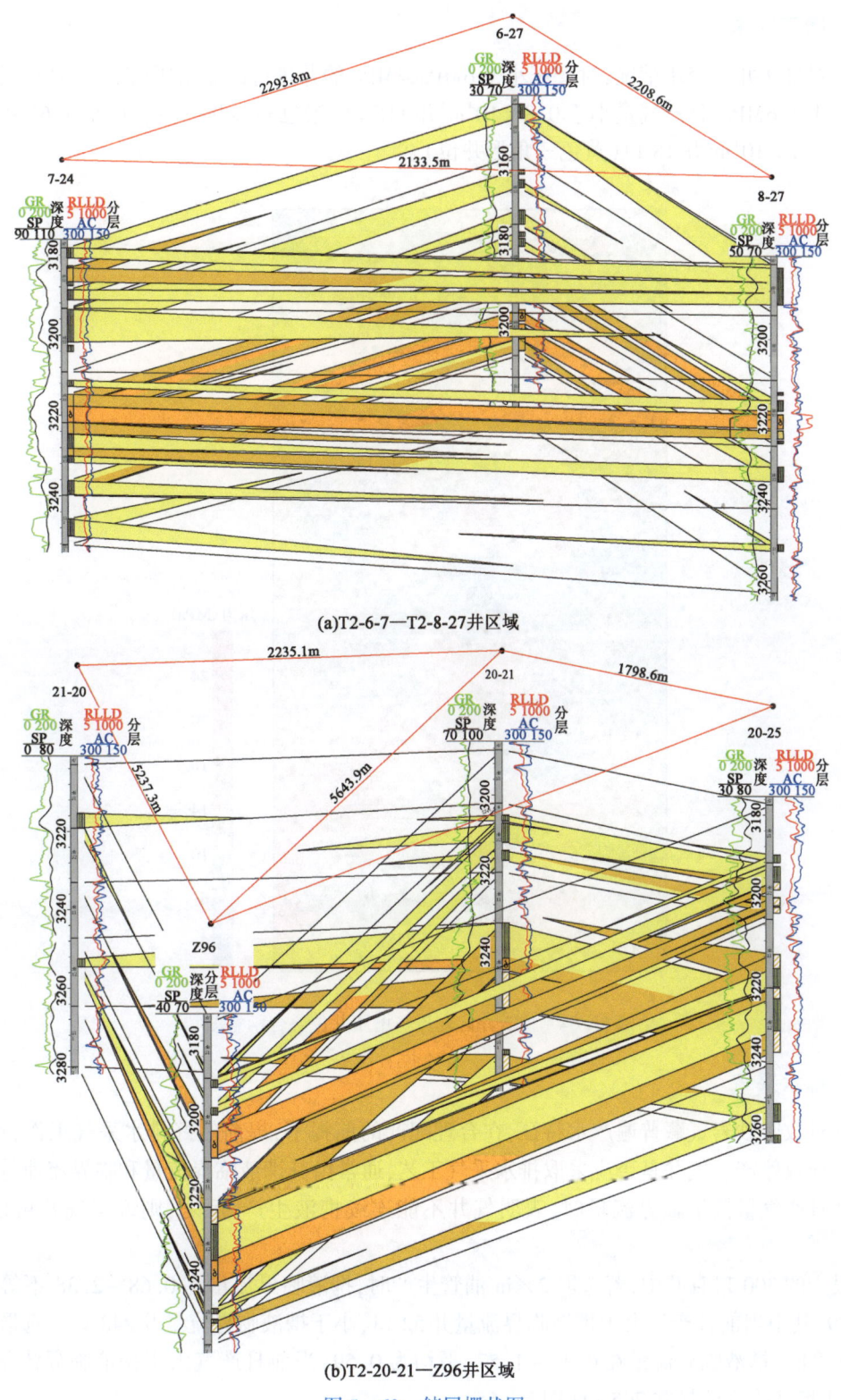

(a) T2-6-7—T2-8-27井区域

(b) T2-20-21—Z96井区域

图 5-63 储层栅状图

2. 增压措施

针对桃 2 井区套压情况,对套压小于 6MPa、4MPa 的井进行监测增压(图 5–64)。桃 2 井区套压小于 6MPa、日产气量小于 $0.8 \times 10^4 \text{m}^3$ 井 115 口(紫色菱形井位);套压小于 6MPa,日产气量大于 $1 \times 10^4 \text{m}^3$ 井 18 口(黄色三角形井位)。

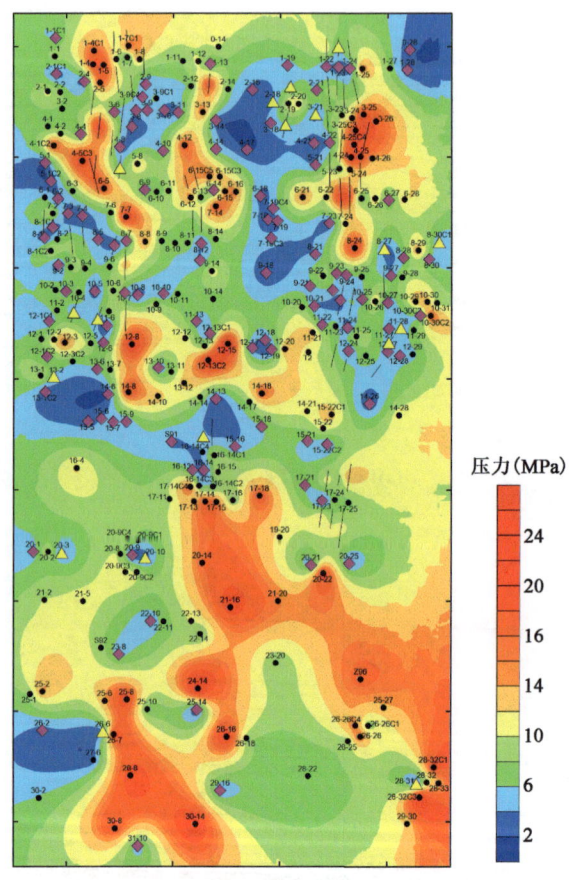

图 5–64　桃 2 井区套压与增压井位叠合示意图

3. 排水采气

针对致密砂岩气藏普遍产水特征,在合理配产的前提下,提前做好排水采气工作,预防井底积液导致停产。气井是否应采取排水采气工艺,通常由其携液临界流量和临界流速等判断。当气井日产气量低于临界流量时,表明气井不能连续携液生产,反之,则说明气井可以正常生产。

投产的 300 口直井中,若选取 2⅞in 油管生产时,携液临界流量在 0.68~2.38 不等,平均为 0.89,其中当前日产气大于携液临界流量井 52 口,小于携液临界流量井 248 口。选取 2⅜in 油管生产时,携液临界流量在 0.45~1.57,平均为 0.59,当前日产气大于携液临界流量井 95 口,小于携液临界流量井 205 口(图 5–65)。

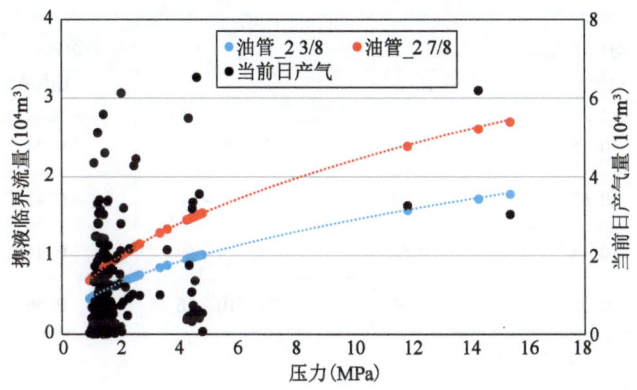

图 5-65　不同油管尺寸携液临界流量与日产图

以生产井生产动态曲线为基础,以油套压差、油套压曲线变化为主要参考因素,参考临界携液流量计算,选取了 56 口井建议采取排水采气措施(表 5-14)。如 T2-3-9C4 井(图 5-66)套压曲线 2012 年 5 月、2013 年 3 月出现小幅度上扬变化,2014 年 9 月开始呈现上扬状态,套压变化异常,生产平均日产气量为 $0.11 \times 10^4 m^3$,计算临界携液流量为 $0.53 \times 10^4 m^3$,建议采取排水采气措施。T2-10-26 井(图 5-67)2010 年 12 月套压曲线异常,气井可以正常生产,2014 年 8 月压力上扬异常,计算临界携液流量为 $0.54 \times 10^4 m^3$,生产平均日产气量为 $0.56 \times 10^4 m^3$,已接近临界携液流量,注意气井状态,采取排水采气措施。

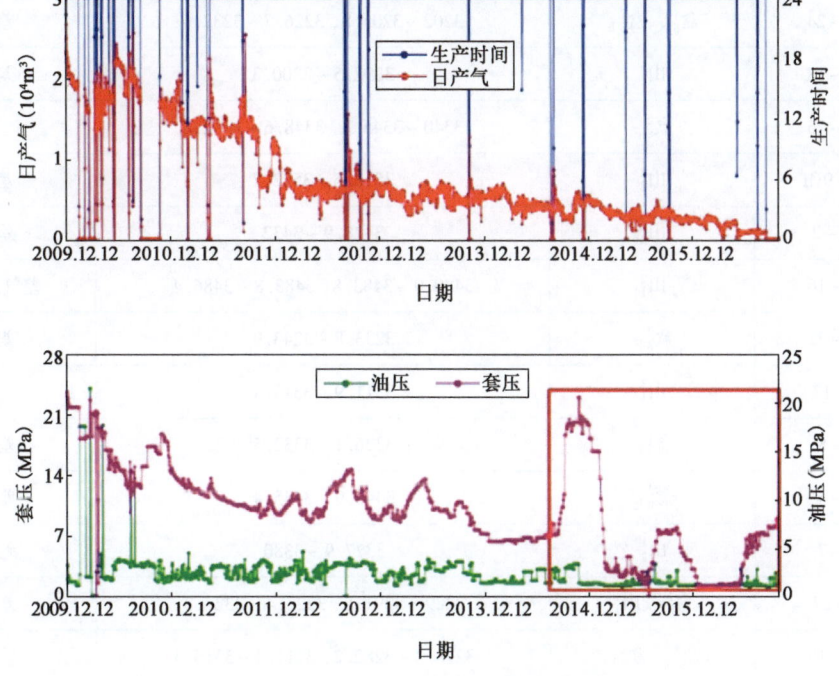

图 5-66　T2-3-9C4 井生产曲线

表 5–14　建议排水采气井位表(部分)

井名	平均日产气量 ($10^4 m^3$)	临界流量 ($10^4 m^3$)	井名	平均日产气量 ($10^4 m^3$)	临界流量 ($10^4 m^3$)
T2–1–1	0.15	0.58	T2–5–24	0.24	0.54
T2–3–2	0.67	0.53	T2–7–14	0.41	0.96
T2–3–9C1	0.14	0.53	T2–9–6	0.41	0.51
T2–4–2	0.35	0.50	T2–10–26	0.56	0.54

4. 潜力层位开发

鉴于桃 2 井区单井纵向打开程度低,增产潜力大,共筛选出潜力井 21 口(表 5–15),潜力层段 30 个,累计气层厚度为 43.9m,差气层为 89.7m。如 T2–17–25 井盒$_8^2$下小层;T2–26–16 井山$_1^2$小层;T2–25–27 井盒$_8^2$上段、盒$_8^1$下段;T2–6–15C5 井盒$_8^2$下段、山$_1^3$段(图 5–68,表 5–16)。

表 5–15　潜力井及层段表

潜力井位	层位	层段(m)	解释结论
T2–1–13	山$_1^3$	3412~3416	差气层
T2–12–20	盒$_8^2$下	3244.6~3251	差气层
T2–12–24	盒$_8^1$下、盒$_8^2$下	3202~3205.8,3226.7~3232.6	差气层
T2–14–18	山$_1^3$	3297.5~3300.3	差气层
T2–17–25	盒$_8^2$下	3340~3345.8,3348.6~3352.8	气层
T2–20–9C1	山$_1^2$	3518.6~3522.7	差气层
T2–25–2	山$_1^2$	3428.9~3432	差气层
T2–26–16	山$_1^2$	3480.9~3483.8,3483.8~3486.4	差气层/气层
T2–28–32	盒$_8^2$	3233.8~3243.9	差气层
T2–3–13	山$_1^3$	3311.9~3315.4	差气层
T2–4–8	盒$_8^1$下	3326.1~3332.5	差气层
T2–7–4	盒$_8^2$上	3442.9~3445.4	差气层
T2–7–7	山$_1^2$	3377.9~3380	差气层
T2–9–27	盒$_8^1$下、山$_1^1$	3289~3291.6,3323.4~3327.3	差气层
T2–14–13	盒$_8^2$上、盒$_8^2$下	3278.4~3282.2,3311.4~3315.4	差气层
T2–15–22	盒$_8^2$下、山$_1^2$	3221.6~3223.4,3225.2~3227,3314~3316.4	差气层/差气层/气层

续表

潜力井位	层位	层段(m)	解释结论
T2-25-27	盒$_8^2$上、盒$_8^1$下	3199.6~3203.1,3221.8~3226.6	气层
T2-3-25	盒$_8^2$下	3238.5~3243.4	气层
T2-6-15C5	盒$_8^2$下、山$_1^3$	3480.5~3496,3551.1~3556.4	气层/差气层
T2-8-8	盒$_8^2$下	3344.8~3349.6	差气层
T2-9-24	盒$_8^2$下	3219~3223.1	差气层

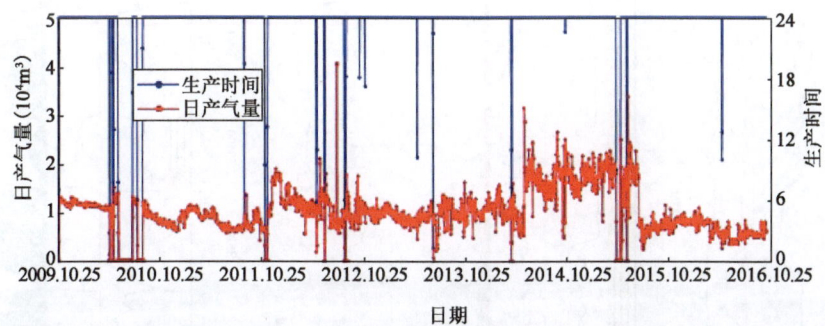

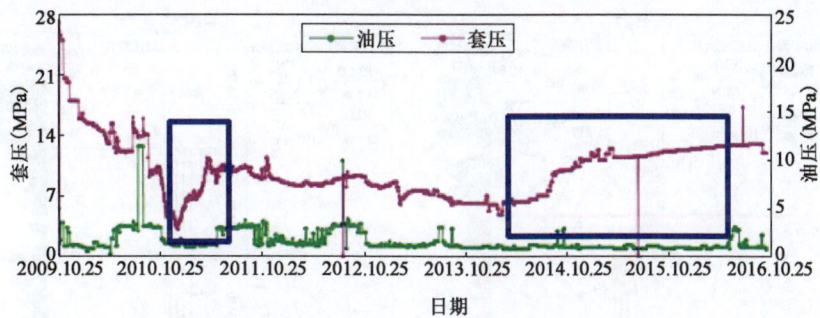

图 5-67　T2-10-26 井生产曲线

表 5-16　潜力层电性、物性表(例井)

井名	砂体厚度(m)	气层厚度(m)	差气层厚度(m)	声波时差(μs/m)	电阻率(Ω·m)	孔隙度(%)	含气饱和度(%)
T2-17-25	22.4	10	3.6	231	60	11	65
T2-26-16	5.5	2.6	2.9	226	411	8.2	77
T2-25-27	18.5	8.3	4.9	221	278.6	5.87	76.1
T2-6-15C5	15.5	15.5	—	251	50.37	11.79	67.3

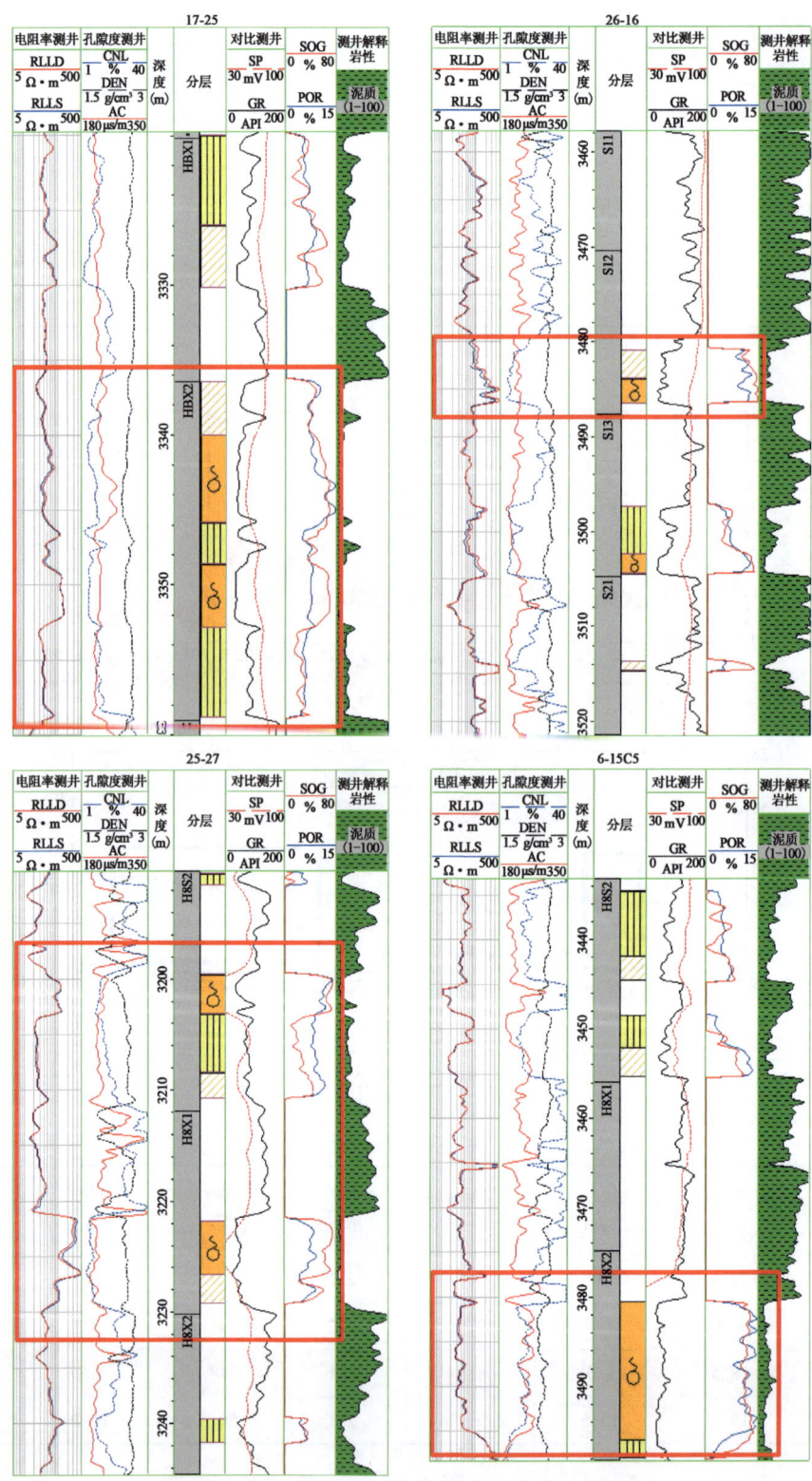

图 5-68 潜力井潜力层测井解释图

第六章　苏里格气田致密砂岩气藏动态监测技术

第一节　压力监测技术

一、工艺原理

鉴于致密砂岩气藏压力恢复缓慢、采用单一方法很难准确获得地层压力这一现状,通过不断总结和完善,逐渐形成了以建立观察井网、压恢试井、定点测压、区块整体关井等技术相互结合的方法,来确定气田当前地层压力的方法。

1. 观察井网建立

(1)建立观察井网的原则。

观察井与监测开发单元内的气井井间连通关系明确。观察井一般要位于监测开发单元内部居中位置,压力要有代表性。观察井网力求控制气田主要开发区块,且要尽可能精简。

(2)观察井网的建立。

(3)观察井网压力录取规定。

要求对观察井压力进行连续跟踪监测,这包括井口及井底压力,其中井底压力要求采用精密电子压力计进行测试,以观察不同区块地层压力的变化特征。

2. 利用压恢试井确定地层压力

对压恢试井资料的研究,除可识别储层类型、判断储层边界、求取储层物性参数、加深对储层横向变化规律的认识、评价气井增产措施效果等常规应用外,气田还利用压力恢复试井相关资料开展了气田当前地层压力研究,其原理是根据压恢试井外推压力与压恢试井后期测试静压比值,研究确定相同生产气井短期关井测试静压与地层压力的关系。

3. 定点测压

由于观察井井数少,而气田面积大,观察井网对气田的整体控制程度低。为此,又组建了定点测压井网,通过结合观察井网,增大静压的录取量。选择不同开发区块的重点生产气井,组成定点测压井网,定期开展关井测压,以确定气井不同开发阶段的地层压力。苏里格气田要求定点测压井每年关井时间要基本相同,以便对比分析压力变化。

4. 区块整体关井测压技术

区块关井测压是了解区块当前地层压力分布最直接、结果最真实可靠的一种方法。该方法是在一个独立气藏内、在采出一定气量后、整个气藏内所有气井在同一时间内关井进行压力恢复,待压力恢复稳定后进行地层压力普测,从而确定区块当前地层压力。由于区块整体关井时间不可能很长,因此,测试资料必须结合压恢试井数据进行修正。

二、现场应用及效果

1. 投产前地层压力

历年来自营区块开展了投产前地层压力测试的气井占比37%左右(含部分试气求产过程数据),测试覆盖率偏低。历年新井投产前地层压力变化情况如图6-1所示。各区块投产前地层压力分布情况如图6-2所示。中区地层压力整体略有下降,其中苏14区块平均压力为27.62MPa,桃2区块平均压力为29.91MPa,受南区压力偏高影响整体略有上升(两个区块2022年之前趋势一致)。西区整体压力保持稳定,平均压力为31.30MPa。

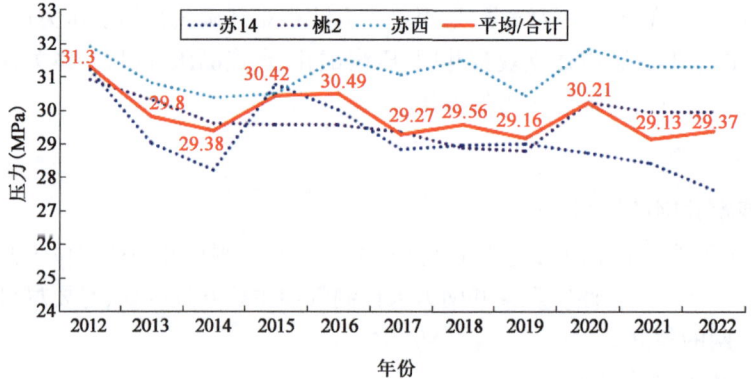

图6-1 历年新井投产前地层压力变化情况

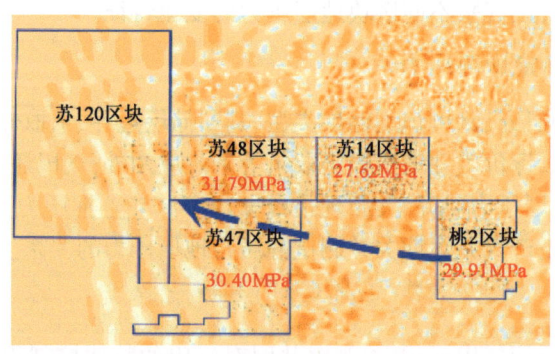

图6-2 各区块投产前地层压力分布情况示意图

目前井网密度较完善的苏14、桃2区块,绘制了投产前地层压力分布图(图6-3、图6-4),均显示出区块内存在部分气井投产前地层压力异常偏低(<26MPa),以丛式井组和侧钻水平井为主。

投产前地层压力偏低原因分析:

(1)测试前压力恢复时间过短,地层压力恢复程度不够。

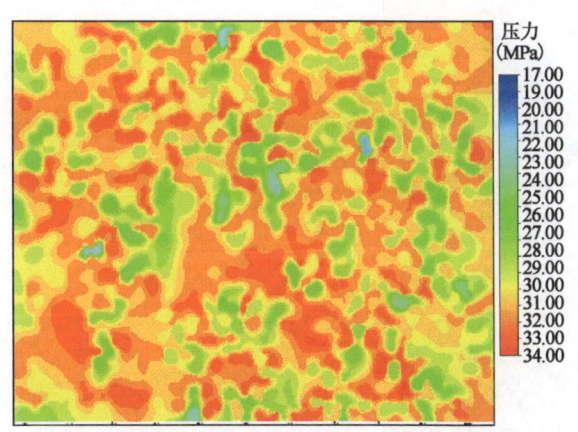
图 6-3　苏 14 区块投产前地层压力分布示意图

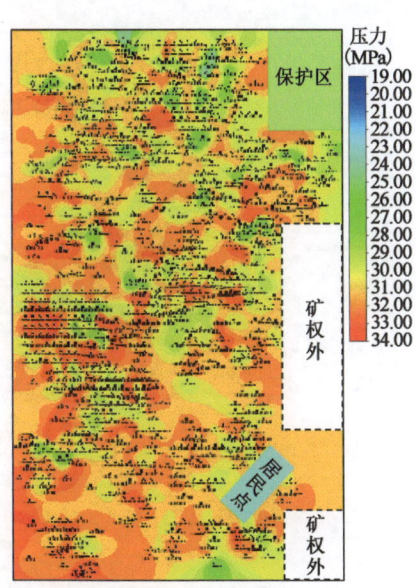
图 6-4　桃 2 区块投产前地层压力分布示意图

（2）气井投产前放喷排液时间过长。
（3）重度积液影响。
（4）存在井间干扰现象。
（5）侧钻水平井普遍压力偏低。

2. 目前地层压力测试

每年实测目前地层压力的井数不足全厂气井的 5%。为此结合全厂检修时气井普遍短期关井，建立了气井的目前地层压力计算方法：

$$p_s = p_t + (0.0072p_t + 0.012)H \tag{6-1}$$

式中　p_s——气井的目前地层压力，MPa；

　　　p_t——关井 t 天后气井套压，MPa；

　　　H——气层中深，m。

井筒压力梯度与套压关系如图 6-5 所示，桃 2 区块地层压力分布如图 6-6 所示。

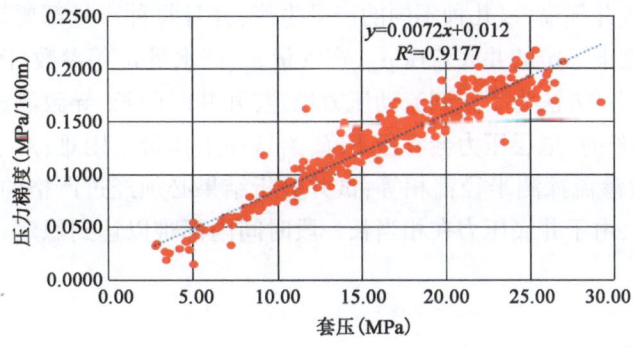

图 6-5　井筒压力梯度与套压关系

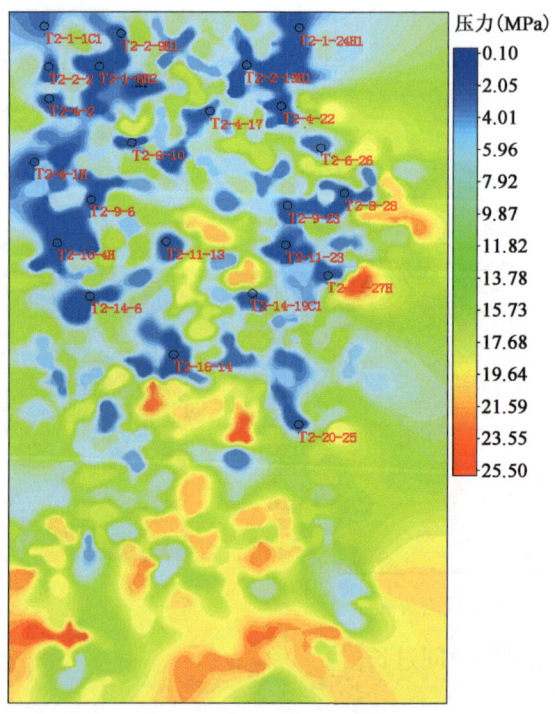

图 6-6 桃 2 区块目前地层压力分布示意图

第二节 试井测试

一、产能试井

1. 工艺原理

(1) 常规回压试井。

通过逐步改变气井气嘴,以几种不同的产量生产,并且每种产量都要持续到压力稳定,测量出每一个工作制度下稳定的井底流压 p_{wf}、产气量 q_g、产水量 q_w 等参数(图 6-7)。

常规回压试井测试方法为了达到流动压力稳定,开井时间长,导致测试时间长,测试费用高,而且开井时间加长时,地层压力会有所下降,给试井工作带来困难;对于新井而言,资料浪费大;不能保证每次渗流探测半径都相等;试井分析结果必须经过严格的校正才能使用。同时,对于低渗透气藏,由于井底压力在相当长一段时间内都难以达到稳定,因此该方法在苏里格气田不适用。

(2) 等时试井。

等时试井由交替的开关井组成,气井以某一稳定流量 q_1 生产一段时间,然后关井直到压力恢复到稳定状态,再开井以稳定流量 q_2 生产相同的时间,然后关井直到压力恢复至稳定状态,如此循环,不同产量对应的开井时间相同。等时生产关井后压力要一直持续到稳定或非常接近稳定,最后以一个较小的产量延续生产直至达到稳定条件,具体操作流程如图 6-8 所示。

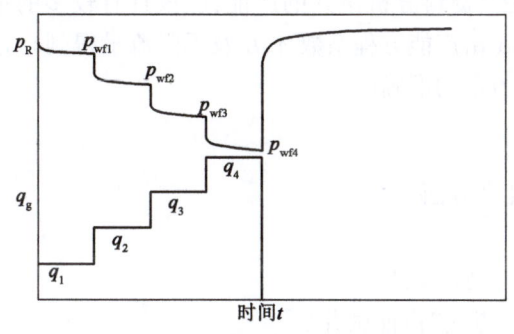

图 6-7 常规回压试井产量压力示意图　　图 6-8 等时试井产量压力示意图

与常规回压试井相比,等时试井极大地缩短了开井时间,而且等时试井关井时间长,每次关井都必须恢复到地层压力,因此适用于新井、探井。每次关井后都要求恢复到原始地层压力,这样使产能试井整个测试时间加长,导致测试费用较高。对于低渗透气藏,由于井底压力在相当长一段时间内都难以达到稳定,该方法在苏里格气田不适用。

(3) 修正等时试井。

修正等时试井是在等时试井的基础上发展形成的。等时试井不要求每一个产量的生产都达到稳定条件,但要求每一个产量生产后的关井必须达到稳定的压力,这对于低渗透气藏来说需要很长的时间。因此,为了进一步缩短测试时间,1959年 Katz 等人提出了修正等时试井,具体操作流程如图 6-9 所示。

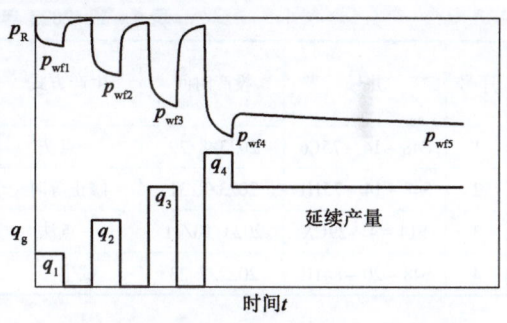

图 6-9 修正等时试井产量压力示意图

试井要求:每次的设计产量都不相等,从小到大,每测试一个流量,都必须在预先规定的生产持续时间测量井底流动压力,每次测试的时间与关井时间相等。每测试完一个流量,不要求关井恢复到地层压力。

修正等时试井在实际操作时,所有工作制度下的开井生产时间和关井恢复时间都一样,且不要求在关井恢复到地层压力时再进行下一个工作制度,不仅克服了等时试井的缺点,在矿场实际操作时也十分方便,大大缩短了关井恢复期的时间,该方法提出后,在矿场上得到了广泛的应用。低渗透气田也能应用修正等时试井进行产能测试,该方法适用于苏里格气田产能试井。

(4)"一点法"试井。

"一点法"试井技术是目前应用较多的一种试井方法,主要用来估算气井试采初期的无阻流量及合理产量,具有一定的参考价值,给气井初期生产带来很多方便。

试井要求:对于已知地层压力或具有历史试井资料的气井,只需要测得一个工作制度下的稳定产量及该产量所对应的稳定井底流压,便可确定气井试采初期的稳定产能方程及无阻流量。

与其他试井方法相比,"一点法"试井只需要一个稳定点即可完成多点试井的任务,工期短、能源浪费少,并且具有明显的经济效益。一般情况下,该方法所计算出的无阻流量比其他方法的大,不能直接运用于实际生产。"一点法"产能计算公式的建立,必须以丰富可靠的稳定试井资料为基础,要想比较准确地通过"一点法"资料分析该井的产能,应该具有较多的本地区多点稳定试井的资料和本地区的平均 α 值(α 由产能方程系数 A、B 及无阻流量得到),这样才能进一步地降低误差,提高产能方程和无阻流量的准确度。

2. 现场应用及效果

苏里格气田开展产能试井时主要依据以下几个方面:

(1)新区、新层位开展产能试井。

(2)$Q_{AOF} \geqslant 20 \times 10^4 m^3/d$ 的中高产井采用修正等时试井。

(3)$Q_{AOF} < 20 \times 10^4 m^3/d$ 的中低产井采用"一点法"产能试井。

(4)局部区域单一开发层系气井,有针对性地开展产能试井。

(5)评价区或老区块内尚未认识清楚的新区域,有针对性地开展产能试井。

2023年针对苏西新投产井、侧钻定向井开展产能试井及试生产共14口,试采井生产数据见表6-1。井均试气无阻流量为 $40.66 \times 10^4 m^3/d$,试采期间液气比最高为 $8 m^3/10^4 m^3$,末期平均压降速率为 $0.08 MPa/d$,受产液影响,核实平均无阻流量 $10.72 \times 10^4 m^3/d$。

表6-1 2023年试采井生产数据统计表

序号	井号	投产时间	生产方式	试气无阻流量 ($10^4 m^3/d$)	液气比 ($m^3/10^4 m^3$)	末期压降速率 (MPa/d)	核实无阻流量 ($10^4 m^3/d$)
1	S48-14-75C6	2023/8/29	一点法	41.3897	1.22	0.15	6.3381
2	S48-14-75H1	2023/8/31	修正等时	74.6531	1.15	0.03	29.3277
3	S14-4-29CX	2023/10/11	一点法	42.9282	0.52	0.07	7.8698
4	S48-20-84H1	2022/7/23	试生产	103.6882	3.28	0.19	11.2574

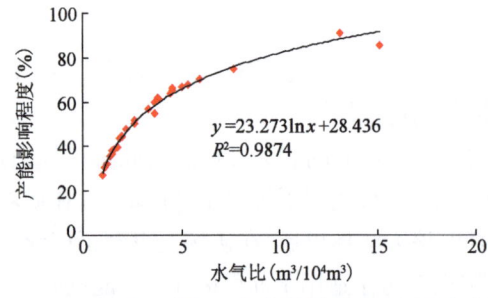

图6-10 建立水气比与产能影响程度回归方程

通过 WGR 对产能方程进行校正,核实气井真实产能为试气无阻流量的1/4,以此指导产水井配产132口,目前均生产动态稳定(图6-10)。

以 T2-13-7H2 井为例,投产前测试所得试气无阻流量为 $112.45 \times 10^4 m^3/d$,但是通过试采数据计算所得无阻流量为 $10.27 \times 10^4 m^3/d$,试生产期间平均液气比 $2.34 m^3/10^4 m^3$,通过 WOG 校正后的无阻流量为 $20.14 \times 10^4 m^3/d$,制定合理生产制度为 $4 \times 10^4 m^3/d$。

对于产水气井,在同一生产阶段,随着产气量的增大,产水量增幅明显,水气比呈上升趋势;随着生产时间的延长,同一生产制度下水气比均低于生产前期。

S48-20-84H1 修正等时试井配产 $3 \times 10^4 m^3$、$5 \times 10^4 m^3$,产水量 $5.3 m^3$、$24.4 m^3$,水气比分别为 $1.7 m^3/10^4 m^3$、$4.9 m^3/10^4 m^3$(图6-11)。S48-20-84H2 投产初期新井试生产配产 $3 \times 10^4 m^3$、$4 \times 10^4 m^3$、$5 \times 10^4 m^3$,产水量 $5.7 m^3$、$11.3 m^3$、$14.2 m^3$,水气比分别为 $1.8 m^3/10^4 m^3$、

$2.7m^3/10^4m^3$、$2.8m^3/10^4m^3$,2023年6月至7月试生产期间,配产$2×10^4m^3$、$3×10^4m^3$,产水量$2.2m^3$、$4.2m^3$,水气比$1.2m^3/10^4m^3$、$1.4m^3/10^4m^3$(图6–12)。

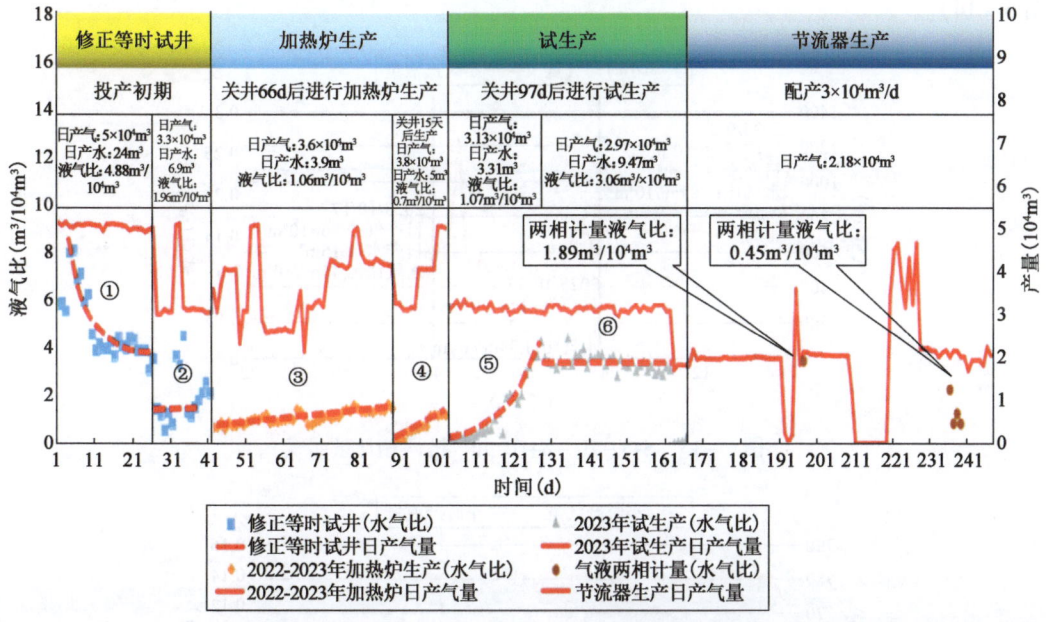

图6–11　S48–20–84H1井气量、液量变化曲线

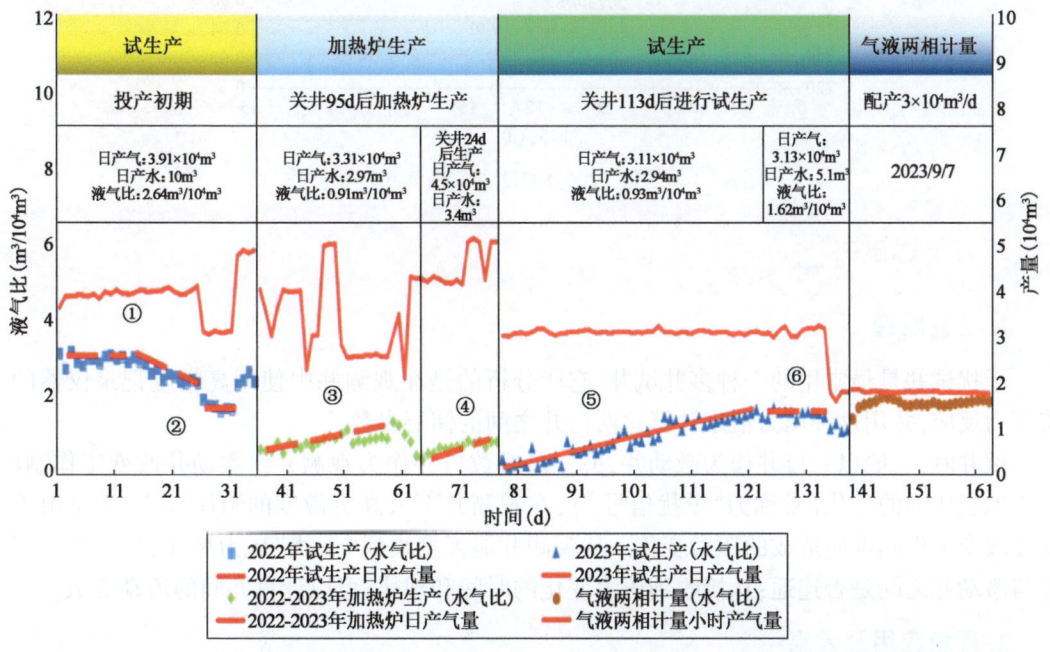

图6–12　S48–20–84H2井气量、液量变化曲线

节流器对高产水井产能发挥存在一定制约限制。S48–20–84H1井试生产期间配产$3×10^4m^3/d$,水气比$1.7m^3/10^4m^3$;节流器配产$3×10^4m^3/d$,日产气量仅为$(2\sim2.5)×10^4m^3/d$,

— 193 —

水气比为 0.45~1.24m³/10⁴m³(图 6-13)。S48-20-84H2 井试生产期间配产 3×10⁴m³/d,水气比 1.4m³/10⁴m³;节流器配产 3×10⁴m³/d,日产气量仅为 1.8×10⁴m³/d,水气比 1.9m³/10⁴m³(图 6-14)。

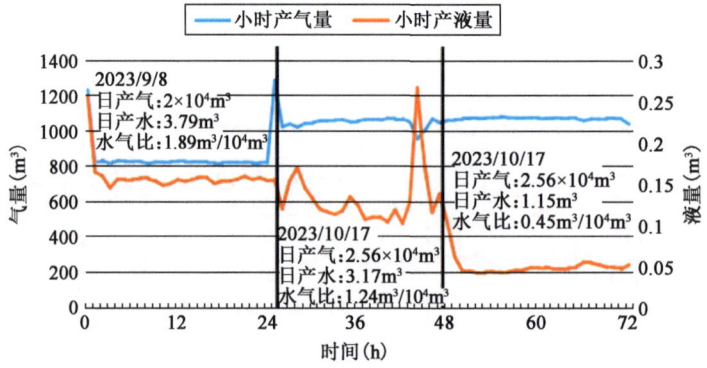

图 6-13　S48-20-84H1 井气液两相计量曲线

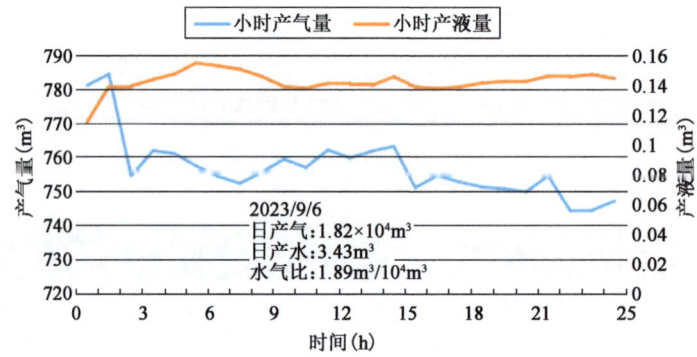

图 6-14　S48-20-84H2 井气液两相计量曲线

二、干扰试井

1. 工艺原理

干扰试井是最常用的一种多井试井,它所分析的是在观测井中使用高精度记录仪器的干扰压力反应,并用这种压力值来计算这两口井之间的储层参数。

试井时,一般以一口井作为激动井,另一口或数口井作为观测井。激动井改变工作制度,造成地层压力的变化(常称为"干扰信号"),在观测井下入高灵敏度的测压仪表,记录由于激动井改变工作制度所造成的压力变化。从观测井能否接收到"干扰"压力变化,便可判断观测井与激动井之间是否连通;从接收到压力变化的时间和规律,可以计算井间的流动参数。

2. 现场应用及效果

历年共开展了 12 个井组的干扰试井,对不同井距、布井方式的井间连通性进行了评价。苏 14 加密井组见到了明显干扰:激动井 S14-J4 与观测井 S14-J3 井距 300m。疑似干扰井组 2 个:T2-16-2C2 井组、S14-9-40H2 井组(图 6-15、图 6-16)。

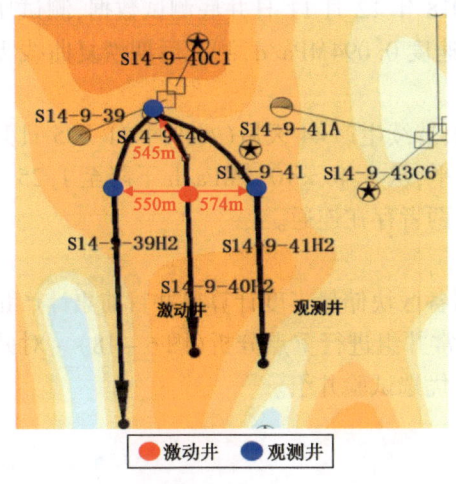 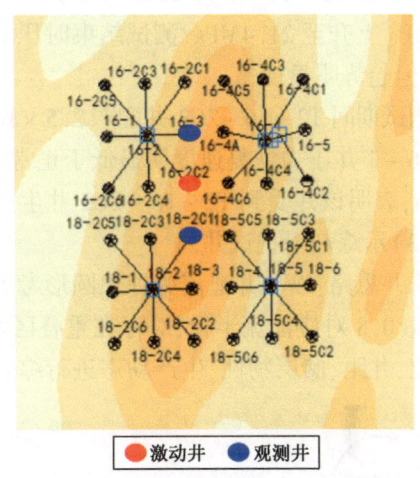

图6-15 S14-9-40H2井组井位图　　图6-16 T2区块疑似干扰井组位置图

(1)明显干扰井组。

从压力曲线中可以看出:S14-j3井伴随S14-j2、S14-j4井开关井出现了明显的压力上升、下降,对此,制定了干扰试井方案,分别对S14-j2井和S14-j4井,在不同时段较长时间关井,实施干扰试井现场测试。

11月12日S14-j4井开井生产,此后在S14-j3井,很快观测到井口压力下降,再一次验证了干扰试井成果的可靠性。

(2)疑似干扰井组。

干扰试井期间,以T2-16-2C2为激动井,在观测井T2-16-3见到疑似干扰。通过气藏剖面图(图6-17)分析可以看出:T2-16-2C2与邻井T2-16-3盒$_{8下}^{2}$气层连通性良好。

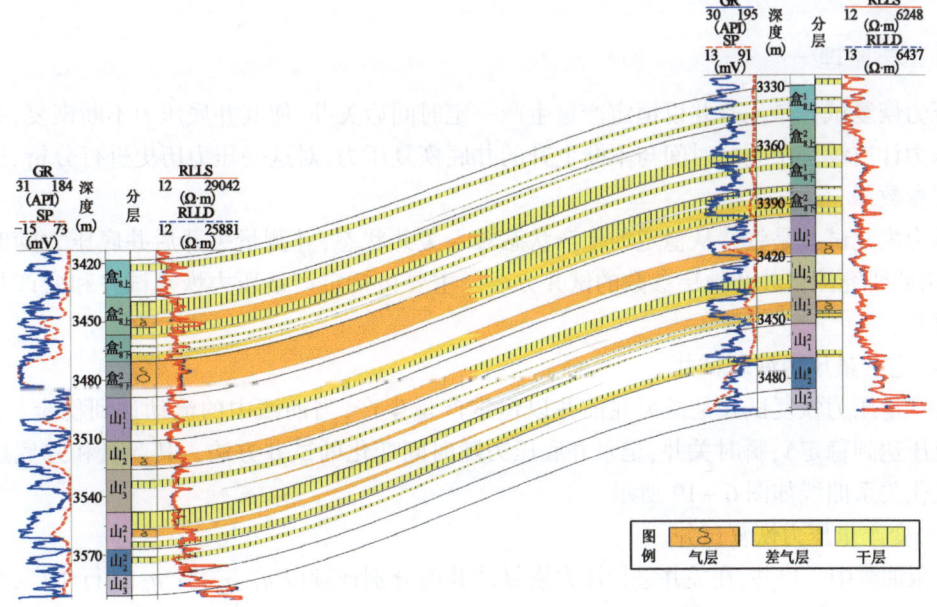

图6-17 T2-16-2C2—T2-16-3井气藏剖面图

观察井 T2-16-3 井 2018 年 8 月 9 日至 2018 年 12 月 11 日井底测试数据,测试压力从 4.14MPa 上升至 21.4MPa,测试结束时压力恢复速度 0.094MPa/d,测试后期恢复曲线无明显下降,但趋势明显变慢。

测试期间 T2-16-2C2 井配产 $2.5\times10^4\mathrm{m}^3/\mathrm{d}$,持续生产 44 天后(2018 年 11 月 5 日开始),T2-16-3 井压力恢复速度明显低于正常恢复水平,从 $1.46\times10^{-3}\mathrm{MPa/h}$ 下降至 $1.25\times10^{-4}\mathrm{MPa/h}$,表明该井受到 T2-16-2C2 井生产影响,两者存在连通。

(3)示踪剂干扰试井。

选井思路:以单井泄流为理想圆形考虑,根据各区块储量丰度计算单井目前累计产量及累积产量/0.8 对应泄流半径,对存在重叠区域的异常井组进行重点分析(图 6-18)。对井组生产层位、井距、储层物性、生产动态进行综合分析,优选试验井组。

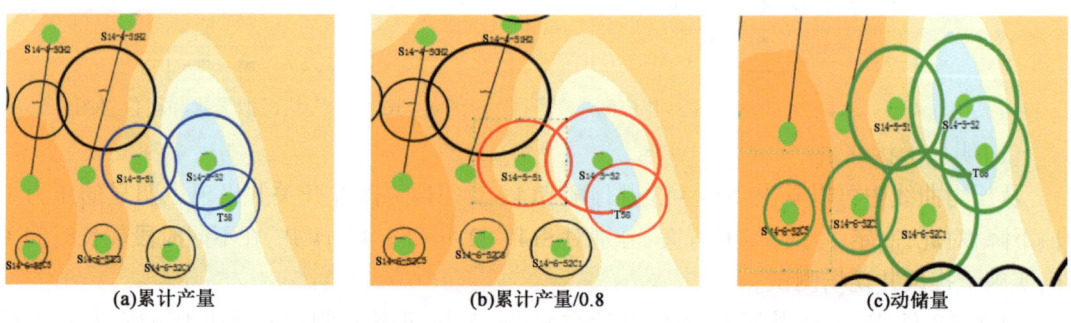

图 6-18 单井泄流半径分布图(累计产量)

存在不足:未考虑各区域不同的储量丰度;单井实际泄流面积并非理想圆形、不同渗透率存在一定差异;水平井泄流面积与水平段、砂岩段有关,本次未开展水平井分析。

三、压力恢复试井

1. 工艺原理

压力恢复试井是生产井以恒定产量生产一定时间后关井,使其井底压力不断恢复,并且用井底压力计连续记录关井时间与不断上升的井底恢复压力,对这一压力历史进行分析,进而求出底层参数。

压力恢复试井是将井从稳定的生产状态转入关井状态,并测量关井后井底压力随时间的变化,由此研究测试井和地层参数的试井方法。主要包括定产量压力恢复试井和变产量压力恢复试井。

(1)定产量压力恢复试井。

定产量压力恢复试井是指关井前井以恒定产量生产,当油藏中的流动达到稳定(通常指井底流压达到稳定),瞬时关井,记录井底压力随时间变化的试井方法。其产量和井底压力随时间变化关系曲线如图 6-19 所示。

(2)变产量压力恢复试井。

无限油藏中一口井,在关井进行压力恢复试井前分别连续以 q_1、q_2、$\cdots$、q_n 进行生产,每个产量的生产结束时间分别为 t_1、t_2、$\cdots$、t_n,并在 t_n 时刻关井,产量随时间变化关系如图 6-20 所示。

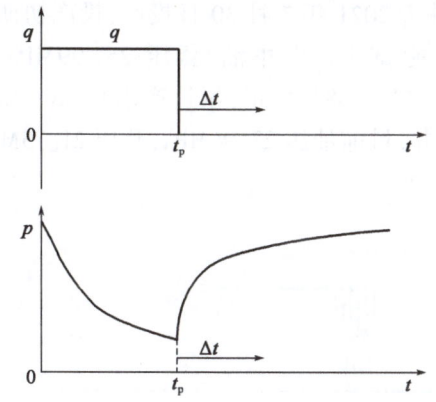

图 6-19 定产量压力恢复试井产量压力变化示意图

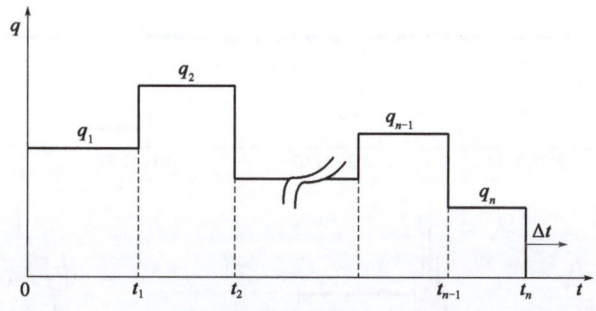

图 6-20 变产量压降试井产量随时间变化的关系曲线

压力恢复试井可以确定井底附近或两井之间的地层参数,如流动系数等;推算地层压力;判断生产井完善程度,估算单井增产措施的效果;发现储层中可能存在的各类边界(如断层、尖灭、气水界面等);估算泄气区内的原油储量。

2. 现场应用及效果

选井依据(表6-2):
(1)评价气井压力恢复能力,获取储层动态参数,了解储层边界性质。
(2)在历年测试井中选井跟踪监测。
(3)为保证数据质量,尽量从轮休加热炉井中选取测试井。

表 6-2 2023 年压恢试井项目选井

序号	井号	投产日期	生产层位	目前油压(MPa)	目前套压(MPa)	目前配产($10^4 m^3/d$)	历年累计产气量($10^4 m^3$)	选井原因
1	T2-33-8H2	2021.7.29	盒$_8$	21.70	22.82	10	2100	试井过程发现该井受到疑似干扰
2	S14-2-42C3	2018.12.22	盒$_7$、盒$_{8上}^1$	11.98	13.13	4	2430	连续3年冬季保供井,连续测试(2020年测试)
3	S14-7-38H2	2019.12.30	盒$_8$	4.28	8.52	4	3330	连续3年冬季保供井
4	S48-11-79C7	2018.10.19	山$_2^1$、山$_2^3$	21.91	21.94	3	2223	连续3年冬季保供井,连续测试(改为定点测压)

典型井:T2-33-8H2 井于 2021 年 7 月 30 日投产,投产初期套压 26.45MPa,2021 年 10 月 7 日,开展修正等时产能试井,开井油/套压 25.99MPa/25.53MPa,关井油/套压 24.53MPa/25.44MPa,累计产气量 384.13m³,累计产水量 56.34m³,压降速率 0.0403MPa/d。2021 年作为冬季高峰期保供井,目前油压 23.96MPa,套压 21.75MPa,日产气量 15.27×10⁴m³(图 6-21)。

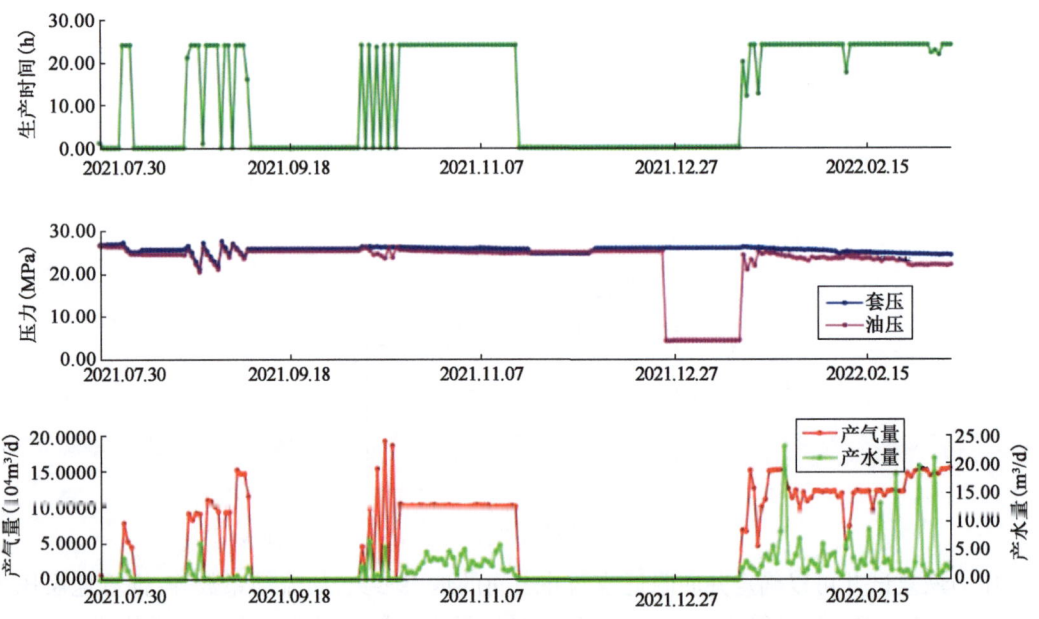

图 6-21 T2-33-8H2 生产历史曲线

对比 3 年压力恢复曲线资料,随着产出增加,压力波及范围逐渐变大,渗透率从 $2.0\times10^{-3}\mu m^2$ 降低到 $0.68\times10^{-3}\mu m^2$(图 6-22、图 6-23),外围储层逐渐变差,压裂改造形成的内、外区效应明显(图 6-24);2020 年以后外围较差储层开始动用,逐渐显现边界特征;压降法核实动储量由 $7450\times10^4 m^3$ 上升至 $8200\times10^4 m^3$(图 6-25)。

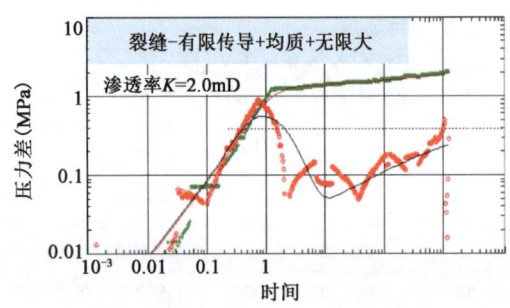

图 6-22 2019 年压力恢复双对数曲线

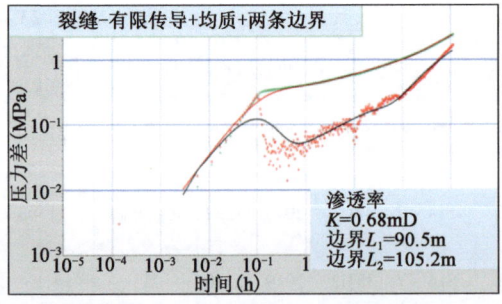

图 6-23 2022 年压力恢复双对数曲线

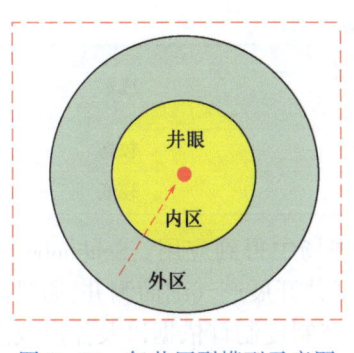

图 6-24　气井压裂模型示意图

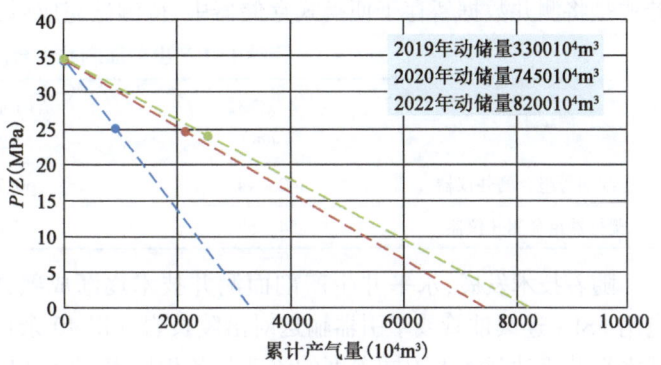

图 6-25　2019—2022 年压降法计算动储量

第三节　生 产 测 试

一、产气剖面测试

1. 工艺原理

产出剖面测井技术能够有效认识水平井分段压裂层段产出和返排特征,掌握生产动态状况,为完井和生产优化提供依据。在水平井多段压裂后的生产动态测试方面,主要使用流体扫描成像(FSI)产出剖面测井技术,该技术可明确水平井段的分段产出状况、主力产出层段等生产动态信息。水平井特殊的井身结构和井眼轨迹将导致常规工具组合难以在水平段平稳起下,水平井段的流动以分层流为主且气水间存在滑脱现象导致常规流量剖面测井仪无法评价流体水平分层流动情况,FSI 产出剖面测井技术可解决常规产出剖面测井技术在水平井应用的不足。此外,基于温度、压力数据的解释只能定性了解主要生产层情况,而集成多个流量转子及传感器的 FSI 产出剖面测井技术可对井筒进行分层流速、分层相持率的测量,实现定量分析。

FSI 产出剖面测井可测量磁定位、自然伽马、压力、温度、持气率、持水率、流量等参数:磁定位、自然伽马可确定测井深度;压力、温度资料可定性分析产出状态;持气率、持水率可用于分析流体性质;转子流量、持液率可得到气井总产量和小层产量。FSI 产出剖面测井的一个仪器臂上装有 4 个微转子流量计,用于测试流体流动速度剖面,另一个仪器臂上装有 5 个 FowView 电探针及 5 个 Ghost 光学探针,用于测量局部持水率及持气率。此外,壳体上还额外装有 1 个转子流量计及 1 对电探针和光学探针,由于流量转子和探针的整列分布,可测量单个居中转子无法测得的流体速度变化,实现水平井井下流体分层流速与分层相持率的测量。

利用 FSI 产出剖面测井测试水平井生产剖面时,主要采用连续油管组合测井仪器和爬行器组合测井仪器,具体参数见表 6-3。这两种测试方式均在水平井分段压裂产出剖面测试中得到广泛应用。测试时,根据数据录取方式又可分为直读式与存储式,其中直读式是将测井数据实时传送地面控制系统,可在地面实时观测到测试数据,便于及时发现异常并进行调整;存储式是将测井数据暂存于便携式存储器中,待测试完成后,将数据一并处理分析。

表6-3 两种 FSI 产出剖面测井组合测井仪器对比

测试工艺	仪器外径（mm）	适用油管尺寸（mm）	成本
连续油管组合测井仪器	42~44	60、73、89	较高
爬行器组合测井仪器	54~58	73、89	较低

随着技术发展,水平井生产剖面测井技术逐渐成熟并在现场中得到应用。Schlumberger 应用 FSI+连续油管或牵引器输送对涪陵页岩气田 40 余口水平井开展产气剖面测井,通过测试水平井流动截面上不同深度的流速与各相持率,获取单井生产制度制订依据以及储层改造效果评估等数据分析结果,测试成功率高。

水平井生产剖面测井技术通过不同的流量转子和传感器组合可得到 7 种测试参数,测试精度高,可满足单相流及多相流测试需求。因受限于连续油管输送能力的限制,该技术不适用于超长水平段水平井和超深水平井（水平段长大于 2000m,井深大于 6000m）;因受限于仪器耐温耐压指标,该技术不适用于高温高压井（压力超过 100MPa、温度大于 200℃）;因受限于测量原理和仪器结构,该技术对于小井眼、复杂结构井、低产井和出砂井适用性较差。

2. 现场应用及效果

近三年实施产气剖面测试 17 井次,测试成功 8 井次,其中直井 5 井次,受出砂影响均未能完全通过射孔段(距人工井底 60~140m)。水平井 3 井次也均在水平段遇到了不同程度出砂干扰;其余 9 井次(水平井 5 井次)因井筒积砂通井遇阻未完成测试(图 6-26)。

图 6-26 通井遇阻气井铅印情况

（1）直井产气剖面测试。

产气剖面测试层位统计如图 6-27 所示,历年累计开展 12 井/21 井次,其中盒$_8$段平均产气贡献率为 64.08%,山$_1$段平均产气贡献率为 35.70%,是气田主力产气层,其他次产层(盒$_7$、盒$_5$、盒$_6$、山$_2$)有少量产气贡献(图 6-28)。

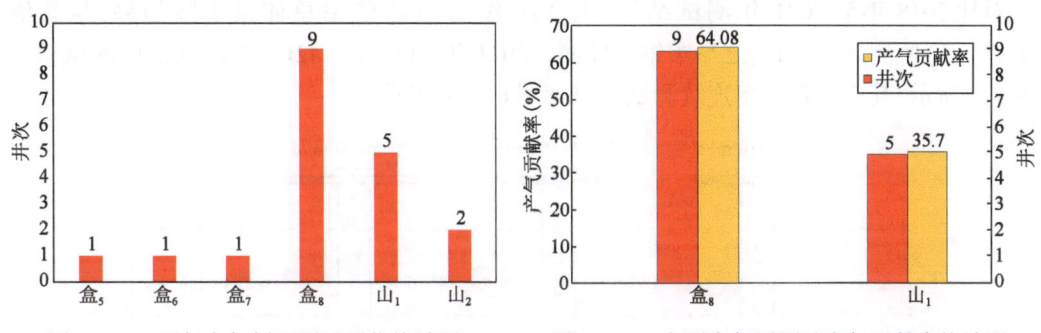

图6-27 历年产气剖面测试层位统计图　　图6-28 主要产气层测试产气贡献率统计图

S14-2-42C3井2018年11月完试,其测井解释成果如图6-29所示。生产层位盒$_7$、山$_2^1$,试气日产量为17.3×10^{4}m^3/d,测试无阻流量为149×10^{4}m^3/d;12月份以2×10^{4}m^3/d生产制度开展产气剖面测试,显示盒$_7$为主产层(87.3%),2019、2020、2021年开展连续监测,结果均显示盒$_7$为主产层。

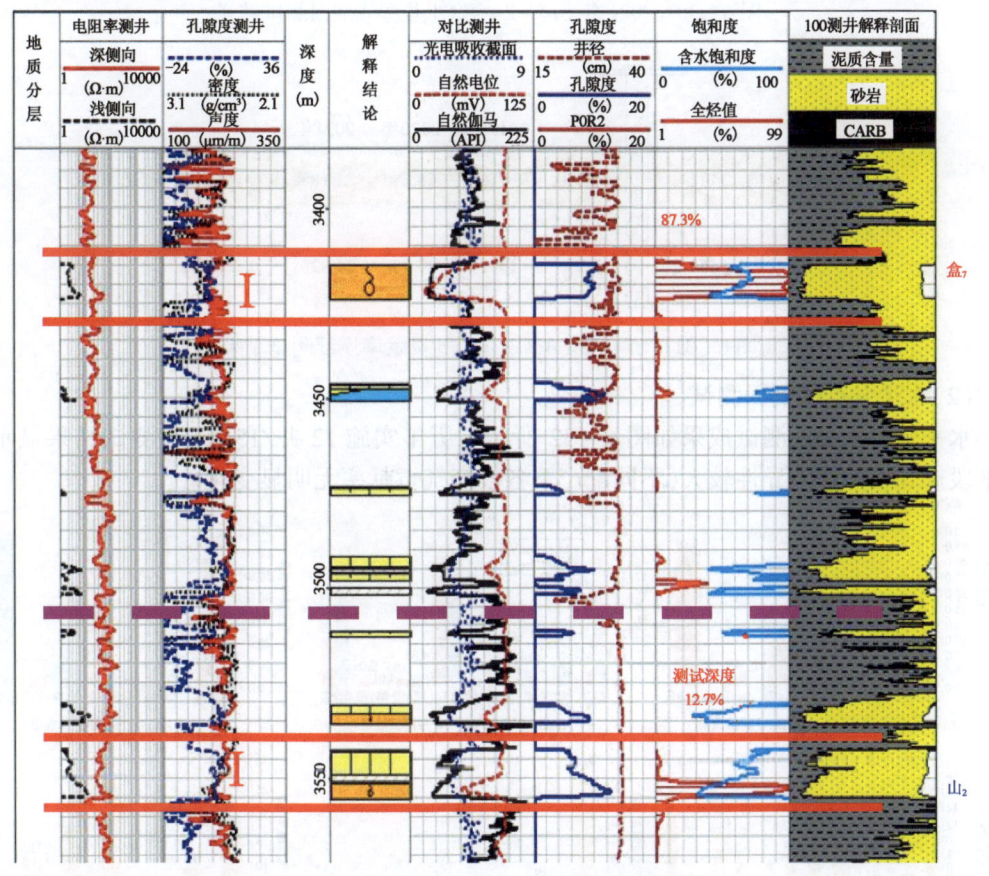

图6-29 S14-2-42C3测井解释成果图

2021年分别以2×10^{4}m^3/d、4×10^{4}m^3/d、8×10^{4}m^3/d的生产制度开展产气剖面测试,结果显示随着配产增加,主产层盒$_7$产气贡献率呈上升趋势,次产层山$_2^1$产气贡献率减小(绝对产气量增加)。

— 201 —

对比 2018 年至 2021 年测试结果,主产层盒$_7$产气贡献率总体呈下降趋势,与其他井(T2-9-3)监测认识一致,之后需继续监测。2021 年 S14-2-42C3 井产气剖面测试结果如图 6-30 所示,其产气贡献率连续测试结果如图 6-31 所示。

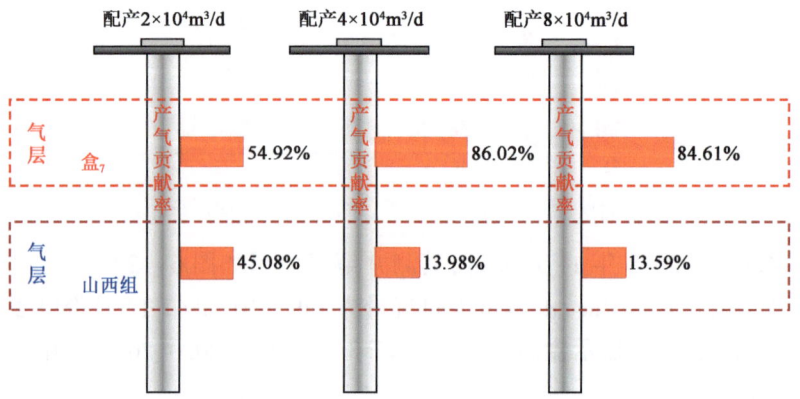

图 6-30　2021 年 S14-2-42C3 井产气剖面测试结果

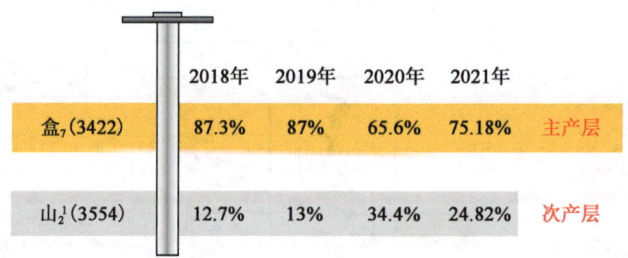

图 6-31　S14-2-42C3 井产气贡献率连续测试结果

(2)水平井产气剖面测试。

水平井产气剖面测试成果如图 6-32 所示。历年实施 12 井/15 井次,测试结果显示:各水平段产气贡献率差异性较大,不同配产下各段产气贡献率无明显变化。

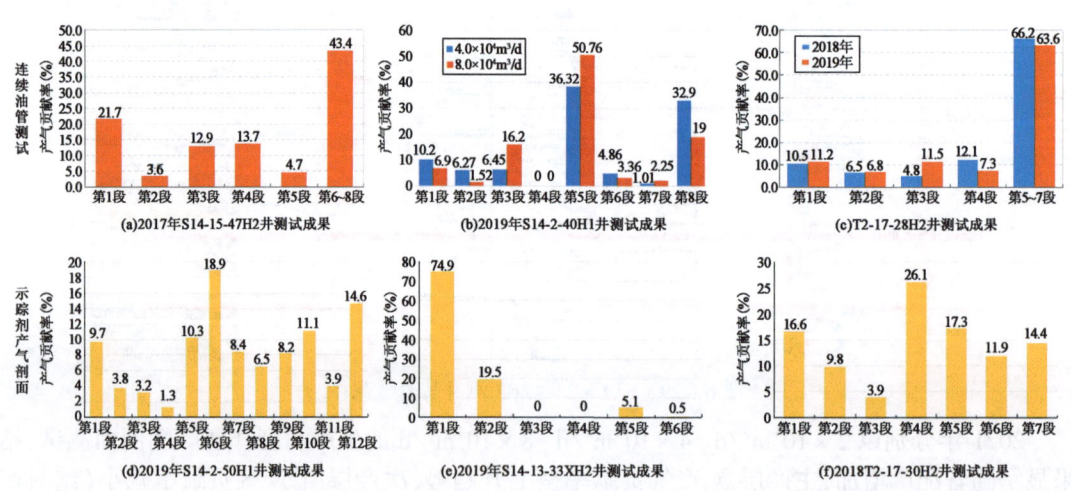

图 6-32　产气剖面测试成果

经过多井实测结果对比分析,水平段产气贡献率与该段入地砂量(图6-33)及气测全烃值(图6-34)呈现一定的正相关性,反映水平段的产气贡献受储层含气性与压裂改造效果的影响。

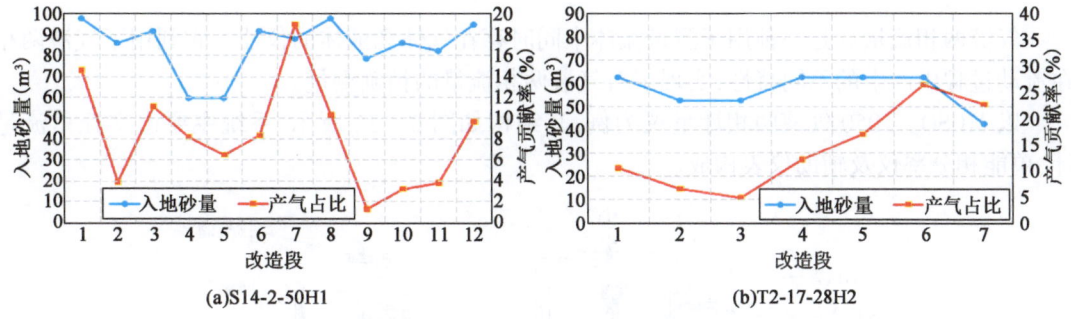

图6-33　各改造段产气贡献率与入地砂量关系图

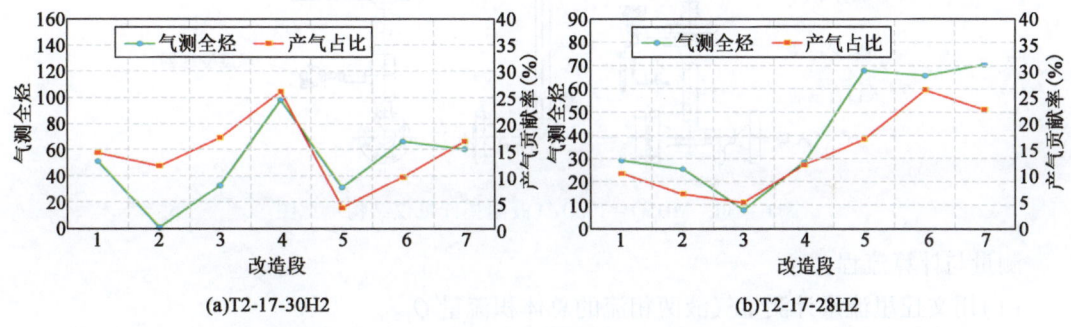

图6-34　各改造段产气贡献率与气测全烃值关系图

S47-23-69H1井2020年6月完钻,完钻层位石盒子组,射孔压裂改造(7段),完钻井深为5003m,水平段为1200m,有效储层为579.2m,有效储层钻遇率为48.2%,试气日产气量为$20.17 \times 10^4 m^3$,无阻流量为$109.5 \times 10^4 m^3$。分别于2020年、2021年实施示踪剂产气剖面测试、连续油管水平井产气剖面测试,结果对比如图6-35所示,后续将持续监测小层及水平井各段产量变化情况,动态评价产量贡献率变化规律。

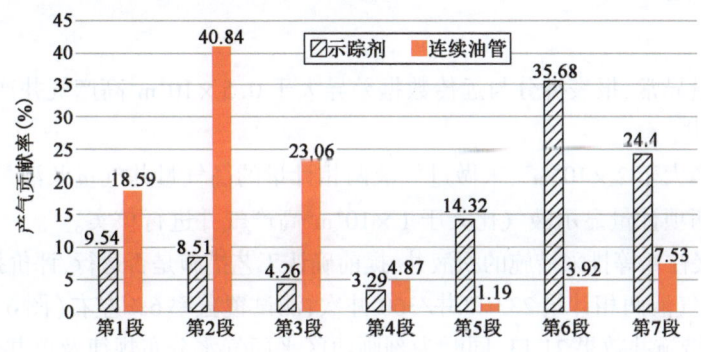

图6-35　S47-23-69H1井示踪剂与连续油管对比图

二、气液两相计量

1. 工作原理

气液两相流量计是一种用于测量流体中同时存在气体和液体的仪器。它利用了气液两相在流动过程中产生的不同特性,实现了对气液两相流量的精确测量。

以 MDSQ – 1050 气液两相计量仪为例,其结构如图 6 – 36 所示,系统主要由文丘里流量计、单能相分率仪及辅助仪表构成。

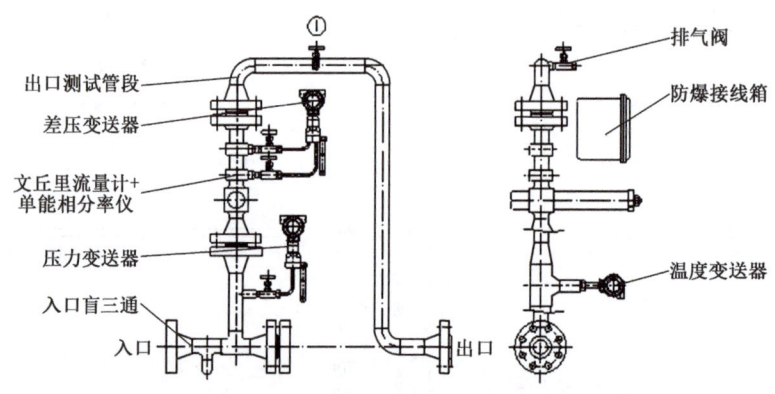

图 6 – 36　MDSQ – 1050 气液两相计量仪结构示意图

测量与计算流程:

(1)用文丘里流量计测量气液两相流的总体积流量 Q_t。

(2)单能伽马传感器测量两相流的体积含气率 GVF。

(3)测量得到的 GVF 被用来计算两相流的混合密度,它是文丘里流量计确定体积流量时必需的参数;气流量 $Q_g = Q_t \times GVF$;液流量 $Q_l = Q_t \times (1 - GVF)$。

(4)在仪器适当的位置上安装温度和压力变送器测量介质温度和压力,系统将对气液流量进行转换,将测量的工况流量转化为标况流量输出,气液的 pVT 参数将在转换时用于各相流量的补偿运算,以达到更高的计量精度。

2. 现场应用及效果

选井思路:

(1)核实流量异常、报表拆分与远传数据差异大于 $0.5 \times 10^4 m^3$ 高产气井产气量及产液量,重点关注新投产井。

(2)核实配产大于 $2 \times 10^4 m^3$、未做过气液两相计量的高气量井气量及液量。

(3)对历年两项计量显示液气比大于 $1 \times 10^4 m^3$ 高产气井进行核实。

(4)选取开展柱塞等排采措施的积液井,提前确认工艺措施是否运行,评价排采措施效果。

2023 年完成气液两相计量 233 口井/360 井次,测试覆盖率 6% 左右(图 6 – 37),修正气井配产 70 口,核实措施井效果 21 口,同时为刻画西区平面气水分布规律及单井全生命周期产液规律,针对苏西完成测试 142 口。

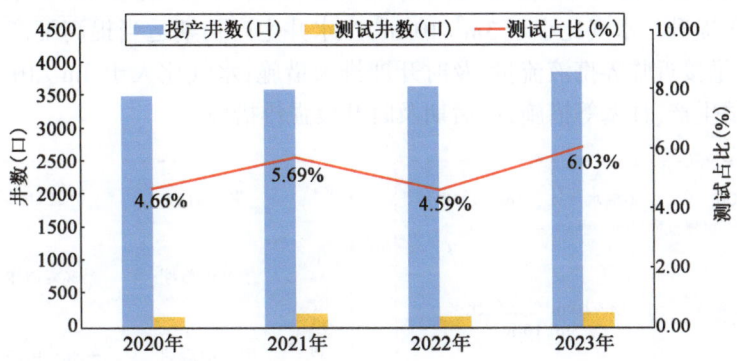

图6-37 历年气液两相计量测试覆盖率统计

2023年气液两相计量结合压力计探液面,指导排采措施113口井,井筒平均液面位置由2081m降至3089m,累计增产$5057×10^4m^3$。

划分苏西平面富水区及单井产水点,以"地震地质结合+生产连续监测"为思路,逐步厘清苏西气水平面分布规律,初步勾绘6个富水区和20个产水点(图6-38),与2023年产建井试气情况相符,指导2024年井位优选52口,老井排采措施32口,增产$529×10^4m^3$。

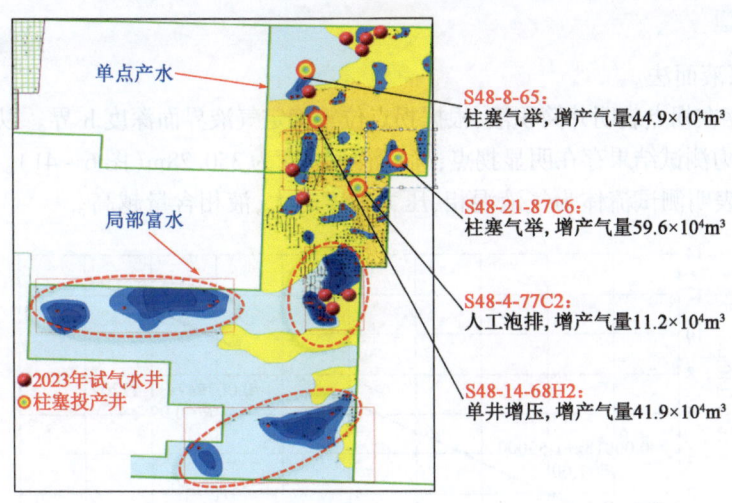

图6-38 苏西气水平面分布示意图

总结不同水气比产各阶段产水特征,并制定措施建议,为明确不同类型、不同产水程度气井在各阶段的动态产水规律,结合历年两相计量测试数据,将产水井按水气比大小分为轻度产水、中度产水、严重产水三种类型(图6-39),对应生产阶段按EUR采出程度分为生产初期、中前期、中后期、后期四个阶段(图6-40)。

分析历年可稳定产水的501口单井两相计量结果,明确不同水气比产水井在不同生产阶段的产气、产液量变化规律,指导排水采气措施制定及时机优选。水气比小于$1m^3/10^4m^3$的有260口,占比51%,各生产阶段水气比无明显变化;水气比为$1\sim3m^3/10^4m^3$的有120口,占

— 205 —

比24%，各生产阶段水气比无明显变化；水气比大于 $3m^3/10^4m^3$ 的有 121 口，占比 25%，水气比生产后期显著提升。水气比小于 $3m^3/10^4m^3$ 产水井生产初期适当提高配产，延长自然连续生产期，末期产量接近临界携液流量，及时开展排采措施；水气比大于 $3m^3/10^4m^3$ 产水井生产初期及时开展试生产、柱塞等措施，中后期及时开展强排措施。

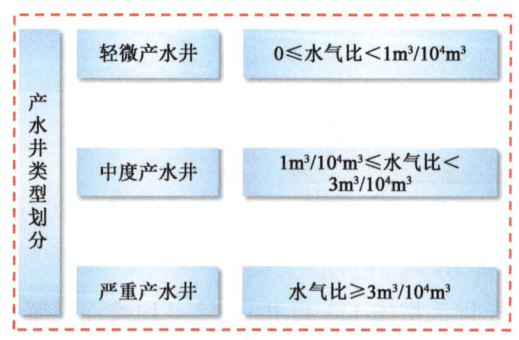

图 6-39　生产阶段划分　　　　　图 6-40　产水井类型划分

EUR—动储量

三、压力计探液面

1. 工艺原理

(1) 流压探液面法。

测试曲线存在拐点表明井筒积液，根据拐点位置确定气液界面深度 h 界。以 S14-1-33 井为例，探液面压力测试结果存在明显拐点，确定液面深度为 350.28m（图 6-41）。压力梯度大于 0.1MPa/100m 表明测试流体为气液混相，压力梯度越大，液相含量越高。

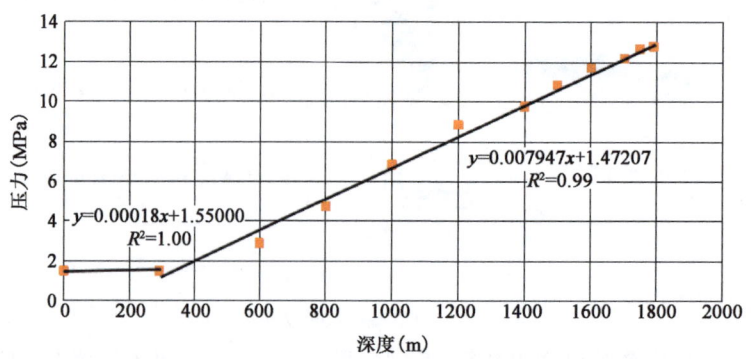

图 6-41　S14-1-33 井压力梯度图

(2) 回声仪探液面法。

回声仪探液面法是利用声波遇油管接箍和液面要发生反射的原理，对接收到的回声波进行分析，从而获得油套环空的液面深度。液面计算方法有接箍法、音速法和音标法 3 种。

2. 现场应用及效果

苏西气液两相计量选井统计数据见表 6-4。选井思路如下：

(1)核实流量异常、报表劈分与远传数据差异大于 $0.5×10^4 m^3$ 高产气井产气量及产液量,重点关注新投产井。

(2)核实配产大于 $2×10^4 m^3$、未做过气液两项计量的高气量井气量及液量。

(3)对历年两项计量显示液气比大于 $1m^3/10^4 m^3$ 高产气井进行核实。

(4)选取开展柱塞等排采措施的积液井,提前确认工艺措施是否运行,评价排采措施效果。

表 6-4 苏西气液两相计量选井统计表

序号	井号	投产日期	配产($10^4 m^3$)	报表日产($10^4 m^3$)	平台日产($10^4 m^3$)	套压(MPa)	累计产气量($10^4 m^3$)	探液面数据	备注
1	S47-7-84	2020/9/7	1	0.715	1.42	2.37	655.3185	无	差值 $0.705×10^4 m^3$
2	S47-14-82	2018/11/25	1.5	1.0725	异常	15.01	1155.3519	无	流量异常
3	S47-14-76	2018/12/31	2	1.4299	异常	11.43	1255.1894	无	流量异常
4	S47-15-75	2019/3/19	2	1.4299	异常	10.29	786.6256	无	流量异常
5	S47-23-69H1	2021/2/22	3	4.5145	7.55	16.83	831.0323	无	差值 $3.0355×10^4 m^3$
6	S47-20-84	2018/10/30	3	4.0621	4.99	15.74	2474.4152	无	差值 $0.9279×10^4 m^3$

第四节 流体监测技术

一、气质全分析

2023 年开展气质组分分析 70 井次,历年完成 1530 井次,CH_4 含量为 92.82%,总烃含量为 97.28%,气体密度为 $0.71g/cm^3$,CO_2 含量为 1.27%,各区块气质组分基本稳定。氦气含量为 0.06%,苏西较苏中明显偏高。历年气质分析结果见表 6-5。各区块氦含量对比如图 6-42 所示。

表 6-5 历年气质分析结果对比表

年份	井次	分析结果								密度(kg/m^3)
		烃类(%)					非烃类(%)			
		CH_4	C_2H_6	C_3H_8	总烃	相对密度	He	N_2	CO_2	
2008	5	91.4	3.5	0.6	96	0.6	0.1	3	1.33	0.71
2009	19	92.7	3.4	0.6	97	0.6	0.1	2	1.14	0.71
2010	25	92.7	3.46	0.6	97	0.6	0.1	1	1.64	0.72
…	…	…	…	…	…	…	…	…	…	…
2017	125	93.0	3.42	0.6	97.0	0.6	0.07	1	1.06	0.72

续表

年份	井次	分析结果									密度 (kg/m³)
		烃类(%)					非烃类(%)			
		CH_4	C_2H_6	C_3H_8	总烃	相对密度	He	N_2	CO_2	
2018	157	92.5	3.49	0.7	96.7	0.6	0.08	1	1.44	0.71
2019	150	93.2	3.36	0.6	97.2	0.6	0.07	1	1.43	0.71
2020	87	93.6	3.65	0.6	97.9	0.6	0.07	0.9	1.06	0.71
2021	173	92.7	4.71	0.9	98.9	0.59	0.08	1.06	1.39	0.71
2022	98	92.5	4.25	0.8	98.2	0.61	0.05	1.02	1.33	0.70
2023	70	93.4	3.42	0.6	97.8	0.59	0.05	0.73	1.41	0.71
合计/平均	1530	92.82	3.66	0.66	97.28	0.6	0.06	1.27	1.27	0.71

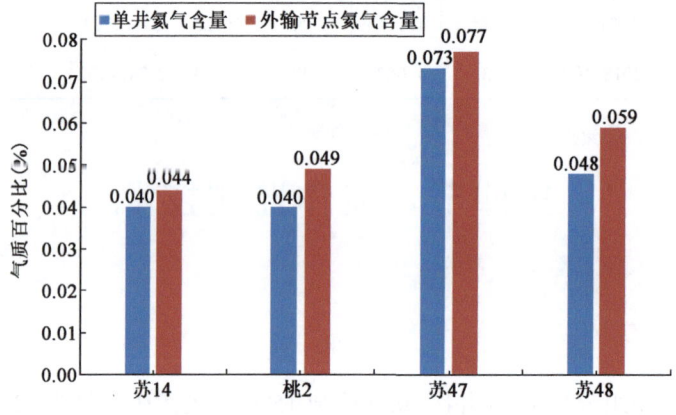

图 6-42 各区块氦含量对比图

二、水质全分析

2023 年结合产能试井和新井试生产开展水质分析 25 井次，历年累计开展 715 井次，分析结果显示平均矿化度为 20418.97mg/L，水型多属于 $CaCl_2$ 型，主要为地层水，局部存在少量凝析水及压裂液。历年水质分析结果见表 6-6。

表 6-6 历年水质分析结果统计表

年份	井次	平均 Cl^- 浓度 (mg/L)	平均矿化度 (mg/L)	平均 pH 值	水型(口)			
					$CaCl_2$	Na_2SO_4	$MgCl_2$	$NaHCO_3$
2009	10	12545.7	25836.7	6.04	9			1
2010	11	12177.9	21914.6	6.15	10			1
...	...	...	...	...	...	...	...	...

续表

年份	井次	平均 Cl⁻ 浓度 (mg/L)	平均矿化度 (mg/L)	平均 pH 值	水型(口)			
					$CaCl_2$	Na_2SO_4	$MgCl_2$	$NaHCO_3$
2016	97	7592.57	10703.17	6.26	91	2	1	3
2017	72	5859.37	13168.48	6.2	68		1	3
2018	56	10362.44	19984.79	6.25	47	2	2	5
2019	35	15455.74	26628.45	6.04	33	1	1	
2020	28	13293.15	24027.4	6.05	26	2		
2021	35	12971.08	21845.77	6.87	35			
2022	15	7745.54	13531.46	6.92	15			
2023	25	9895.13	17074.26	6.8	25			
合计/平均	715	11412.07	20418.97	6.32	654	14	6	41

三、硫化氢分析

自营区含硫气井共计 407 口,平均 H_2S 含量为 364mg/m³。其中,单采下古或上下古合采生产井 146 口,平均 H_2S 含量为 847mg/m³;单采上古气井 261 口(未钻遇下古 49 口,钻遇下古 126 口,封堵下古 86 口),其中,248 口 H_2S 含量小于 75mg/m³,平均 10mg/m³,13 口 H_2S 含量大于 75mg/m³,平均含量为 1728mg/m³(表 6 – 7)。

表 6 – 7 自营区硫化氢测试统计表

作业区	>75mg/m³		<75mg/m³		合计	
	单采上古	单采下古或上下古合采	单采上古	单采下古或上下古合采	单采上古	单采下古或上下古合采
	平均含量 (mg/m³)	平均含量 (mg/m³)	平均含量 (mg/m³)	平均含量 (mg/m³)	平均含量 (mg/m³)	平均含量 (mg/m³)
苏 14	114	1463	5	29	7	381
桃 2	1863	1620	13	19	165	962
苏 47	—	—	15	—	15	—
苏 48	—	—	2	—	2	—
合计/平均	1728	1606	10	22	95	847

典型井组分析:T2 – 31 – 22、T2 – 31 – 33 井组均含有 3 口单采上古含硫气井,T2 – 31 – 22 井组具有相同的生产层位盒₈,T2 – 31 – 33 井组具有相同的生产层位盒₈、山₁。

原因分析:区域存在微断层,成藏过程中硫酸盐或后期 H_2S 气体通过断层运移至上古层位;井间连通,邻井下古层位 H_2S 通过地层逸散至本井;单采上古井钻遇下古层位,地层 H_2S 逸散至井口(图 6 – 43);单采上古井(下古层位改造后封堵)封堵失效导致 H_2S 逸散至井口(图 6 – 44)。

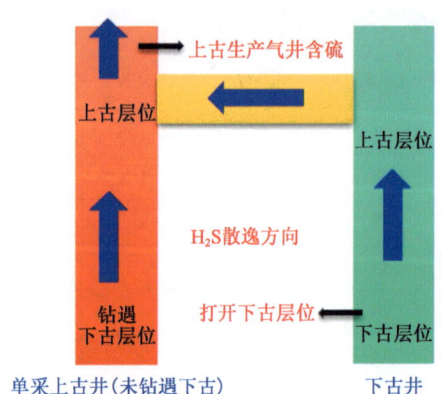

图6-43 单采上古井含硫成因示意图

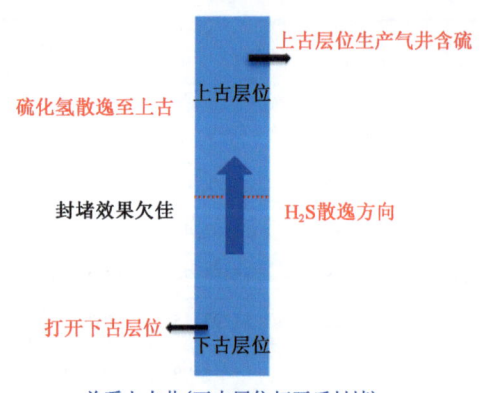

图6-44 单采上古井(下古封堵失效)含硫成因示意图

第七章　苏里格气田气井生产制度优化技术

第一节　采气指数曲线

从二项式方程 $p_R^2 - p_{wf}^2 = Aq_g + Bq_g^2$ 中可以看出,在气体从地层边界流向井的过程中,压力平方差由两部分组成:右端第一项用来克服气流沿流程的黏滞阻力,第二项用来克服气流沿流程的惯性阻力。当气井产量较小时,地层中气体流速低,主要是第一项起作用,表现为线性流动,气井产量与压差之间成直线关系,当气井产量增大,随着气流速度增大,第二项逐渐起主要作用,表现为非线性流动,气体流入井筒要产生附加压降,造成地层能量的损失,气井产量和压差之间不成直线关系,而是呈抛物线关系。在图 7-1 中,如果气井配产超过了直线段,即在图中 $q_{合理}$ 点以外,气井生产就会把一部分压力降消耗在非线性流动上,降低了生产效率。因此,把直线段上最后一点 $q_{合理}$ 的产量作为气井的合理产量。

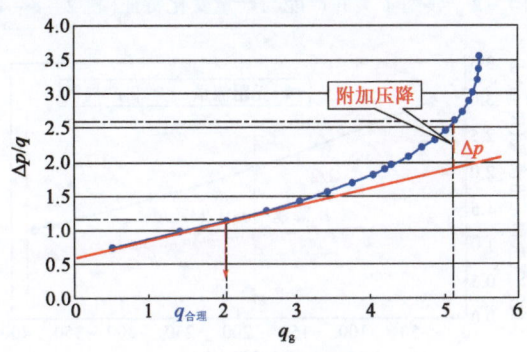

图 7-1　采气指数曲线

第二节　无阻流量分析法

经验法是国内外油气田开发工作者长期经验的总结,它是按无阻流量的 1/3～1/6 作为气井生产的产量。因此,经验法确定气井产量的先决条件是要求出气井的绝对无阻流量 q_{AOF}。在此基础上,则有气井的合理产量 q_g:

$$q_g = \left(\frac{1}{3} \sim \frac{1}{6}\right) q_{AOF} \tag{7-1}$$

根据苏里格气田的开采实际,一般用(1/3～1/5)的无阻流量作为气井的合理产量,以气井试气无阻流量为基础,总体上坚持"高产井低配长稳,低产井高配携液"方针,对苏里格气田单井进行合理配产,以确保整个气藏实现均衡开采,不同类型井的经验配产比例见表7-1。当产能出现拐点后,产量占对应产能的比例调整为(1/3~2/3)的无阻流量作为气井的合理产量(图7-2~图7-4)。

表7-1 典型井产能与产量变化

类型	气井初期产量占产能的比例	产能出现拐点后,产量占对应产能的比例
Ⅰ	1/5	1/3
Ⅱ	1/2	1/3
Ⅲ	1/3	2/3

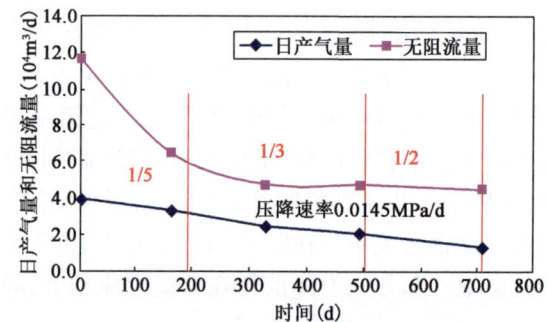

图7-2 典型Ⅰ类井产能与产量变化特征(桃2-8-1)

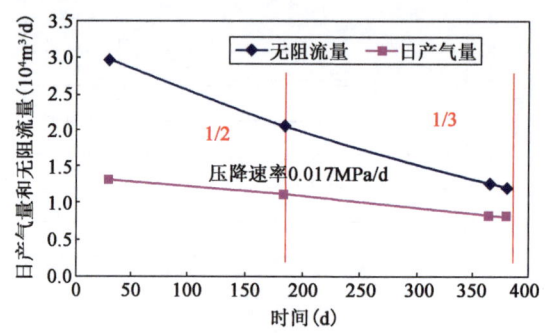

图7-3 典型Ⅱ类井产能与产量变化特征(苏14-5-52)

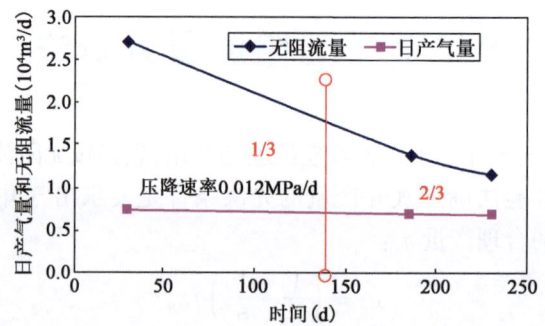

图7-4 典型Ⅲ类井产能与产量变化特征(苏77-11-36)

第三节 产量不稳定分析法

产量不稳定分析法是通过生产资料拟合建立气井模型,对比预测结果得到气井合理产量的方法。基于压力动态分析的基本原理与理论,选取传统的 Arps、Fetkovich、Blasingame、Agarwal-Gardner、NPI、Modeling 等方法,利用气井压力、产量数据分析和计算油气藏特征,比如储量、渗透率、表皮系数、水驱特征等。

统计 1518 口气井 RTA 预测结果(图 7-5 ~ 图 7-7)表明,不同类型井在达到经济废弃产量时,地层压力和生产压差相差较大(表 7-2)。

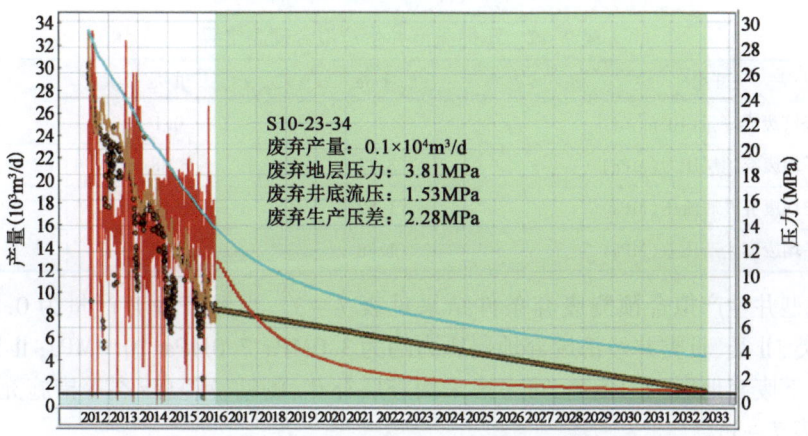

图 7-5　Ⅰ类井生产拟合预测曲线示例

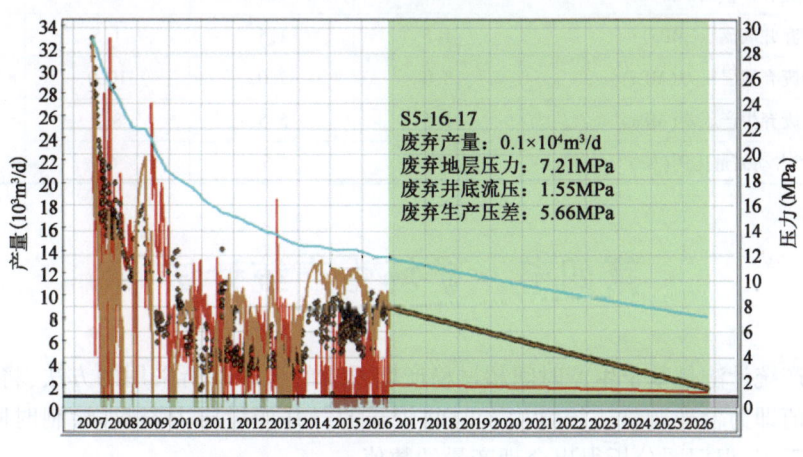

图 7-6　Ⅱ类井生产拟合预测曲线示例

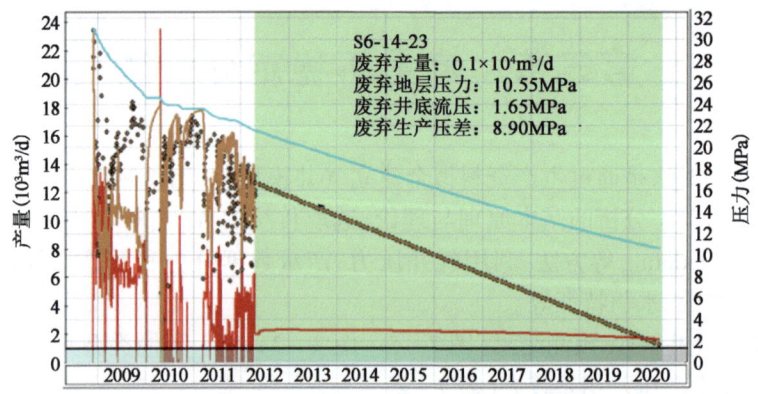

图7-7　Ⅲ类井生产拟合预测曲线示例

表7-2　不同类型井生产拟合预测结果

井型	Ⅰ类	Ⅱ类	Ⅲ类
经济废弃产量($10^4 m^3/d$)		0.1	
平均废弃地层压力(MPa)	3.12	6.88	10.01
平均废弃井底流压(MPa)	1.52	1.56	1.62
平均废弃生产压差(MPa)	1.78	5.33	8.46

不同类型井生产拟合预测废弃条件结果见表7-3。当经济废弃产量为$0.1×10^4 m^3/d$时,计算Ⅰ类、Ⅱ类、Ⅲ类井经济废弃地层压力约为3.0MPa、7.0MPa、10.0MPa;Ⅱ类、Ⅲ类井经济废弃条件下废弃地层压力偏高,可考虑采用查层补孔、侧钻、重复压裂等措施充分发挥气井生产潜力(表7-3)。

表7-3　不同类型井生产拟合预测废弃条件结果

动态分类	Ⅰ类	Ⅱ类	Ⅲ类	方案废弃条件
经济废弃产量($10^4 m^3/d$)	0.1	0.1	0.1	0.1
废弃井底流压(MPa)	1.5	1.5	1.5	1.5
平均废弃地层压力(MPa)	3.0	7.0	10.0	3.0
平均废弃生产压差(MPa)	1.5	5.5	8.5	1.5
累产占动储量比例(%)	91	76	64	91

第四节　矿场生产统计法

矿场生产统计法是基于生产时间超过稳产期要求的生产井所采用的方法,将稳产期内的产量求平均值即为合理产量。统计生产时间较长的气井产量压力资料,绘制时间—压力、时间—产量关系图,根据图分析得出合理产量的数值。

Ⅰ类井的生产曲线如图7-8所示。统计生产时间较长气井(2006年、2007年投产井)的产量压力资料表明,以稳产三年为条件,Ⅰ类井合理产量为$2×10^4 m^3/d$。

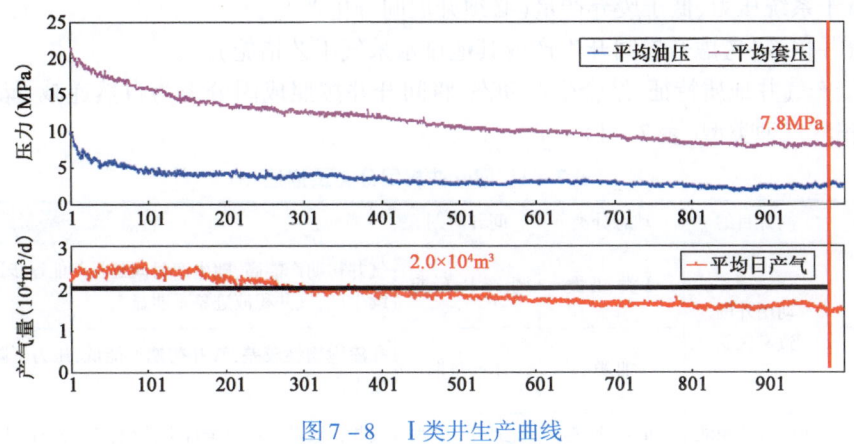

图7-8 I类井生产曲线

第五节 间歇生产制度优化

一、间歇生产机理

从苏里格气田储层特征出发，结合气井生产动态特征，总结得到，低产低效气井间歇生产的作用机理就是通过周期性开关井达到阈压效应和应力敏感效应之间的平衡。从而保护储层，延长气井的生产周期，提高最终采收率。

1. 低速非达西效应

致密气藏中的液体流动不同于具有中高渗透率气藏的渗流特征。最显著的一点就是渗流过程中流体受到岩石孔隙壁面作用影响，并且流动规律不再适用于Darcy定律。一些专家将此现象解释为低速非达西效应（启动压力梯度），这意味着流体只能在驱替压力梯度大于某个值时才可以流动。

2. 应力敏感性

随着地下流体被采出，储层孔隙压力降低，岩石骨架承受的有效应力增大，导致储层弹性压实形变，物性变差的现象称为储层应力敏感效应。单相气体渗流时，储层应力敏感效应主要受控于喉道结构及岩性，岩石越致密，敏感性越强；但在含水情况下还受控于含水饱和度，含水饱和度越高，压敏效应越强。

苏里格气田储层渗透率低，且普遍含水，有效应力的增大就可能引起其相对渗透率减小，气体流动的阻力加大，从而减小气井产能。

二、间开井判断条件及其成因

气井间开的主要目的：恢复压力达到系统压力要求，有效动用外围低渗区储量；恢复地层能量，提高气井携液能力。依据间开生产目的及苏里格生产工艺，判断气井的间开条件为：

(1)低于系统压力、低于废弃产量(必须开展间开生产)。
(2)气井积液(考虑开展间开生产或其他排水采气工艺措施)。

根据低产气井地质特征,结合生产动态,将间开井按照成因分类为自然递减、储层物性差以及气井积液三种类型(表7-4)。

表7-4 间开井成因分类及描述

成因分类	间开目的	动态分类	间开时期	特点
自然递减	动用外围致密区储	Ⅰ类、Ⅱ类	生产中、后期	气井初期产能高,随生产时间延长产能逐步递减,无法连续生产,气井积液迹象不明显
储层物性差		Ⅲ类	生产早期	孔渗饱物性较差,气井初期产能低,压力下降快,无法连续生产
气井积液	缓解气井积液	Ⅱ类、Ⅲ类	生产早、中期	气井积液且无法完全排出,影响产能发挥,无法连续生产

三、不同类型间开井间开时机

对于自然递减、储层物性差类的间开井,直井合理间开时机主要由间开条件决定,即压力小于3MPa或产量。

根据气井实时生产套压、瞬时产量,考虑不同套压条件下气井临界携液流量以及节流器对气井积液的影响,确定积液气井合理间开时机。苏里格气田不同类型积液气井合理间开时间见表7-5。

表7-5 不同类型积液气井合理间开时间

类型	范围(d)	平均值(a)
Ⅰ类	61~1622	2.8
Ⅱ类	98~1548	2.0
Ⅲ类	20~869	0.8

四、制定合理制度

1. 长关井措施

(1)通过关井,地层能量得以恢复,开井初期产气量大幅提升,间歇生产周期内日均产气量与间歇生产前持平关井后,反映了间歇性生产不会影响该阶段的总产量。

(2)关井后,气井油压上升,但随着关井时间延长,压力增幅逐渐减小,在压恢曲线上存在拐点压力;开井后,初期产量显著提升,但下降速率快,一段时间后保持平稳生产。

(3)根据压力和产量变化特征,初步确定以"压力恢复至拐点处的时间为关井时间、产量降至平稳生产的时间为开井时间"的间歇生产制度优化思路。

2. 短关井措施

在长关井试验的基础上,分析间歇生产压力和生产规律,评价不同生产制度下间歇生产的效果。最终优选出合理的间歇制度。通过分析,当油压恢复至拐点压力时,气井间歇周期内日均产气量最大,说明该制度下气井开采效率最高,具有最优的间歇效果及经济价值。

3. 间歇井判别标准

依据气井生产影响因素,对苏里格气田间歇生产井数据进行统计学方法分析,利用各影响因素具体数值直观地描绘数据的分布以及中值,见表7–6。

表7–6 人工间歇井判别标准

项目	油压 (MPa)	套压 (MPa)	2023年日产气量 ($10^4 m^3/d$)	累计产气量 ($10^4 m^3/d$)
平均值	1.1	7.57	0.31	1394
中值	0.88	4.79	0.27	1266.8
标准差	5.84	4.15	2.85	9.18
最小值	0.63	1.41	0.01	226.8
最大值	1.32	19.7	0.72	2722.7

五、间开方法的局限性

间开气井工作制度的确定主要有试验法和模拟法,两种方法均存在一定的局限性,两种方法对比见表7–7。

表7–7 间开气井工作制度优化方法

类型		技术思路	存在问题
试验法		设置不同阶梯的关井时间,对比分析间开效果,确定关井时间	试验周期长,单井规律分散,推广难度大
模拟法	数值模拟法	依据物性参数,建立单井机理模型,模拟各类关井时间下压力恢复拐点,确定关井时间	单井机理模型难以真实刻画实际储层,理论研究结果难以与实际相符合
	不稳定分析法	通过单井历史拟合,建立解析模型,确定关井时间	

第八章 苏里格气田低产气井排水采气技术

排水采气是指对天然气井地层中的地下水进行清理,将井筒中的积液排出,保证天然气井可以正常开采的工艺技术。在天然气井开发过程中,主要是利用气层自身的能量将天然气自动喷出,使其能够自动产出,但是天然气井会随着开采量的增加不断减少,产生低压现象,天然气井产量就会下降。在低压的作用下,天然气井中可能会出现积液问题,如果积液没有得以及时处理,会导致天然气开采量与效率受到影响,还会引起安全事故,需要加强对排水采气工艺技术的优化,结合天然气井实际情况,对工艺技术进行优化。排水采气工艺技术的应用,是影响天然气井开发工作效率与质量的关键所在;为了妥善解决积液问题,需要通过排水采气技术的优化,按照天然气井产出情况,对采用的排水采气技术进行优化,确保排水采气具有良好的适用性,提升天然气井开发工作效率与质量。在现代科学技术发展的推动下,排水采气技术研究不断深入,技术水平快速提高,可以选择的排水采气工艺类型不断增加,全面推动了我国天然气井开发工作质量提升,不同的排水采气工艺技术具有不同特征与适用条件,所以需要准确掌握这些排水采气工艺的关键要点,按照天然气井的实际情况,做好排水采气工艺选择与优化工作。

我国天然气井开发工作已经开展多年,经过实践经验积累以及技术研发,使得排水采气技术得以全面创新,多种新型排水采气技术开始应用。结合当前天然气井开发工作现状来看,常用的排水采气工艺包括如下几项:

(1)泡沫排水采气技术。
(2)速度管柱排水采气技术。
(3)柱塞气举排水采气技术。
(4)同步回转压缩机排水采气技术。
(5)其他新型排水采气技术。

苏里格气田针对低产低效井实际生产情况,及时跟踪分析,选择合适的措施方法,优化措施制度。如苏西井区 2017 年开展排水采气措施 7310 井次/430 口,增产气量 $1.20 \times 10^8 m^3$,比 2016 年($1.10 \times 10^8 m^3$)增加 9.25%,其中人工泡排 6332 井次,速度管柱 43 口,柱塞气举 124 口,压缩机气举 10 口,回转压缩机 1 口,自动泡排 813 井次。总体措施效果较为显著(图 8 - 1)。

主要的排水采气工艺技术对比见表 8 - 1。

表 8 - 1 排水采气工艺技术的适用性与工艺水平

排水方法	速度管柱	泡沫	气举	柱塞	游梁	电潜泵	射流泵
最大排液量(m^3/d)	100	120	400	50	70	500	300
最大井深(m)	3800	4000	4000	4000	2400	2700	2800
斜井	较适宜	适宜	适宜	受限	受限	受限	适宜

续表

排水方法		速度管柱	泡沫	气举	柱塞	游梁	电潜泵	射流泵
地面环境条件		适宜	适宜	适宜	适宜	一般适宜	适宜,需高压电源	适宜
开采条件	高气液比	很适宜	很适宜	适宜	很适宜	较适宜	一般适宜	适宜
	含砂	适宜	适宜	适宜	受限	较差	含砂<5%适宜	很适宜
	地层水结垢	化防,较好	很适宜	化防,较好	较差	较差	较好	较好
	腐蚀性H_2S	加缓蚀剂,适宜	较适宜	适宜	适宜	高含H_2S受限	较差	适宜
设计难易		简单	简单	较易	较易	较易	较复杂	较复杂
维修管理		很方便	方便	方便	方便	方便	较方便	方便
投资成本		低	低	较低	较低	较低	较高	较高

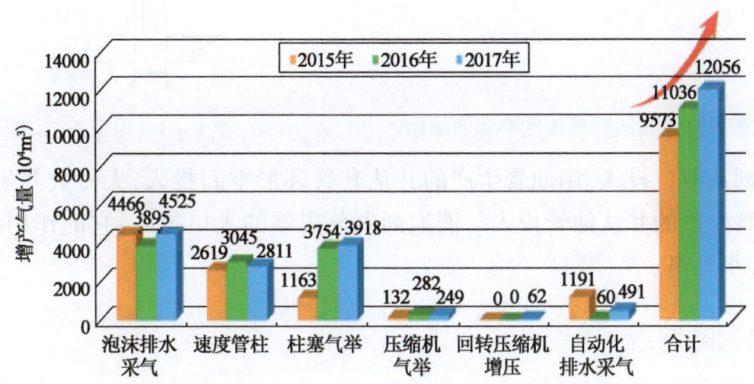

图 8-1 2015—2017 年苏里格西区各措施效果图

第一节 泡沫排水采气技术

一、工艺原理

泡排工艺是排水采气的主要方法之一,用于产水量不大、自喷能力不足、气流速度低于临界流速的气井。泡沫排水采气机理涉及垂直管流中气液的流态和两相管流的滑脱。

通常从井口向下投放可以遇水产生气泡的表面活性剂,当地层水与泡沫剂接触后,通过天然气流的不断搅拌,可以生成大量泡沫,降低表面张力,从而改变井筒内的气水流态(图 8-2)。该技术不用给地层添加额外的动力,就可提高携液能力,井底积液随气流从井底被携带到地面,实现排出井筒积液的目的。

泡排时投入起泡剂可提高鼓泡高度,使滑脱损失降低。起泡剂具有很强的起泡能力,可将水柱变为泡沫提高排水效果。同时它还具有稳定性适中和携液量大等特点。泡排工艺技术流程如图 8-3 所示。

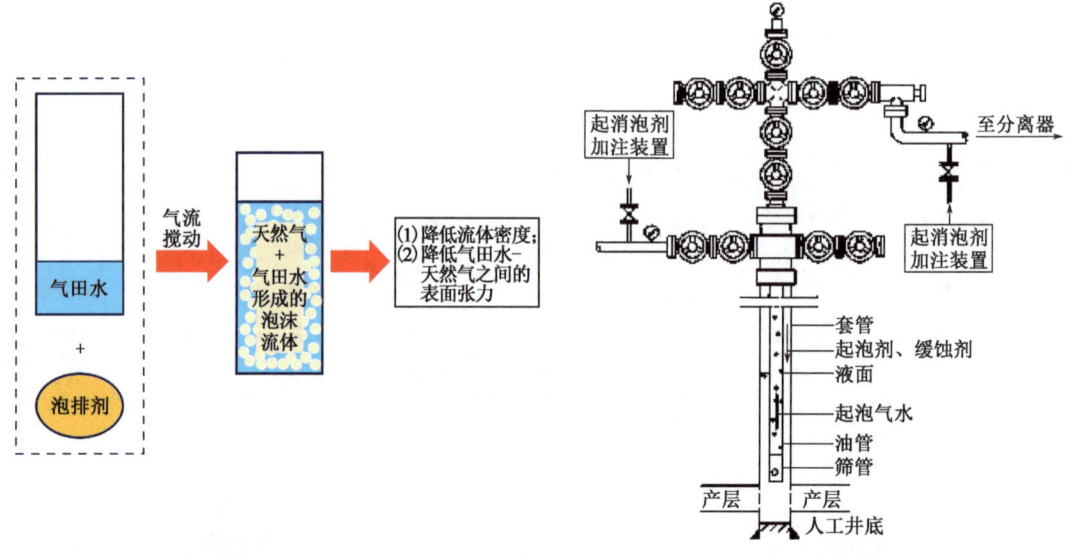

图 8-2 表面张力与表面活性剂浓度变化曲线图　　图 8-3 泡排工艺流程图

泡沫助采剂从井口投入,用油管生产的井从套管环形空间投入,大多数井采用这种方法,但少部分用套管生产的井从油管投入。消泡剂由分离器的入口投入,它的作用是消泡和抑制泡沫,有利于气水分离。

二、泡排剂的效应

一些具有特殊分子结构的表面活性剂和高分子聚合物融合而成的泡沫助采剂,经过以下效应来实现助采:

(1)分散效应,将液相表面张力降低。分散能力是由气液两相的相互搅拌和冲击大小决定的,气液两相分散程度高、搅动猛烈都会使液滴变得更小从而被气体带出井底。

(2)泡沫效应,使气水两相结合紧密,形成水包气的乳状液。这样不但可以减少滑脱效应,而且能将液体变为泡沫减少回压。当气体流速在 0.53m/s 以下时动能小,泡沫状态稳定外形呈蜂巢状,气泡的周围围绕着一层厚厚的水膜,水膜厚度大小决定了泡沫携液能力。在气层中加入少量的泡沫药剂,就可让管柱中两相垂直流动状态产生明显改变。气水两相高度泡沫化,临界携液流速可以降低为原来的 20 倍~30 倍,大大提升了气井排液能力。

(3)减阻效应,发泡剂可以增加泡沫的稳定性,使之不易破碎,将不溶性污垢(淤渣、泥沙)包裹在泡沫中被带出井口。

(4)洗涤效应,可清洗井壁和井底地层孔隙,改善流动条件和渗透性。

(5)鼓泡效应,在泡沫—段塞流态下,气体可将水弄成泡沫,泡沫的高度会是原来水柱高度的 10 倍左右,从而使原来到不了井口的地层水等变成泡沫后能够到达井口,大大改善气井的生产状况。

(6)转流态效应,表面张力下降,促使流态转变。加入泡排剂会使水相分散开来将举升差的流态变为举升好的流态。气水在管柱中的状态分为:泡流、环雾流、段塞流、过度流态。研究表明,环雾流状态时不需采取其他措施,可自己举升液体。而段塞流态时采用助采效果最好,在段塞流时,加入表面活性剂可使振荡效应减弱,气液两相混合。当表面活性剂的浓度越大、在井下的振荡效果越弱、与气水混合越紧密时,能量损失就会越低。若是加入起泡剂含量恰当,可将段塞流转变为环雾流。

泡排剂的六种效应使得泡排技术成为国内外气田最广泛使用的技术之一。

三、泡排的优点

(1)使水淹停产井恢复生产。对于仍有产能的水淹停产井,可通过投放起泡剂排出井底积液使水淹停产井复产。

(2)使间歇井转为连续井。由于积液和地层能量缺失等问题让气井不能一直进行持续生产从而转变为间歇生产,投放起泡剂使井筒流态发生变化,将井底积液排出井口,气井变为原来的生产方式。

(3)提高开发中后期产量。对于开发中后期地层压力降低和井底积液造成产量下降的井,投放起泡剂后井的携液能力显著增强,促使产量增加。

(4)解决含硫气水井油套管保护的问题。

(5)处理产凝析油气井经常出现的消泡难题。JY 棒状起泡剂可以很好地解决凝析油抑制起泡剂的起泡效果问题。

(6)可用在管线的排污解堵、洗井作业等方面。

(7)工艺主要使用地层本身的能量进行举升液体,不需要额外的能量补充,具有投资小、成本低、效益高等特点。设备配套简单,泡排时不用进行关井和修井作业,操作容易。

四、应用的技术界限及缺点

(1)油管鞋处的气体流速在 0.1m/s 以上,每天的产水量不超过 150m^3。

(2)井深不超过 4000m,井底温度小于 120℃。

(3)对于苏西地区,对水质的要求有:地层水总矿化度不大于 1.2×10^5 mg/m^3,二氧化碳含量小于 85g/m^3,凝析油含量小于 46%,液态烃含量小于 30%,硫化氢含量小于 23g/m^3。

(4)油管鞋安装在所开采的气层中部,若安装在距离中部较远的地方,当积液过高时起泡剂顺着生产管柱下入到油管鞋处时会马上被气流携带到其他地方,达不到目的层因而没有效果。

(5)气体流速应控制在 1m/s 以下或者 3m/s 以上,这两种情况才容易将水带出井底。

(6)气井不能水淹停产,要有一些自喷的能力。

(7)需要不断投放泡排剂,泡排的排液能力不强,适用于水气比小于 60m^3/$10^4 m^3$ 的气井。

五、现场应用及效果

长庆油田从不同区块的生产状况和气水特征入手,对各类起泡剂和消泡剂展开一系列的优选工作,最终筛选出最符合长庆气田各个区块、各种类型气井的起泡剂和消泡剂。

1999年至2004年在三大气田(苏里格、榆林、靖边)开展泡排工艺二十多井次,措施过后气井带水能力变大、产量逐渐上升。通过联系泡排剂的功能,探索气井的积液周期,制定了合理的投放制度,效果良好。如 S38-16 井、S38-16 井,这两口井由于积液产量很低,增加泡排措施后产能恢复,对它们两天投放一次泡排剂,每次放 6L UT-11C,能保持气井连续生产。

2009年,在苏西地区选用包括 S61 井在内的 8 口气井进行泡排,测试出 UT 系列泡排剂的适用范围。2010年,针对泡排周期、加注浓度开展了 142 口/374 井次泡排工艺,制定了合理的分类泡排制度,增产气量高达 $300 \times 10^4 m^3$。

2011年,采气三厂开展泡排 210 口井,2118 井次。效果比较明显的有 1126 井次,加注泡排剂 113100L,投放泡排棒 4950 根,增产气量 $2204.0424 \times 10^4 m^3$。2012年前 5 个月,开展泡沫排水 160 口井,304 井次,效果较明显的有 140 井次,加入泡排剂 22700L,泡排棒 471 根,增产气量 $461.5687 \times 10^4 m^3$。

根据大量的现场试验可以看到,增加泡排措施后有时效果显著有时却无效果,对这些情况进行综合分析后认为,泡排技术不适用于气井严重积液后。

第二节 速度管柱排水采气技术

气田开发的中后期,在当前的井况条件下,已经不能把流入井筒的水全部带出地面,气井已不能在"三稳定"(气井的产量、井口流压、气水比)的采气制度下正常生产,优选速度管柱就是对这样的气井进行管柱直径的调整、提高井内的气体速度,将积液全部排出井底的一种排水采气工艺措施。

一、工艺原理

优选速度管柱工艺是通过在井筒中下入连续油管,通过调整管柱增大气体流速、减少滑脱损失、提高气井携液能力,更好地使用气井本身的能量来实现产气量提高的自立式气举排水采气措施。

在设计管柱之前,要注意气体流速会随着管柱举升高度的增加而增大,为确保不断排出流入井筒的积液,在管鞋处的气体流速一定要满足连续排液的最低临界流速。需要使用有关数学模型算出临界流量与流速,保证气井的连续排液。当天然气沿着生产管柱流出时需设置最大压降,确保井口的压力足够将气输送到管网。

气井中的产气管柱有三种重要作用:

(1)当管柱在靠近井底处下有封隔器,则产气管柱能够保护套管不受管柱内流体的高压作用。

(2)可以保护套管不受各种酸液的腐蚀作用,延长套管的使用寿命,使气井持续正常生产。

(3)若尺寸组合恰当,使用产气管柱可以使井身内的烃类液体和水全部排出。

二、速度管柱的优点

对于积液较深的气井或有水气井开采的中后期,采用速度管柱工艺措施,通过改变管柱的直径来实现气流速度的变化从而提高气井产量。使用较多的是小直径连续管排水采气装置,它的优势在于高效、灵活,能边生产边作业,此外还可控制注剂的用量和深度,达到最佳的采气效果。国内目前常用的连续油管尺寸有 $\phi25.4mm$、$\phi32mm$、$\phi38mm$、$\phi45mm$、$\phi50.8mm$ 五种规格,苏48井区采用 $\phi38.1(1\frac{1}{2}in)$ 连续油管。

速度管柱工艺方法施工简单、理论成熟、工作制度灵活多变、管制容易、投资少、免修期长,能将气井能量高效率地利用并进行连续排液生产,延长气井自喷期,是一种高效、经济性好的工艺措施。该工艺还可用于地温高于149℃时的气井。

三、应用的技术界限及缺点

(1)对排液量有限制,需要让气井的产量满足气井连续排液的临界流动条件。优选合理管柱需考虑两个方面的情况,对于流速高、排液能力好的气井,两相流动的压力摩阻损失是主要矛盾,此时要更换大管径,更换管柱后可以使井口压力升高、阻力损失降低、产气量增大;对于产气量和井底压力都比较低的气井,两相流动的滑脱损失是主要矛盾,此时更换为小直径的生产管柱,让气流通过管柱时速度够大,可以将积液全部排出,延长气井的自喷采气期。

(2)优选小尺寸油管生产时,当气井的气液比小于 $0.7m^3/10^3m^3$ 时,控制因素是井口条件,应用特纳的最低流量诺模图;当气液比大于等于 $0.7m^3/10^3m^3$,井底条件是控制因素,使用杨氏公式。

(3)选井原则:气井必须具备一定自喷能力,不适用于水淹井,气井产水量一般较小;产层的压力系数小于1;气流的对比参数 $v_r = q_r < 1$,井底有积液;气井的气液比小于等于 $40m^3/10^3m^3$;压井时长要超过平时起下管柱时间的1倍;要在现场装加产出水的分离装备。

(4)对于苏西地区,产层中深在1000~2000m之间时不适用。

(5)需要大规模地多次更换油管和节流器等设备,工艺成本比较高。

四、现场应用及效果

大量生产实践表明,苏里格气田气井投产半年后井口压力就会降到10.0MPa。随着压力不断下降,当压力下降到6.5MPa时,采用 $\phi73.0mm$ 管柱进行生产的最小携液流量为 $0.72 \times 10^4 m^3/d$。整理总结后发现,$\phi60.3mm$ 管柱更适合苏里格气田。

2003年5月至11月,苏里格气田对9口井进行速度管柱实验。这些措施井的总体效果不错,基本达到预期的目标。如S40-16井试验前油压为6.3MPa,套压为7.3MPa,产气量为 $4.0 \times 10^4 m^3/d$,产水量为 $0.7m^3/d$,试验后油压为7.2MPa,套压为8.0MPa,产气量为 $2.5 \times 10^4 m^3/d$,产水量为 $1.1m^3/d$。对实验数据进行分析得出此方法可增大携液能力,保证气井平稳生产。

2011年至2012年,苏里格气田西区对16口井更换管柱,采用的小油管作业效果良好,油压套压下降明显,气井增产显著,增产 $2802.0139 \times 10^4 m^3$ 天然气。其中2011年速度管柱井平

均增产 $76×10^4m^3$，增加利润 60.8 万元/口，其中 S48-4-89 增产 $412.6608×10^4m^3$，增加利润 331 万元。

通过已有的苏里格气田速度管柱措施适用性评价得出结论：速度管柱排水试验一般用于有一定积液，套压小于 13MPa，日产气量大于 $0.31×10^4m^3$ 的自喷生产井。

第三节 柱塞气举排水采气技术

一、工艺原理

柱塞气举是一种间歇气举，用于水淹井的再次生产和大产量水井的助喷等方面。柱塞运行过程中，控制球和圆柱体的下落时间不同，让它们落下时有一定的时间差使气体穿过两者之间的孔隙。当圆柱体落到井底后和小球连在一起组成一个活塞，气体的活动空间被限制在圆柱体底部无法通过圆柱体，气体不断挤压活塞使之跟随井筒不断向上，将井中的液体排出井底。

地层气和注入的高压气是这种措施的主要能量来源。柱塞和上方的积液会被这些气体从井底逐渐推到地面，达到排出积液和延长生产时间的目的。由于柱塞的运动是往复的，柱塞下落时需要进行关井，从而使得气井的生产方式变为间歇式（图 8-4 和图 8-5）。

 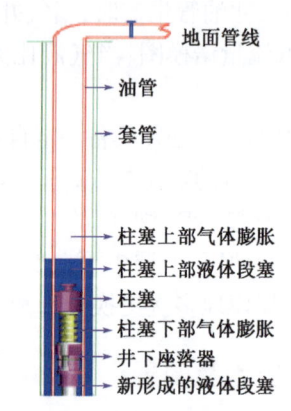

图 8-4 柱塞气举井口装置　　图 8-5 柱塞气举井底示意图

柱塞气举是在气井管柱中放入柱塞，尽可能多地使用气井本身能量来挤压柱塞，促使它在管柱内不断上下运动，阻止液体滑脱和气体上窜，使举升效率加强。

一般情况下，柱塞气举的运行周期可以分为三个阶段：柱塞上行排液阶段、柱塞续流生产阶段和柱塞下行压力恢复阶段。

(1) 柱塞上行排液阶段：在气井关井期间，油管和油套环空中会聚集大量气体，使得井口油、套压力得到恢复；在开井生产后，随着井口气体排出，油压迅速下降，在井筒压差作用下，环空中的气体会向油管内膨胀，和地层产出气体一起形成举升能量推动柱塞及其上部积液上行，最终到达井口，气井进行排液生产。

(2)柱塞续流生产阶段:在柱塞到达井口后,为了提高气井排水采气效率,同时防止因柱塞下落而造成的阻力过大和气举时间过长,进而影响气井正常生产,需要继续放喷续流生产一定时间。此时,井筒积液重新聚集,井底流压不断升高,气井自身能量不足以维持稳定生产条件。

(3)柱塞下行压力恢复阶段:当续流生产阶段结束后,气井需要进行关井,柱塞在自身重力作用下下行,穿过井筒中的气柱和液柱,下落到井底卡定器位置处。同时,油、套压力逐渐恢复,当压力恢复满足要求或达到一定的关井时间时,就可以重新开井进入下一个循环生产周期。

柱塞气举由于进气通路的不同,分为正举和反举两种方式。正举是指套管注气油管举升,对于 7in 和 $2^7/_8$in 的油管而言,优点是在举升过程中启动排液阶段所需气量少、气液混合流速高、滑脱损失小、可最大限度保护套管、出水均匀、波动小、管理方便,缺点是摩擦阻力大、排液速度慢;反举是指油管注气套管举升,这种方式回压低,对低压、大水量井可建立较大的生产压差、垂直管流动压力损失小,缺点是固体杂质易沉积、滑脱损失大、气液混合后对套管有冲蚀、腐蚀影响。

二、柱塞气举的优点

(1)该措施对常规气举或间歇气举举升效率不高的生产井,可以避免气体的无效消耗。

(2)工艺设备投资少、使用寿命长、维修成本低、经济效益好、安装成本低、节约人力物力和时间。

(3)适用于高气液比的气井排液。

(4)设备自动化水平高,管理容易。

(5)用于井筒中有杂质的气井,往复运动的柱塞可以使壁柱上的蜡和垢被破坏脱落。

三、柱塞气举排水采气技术的应用条件

(1)地面装置复杂,柱塞中的运动机构容易出问题。通常在柱塞中装设旁通机构用来提升下落速度。这个装置的阀门开启及关闭都要靠柱塞撞击井口缓冲器及卡定器来实现。柱塞在井内运动时会以不同的速度下落到井底积液中受到一定冲击。在冲击作用下会造成阀门的无效开启或关闭,出现不能带液、柱塞卡在井中、快速碰撞缓冲器、寿命降低等问题。

(2)操作管理需按生产来设定柱塞下落的最佳时机和开关井时间。工艺参数的计算较为繁杂的。

(3)柱塞的下落速度慢。生产中,下落速度通常不超过 2m/s。假设 3000m 深的井,每个生产周期柱塞下落需要 50~70min。如果每天工作 10 个周期,有一半的时间处于停产状态。

(4)选井条件:井深小于等于 3000m;油管尺寸为 $2\frac{1}{2}$in 或 2in;产气量大于 $700m^3/d$;产水量小于 $20m^3/d$。

(5)油管内壁规则,气井自身要有一定的产能。

四、现场应用及效果

2001 年以来在苏里格气田开展了多次柱塞气举实验,有效控制了生产压力的下降。如 S37-15 井,试验前油压为 3.0MPa,套压为 8.1MPa,产气量为 $0.6838\times10^4 m^3/d$,产水量为 $0.288 m^3/d$,试验后油压为 4.5MPa,套压为 6.7MPa,产气量为 $0.9513\times10^4 m^3/d$,产水量为 $0.318 m^3/d$,有效提高了气井的携液采气能力,表现出良好的生产趋势。

第四节　同步回转压缩机排水采气技术

压缩机气举排水采气就是利用车载式压缩机将干管天然气增压后,注入积液井的油套环空,将积液井井筒积液从油管举出,以降低试验井井筒内的液柱高度和由此引起的回压,使气井恢复生产,为积液停产井复产探索新的技术途径。

一、气举方案一

将干管天然气作为气源气通过井口针阀的压力控制在 0.5~2MPa,经压缩机增压后通过 6 号阀注入气井油套环空,将井筒积液从油管中举出,放空针阀连接在 9 号阀上,控制气井放喷压力和气量,从油管举出的天然气经分离器进行气液分离,气体通过节流阀和单向阀与干管来气混合作为气源气,液体经排污阀进入污水罐。其工艺流程如图 8-6 所示。

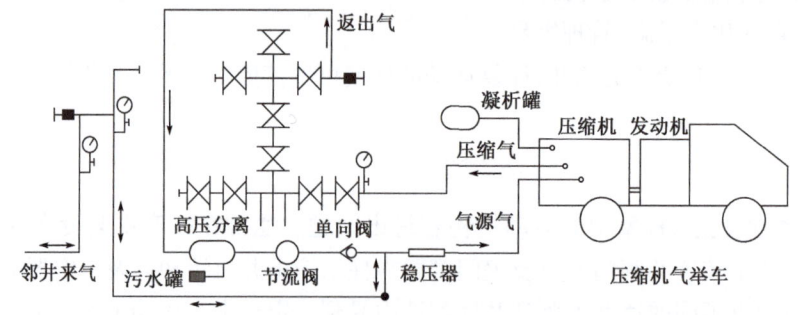

图 8-6　气举工艺流程(方案一)

气举工艺:邻井来气→采气管线→井口稳压器→压缩机、发动机→被举井油套环空气举气井复活→油管返出→高压分离→节流阀→经采气管线进站→站内分离处理。

二、气举方案二

方案二与方案一的不同点是,油管举出的天然气不经过分离器,天然气在现场点燃放喷,污水排至井场排液池,其他流程与方案一相同,气举工艺流程如图 8-7 所示,气举排液复产工艺流程如图 8-8 所示。

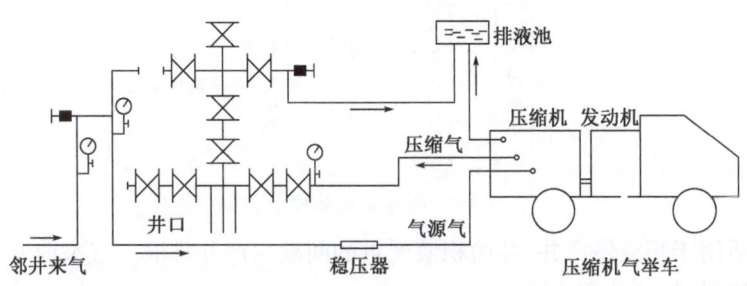

图 8-7　气举工艺流程图(方案二)

气举工艺：邻井来气→采气管线→井口稳压器→压缩机、发动机→被举井油套环空油管返出→井场放喷排液→气井复活。

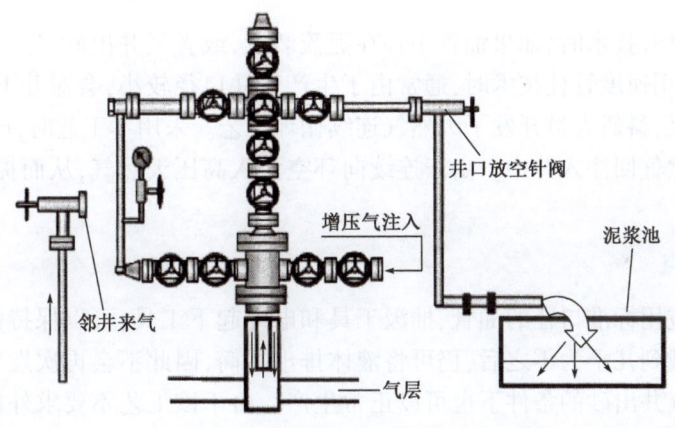

图 8-8　气举排液复产工艺流程示意图

第五节　其他新型排水采气技术

一、高压氮气气举工艺技术

1. 工艺原理

将高压氮气从油管注入,把井内积液通过套管排出(正举)。或将高压氮气从套管注入,把井内积液通过油管排出(反举),从而达到排液复产的目的。

2. 工艺装备及实施要求

工艺装备由制氮能力 1200m³/h 的膜分离制氮车和增压车组成。膜分离系统出来的氮气压力大于等于 2.0MPa,氮气纯度在 95% 以上,经氮气压缩机三级压缩后最高可增压到 35MPa。制氮工艺流程如图 8-9 所示。

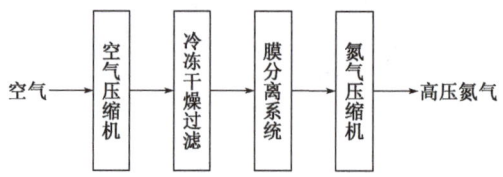

图 8-9　制氮工艺流程示意图

这种工艺适用于积液停产井、井筒积液严重的间歇生产井排液。气举前要打捞节流器,判断封隔器是否解封,保证油套连通。

二、天然气连续循环技术

1. 工艺技术描述

在应用柱塞举升技术时,如果油管中存在扼流装置,或者气井出砂,那么柱塞举升便不能够正常工作;在应用速度管柱技术时,通常由于生产管柱口径较小,会对井下工具作业造成困难。针对以上不足,科研人员开发了天然气连续循环工艺。采用本工艺时,压缩机连续不断地将产自本井的天然气回注入井中。由于连续向环空注入高压天然气,从而提高了天然气的流速和携液能力。

2. 工艺优缺点

该工艺允许应用标准口径的油管、抽汲工具和电缆起下工具;可以保持低的井底流压,即使在气井产量递减到几乎为零之后,仍可将液体排出井筒,因此不会再次发生积液;在油管中存在扼流装置和气井出砂的条件下也可以正常生产。由于该工艺不要求外部供给气源,不需要使用地面气流控制装置和气举阀,所以它和单井气举系统相比较又有其独特的优势。气井的最终采收率大于柱塞举升或速度管柱生产。

第九章　苏里格气田气井精细管理实践与启示

苏里格气田管理机制有待完善。气田处于快速上产期,以生产任务为导向,导致气井精细管理落实不到位、措施挖潜主动性不强、气藏动态分析不够深入、考核评价体系不健全等问题突出,亟须重塑气井清晰管理机制。

目前苏里格气田管理基础依然薄弱。现场油套压、流量计等基础数据,与智能平台数据不匹配、差异性大,假数据真分析;开关井状态、截断阀等现场管理问题突出,问题节流器数量大,影响措施开展;智能化方面仍需持续优化提升。措施挖潜效果达不到预期,泡排、智能柱塞、速度管柱三项主体挖潜措施运行效率还需提升,措施匹配、跟踪、优化、提升全过程管理还需加强。依靠新建产能保持长期稳产,存在诸多制约因素。苏中剩余建产规模有限、苏西高效建产存在效益风险、新区接替资源不确定,叠加投资持续压减影响,百亿方稳产面临严峻挑战,必须依靠精益管理,发挥老气田压舱石作用,通过气井精益管理提升开发水平。

第一节　气井差异化管理

一、原分类方法

根据苏里格气田初期投产气井的有效厚度、试气无阻流量、三年平均日产气量以及预测累计产气量,建立相互之间的关系,由此得到初步的气井分类。

由图9-1、图9-2可见直井及水平井无阻流量与日产量具有较好的相关性,根据动静态资料建立直井及水平井的分类标准,见表9-1、表9-2。

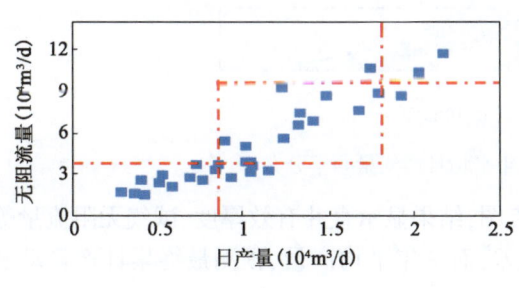

图9-1　直井无阻流量与产量关系

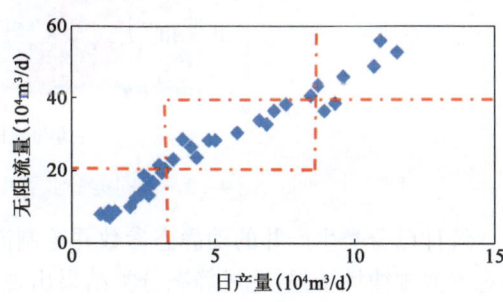

图9-2　水平井无阻流量与产量关系

表 9-1 直井分类标准

类别	单气层最大厚度 (m)	累计气层厚度 (m)	无阻流量 ($10^4 m^3$)	单井稳产期配产 ($10^4 m^3/d$)	稳产时间 (a)	最终累计采气量 ($10^4 m^3$)
Ⅰ类	>5	>8	>10	1.8	3	≥3500
Ⅱ类	3~5	>8	4~10	0.8~1.8	3	1500~3500
Ⅲ类	<3	<5	<4	0.8	3	≤1500

表 9-2 水平井分类标准

类别	无阻流量(单点法) ($10^4 m^3/d$)	单井稳产期配产 ($10^4 m^3/d$)	稳产时间 (a)	最终累计采气量 ($10^8 m^3$)
Ⅰ类	≥50	≥8	≥3	≥1.5
Ⅱ类	20~50	3~8	≥3	0.6~1.5
Ⅲ类	≤20	≤3	≥3	≤0.6

二、新分类方法

在后期使用原分类方法进行推广应用时发现,制定标准所用井数少,导致不同类型生产井三年平均日产区间分布重合较多,不能准确地反映气井正常生产的能力(表 9-3、图 9-3)。

表 9-3 水平井日产区间重合范围表

分类	日产区间($10^4 m^3/d$)	叠合范围($10^4 m^3/d$)
Ⅰ类	≤5	2.5~5
Ⅱ类	2.5~10	
Ⅲ类	≥5	5~10

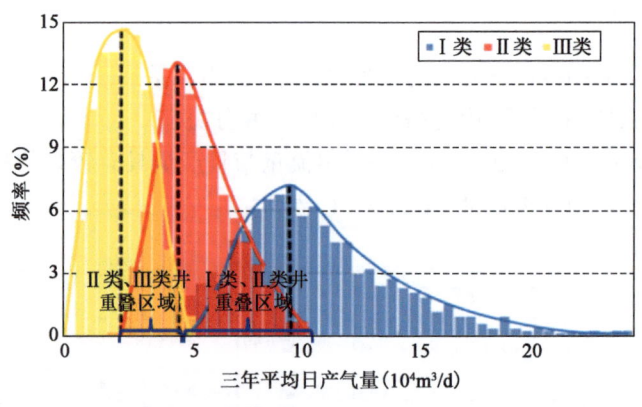

图 9-3 不同类型水平井三年平均日产气量频率分布

统计已分类生产井的动静态参数并绘制散点图,结果显示直井有效厚度、试气无阻流量等静态参数规律性不强,造成静态分类出现偏差,而三年平均产量、预测最终累计产量动态数据具有一定的相关性(图 9-4)。

(a)有效厚度与无阻流量散点图 (b)有效厚度与三年平均日产量散点图

(c)有效厚度与预测累计产量散点图 (d)三年平均日产与无阻流量散点图

(e)预测累计产量与无阻流量散点图 (f)三年平均日产与预测累计产量散点图

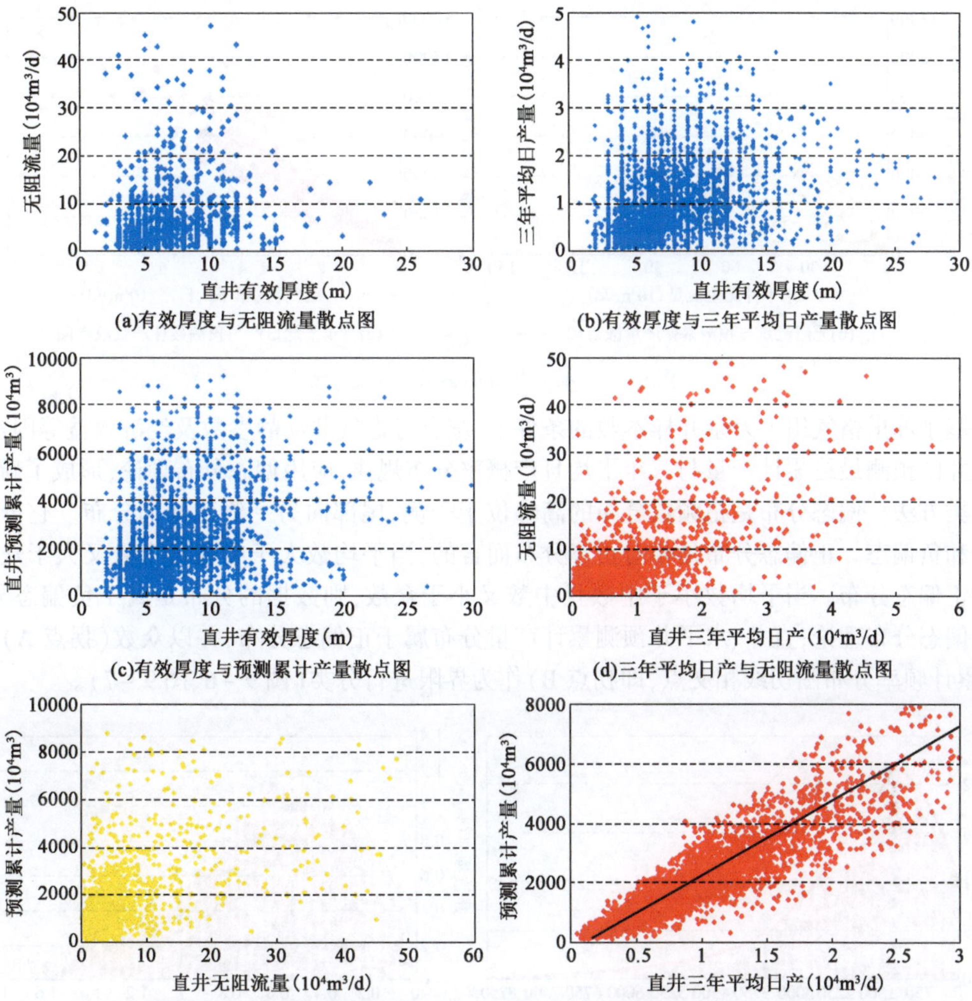

图 9－4 直井分类参数相关性

水平井试气无阻流量规律性不强，造成静态分类结果出现偏差，而三年平均产量、预测最终累计产量动态数据具有一定的相关性（图 9－5）。

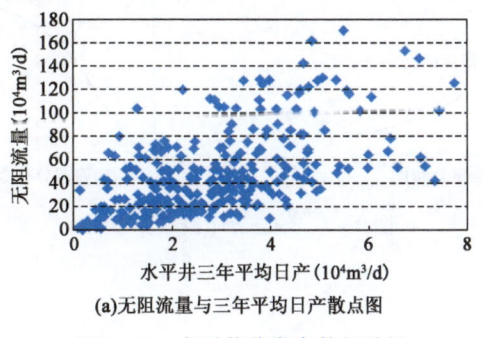

(a)无阻流量与三年平均日产散点图

图 9－5 水平井分类参数相关性

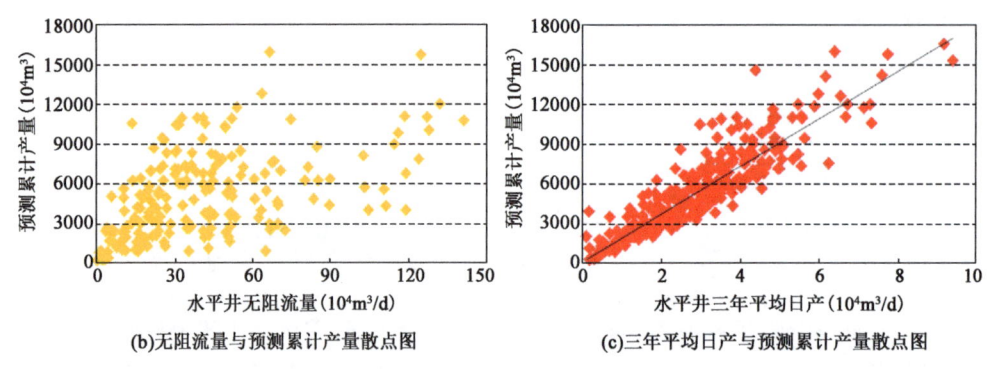

(b)无阻流量与预测累计产量散点图　　(c)三年平均日产与预测累计产量散点图

图 9-5　水平井分类参数相关性(续)

基于苏里格气田 1 万余井样本数的条件下,综合考虑气井动静参数及经济效益等因素,分析单井的预测最终累计产量与三年平均日产概率分布规律,应用偏态分布理论,形成了新的气井分类方法。偏态分布是指频数分布的高峰位于一侧,尾部向另一侧延伸的分布。它分为正偏态和负偏态。正偏态分布是相对正态分布而言的,当平均数大于中数且中数又大于众数时属于正偏态分布。当平均数小于中数且中数又小于众数,则数据的分布是属于负偏态分布。应用偏态分布理论,直井、水平井预测累计产量分布属于正偏态分布,并以众数(拐点 A)及均值(累计频率分布图切线相交点,即拐点 B)作为界限进行分类(图 9-6、图 9-7)。

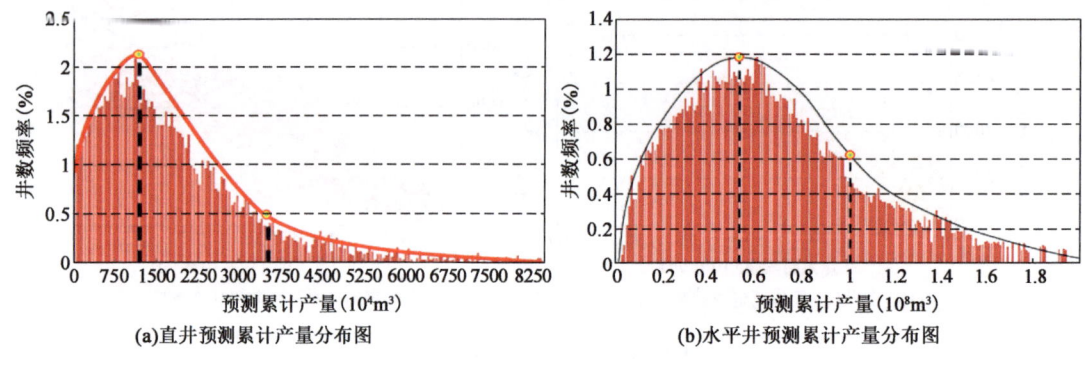

(a)直井预测累计产量分布图　　(b)水平井预测累计产量分布图

图 9-6　直井、水平井预测累计产量分布图

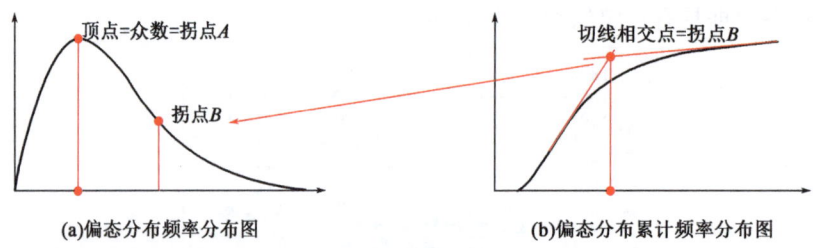

(a)偏态分布频率分布图　　(b)偏态分布累计频率分布图

图 9-7　偏态分布概率分布图

1. 直井

根据当前的经济条件评价直井经济极限累计产量为 $1350 \times 10^4 m^3$,与最终累计产量频率

分布曲线的拐点 A 基本吻合;因此Ⅲ类井累计产量上限为 $1400\times10^4\mathrm{m}^3$ 左右;同时根据累计产量频率分布曲线的拐点 B 区分出Ⅱ类井和Ⅰ类井(图 9-8、图 9-9)。

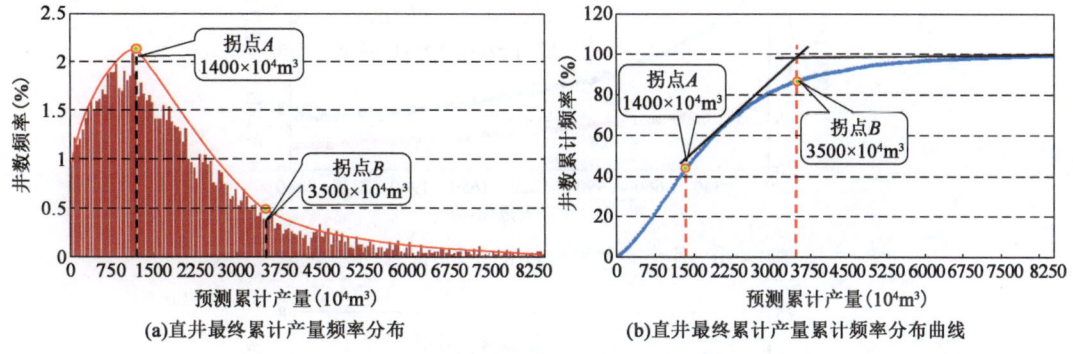

图 9-8　直井最终累计产量频率分布

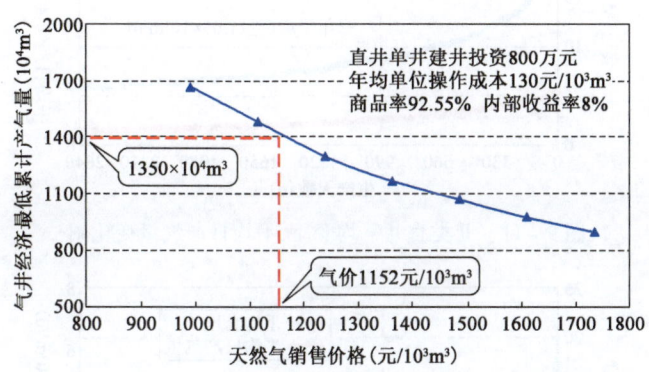

图 9-9　不同气价条件下直井经济极限累计产量曲线

2023 年投产直井Ⅰ类+Ⅱ类井比例为 51.9%,产气贡献率占累计产气量的 81.0%(表 9-4)。三年平均单井日产量为 $0.95\times10^4\mathrm{m}^3/\mathrm{d}$,预测累计产量为 $2055\times10^4\mathrm{m}^3$(图 9-10 至图 9-12)。

表 9-4　不同类型直井生产情况统计表

类型	比例 (%)	990 天压力 (MPa)	三年合理产量 ($10^4\mathrm{m}^3$)	预测累计产量 ($10^4\mathrm{m}^3$)	产气贡献率 (%)
Ⅰ类	14.4	9.6	2.04	4365	38.7
Ⅱ类	37.5	9.2	1.05	2142	42.3
Ⅲ类	48.1	9.5	0.50	1022	19
加权平均	100	9.4	0.95	2055	100

2. 水平井

根据当前经济条件评价水平井经济极限累产为 $4940\times10^4\mathrm{m}^3$,与预测累产频率分布曲线的拐点 A 大致吻合;Ⅲ类井累产上限为 $5000\times10^4\mathrm{m}^3$ 左右;同时根据累计产量频率分布曲线的拐点 B 区分出Ⅱ类井和Ⅰ类井(图 9-13 至图 9-15)。

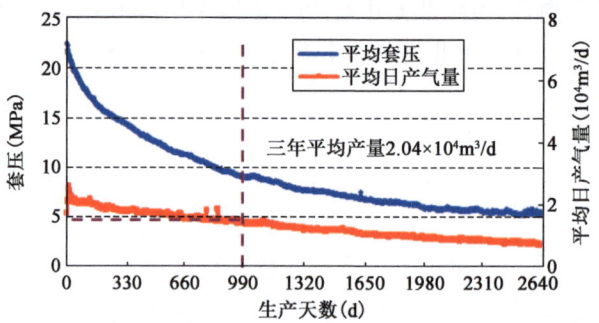

图9-10　Ⅰ类直井平均套压、平均日产气量变化图

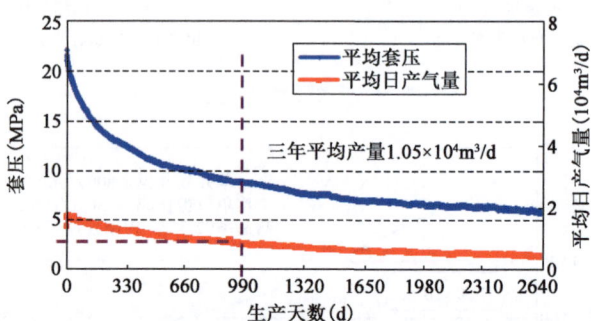

图9-11　Ⅱ类直井平均套压、平均日产气量变化图

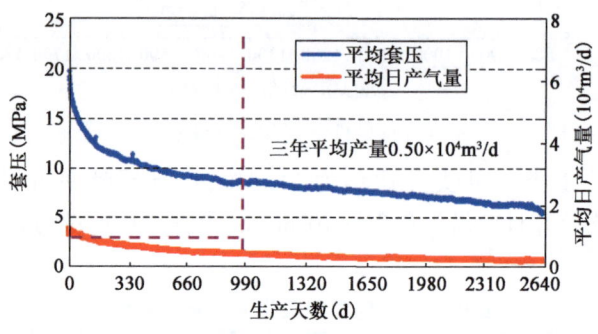

图9-12　Ⅲ类直井平均套压、平均日产气量变化图

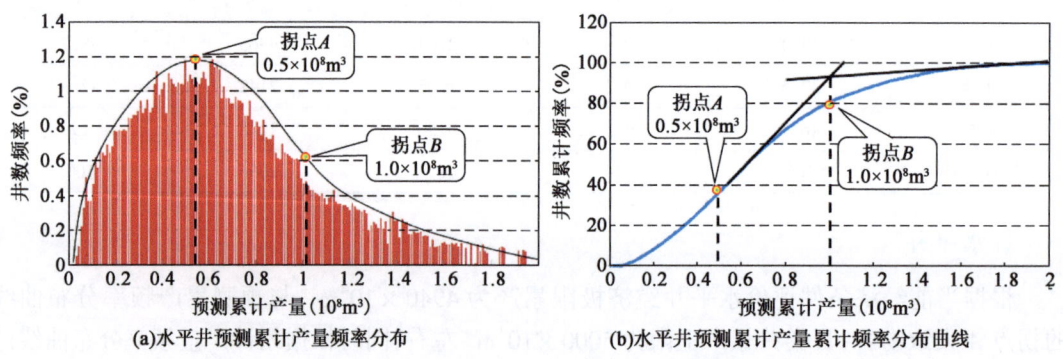

(a) 水平井预测累计产量频率分布　　(b) 水平井预测累计产量累计频率分布曲线

图9-13　水平井预测累计产量频率分布图

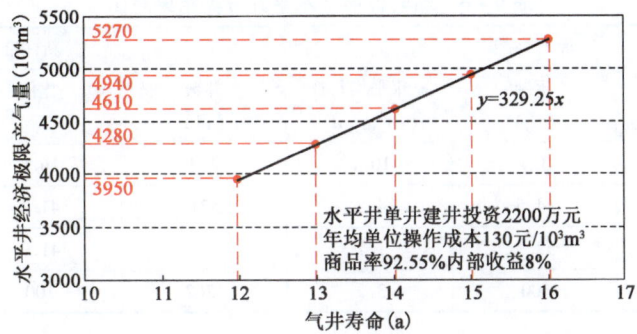

图 9-14　同一投资不同生产年限下水平井经济极限累产

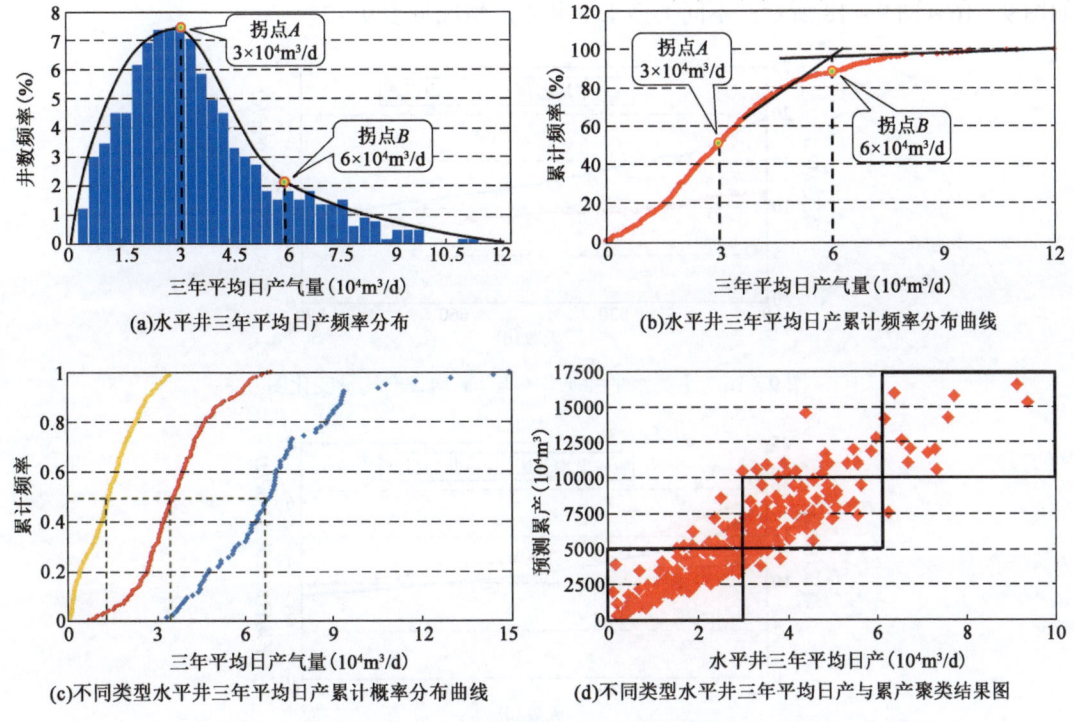

图 9-15　水平井平均日产分布曲线

水平井分类标准对比见表 9-5，新老标准下水平井分类结果对比见表 9-6。通过新标准与原标准的对比，新标准分类结果更具有合理性，建议采用新标准对水平井进行分类。

表 9-5　水平井分类标准对比

类别	原标准				新标准		
	无阻流量 ($10^4 m^3$)	稳产时间 (a)	单井稳产期配产 ($10^4 m^3/d$)	最终累计采气量 ($10^8 m^3$)	无阻流量 ($10^4 m^3$)	三年平均日产 ($10^4 m^3/d$)	最终累计采气量 ($10^8 m^3$)
Ⅰ类	≥50	≥3	≥8	≥1.5	≥50	≥6	≥1.0
Ⅱ类	20~50	≥3	3~8	0.6~1.5	20~50	3~6	0.5~1.0
Ⅲ类	≤20	≥3	≤3	≤0.6	≤20	≤3	<0.5

表 9-6 新老标准下水平井分类结果对比

分类	原有标准			新标准		
	井数（口）	比例（％）	三年平均日产（$10^4 m^3/d$）	井数（口）	比例（％）	三年平均日产（$10^4 m^3/d$）
Ⅰ类	43	3.4	10.1	212	16.8	6.7
Ⅱ类	562	44.5	4.5	521	41.3	3.5
Ⅲ类	657	52.1	1.7	529	41.9	1.6
平均	1262	100	3.2	1262	100	3.2

2023 年投产水平井 Ⅰ 类 + Ⅱ 类井比例为 58.1%，产气贡献率占累计产气量的 72.4%，三年平均单井日产量 $3.2 \times 10^4 m^3/d$，预测累产 $6213 \times 10^4 m^3/d$。不同类型水平井压力、产量变化如图 9-16 ~ 图 9-18 所示。不同类型水平井生产情况见表 9-7。

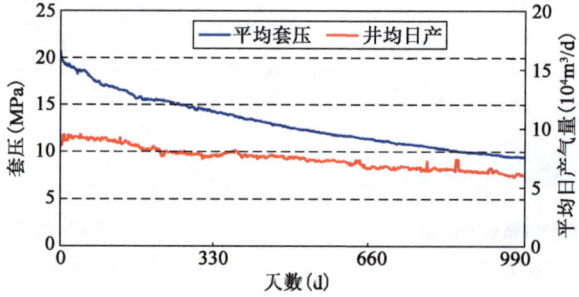

图 9-16　Ⅰ 类水平井平均套压、平均日产气量变化图

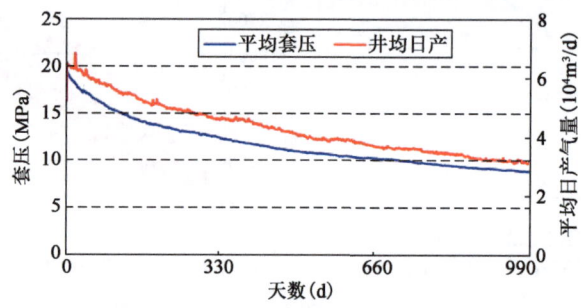

图 9-17　Ⅱ 类水平井平均套压、平均日产气量变化图

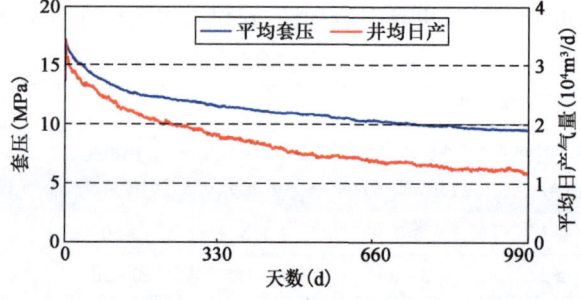

图 9-18　Ⅲ 类水平井平均套压、平均日产气量变化图

表 9-7 不同类型水平井生产情况统计表

类型	比例（%）	990天压力（MPa）	三年合理产量（$10^4 m^3$）	预测累产（$10^4 m^3$）	产气贡献率（%）
Ⅰ类	16.8	6.6	6.7	12425	26.8
Ⅱ类	41.3	6.3	3.5	6791	45.6
Ⅲ类	41.9	6.2	1.6	3163	27.6
加权平均	100	6.3	3.2	6213	100

三、各类气井差异化管理

1. 水平井管理

目前气田水平井压裂液返排率低，排水采气技术仍需要进一步完善，且尚不具备全生命周期评价条件，参照直（丛）井全生命周期技术分阶段管理。气田水平井管理技术对策如图 9-19 所示。

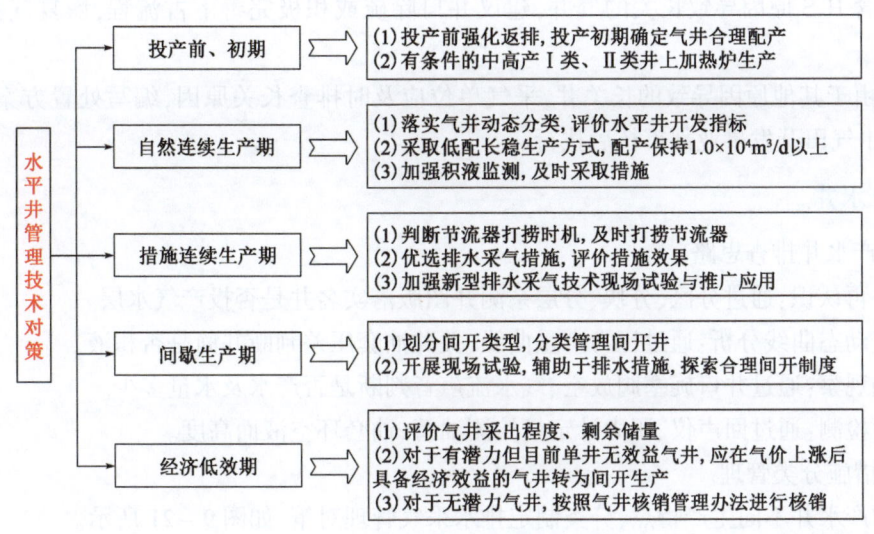

图 9-19 气田水平井管理技术对策

2. 调峰井管理

调峰井是指气田进入高峰供气期时，部分产量高、稳产时间长的优质气井采用放压方式生产以提高气田应急供气能力的气井。调峰井的管理应遵循"优中选优、合理提产、夏季关井"等原则（图 9-20）。

3. 长关井管理

长关井是指因采气树阀门、井筒、地面流程、外协、含 H_2S 等工程、安全因素，导致气井连续关井 6 个月及以上的气井。因产能自然递减、储层物性差以及气井积液等产能因素导致连续关井的气井（长停井）纳入气井经济低效期管理。长关井管理具体要求如下：

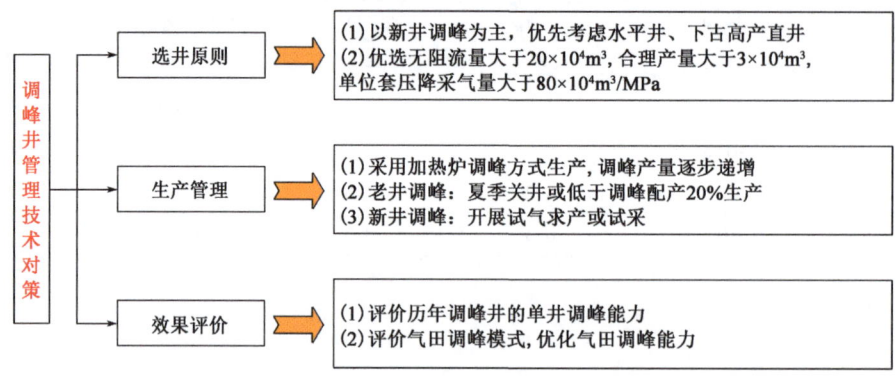

图9－20　气田调峰井管理技术对策

(1)因采气树阀门、井筒、地面流程、外协原因导致长关的气井,建议采取修井作业、完善地面管线流程、协调外协等办法,限期整改,恢复气井正常生产。

(2)含H_2S原因导致长关的气井,建议井口除硫或积极完善下古流程,恢复气井的正常生产。

(3)由于其他原因导致的长关井,采气单位应及时排查长关原因,编写处置方案,上报管理部门,由气田开发事业部审核后执行。

4. 产水井

(1)产水井排查思路。

测井再认识:通过分区、分块、分层系测井图版落实各井是否投产气水层。

采气动态曲线分析:通过压力产量曲线、关井油套压差判断井筒是否积液。

现场观察:通过井口旋塞阀放空、气水流声音判断是否产水及水量多少。

液面检测:通过回声仪、压力计定量检测油管、油套环空液面高度。

(2)措施分类管理。

根据产水井不同生产特点,分类制定排水采气管理对策,如图9－21所示。

①对能连续生产的产水气井,采取泡沫排水措施提高携液生产能力,延缓井筒积液。

②对积液严重可间开的产水气井,采用"泡排+(强排、N_2气举、间开、解水锁)"组合措施清除积液,待气井产能恢复后,如地层压力高、产量在$0.5×10^4m^3/d$以上则继续泡排维护生产,否则转柱塞生产。

③对投产层位中有气水层,积液停喷仍保持较高地层压力,在通过"泡排+(强排、N_2气举、间开、解水锁)"组合措施复产后直接转柱塞生产。

④因投产时间长而低压低产的积液气井直接转柱塞生产。

(3)强排水工艺技术研究。

近年来针对富水区块大水量气井常规排水采气措施效果不明显,逐步开展电潜泵、机抽和连续气举等排水采气技术研究。

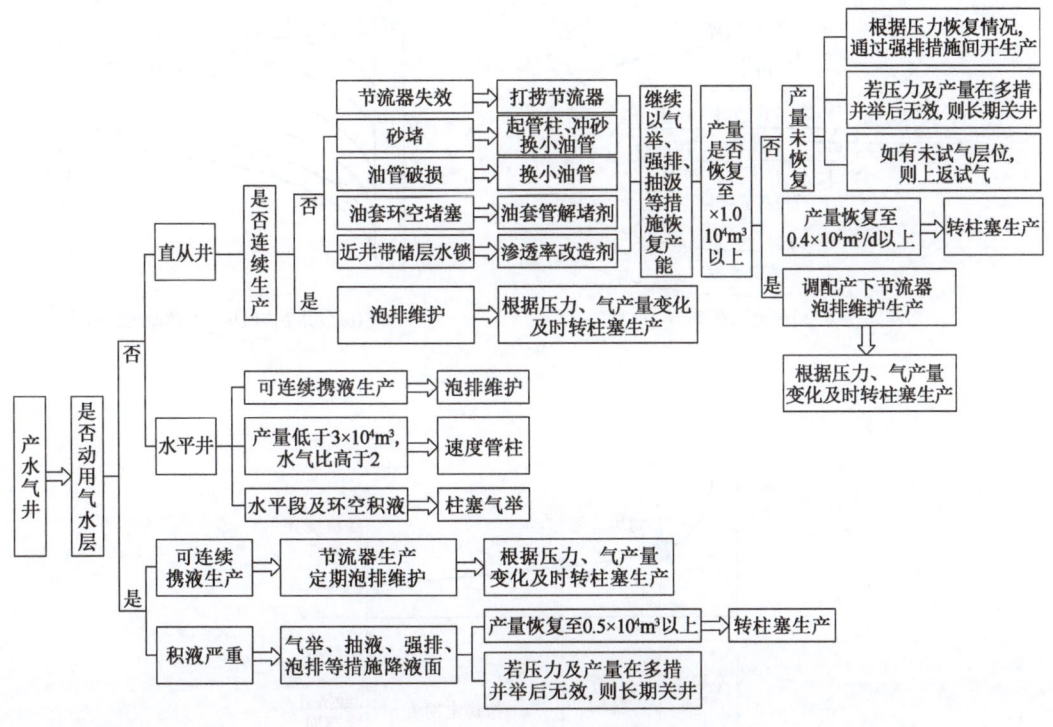

图 9-21　苏 77、召 51 产水井措施分类管理

第二节　气井全生命周期管理技术

一、气井生产阶段划分

1. 理论阶段划分

基于渗流理论,依据压力传播范围将生产阶段划分为不稳定早期阶段、不稳定晚期阶段、拟稳定期阶段和废弃期 4 个阶段(图 9-22、图 9-23、表 9-8)。不稳定早期阶段压力沿径向从井筒向地层扩散,但尚未传播至气藏边界或相邻井,属于单井控制范围内的不稳定渗流;不稳定晚期阶段压力传播接近气藏边界,边界效应开始影响渗流场,仍属于不稳定渗流,但需考虑边界条件的约束;拟稳定期阶段压力完全传播至气藏边界,整个气藏压力均匀下降,各点压力下降速率相同,渗流进入拟稳定状态;废弃期阶段压力到达废弃压力,产量低于经济废弃条件。

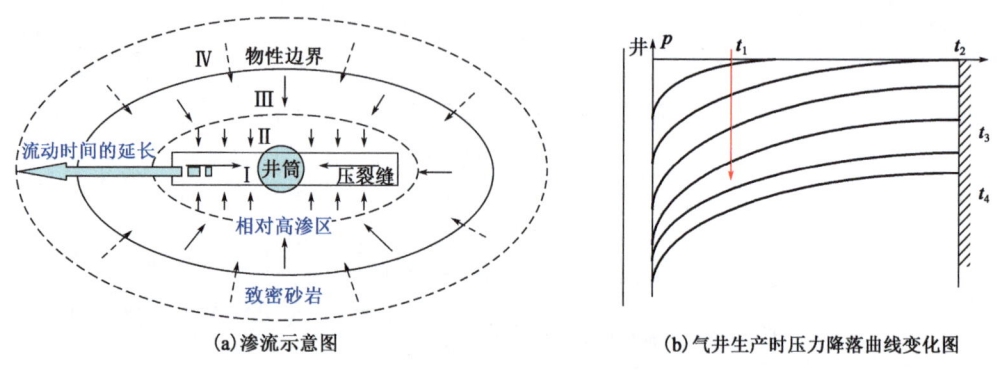

(a) 渗流示意图 (b) 气井生产时压力降落曲线变化图

图 9-22 渗流理论示意图

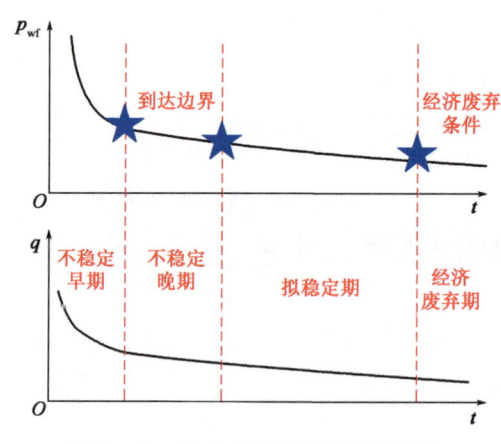

图 9-23 气井生产阶段划分示意图

p_{wf}—井底流压；q—产量；t—时间

表 9-8 基于渗流理论的生产阶段划分表

阶段	划分依据	说明
第Ⅰ段 不稳定早期	压力传播范围	压降漏斗没有传到边界之前的弹性第一阶段
第Ⅱ段 不稳定晚期		压力传播接近气藏边界
第Ⅲ段 拟稳定期		压力完全传播至气藏边界，地层中任一点压降速率相同
第Ⅳ段 废弃期		到达废弃压力后

2. 气井生产特点

气井在生产过程中套压呈现两段式特征，初期快速下降后进入低压生产阶段；产量逐渐降低，无明显稳产期，多数气井中后期产水、积液，需采取排水采气措施（图9-24）。

3. 采气厂气井分类

各采气厂结合气井生产的特点，多数将气井分成自然连续生产井、措施连续生产井、间歇生产井以及长关井等。气井分类如图9-25所示。

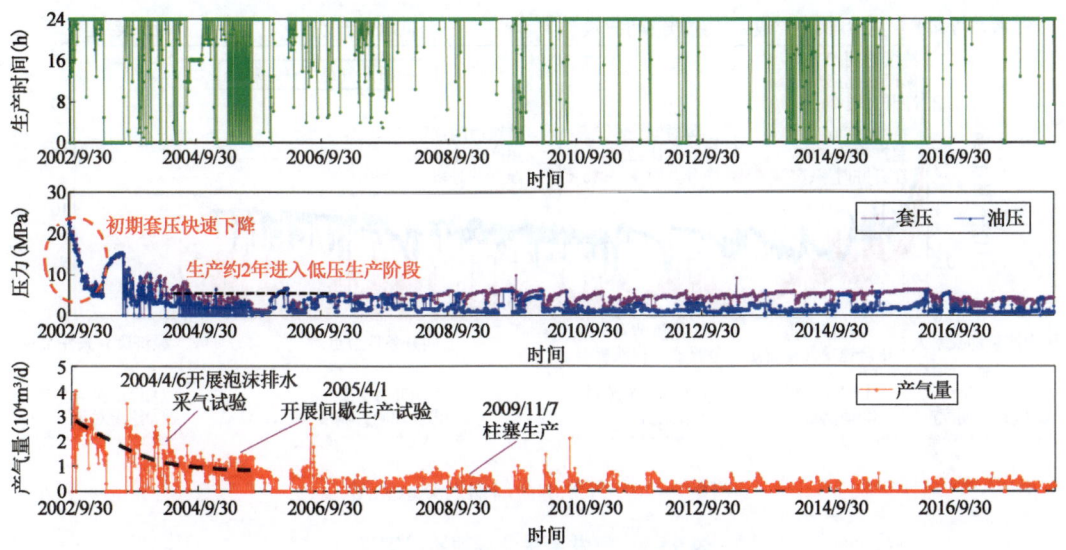

图 9-24 S37-15 采气综合曲线

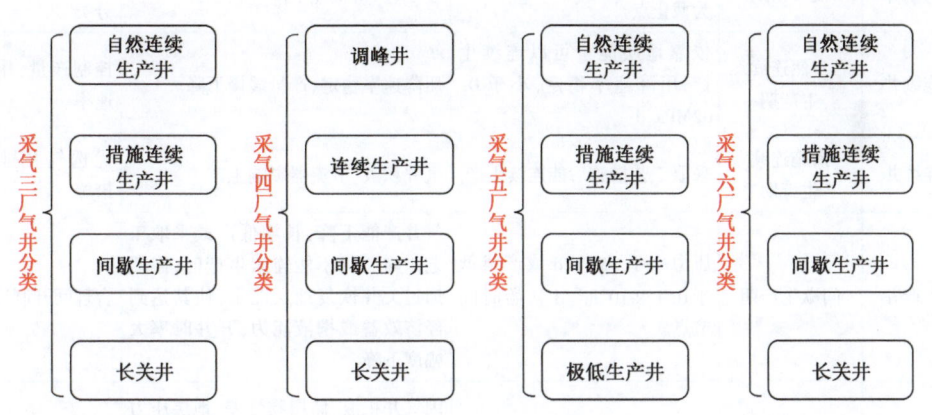

图 9-25 气井分类

4. 气井生产阶段划分结果

结合气井渗流特征、生产特点以及现场气井分类,将气井全生命周期划分成投产初期段、自然连续生产段、措施连续生产段、间歇生产段以及经济废弃段这5个阶段。气井生命周期划分如图9-26所示。

以气井全生命周期管理5个阶段划分管理单元,立足生产特征,明确管理职责和管理思路,制定管理对策,量化管理指标,突出两所主导、作业区执行、各有侧重,形成"分类清晰、职责明确、措施具体"的分类分级气井精益管理的新模式。气井全生命周期的划分标准、生产特点、气井管理重点见表9-9。

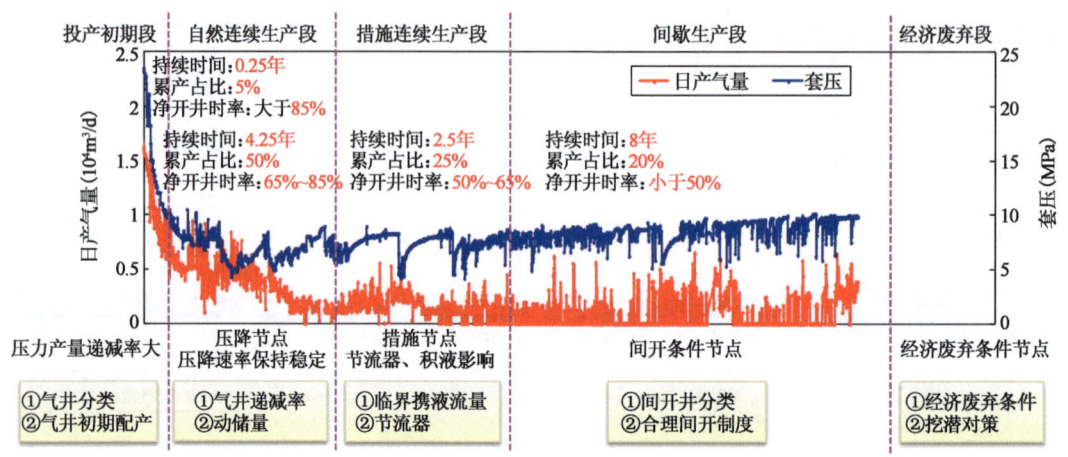

图 9-26　气井生命周期划分示意图

表 9-9　气井全生命周期阶段定义

气井分类	阶段划分	分类标准	生产特点	气井管理重点
投产初期井	投产初期	生产前三个月以 0.02MPa/d 为截止点	套压、产量快速下降	合理配产、划分气井分类
自然连续井	自然连续生产期	依靠地层能量可以连续生产，压降速率稳定，小于 0.02MPa/d	压降速率稳定，产量缓慢下降	控制产量、压力下降速率
措施连续井	措施连续生产期	采取工艺措施后能连续生产	气井积液、节流器影响生产	优选气井排水采气措施
间歇生产井	间歇生产期	压力小于 3MPa/d 或产量低于 $0.1 \times 10^4 m^3/d$ 初始时间节点	气井产能下降，长期低产或采取工艺措施后仍不能连续生产时，需要通过关井恢复地层能量，使其达到经济效益或携液能力，开井时率大幅度下降	合理间开制度
经济低效井	经济低效期	经济废弃条件节点	因气井积液、储层物性差、地层压力下降等产能因素，年产气量小于经济条件下单井经济效益，净开井时率极低	挖潜潜力评价

对于在投产初期以速度管柱或以间歇方式生产的气井，从措施连续生产期算起。对于气井采取柱塞气举工艺措施，按间歇生产期计算。

二、气井全生命周期管理对策

1. 投产初期井

(1) 定义。

投产初期井是当年由产建项目组或勘探部交付作业区的具备投产条件的气井，指投产后前 6 个月的生产阶段。

(2) 阶段特征。

该阶段处于弹性不稳定早期,主要以裂缝线性流为主,气井在生产过程中呈明显两段式特征,压力产量下降速度快,压降速率范围为 0.05~0.13MPa/d,产量递减率一般大于 30%。单井(苏4)地层压力变化曲线如图 9-27 所示,投产初期段气井生产特征如图 9-28 所示。

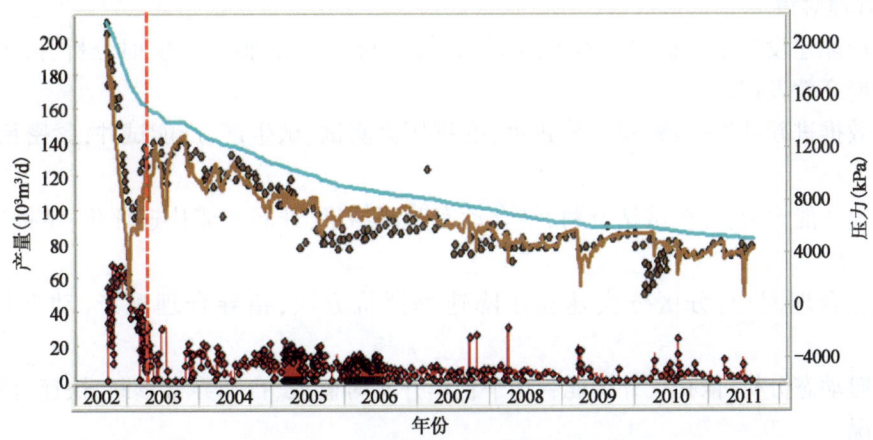

图 9-27 单井(S4)地层压力变化曲线

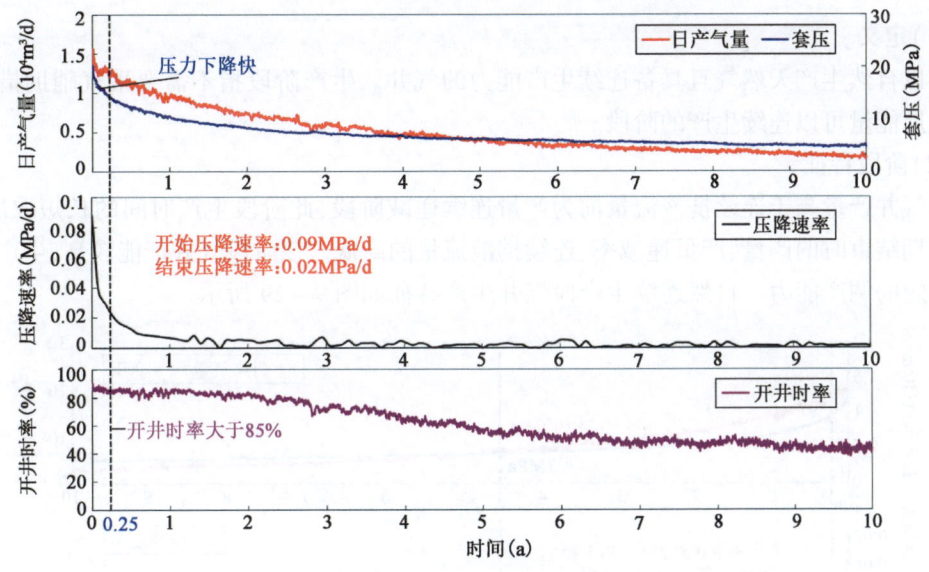

图 9-28 投产初期段气井生产特征

(3) 管理现状。

①现场压力、流量数据与智能管理平台系统录入误差大。远传压力全准率为 98%、流量全准率为 94%,但实际录入产量井均误差 $0.4 \times 10^4 m^3/d$,压力误差 0.2MPa,影响气井动态分析与管理。

②配产基本合理,生产动态指标与近年新井相近。坚持"低配长稳"原则,结合静动态资料,合理制定配产,并利用压降速率图版,及时修正调整,实现新井产量、压力变化规律与近三年投产气井保持相近,整体生产动态稳定。

③部分新井初期产水严重,措施配套不完善。20余口高产水新井,井筒积液严重,未采取配套排采措施,影响气井产能发挥。

④新井投产周期长,部分遗留问题长时间未解决。133口试气回收井,试气结束至投产平均时长68天,反映投产效率偏低,且仍有12口遗留问题井未解决,平均关井时长64天。

(4) 管理对策。

坚持产能建设与生产管理一体化,推动气井高效投产、合理配产、实时分析、持续稳产,保障新建产能高效发挥。

①高效推进新井投产:跟踪产建进度,安排压力测试、试生产、产能试井,紧密衔接,缩短周期。

②快速产能评价:分析试钻资料,结合动态监测结果,开展产能快速评价,掌握气井生产能力。

③优化合理配产:分区分类建立压降速率评价方法,指导合理配产,动态优化生产制度。

④实时动态分析:依托气井智能管理平台单井实时监控、自动异常诊断,快速有效处置气井异常情况。

2. 自然连续生产井

(1) 定义。

可以自然生产天然气且具备连续生产能力的气井。生产阶段指不需要采气辅助措施,仅依靠地层能量可以连续生产的阶段。

(2) 阶段特征。

当气井产量高于连续携液流量前为产量连续递减阶段,此阶段生产时间的长短取决于气井稳产期结束时的产量、产量递减率、连续携液流量的高低。该阶段气井产能较高,生产平稳,具备一定的调产能力。自然连续生产段气井生产特征如图9-29所示。

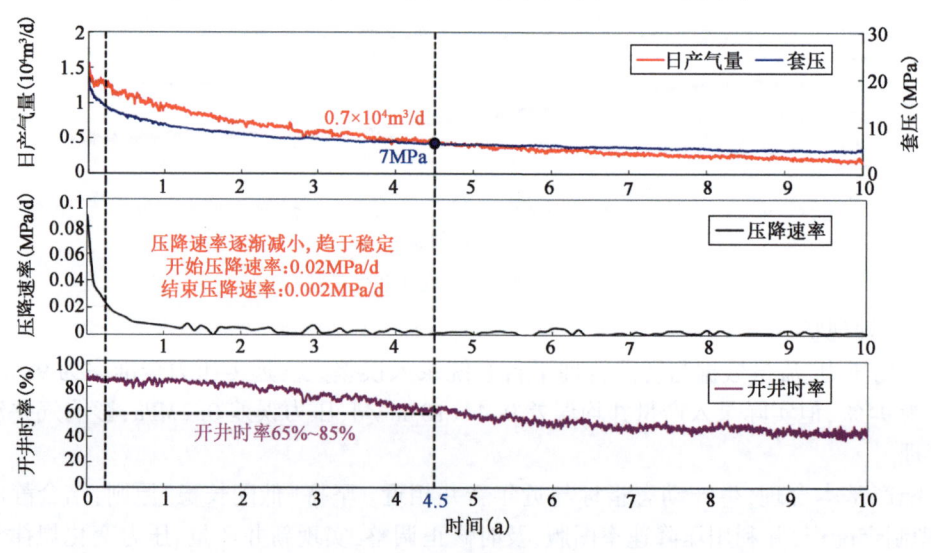

图9-29 自然连续生产段气井生产特征

(3)管理现状。

①部分高产井产能未有效发挥。坚持稳产三年原则,实施保护性开采策略,2023年合理控制生产压差,压降速率为0.012MPa/d。

②流量计准确率较低,需提高报表数据准确度。远传压力全准率为97%,流量计准确率为72%;但实际录入产量井均误差$1.2×10^4 m^3/d$、压力误差4.3MPa,导致用拉齐曲线分析气井生产情况,结果偏差较大,影响产能评价。

③部分气井措施介入时机滞后,导致产量下降。临界携液流量附近气井165口,关井轮休后平均油套压差4MPa,开井前加注泡排不及时,导致气井积液。

④单井动态分析评价不到位,影响精细管理。对于地质研究所而言,分析评价不深入,重点分析气井动态指标和气藏评价,气井潜力分析不足。对于作业区而言,未开展或无针对性,动态分析仅停留在对生产动态数据的汇总整理,实时单井动态分析不到位,错失措施介入时机。

(4)管理对策。

以保护性开采为原则,分级轮休优化生产制度,控制压降速率,关注生产动态,及时采取泡排措施,最大化延长自然连续生产时间,提高单井EUR。

①分级管理:制定轮休计划,形成最佳轮休管理制度,跟踪落实开关井指令;优选加热炉井、两级调峰井,实施"高峰提产量,低峰低压降"管理。

②基础管理:严格制度执行及数据基础管理,准确录入生产数据;掌握气井生产动态,每季度开展产能核实,确保自然连续生产井产能准确;紧跟生产动态,当气井油套压差大于2MPa或生产异常时,及时采取泡排措施、带液措施,恢复气井正常生产,延长自然连续生产时间。

③制度执行:组织井口流量计维护,保障流量计全准率在95%以上;确保井口压力、流量数据传输准确;跟踪指导辅助措施;对能准确计量的气井,每周核对报表数据准确性,每3天辨识一次数据库资料准确度,确保数据录全录准;结合月度产量任务书,严抓开关井指令。

3. 措施连续生产井

(1)定义。

采取工艺措施后能连续生产的阶段,工艺措施包括泡排、速度管柱、柱塞气举、强排措施等所有排水采气措施。

(2)阶段特征。

当气井产能下降,长期低产或采取工艺措施后仍不能连续生产时,通过关井恢复地层能量,使其达到目前经济效益或携液能力(图9-30)。

(3)管理现状。

①人工泡排加注制度粗放。实践证明,人工泡排+间开复合措施,可极大提高泡排携液效率。泡排加注制度粗放,均为采用固定周期、固定加注比例、固定加注量,未进行差异化管理。

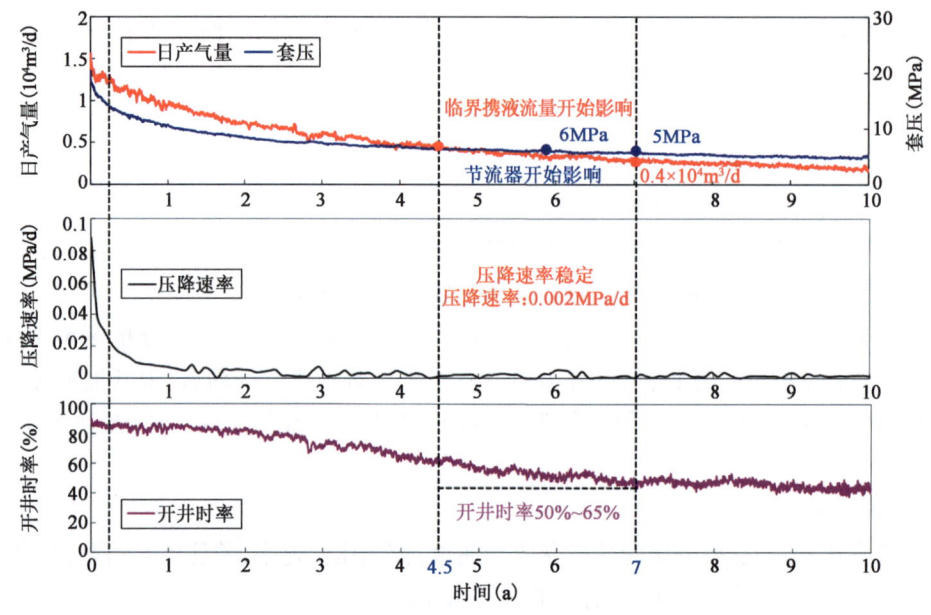

图9-30 措施连续生产段气井生产特征

②部分速度管柱低于临界携液流量,配套措施滞后。投产气井274口,目前可自主携液生产气井106口,占比38%。产量低于临界携液流量,复合措施实施不到位措施气井155口,占比56%,其中50口套压大于10MPa,积液严重。无气量井13口,需开展产能、挖潜评价,制定管理对策。

③节流器打捞失败,影响排水采气措施开展。疑难节流器气井227口,占节流器生产井1589口的14.28%。节流器投放两年以上气井808口,打捞失败气井553口,未打捞气井255口。

④外协原因无法开展措施。因外协原因无法开展措施288口。其中外协赔偿(80口)、道路沙化、损毁(80口)、耕地种植(46口)、其他原因(82口)。

⑤柱塞运行故障较多。柱塞运行故障284口,占柱塞总井数1046口的27%。其中集输压力高,柱塞无法运行45口、油套压异常或故障34口、流程错误或阀门开关异常101口、积液水淹104口。

(4)管理对策。

坚持效益排队原则,合理制定增产措施,加强日常管理及优化调整,提升措施增产效益,完善措施增产技术体系。措施连续生产井管理对策如图9-31所示。

①结合气井生产动态,适时开展动态监测,准确评价生产潜力,协助开展强排措施挖潜选井及效果评价,积极推进地质工艺一体化。

②强化排水采气精细管理,制定人工泡排差异化管理实施对策,速度管柱复合排采,柱塞气举分类管理,提高排水采气措施效果;精准评价措施增产效益,持续完善措施增产技术体系。排水采气精细管理对策见表9-10。

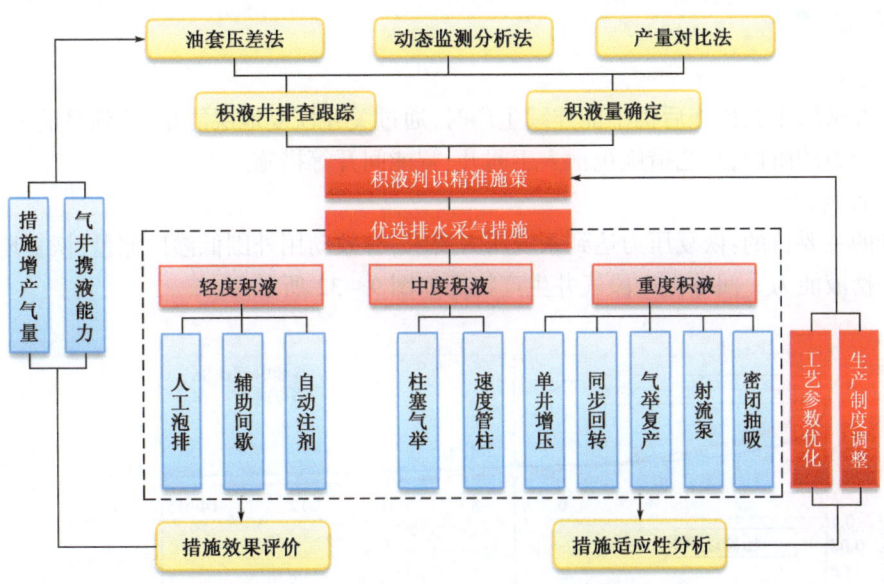

图 9-31　措施连续生产井管理对策

表 9-10　排水采气精细管理对策

项目		精细管理对策
人工泡排	人工泡排剂加注	全面执行泡排井差异化管理对策,配合间开复合措施;以气井临界携液流为参考,产量大于临界流70%的气井采取套管加注,产量介于临界流50%~70%采取油管加注
速度管柱	连续生产	定期跟踪,产量下降或套压上升时采取间开/泡排辅助,确保气井平稳生产
	间歇生产/无气量	主要采取人工泡排+间开措施;针对异常高压井采取油套连通导压降低油管液面后辅助排水采气措施;无气量井开展产能、挖潜评价,确定无产能后申请报废
柱塞气举	流程错误/阀门开关异常	开展现场生产流程排查及井口设备故障维修更换
	积液水淹	采取油套压倒平衡、油管加注泡排、钢丝提捞、气举等复产
	油套压异常/集输压力高	对现场油套压传感器故障、通信故障井维修更换,集输压力高、柱塞无法运行井逐一排查整改
	常开/关井	冬供结束后及时恢复常开柱塞生产流程;低产气井冬关复开,夏季发挥低产井产能,冬季关井轮休;无气量井选具有潜能的气井井开展钢丝提捞、查层补孔等措施挖潜复产
节流器	投放两年未打捞	对投放2年以上气井全部开展节流器打捞,根据气井生产动态采取重投节流器或接替排水采气措施
	打捞失败/疑难节流器井	一是针对历史打捞失败气井,逐井分析失败原因,制定打捞对策,提高打捞成功率。二是多次打捞失败开展气井潜力分析,实施疑难节流器打捞、油管打捞、带压修井等措施

③严格执行各项措施制度,控制气井的油套压差,准确录入生产数据,保障措施效果;措施井问题异常时及时调整,恢复正常措施生产;加强动态跟踪分析,及时提出存在问题及措施建议。

4. 间歇生产井

（1）定义。

当气井采取工艺措施后仍不能连续生产时，通过关井恢复地层能量，达到目前单井经济效益或携液能力的阶段，工艺措施包括人工间开、智能间开等措施。

（2）阶段特征。

间开的主要目的：恢复压力达到系统压力要求，有效动用外围低渗区储量；恢复地层能量，提高气井携液能力。间歇生产段气井生产特征如图 9-32 所示。

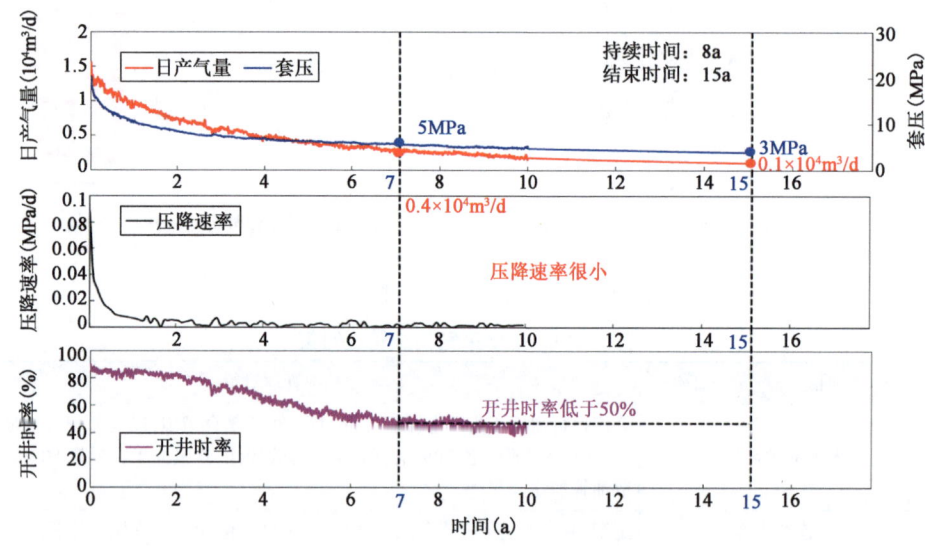

图 9-32　间歇生产段气井生产特征

（3）管理现状。

①自动间开覆盖率低。全厂累计安装自动间开阀 1035 井，其中间歇生产井安装自动间开阀 321 口（22.5%）。实施人工间开劳动强度大。

②自动间开运行率低。321 口电动针阀井中执行智能间开制度 91 口（28.3%）。间开排采智能算法不完善，仍需迭代升级。

③人工间开执行不到位。2023 年月均实施间开 212 井/660 井次，夏季间开制度覆盖率 24%，月均执行间开 3.1 次/井。

④气井积液现象普遍。近年来累计实施液面探测井 736 口，其中积液井 354 口（48%），平均液面位置 1497m。

（4）管理对策。

全面推行低产井间歇生产，大力推广智能间开，合理优化间开制度，最大化提高单井 EUR。间歇生产井管理对策如图 9-33 所示。

①落实间歇井人工间开及智能间开监督、评价及考核生产井制度情况；持续总结、完善间开制度优化模式。

②推广同步回转+间开模式、智能间开，加强设备维护及运行系统优化，积极开展复合排采试验，同时保障数据远传准确。

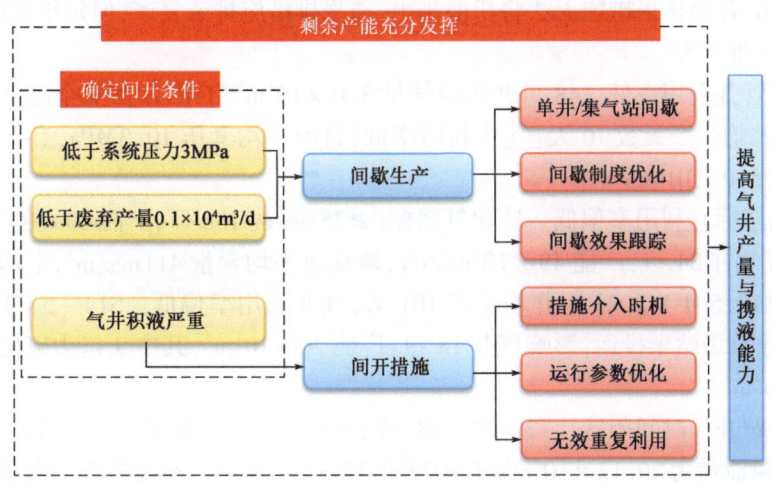

图 9-33 间歇生产井管理对策

③跟踪分析生产动态,确保间开制度有效落实,自主优化调整合理间开制度,提高间开效果;加强智能针阀维护,确保故障 5 天内及时解决。

5. 经济低效井

(1)定义。

经济低效井是指气井因无产能、水淹、硫化氢超标、采气树阀门故障、地面流程、外协、安全、井筒故障等因素无法正常开井生产的井,且连续关井 6 个月及以上。

(2)阶段特征。

在经济废弃期,依据气井储层特征、全历史生产动态、工艺措施等,评价气井 2023 年工艺效果、剩余储量以及挖潜潜力。经济效益阶段各环节如图 9-34 所示。

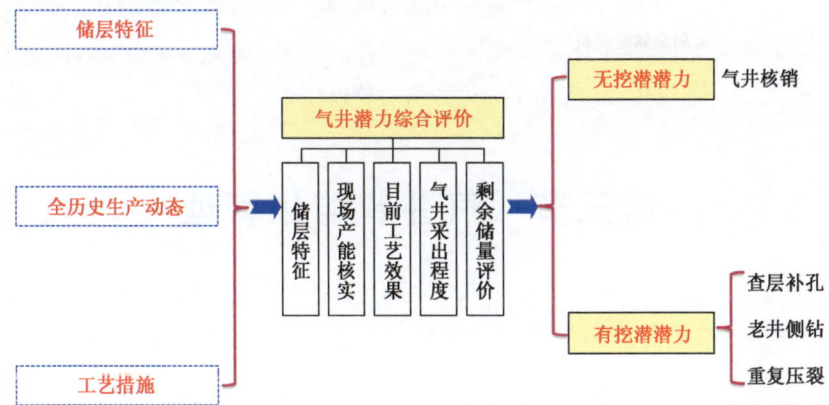

图 9-34 经济效益阶段

综合考虑气井渗流机理、生产特征等因素,划分致密气藏气井全生命周期,量化气井阶段划分标准,明确气井各阶段管理重点。

(3)管理现状。

①高压低产井排采措施难度大。目前高压低产水淹井 112 口,井均套压 11.72MPa,平均

液面深度642m,普通排采措施无法将积液排出,需强排措施排液复产,但每年强排措施覆盖率低,水淹井复产难度大。

②复合软管井利用率低。48口井影响气量$3.0\times10^4m^3/d$,因存在安全隐患,未开展任何措施,2023年井均生产天数70天,气井利用率低,目前平均套压10.3MPa,有排采挖潜潜力,预计增产气量$5.0\times10^4m^3/d$。

③硫化氢超标井利用率偏低。硫化氢超标($\geqslant 75mg/m^3$)88口,产能$60\times10^4m^3/d$(产能$\geqslant 0.5\times10^4m^3/d$气井34口,产能$49\times10^4m^3/d$),硫化氢平均含量$411mg/m^3$,平均关井462天,最长关井时间10.5年),2023年井均生产101天,气井利用率偏低。S14-5X集气站因脱硫剂选型影响,导致场站未投运,影响气井18口,产能$20\times10^4m^3/d$,其中9口为硫化氢超标井,产能为$11.5\times10^4m^3/d$。

④遗留问题井长时间闲置。T2-23-28(无投资),该井隶属T2-5下古站,2010年8月13日完钻,无阻流量为$20.12\times10^4m^3/d$,2022年12月31日已上智能管理平台系统,因没有投资项目组未安装远传设备,关井未利用。T2-27-28(外协)下古气井,井口位于农田,2008年12月6日完钻,无阻流量为$14.34\times10^4m^3/d$,因外协问题严重单井管线未铺设,未接入利用;T2-30-25(矿权调整)下古气井,未试气,矿权调整后位于边界上,未接入管理。

(4)管理对策。

明确停产原因,评价剩余潜力,制定复产对策或报废处置,努力控降长停井数量,常态化开展长停井隐患治理工作。长停井管理对策如图9-35所示。

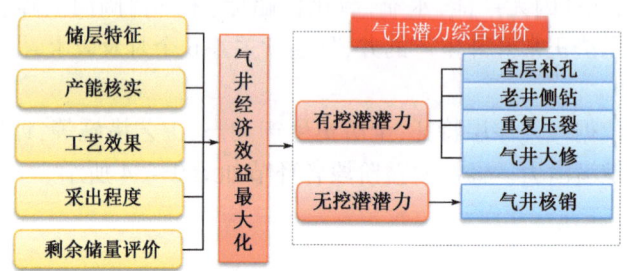

图9-35 长停井管理对策

第三节 气井智能化管理

一、智能管理平台

1. 管理现状

生产曲线异常频发,基础资料未形成系统管理机制。部分气井生产数据录入错误,生产曲线异常频发,气井精细化管理需进一步抓实、抓细。

智能管理平台利用率低,智能化管理水平偏低。智能管理平台功能框架丰富,作业区的平台利用率较低,亟须开展平台应用培训,建立智能管理习惯,提升气井智能化管理水平。

平台模块功能仍需持续优化,进一步提升智能化效率。针对现场气井精细管理需求,需逐步优化远传数据实时诊断、报表数据智能生成、重点气井集中监控、生产指标自动计算,提升资料品质与管理效率。

2. 实施计划

围绕气井精益化管理需求,基于两大深度融合,开发完善气井管理流程化、指标自动计算与分析、气井全生命周期管理三大模块的应用,实现井口压力、流量等数据自动录入智能管理平台,异常状态及时推送,井史自动记录等功能,降低人工强度,提升气井管理效率。

(1)两大深度融合。

①系统平台深度融合。生产监控平台向 OCEM 平台切入,实现智能管理系统、RDMS 系统、智能气井系统、工程技术四大系统深度融合,形成完整资料库,避免重复建设,充分保证大数据资料共享。

②手持终端与 PC 端深度融合。地下、地质、井筒、采气工艺、地面、集输、数字化、设备等方面,现场作业实时录入,管理人员随时登录操控,实现手持终端与 PC 端的融合。

(2)智能化转型。

①气井管理流程化。一是实现生产动态巡护、异常推送。二是实现传输异常、开关井等实时诊断报警。三是实现流量计、套压等数据自动录入。

②指标自动计算与分析。一是自动计算分析月度产量分解任务完成率、利用率与开井时率、递减率等指标。二是自动统计分析油套压、流量等异常预警,为气井管理成效考评提供依据。

③气井全生命周期写实。实现平台数据自动关联调取,将开关井、井筒作业、排采措施等事件按时间集成,自动跟踪执行情况,井史记录完整可追溯。

二、智能针阀

抓实智能针阀覆盖应用,推动气井操作智能管理,按照"集中开展、逐区覆盖"的思路,以集气站为单元,逐步实现智能针阀全覆盖,降低劳动强度,提升气井精益管理效率。连续生产井采取集中开展原则,以集气站为单元,逐步实现区块全覆盖。智能间开执行率90%,智能调参应用率大于80%。气井操作智能管理现状如图9-36所示。

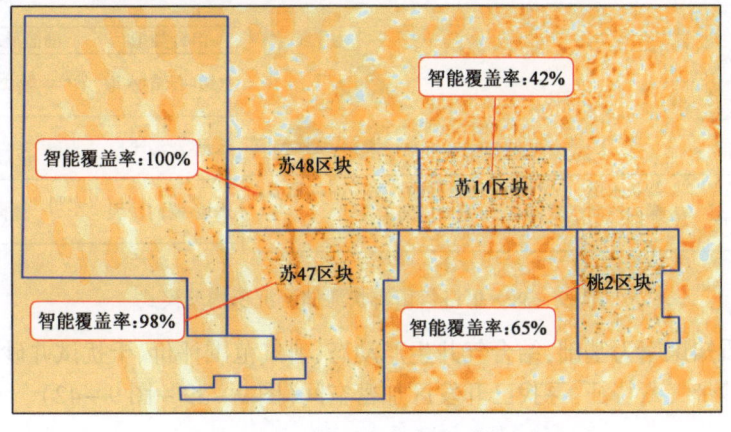

图9-36 气井操作智能管理现状图

第四节　气井精细管理成效与启示

一、强化气井全生命周期管理，控制产量递减，提高气田稳产能力

依据"苏里格气田控制递减方案"，强化气井全生命周期管理，以柱塞、速度管柱、老井挖潜为主要控制递减措施手段，制定各阶段控制递减措施，控制产量递减，提高气田稳产能力，实现 2024 年苏里格气田综合递减率控制到 19% 的奋斗目标。精细管理工作目标如图 9-37 所示。

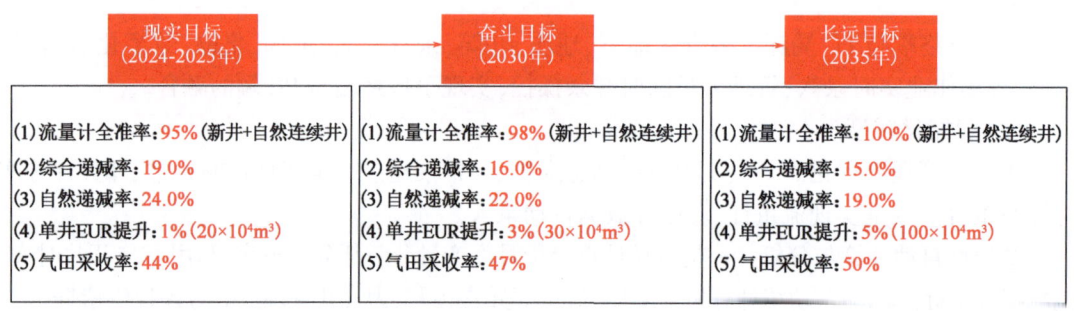

图 9-37　精细管理工作目标

二、动静结合解剖主力砂带储层特征，寻找已开发区加密空间

通过密井网试验区储层构型分析、水平井定量解剖、古露头统计、现代河流沉积观察，构建了苏里格气田辫状河储层地质知识库。心滩长度为 700~900m，宽度为 200~400m，厚度为 3~6m，宽厚比为 80:1~120:1，长宽比为 2:1~3:1。苏里格气田辫状河储层沉积构型模式如图 9-38 所示。

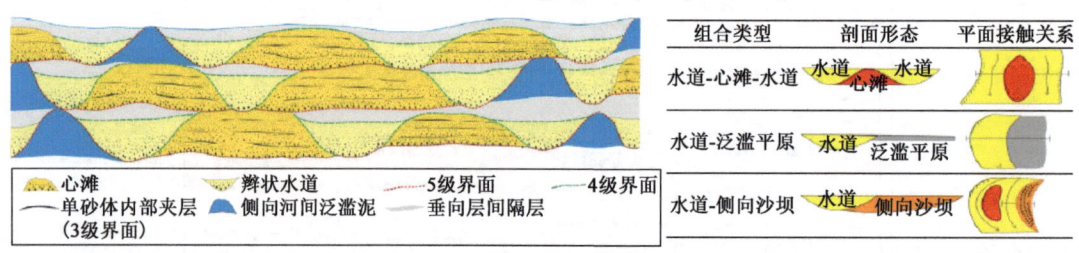

图 9-38　里格气田辫状河储层沉积构型模式

以静态地质知识库为基础，结合气井生产动态、泄气范围评价、干扰试井砂体连通性分析，重新认识主力砂带气藏特征，寻找已开发区加密空间（图 9-39~图 9-42）。

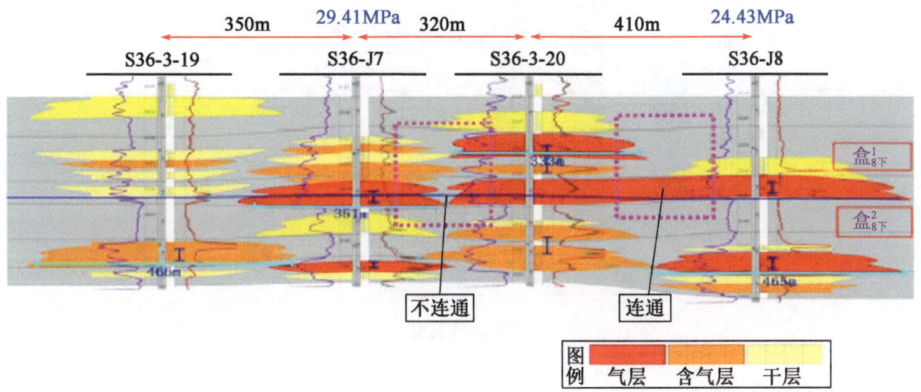

图 9-39　不同类型气井井孔面积累积概率分布图

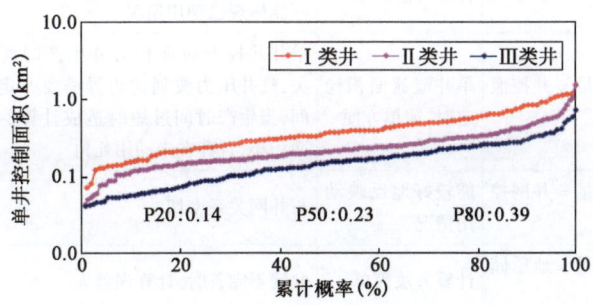

图 9-40　有效砂体厚度统计直方图

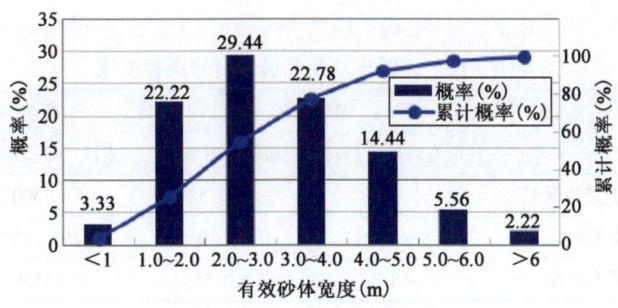

图 9-41　有效砂体宽度统计直方图

三、分类评价未动用储量，优化储量动用顺序，保持气田长期稳产

2023 年已动用地质储量计算方法有 4 种，见表 9-11，应用较广泛的有采气速度法与单井动用储量累加法。苏里格气田主要以单井动用储量累加法和井网控制法相结合。

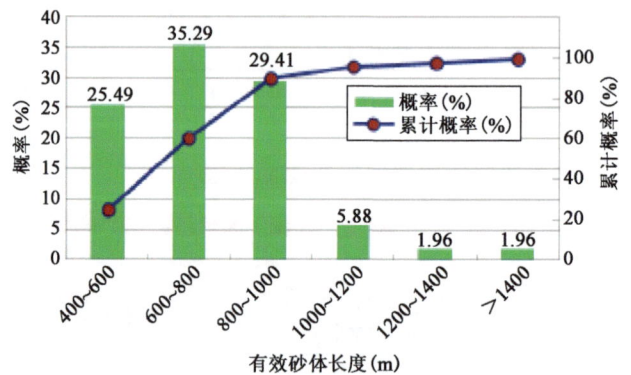

图 9-42　有效砂体长度统计直方图

表 9-11　苏里格气田动用地质储量计算方法

方法	计算公式	优点	缺点	使用条件
一	区块动用地质储量＝年生产规模/区块最终采气速度	计算方法简单	标定的是区块的最终动用地质储量,并不能体现已动用情况	区块产建结束时
二	单井泄流动用地质储量＝井控泄流面积×储量丰度	单井泄流面积稳定时,简单方便	单井井控泄流面积与井生产时间等有关,气井压力波到达边界需要一定的时间,当生产时间过短时造成计算的控制面积小,且存在未动用死角	单井泄流面积均达到边界
三	单井井网动用地质储量＝井网控制面积×储量丰度	能较好地反映动用情况	与井网关系密切	开发井网合理
四	单井井网动用地质储量＝地质储量/钻井数	计算方法简单	井网不完善时,计算误差大	井网已经完善

探明未动用储量综合分类标准见表 9-12。在储层展布规律研究、含气性预测基础上,开展动态、静态综合分析,优选影响气井产能的关键地质参数,并结合经济评价,建立储量分类标准。

表 9-12　探明未动用储量综合分类标准表

类别	类型	储层参数		生产动态	经济指标
		合层有效厚度(m)	储能系数(m)	累计产量($10^4 m^3$)	内部收益率(%)
2023 年可动用	Ⅰ类储量	>10	>0.5	>1500	>8
近期可动用	Ⅱ类储量	8~10	0.35~0.5	1250~1500	6~8
远期可动用	Ⅲ类储量	<8	<0.35	<1250	<6

四、落实区块、气田规模,评价气田稳产潜力

在分类评价储量的基础上,依据不同类型储量条件下的气井开发指标,落实区块、气田规模,评价气田稳产能力。

苏里格气田稳产潜力预测如图 9-43 所示。根据现有储量分类评价结果,苏里格气田 $230 \times 10^8 m^3$ 规模通过富集区建产及挖潜可稳产至2022年,结合勘探后续储量规划、技术进步及政策扶持动用致密区和富水区储量可稳产至2035年。

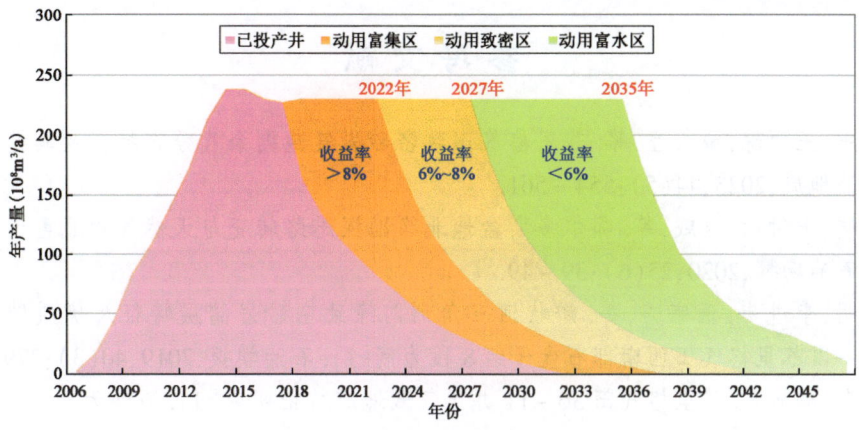

图 9-43　苏里格气田稳产潜力预测图

参 考 文 献

[1] 石耀东,王丽琼,臧苡澄,等.苏里格气田致密砂岩气藏剩余气分布特征及其挖潜[J].新疆石油地质,2023,44(5):554-561.

[2] 何发岐,王付斌,张威,等.鄂尔多斯盆地北缘勘探思路转变与天然气领域重大突破[J].中国石油勘探,2020,25(6):39-49.

[3] 崔明明,李进步,王宗秀,等.辫状河三角洲前缘致密砂岩储层特征及优质储层控制因素——以苏里格气田西南部石盒子组8段为例[J].石油学报,2019,40(3):279-294.

[4] 李建奇,杨显贵.苏里格气田36-11井区气藏地质特征研究[J].石油天然气学报,2009,31(4):62-65+423.

[5] 赵振宇,郭彦如,王艳,等.鄂尔多斯盆地构造演化及古地理特征研究进展[J].特种油气藏,2012,19(5):15-20+151.

[6] 魏红红,彭惠群,李静群,等.鄂尔多斯盆地石炭二叠系沉积特征与储集条件[J].石油与天然气地质,1998(2):50-55.

[7] 魏新善,胡爱平,赵会涛,等.致密砂岩气地质认识新进展[J].岩性油气藏,2017,29(1):11-20.

[8] 孙龙德,方朝亮,李峰,等.中国沉积盆地油气勘探开发实践与沉积学研究进展[J].石油勘探与开发,2010,37(4):385-396.

[9] 韩兴刚,肖峰,张伟,等.辫状河沉积储层小层精细划分对比——以苏里格气田苏X加密井区为例[J/OL].中国海洋大学学报(自然科学版),2018,48(1):76-84.

[10] 魏千盛,阳生国,石堃,等.苏里格气田苏14区块山2段成藏特征及资源潜力[J].矿物岩石,2022,42(03):78-88.

[11] 田兵,苑艺瀚,段志强,等.砂质辫状河致密砂岩储层特征及其主控因素——以苏里格气田石盒子组8段为例[J].断块油气田,2024,31(03):387-394+402.

[12] 卢志远,何治亮,马世忠,等.高能辫状河沉积特征及砂体分布——以苏东X密井网区为例[J].石油学报,2021,42(8):1003-1014.

[13] 冯文杰,芦凤明,吴胜和,等.断陷湖盆长轴缓坡辫状河三角洲前缘储层构型研究——以大港枣园油田枣南断块孔一段枣Ⅴ油组为例[J].中国矿业大学学报,2018,47(2):367-379.

[14] 朱筱敏,潘荣,赵东娜,等.湖盆浅水三角洲形成发育与实例分析[J].中国石油大学学报(自然科学版),2013,37(5):7-14.

[15] 王国勇.致密砂岩气藏水平井整体开发实践与认识——以苏里格气田苏53区块为例[J].石油天然气学报,2012,34(5):153-157+8.

[16] 陈诚,齐宇,喻梓靓,等.浅水三角洲河道砂体叠置关系的地震识别——以鄂尔多斯盆地东缘临兴S区为例[J].天然气地球科学,2021,32(5):772-779.

[17] 王秀平,牟传龙.苏里格气田东二区盒8段储层成岩作用与成岩相研究[J].天然气地球

科学,2013,24(4):678-689.

[18] 崔明明,李进步,李莹,等.鄂尔多斯盆地苏里格气田西南部致密储层非均质性特征及对成藏的制约[J].地质学报,2024,98(01):214-230.

[19] 张春林,李剑,刘锐娥.鄂尔多斯盆地盒8段致密砂岩气储层微观特征及形成机理[J].中国石油勘探,2019,24(4):476-484.

[20] 刘柯明,候英杰,邓航,等.苏里格气田盒8段致密砂岩储层临界物性研究[J].断块油气田,2024,31(05):771-777.

[21] 段志强,李进步,白玉奇,等.辫状河储层构型表征及对含气饱和度空间分布的控制——以苏里格气田SX密井网区为例[J].大庆石油地质与开发,2020,39(5):1-9.

[22] 费世祥,崔越华,夏守春,等.致密砂岩气藏水平井整体开发关键地质技术——以苏里格气田苏东南区为例[C]//2018年全国天然气学术年会论文集(03非常规气藏).中国石油学会天然气专业委员会,2018:17.

[23] 卢涛,张吉,李跃刚,等.苏里格气田致密砂岩气藏水平井开发技术及展望[J].天然气工业,2013,33(8):38-43.

[24] 邝聃,李达,白建文,等.低渗致密砂岩气藏低伤害压裂技术研究与应用——以苏里格气田东区开发为例[J].石油天然气学报,2013,35(1):149-153+178.

[25] 孙超国,黄文明,梁家驹,等.苏里格气田46区盒8段致密砂岩储层特征及主控因素[J].断块油气田,2024,31(02):197-206+215.

[26] 毕明威,孙娇鹏,陈世悦,等.多尺度河流相致密砂岩储集层表征及控制因素分析:以苏里格气田下石盒子组8段为例[J].古地理学报,2023,25(03):684-700.

[27] 邵映明,陈名,石岩,等.苏里格X区块盒8段致密气藏地层水赋存状态及控制因素分析[J].录井工程,2019,30(1):119-123+142.

[28] 周淋,杨文敬,谢题志,等.苏里格气田南区莲102井区盒8段储层微观孔隙结构及气-水渗流特征[J].地质通报,2022,41(04):682-691.

[29] 李昊远,庞强,魏克颖,等.致密砂岩储层孔隙结构分形特征对气水渗流规律的影响——以苏里格气田东南部桃2区块山1段为例[J].断块油气田,2023,30(02):177-185.

[30] 王钒潦,李相方,韩彬,等.考虑压力拱效应的应力敏感实验[J].科技导报,2013,31(19):26-32.

[31] 罗瑞兰,朱华银,万玉金,等.岩石应力敏感对苏里格气井产能的影响[J].天然气技术,2008(6):19-22+78.

[32] 郑爱玲,刘德华.应力敏感对低渗致密气藏水平井压裂开采的影响[J].大庆石油地质与开发,2016,35(1):53-57.

[33] 傅春梅,唐海,邹一锋,等.应力敏感对苏里格致密低渗气井废弃压力及采收率的影响研究[J].岩性油气藏,2009,21(4):96-98.

[34] 罗瑞兰,雷群,范继武,等.应力敏感对致密压裂气井生产的影响[J].重庆大学学报,2011,34(4):95-99+106.

[35] 徐轩,胡勇,田姗姗,等.低渗致密气藏气相启动压力梯度表征及测量[J].特种油气藏,

2015,22(4):78-81+155.

[36] 胡勇.气体渗流启动压力实验测试及应用[J].天然气工业,2010,30(11):48-50+119.

[37] 孙盼科,徐怀民,郑小敏.水锁启动压力梯度与应力敏感性对致密气藏产能的影响——以长庆油田苏里格气田XX4气井为例[J].新疆石油地质,2015,36(5):565-569.

[38] 袁浩伟,陈昉,刘梦云.致密气藏应力敏感性研究[J].非常规油气,2016,3(4):115-122.

[39] 李小雪,黄小亮,陈海涌,等.致密砂岩气藏产量分段递减规律特征[J].天然气勘探与开发,2019,42(2):89-94.

[40] 刘占良,王琪,张林,等.苏里格气田东区气井产量递减规律[J].新疆石油地质,2015,36(1):82-85.

[41] 李小锋,徐文,刘鹏程,等.致密砂岩气井产量递减组合模型的建立及应用[J].新疆石油地质,2022,43(03):324-328.

[42] 刘琦,罗平亚,孙雷,等.苏里格气田苏五区块天然气动态储量的计算[J].天然气工业,2012,32(6):46-49+108-109.

[43] 梁治国.苏里格气田苏10区块气井生产动态特征分析[J].录井工程,2021,32(3):136-140.

[44] 张益,刘帮华,胡均志,等.苏里格气田苏14井区二叠系下石盒子组盒8段多期叠置砂体储层合理开发方式研究[J].中国石油勘探,2021,26(6):165-174.

[45] 秦刚,龚月,谢锐杰,等.苏里格气田河流相储层精细地质研究[J].新疆石油天然气,2009,5(4):17-20+108.

[46] 孙永亮,陈琦,张泽,等.苏里格气田苏X区块剩余气分布及井网加密方案研究[J].录井工程,2022,33(4):140-144.

[47] 李爽.致密低渗气田侧钻水平井参数优化与应用——以苏里格气田苏S块为例[J].非常规油气,2017,4(5):51-56.

[48] 欧阳明华,史建南,赵地,等.鄂尔多斯盆地苏里格气田苏5区块盒8段—山1段波形约束建模反演及模拟[J].成都理工大学学报(自然科学版),2023,50(05):560-568+587.

[49] 马志欣,吴正,张吉,等.基于动静态信息融合的辫状河储层构型表征及地质建模技术[J].天然气工业,2022,42(01):146-158.

[50] 范继武,许珍萍,刘莉莉,等.苏里格气田强非均质致密气藏水平井产气剖面[J].新疆石油地质,2022,43(03):341-345.

[51] 刘鹏程,李进步,刘莉莉,等.苏里格气田积液气井产能的快速评价方法[J].大庆石油地质与开发,2022,41(05):87-92.

[52] 黄仕林,邓美洲,毕有益,等.川西须二气藏产水气井合理配产方案探讨[J].断块油气田,2024,31(04):661-668.

[53] 陈元千,王鑫,刘洋,等.对FETKOVICH(费特科维奇)典型曲线的质疑与评论[J].油气藏评价与开发,2024,14(02):159-166.

[54] 郭智,位云生,孟德伟,等.苏里格致密砂岩气田水平井差异化部署新方法[J].天然气工业,2022,42(02):100-109.

[55] 费世祥,余浩杰,陈存良,等.致密砂岩气藏水平井开发关键技术——以苏里格气田上古生界为例[J].西安石油大学学报(自然科学版),2022,37(04):26-35.

[56] 肖庆华,文涛,粟超.负压开采与泡沫排水复合采气工艺在致密砂岩气藏的应用[J].石油钻采工艺,2023,45(04):493-498.

[57] 张春,金大权,李双辉,等.苏里格气田排水采气技术进展及对策[J].天然气勘探与开发,2016,39(4):48-52+14-15.

[58] 杨旭东,卫亚明,肖述琴,等.井下涡流工具排水采气在苏里格气田探索研究[J].钻采工艺,2013,36(6):125-127.

[59] 谭中国,卢涛,刘艳侠,等.苏里格气田"十三五"期间提高采收率技术思路[J].天然气工业,2016,36(3):30-40.

[60] 余淑明,田建峰.苏里格气田排水采气工艺技术研究与应用[J].钻采工艺,2012,35(3):40-43+9.

[61] 吴正,江乾锋,周游,等.鄂尔多斯盆地苏里格致密砂岩气田提高采收率关键技术及攻关方向[J].天然气工业,2023,43(6):66-75.

[62] 魏纳,刘安琪,刘永辉,等.排水采气工艺技术新进展[J].新疆石油天然气,2006(2):78-81+101-102.

[63] 桂捷,张春涛,郭凤军,等.苏里格气田柱塞气举井气液两相计量试验研究[J].石油机械,2022,50(03):100-105.

[64] 王丽琼,王志恒,马羽龙,等.苏里格气田老井侧钻水平井开发技术与应用[J].新疆石油地质,2022,43(03):368-377.

[65] 程敏华,孟德伟,王丽娟,等.致密砂岩气藏水平井差异化开发效果评价——以鄂尔多斯盆地苏里格气田为例[J].中国矿业大学学报,2023,52(02):354-363.

[66] 王国亭,贾爱林,孟德伟,等.苏里格气田苏南国际合作区开发效果、关键技术及重要启示[J].中国石油勘探,2023,28(02):44-56.

[67] 卢涛,刘艳侠,武力超,等.鄂尔多斯盆地苏里格气田致密砂岩气藏稳产难点与对策[J].天然气工业,2015,35(6):43-52.

[68] 冯强汉,李建奇,魏美吉,等.苏里格气田低产低效井差异化管理对策[J].天然气工业,2016,36(11):28-36.

[69] 何东博,冀光,江乾锋,等.苏里格气田西区高含水致密砂岩气藏差异化开发技术对策[J].天然气工业,2022,42(1):73-82.

[70] 程敏华,雷丹凤,张连群,等.苏里格致密砂岩气田效益开发技术对策研究[J].油气藏评价与开发,2024,14(03):475-483.

[71] 冀光,贾爱林,孟德伟,等.大型致密砂岩气田有效开发与提高采收率技术对策——以鄂尔多斯盆地苏里格气田为例[J].石油勘探与开发,2019,46(3):602-612.

[72] 姚泾利,刘晓鹏,赵会涛,等.鄂尔多斯盆地盒8段致密砂岩气藏储层特征及地质工程一体化对策[J].中国石油勘探,2019,24(2):186-195.

[73] 杨扬,赖雅庭,张心怡,等.含水致密气藏特征、开发风险与有效动用对策——以苏里格

气田含水区为例[J]. 中国石油勘探,2023,28(06):121-133.

[74] 马志欣,吴正,李进步,等. 河流相致密砂岩气藏剩余气精细表征及挖潜对策——以苏里格气田中区 SSF 井区为例[J]. 天然气工业,2023,43(8):55-65.

[75] 祝金利. 强非均质致密砂岩气藏剩余气分布定量描述与挖潜对策——以苏里格气田苏 11 区块北部老区为例[J]. 天然气工业,2020,40(11):89-95.

[76] 王颖. 苏里格气田苏 S 区块北部剩余气分布及挖潜对策[J]. 天然气勘探与开发,2020,43(3):64-71.